Heurich (Hrsg.)

Wolf, Luchs und Bär in der Kulturlandschaft

Praxisbibliothek

NATURSCHUTZ und Landschaftsplanung

Herausgegeben von Professor Dr. Eckhard Jedicke

ulmer

Marco Heurich (Hrsg.)

Wolf, Luchs und Bär in der Kulturlandschaft

Konflikte, Chancen, Lösungen im Umgang mit großen Beutegreifern

Mit Beiträgen von:

Franziska Bauer, Magdalena Kulisch,
Daniel Mettler, Ulrich Schraml,
Jochen Schumacher, Michaela Skuban,
Constanze Tenhaeff, Ulrich Wotschikowsky,
Fridolin Zimmermann

167 Farbfotos und Zeichnungen
11 Tabellen

Inhalt

Teil 2
Management von großen Beutegreifern

Vorwort

Kaum ein anderes Thema im Naturschutz wird so emotional diskutiert wie die Wiederansiedlung des Wolfes. Mancherorts kursieren Fake-News, also in manipulativer Absicht verbreitete vorgetäuschte Nachrichten. Mehr denn je kommt es daher auf ein fundiertes Wissen an. Dieses stellte Marco Heurich, ein renommierter Wildtierökologe, mit einem Team von insgesamt zehn Autorinnen und Autoren in diesem Buch zusammen. Wo liegen die Konflikte der Ausbreitung von Wolf, Bär und Luchs in der modernen Kulturlandschaft, was können Chancen sein? Und vor allem: Welche Lösungen bieten sich an?

Dazu liefert das Buch grundlegende Kenntnisse zu Biologie, Verhalten und Ökologie der großen Beutegreifer. Darauf aufbauend gibt es Empfehlungen für das Management der drei Arten vor dem rechtlichen, fachlichen und praktischen Hintergrund. Adressaten sind Landwirtschaft, Naturschutz, Jagd und Politik gleichermaßen.

Wissenschaft verständlich für die Praxis aufbereiten: Dieses Ziel verfolgt die neue *Praxisbibliothek Naturschutz und Landschaftsplanung*, welche der Verlag Eugen Ulmer mit diesem Band startet. Die Reihe soll Praktikern der Fachdisziplin und allen Interessierten fundierte Empfehlungen zum Handeln an die Hand geben. Sie ergänzt die gleichnamige monatlich erscheinende Fachzeitschrift um noch tiefergehende Informationen.

Ein Buch kann allerdings aktuelle Weiterentwicklungen stets nur begrenzt abbilden. Daher finden Sie weitere Informationen, wenn Sie auf der Webseite www.nul-online.de oben rechts den Webcode **NuL4059** eingeben und das Lupensymbol anklicken.

Geisenheim, April 2019

Prof. Dr. Eckhard Jedicke
Herausgeber der *Praxisbibliothek Naturschutz und Landschaftsplanung*

Einleitung

Weltweit wird in den letzten Jahrzehnten ein dramatischer Rückgang der Populationen großer Wildtiere beobachtet, so dass viele Arten mittlerweile unmittelbar vom Aussterben bedroht sind.

Umso erstaunlicher ist es, dass sich in Europa wie auch in Nordamerika, entgegen dem weltweiten Trend, die Bestände großer Wildtiere wieder erholen, obwohl diese Länder relativ dicht besiedelt sind und die Landschaften von Menschen dominiert werden. Vor 30 Jahren musste man noch weit reisen, um einen Biber zu beobachten, heute sind diese Tiere in Mitteleuropa wieder weit verbreitet und gestalten mit ihrer Bautätigkeit Gewässerlandschaften, die einen Lebensraum für eine Vielzahl anderer Arten bilden. Seeadler breiten sich aus, der Bestand unserer Störche wächst wieder an, Elche wandern bei uns ein und es gibt mittlerweile eine Herde wilder Wisente in Deutschland – ein großer Erfolg der Naturschutz- und Jagdpolitik der vergangenen Jahrzehnte!

Auch die großen Beutegreifer kehren nach Mitteleuropa zurück. In den Alpen gibt es wieder eine kleine Bärenpopulation, von der regelmäßig Jungtiere abwandern, und an mehreren Orten in Deutschland, Österreich und der Schweiz wurden Luchse wieder angesiedelt. Doch am schnellsten verläuft die Entwicklung bei den Wölfen. Während das erste Rudel in Deutschland im Jahr 2000 im Osten Sachsens nachgewiesen wurde, konnten nur 17 Jahre später 73 Rudel, 29 Paare und 3 territoriale Einzeltiere sowie 266 Welpen bestätigt werden. Damit beträgt das jährliche Wachstum der Population etwa 30 %, und das nach Abzug von Verkehrsunfällen und illegalen Tötungen. Die Entwicklung in der Schweiz und Österreich verläuft etwas verzögert, dort wurden die ersten Rudel erst 2012 bzw. 2016 nachgewiesen.

Die Grundlagen für diese erstaunliche Entwicklung wurden zu Beginn des 20. Jahrhunderts gelegt. Damals bewirkte die Verbesserung des jagdlichen Managements von Huftieren (vor allem von Rehen und Rothirschen), dass deren Bestände ansteigen konnten, denn auch diese Arten waren in Mitteleuropa fast verschwunden. Darüber hinaus veränderte sich auch die Landnutzung. Der Waldanteil stieg und die Waldweide mit Nutztieren nimmt heute – mit Ausnahme der Alpen – einen viel geringeren Umfang ein. Damit haben sich wesentliche Umweltfaktoren zugunsten einer Rückkehr der großen Beutegreifer verändert. Es gibt wieder genügend Beutetiere und Rückzugsgebiete, bei deutlich geringerem Konfliktpotenzial.

Die eigentlichen Ursachen für die Rückkehr der großen Beutegreifer sind jedoch tiefgreifende Veränderungen unserer Gesellschaft, die sich von einer agrarisch geprägten Gemeinschaft hin zur modernen Dienstleistungsgesellschaft entwickelt hat. Damit einher ging auch eine grundlegende Veränderung der Wertorientierung vieler Menschen. Die Bereitschaft, der Natur bestimmte Rechte einzuräumen, wuchs, auch wenn dies die Nutzungsmöglichkeiten einschränkt. Dadurch kam es auch zu einem Wandel der Akzeptanz von großen Beutegreifern, ohne den deren Rückkehr nicht möglich gewesen wäre. Als Folge dieser Entwicklung wurden die gesetzlichen Grundlagen angepasst, und mit der Berner Konvention (1982) sowie der Fauna-Flora-Habitat-Richtlinie der Europäischen Union (1992) schuf man einen stabilen rechtlichen Rahmen, der einen dauerhaften Schutz dieser Tierarten gewährleistet.

Zahlreiche Umfragen zeigen, dass die Bevölkerung in Mitteleuropa der Rückkehr der großen Beutegreifer wohlwollend gegenübersteht. Allerdings trifft das vor allem auf die urbane Bevölkerungsmehrheit zu, die nicht in den Regionen lebt, in die die Tiere zurückkehren, und die deshalb auch nicht persönlich von der Rückkehr der großen Beutegreifer betroffen ist. Deshalb dürfen die Umfrageergebnisse nicht darüber hinwegtäuschen, dass die Rückkehr der Raubtiere mit zahlreichen Problemen und Konflikten verbunden ist. Denn die Tiere wandern in Gebiete ein, die zwar zu ihrem historischen Verbreitungsgebiet gehören, sich aber durch den Bevölkerungsanstieg, die rasante Entwicklung der Infrastruktur und die Industrialisierung der Landwirtschaft dramatisch verändert haben. Da es in Mitteleuropa keine großen Wildnisgebiete gibt, leben die Raubtiere oft in unmittelbarem Kontakt zu uns Menschen. Dadurch sind Konflikte vorprogrammiert. Auch sind die Behörden, Landwirte und Jäger auf die Rückkehr der großen Beutegreifer nur ungenügend vorbereitet. Sie müssen erst wieder Erfahrungen im Umgang mit den Tieren in den stark veränderten Landschaften sammeln und es müssen Strukturen für ein effektives Wildtiermanagement aufgebaut werden.

Aus dieser Situation ergeben sich viele Fragen: Können die Tiere überhaupt in unserer vom Menschen dominierten Landschaft leben? Welchen Einfluss haben sie auf ihre Beutetiere und die Ökosysteme? Welche Probleme und Konflikte sind zu erwarten und wie kann man diese lösen? Sind die Tiere gefährlich und muss man eingreifen, um Menschen und Nutztiere zu schützen? Wie ist die aktuelle Rechtslage und welche Handlungsoptionen ergeben sich daraus?

Dieses Buch geht all diesen Fragen auf den Grund und führende Experten aus Deutschland, Österreich und der Schweiz geben einen umfassenden Überblick zum aktuellen Wissensstand über Biologie und Ökologie sowie zum Management der großen Beutegreifer Wolf, Luchs und Bär. Sie stellen die Herausforderungen, vor denen wir stehen, dar und zeichnen pragmatische Lösungen auf, die ein konfliktarmes Miteinander von Menschen und Wildtieren ermöglichen sollen.

St. Oswald im Frühling 2019 **Marco Heurich**

Teil 1

Biologie, Verhalten und Ökologie

1 Der Wolf

ULRICH WOTSCHIKOWSKY

1.1 Systematik und Evolution

Die Gattung *Canis* entstand im späten Miozän vor etwa sechs Millionen Jahren. Im Zeitraum danach entwickelten sich die frühen Vorfahren des heutigen Grauwolfs (*Canis lupus*) und des Koyoten (*Canis latrans*), der eng mit dem Wolf verwandt ist. Die Linie der Schakale hatte sich schon früher abgespalten (Nowak 2003).

Bis zum Ende des Pleistozäns (der Eiszeit) vor 10 000 Jahren dominierte in Nordamerika der Direwolf (*Canis dirus*). Diese Art war wesentlich größer und stärker, vielleicht eine Anpassung an die damalige Großtierfauna (Hayes 2011). Als das Eis zurückwich und die Tierwelt sich veränderte, verschwand auch der Direwolf und machte Platz für *Canis lupus,* der sich rasch über den ganzen Kontinent verbreitete und über die anfangs noch wasserfreie Beringstraße auch Eurasien erreichte (Nowak 2003). Er breitete sich rasch über die gesamte nördliche Halbkugel aus und besiedelte sehr verschiedene Lebensräume, was entsprechende Anpassungen erforderte. Wölfe sind deshalb nicht überall gleich, sondern es haben sich von Region zu Region verschiedene Unterarten entwickelt. Die Grenzen zwischen diesen Gruppen sind wegen der großen Dynamik, die Wolfspopulationen eigen ist, wegen der dramatischen Ausrottungs- und Wiederausbreitungsgeschichte und nicht zuletzt auch wegen der gelegentlichen Vermischung mit den nahe verwandten Koyoten (*Canis latrans*) oder auch den Haushunden nur schwer zu ziehen (Bibikow 1988, siehe S. 11 „Unterarten des Wolfes“).

1.2 Morphologie

Die Körperlänge von Wölfen, gemessen von der Nasenspitze bis zum Schwanzansatz, liegt zwischen 80 und 160 cm, die Schwanzlänge zwischen 35 und 50 cm, das Gewicht zwischen 19 und 80 kg (Bibikow 1988). Im Gesamtverbreitungsgebiet nehmen die Körpermaße von Norden nach Süden ab. Die Höchstwerte erreichen Wölfe aus der Arktis, aus Alaska, Nordkanada und Sibirien, die niedrigsten findet man bei Tieren auf der Arabischen Halbinsel und im Vorderen Orient. Größe und Gewicht sind eine Anpassung an tiefe Temperaturen, vielleicht auch an große, wehrhafte Beutetiere wie Elch (*Alces alces*), Bison

Dieser Wolf ist erst 6 Monate alt, aber schon fast ausgewachsen. Er zeigt alle typischen Merkmale europäischer Wölfe: gerade Rückenlinie, gerade herabhängende Rute, heller Sattelfleck mit dunkler Abgrenzung, weiße Lefzen und rötliches Haar hinter den Ohren.

Unterarten des Wolfes

Die Definition von Unterarten erfolgte zunächst nach Merkmalen am Schädelskelett und nach der Fellfärbung (Bibikow 1988), die aber selbst innerhalb einer Population einer großen Variationsbreite unterliegen. Beispielsweise können in ein und demselben Rudel im kanadischen Yukon braungraue, fahlgraue, schwarze und cremefarbene Tiere vorkommen. Noch vor einem halben Jahrhundert ging Hall (1981, zit. in Mech und Boitani 2003) von 24 Unterarten allein in Nordamerika aus. Sokolov und Rossolimo (1985, zit. in Bibikow 1988) zählten 9 für Eurasien hinzu, ließen für Nordamerika aber nur 7 gelten. Sie kommen also auf 16 Unterarten im rekonstruierten ursprünglichen Verbreitungsgebiet. Insbesondere der Fortschritt der genetischen Forschung hat manche dieser Vorstellungen revidiert. Seit Jahren konzentrieren sich Wissenschaftler nun auf die Analyse der DNA. Die Diskussionen um die Abgrenzung oder Zusammenführung von Unterarten sind daher noch lange nicht beendet. Im Folgenden einige Bemerkungen zu den Unterarten.

Arktische Wölfe (*Canis l. arctos* bzw. *albus*) sind zu allen Jahreszeiten rein weiß.

Der **Mexikanische Wolf** (*Canis l. baileyi*) bildete das südlichste Vorkommen in der Neuen Welt, das aber vor wenigen Jahrzehnten erloschen ist. Seitdem ist der Mexikanische Wolf Gegenstand mehrerer Wiederansiedlungsaktionen mit Tieren, die in Zoos und Tierparks überlebt haben.

Der **Arabische Wolf** (*Canis l. arabs*) ist ein sehr kleiner Wolf, der kaum 20 kg Lebendgewicht erreicht.

Der **Äthiopische Wolf** (*Canis l. simensis*) ist geradezu bunt gefärbt, vorwiegend rot, und dem Schakal sehr ähnlich.

Erst in jüngster Zeit wurden in Ägypten, inmitten des Verbreitungsgebiets des Goldschakals (*Canis aureus*), Wölfe entdeckt, die man fälschlich für Schakale gehalten hatte (Dybas 2012). Diesen *Canis aureus lupaster* müsste die wissenschaftliche Welt nun in *Canis lupus lupaster* umtaufen.

Schwarze Wölfe sind keine eigene Unterart. Sie besitzen ein Gen, das durch lange zurückliegende Paarung von Wolf und Hund in den Genpool der Wölfe übergegangen ist. Auch der „**Timberwolf**" der Taiga ist keine eigene Unterart.

Der Status des **Rotwolfs** (*Canis rufus*, früher *C. niger*) ist wissenschaftlich unklar. Er kommt in schwarzer wie in roter Fellfärbung im Südosten der USA vor. Manche betrachten ihn als eigene Art, andere als Unterart (*C. l. rufus*), wieder andere meinen, er sei aus Kreuzungen von Koyoten (*C. latrans*) mit Wölfen (*C. lupus*) hervorgegangen. In jüngster Zeit hat man die letzten Exemplare eingefangen und ein aufwendiges Zucht- und Wiederansiedlungsprogramm durchgeführt.

Der **Dingo** (*Canis dingo*) lebt in Australien. Er hat sich aus verwilderten Hunden entwickelt und dabei äußerlich eine wolfsähnliche Gestalt angenommen. Genetisch ist er ein Hund.

Der **Coywolf** kommt im Nordosten der USA vor. Er ist durch Bastardisierung von Wölfen mit Koyoten und Hunden hervorgegangen. Koyotengene sind in fast allen Wolfspopulationen Nordamerikas vorhanden.

(*Bison bison*), Karibu (*Rangifer tarandus*), Wapiti (*Cervus canadensis)* und Rothirsch (*Cervus elaphus*). Männliche Wölfe (Rüden) sind durchschnittlich 15–20 % größer und schwerer als weibliche, die sogenannten Fähen (Mech 1970, Bibikow 1988). Europäische Wölfe haben eine Körperlänge von 130–140 cm. Das Gewicht erwachsener Rüden liegt bei 40–45 kg.

Mit etwa 8 Monaten ist das Skelettwachstum abgeschlossen. Dann haben die Welpen die Körpergröße von erwachsenen Wölfen erreicht und sind auf den ersten Blick nicht mehr von diesen zu unterscheiden. Allerdings sind sie noch nicht so muskulös und daher wesentlich leichter. Die meisten Wölfe werden im Alter von anderthalb Jahren geschlechtsreif.

Der Europäische Wolf ähnelt in Größe und Gestalt einem „Schlittenhund" (Malamut, Laika u. a.) oder auch einem Deutschen Schäferhund. Der Schädel ist breit, die Ohren sind dreieckig und eher klein. Sein Körperbau ist harmonisch mit gerader, nicht abfallender Rückenlinie, schmalem Brustkorb, starker Halspartie und hohen Läufen. Die Rute (Schwanz) wird gerade herabhängend, in Bewegung auch fast horizontal getragen, reicht nicht bis zum Boden und ist niemals geringelt. Im Sommer sind Wölfe sehr schlank, geradezu mager, die Rute fast spindeldürr. Im Winterhaar wirken Wölfe massiver, die Körperformen runder, die Rute ist lang behaart und erscheint füllig.

Die Färbung des Europäischen Wolfes ist zu allen Jahreszeiten grau- bis gelblichbraun, doch kommen hellere oder dunklere und sogar rötliche Farbschattierungen vor. Auf dem Rücken ist ein weißer Sattelfleck mit dunkler, fast schwarzer hinterer Abgrenzung mehr oder weniger stark ausgeprägt. Lefzen und Kehle sind weiß, die Unterläufe vorne schwarz. Auf der Oberseite der Rute befindet sich im oberen Drittel ein dunkler Fleck um die Violdrüse (Duftdrüse der Hundeartigen). Das Haar hinter den Ohren ist rötlich. Die Augen sind gelb, etwas schräg gestellt und schmal, die Augenbrauen sitzen tief. Das verleiht dem erwachsenen Wolf einen strengen Blick. Die Geschlechter sind äußerlich nur an den primären Geschlechtsorganen zu unterscheiden.

Das endgültige Gebiss des Wolfes enthält 42 Zähne: im Ober- wie im Unterkiefer links wie rechts je drei Schneidezähne, einen Eckzahn (Fangzahn) und vier Prämolaren, dazu im Oberkiefer zwei, im Unterkiefer drei Molaren. Schneide- und Eckzähne sowie je drei Prämolaren erscheinen als Milchzähne und werden nach wenigen Monaten gewechselt. Der Zahnwechsel ist im Alter von 7 Monaten abgeschlossen. Der besonders große vierte Prämolar und sein Gegenstück im Unterkiefer, der erste Molar, werden als Reißzähne bezeichnet. Dieses Zahnpaar greift wie eine Schere ineinander und dient dazu, Fleisch aus einem Beutestück regelrecht herauszuschneiden. Die Fangzähne dagegen sind zum Greifen der Beute geeignet.

Zur außergewöhnlichen Physis von Wölfen gehört eine starke Kiefermuskulatur. Der Unterkiefer mit den 6 cm langen Fangzähnen wird von extrem langen Muskeln bewegt, die am Jochbogen ansetzen (Massetermuskel) und eine Beißkraft von 28 kg/cm² entwickeln (Mech und Boitani 2003). Damit kann ein Wolf den Kehlkopf z. B. eines Elchs zermalmen – ein fast handballgroßes, massives Knorpelgebilde, das noch dazu durch starkes Fell geschützt ist. Mit den Backenzähnen können Wölfe zudem die Röhrenknochen starker Beutetiere aufbrechen, um an das Markfett zu gelangen.

1.3 Physische Leistungen und Sinnesleistungen

Wölfe jagen Tiere, die ihnen an Größe, Stärke, Schnelligkeit und Ausdauer oftmals überlegen und die dazu noch wehrhaft sind. Das erfordert ein außergewöhnliches physisches Leistungsvermögen. Ihre überragenden Sinnesleistungen spielen dagegen vor allem in ihrem hoch entwickelten Sozialleben eine wichtige Rolle. Sie sind uns weniger vertraut, weil unsere eigenen Sinne im Vergleich mit Wölfen wenig entwickelt sind – man denke nur an den Geruchssinn. Seinem überragenden physischen Leistungsvermögen und seinen scharfen Sinnen sowie seiner Intelligenz, seinem Lernvermögen und seiner Anpassungsfähigkeit hat es der Wolf zu verdanken, dass er sich weiter verbreiten konnte als andere Säugetiere und dass er eine über Jahrtausende andauernde intensive Verfolgung durch den Menschen bis heute überdauert hat.

Der Wolf ist ein perfekter Läufer, schnell und ausdauernd. Nach Stenlund (1955) bzw. Mech (1970) können Wölfe über mehrere Kilometer ein Tempo von 56–64 km/h halten. Halfpenny (2003) beobachtete im Yellowstone-Nationalpark bei Schneelage einen Wolfsrüden, der auf der Flucht vor anderen Wölfen 5150 m in 8 Minuten zurücklegte. Das entspricht einer Durchschnittsgeschwindigkeit von 38,6 km/h. Eine Wölfin schaffte bei der gleichen Gelegenheit 2736 m (32,8 km/h). Ihre Fluchtsprünge waren bis zu 5,60 m weit.

Die bevorzugte Gangart des Wolfes ist der Trab. Dabei bewegt er sich mit weit ausgreifendem Schritt und weicht kaum von der geraden Linie ab. Die Trittsiegel sind im „geschnürten Trab“ aneinandergereiht wie die Perlen auf ei-

Der Wolf ist ein perfekter Läufer auf kurzen wie auf langen Distanzen.

ner Schnur, und die Hinterpfote wird genau in den Abdruck der Vorderpfote gesetzt. Die Fortbewegung im geschnürten Trab ist sehr kräftesparend. Mech et al. (2015) ermittelten eine Durchschnittsgeschwindigkeit von 8,7 km/h. Für einen Ortswechsel über 76 km brauchte ein Wolf nur 12 Stunden (Mech und Cluff 2011).

Wölfe können außerdem hoch springen. Im Experiment fangen sie einen geworfenen Fleischhappen in über 2 m Höhe. Dennoch springen sie offenbar nicht gerne in die Höhe. Zäune von mehr als 1,5 m Höhe überspringen sie nur ausnahmsweise, lieber graben sie sich unter ihnen hindurch.

Ein Wolf vermag 10 kg Fleisch in einer einzigen Mahlzeit zu verschlingen (Mech 1970). Andererseits kann er auch wochenlang hungern. Dabei verliert er bisweilen in weniger als einer Woche etwa 10 % seines Körpergewichts, das er jedoch in zwei, drei Tagen durch eine ausgiebige Mahlzeit wiedergewinnt. Solche Fastenzeiten sind im Leben eines Wolfes häufig, besonders im hohen Norden, wo Beutetiere rar sind.

Wölfe sehen nicht so scharf wie beispielsweise Greifvögel. Aber sie erkennen Beutetiere auf relativ große Entfernung etwa so gut wie der Mensch (Mech 1988), und sie erkennen Objekte in Bewegung äußerst schnell. In tiefer Dämmerung sehen sie besser als der Mensch. Rot und Grün können sie dagegen kaum unterscheiden. Mech et al. (2003) halten das Auge für das wichtigste Sinnesorgan der Wölfe bei der Jagd.

In Wolfserzählungen liest man gelegentlich von grünlich schimmernden, auch von „glühenden“ Augen. In Horrorgeschichten haben Wölfe sogar rote Augen. Aber das Auge der Wölfe ist biologisch nicht anders als ein Hundeauge. Richtet man einen Scheinwerfer auf einen Wolf (oder Hund), so reflektiert der Hintergrund des Auges (das Tapetum lucidum) das einfallende Licht, das dadurch besser genutzt wird. Dies erklärt, warum viele Säugetiere in der Dämmerung besser sehen als der Mensch.

Dass Wölfe ein hervorragendes Witterungsvermögen haben müssen, wird bereits deutlich durch den langen Gesichtsschädel, in dem die Nasenpartie mit den Nasenschleimhäuten (den Rezeptoren für Geruchsstoffe) großen Raum einnimmt. Bei der Jagd spielt der Geruchssinn nur eine untergeordnete Rolle. Wölfe (aber auch gute Jagdhunde) können nicht nur der mehrere Stunden alten Fährte eines Beutetieres oder eines Artgenossen mit der Nase folgen, sondern täuschen sich dabei auch nur selten in der Richtung. Eine wichtige Rolle spielt der Geruchssinn auch bei der Kommunikation der Wölfe untereinander (s. u.).

Für Menschen nicht nachvollziehbar ist die Fähigkeit von Wölfen (aber auch anderen Wildtieren), sich zu orientieren und zu bestimmten Orten zurückzufinden. Das Phänomen ist Jägern von ihren Jagdhunden gut bekannt. In der Tat orientiert sich der Jagdhund, ebenso wie der Wolf, am Magnetfeld der Erde (Hart et al. 2013). Es führt ihn zurück an den Ausgangspunkt seiner Exkursion.

1.4 Populationsdynamik

Um wie viel kann eine Population pro Jahr wachsen? 80–85 % aller Wölfe in einer Population gehören einem Rudel an (Mech und Boitani 2003). Die anderen sind Paare und Einzelwölfe, die das Rudel verlassen haben. Unterstellen wir, dass 80 % aller Wölfe einer Population Rudeln angehören und dass ein Rudel im Durchschnitt (im Winter) aus zwei Elterntieren, vier Welpen und zwei Jährlingen besteht: Dann kann diese Population um etwa 40 % pro Jahr (vier Welpen pro zehn Tiere) anwachsen. Theoretisch – denn bei dieser Kalkulation ist die Mortalität von Jährlingen und erwachsenen Wölfen nicht berücksichtigt. Zuwachsraten in dieser Größenordnung können erwartet werden, wo Wölfe relativ gefahrlos leben – das heißt: kaum Verluste durch menschliche Nachstellung und Straßenverkehr auftreten und ein gutes Beuteangebot vorhanden ist.

Die zentraleuropäische Flachlandpopulation nahm in den letzten 10 Jahren etwa um 30 % pro Jahr zu. Dieser Wert ist also nicht außergewöhnlich. So wuchs die schwedische Population von 1990 bis 1998 pro Jahr um 29 % (Wabakken et al. 2001).

Sterblichkeit

In den ersten Lebensmonaten unterliegen die Welpen oft einer hohen Sterblichkeit. Schwächere Mitglieder eines Wurfes haben bei der Konkurrenz um Nahrung, die von den älteren Rudelmitgliedern herbeigebracht und hervorgewürgt wird, das Nachsehen. Die Welpen können an zahlreichen Krankheiten sterben. An Wölfen in Deutschland (darunter allerdings nur wenige

Wolf mit starkem Räudebefall.

Welpen) wurden u. a. Räude, Staupe und Parvovirose nachgewiesen (DBBW 2018). Wölfe werden von Parasiten wie verschiedenen Magen- und Darmwürmern oder Zecken befallen, wobei schlecht ernährte, in der Entwicklung zurückgebliebene Tiere zusätzlich geschwächt werden. Wie hoch die Verluste in den ersten Lebensmonaten sind, hängt von einer Vielzahl von Faktoren ab. In beutearmen Gebieten verhungern viele Welpen, weil die Elterntiere nicht genug Nahrung heranschaffen können. In Mitteleuropa dürfte Nahrungsmangel nur selten vorkommen.

Welpen werden gelegentlich Beute von anderen Beutegreifern. Bären graben sie aus der Höhle oder überraschen sie außerhalb derselben. Aus Weißrussland berichten Sidorovich und Rotenko (2018), dass Welpen häufig Beute des Luchses werden. Allgemein sind aber Verluste durch andere Beutegreifer quantitativ zu vernachlässigen.

Jährlinge, die zunächst im Rudel verbleiben, leben sicherer als jene, welche die Familie verlassen, weil die Abwanderer unbekanntes Gebiet betreten und bei der Vermeidung von Gefahren noch nicht genügend Erfahrung haben. Sie überqueren Straßen, geraten in bereits von anderen Wölfen besetzte Territorien, werden von wehrhaften Beutetieren verletzt oder finden in beutearmen Regionen schlicht nicht genug Nahrung. Der Mangel an Lebenserfahrung hat zur Folge, dass allein umherziehende Jungwölfe eine kürzere Lebenserwartung haben als ihre Altersgenossen, die länger im Rudel verbleiben.

Wölfe können 12 – 15 Jahre alt werden, doch dieses Alter erreichen sie selten. Zwölf Jahre alt wurde die älteste Wölfin in Deutschland; sie kam bei einem Verkehrsunfall ums Leben (DBB-Wolf 2017). In freier Wildbahn werden nur wenige Wölfe älter als 4 – 5 Jahre (Mech 1988). Wo Wölfe größtenteils Elche erbeuten, weisen viele ältere Wölfe alte Verletzungen auf, vor allem verheilte Rippenbrüche, die ihnen mutmaßlich von Elchen beigebracht worden sind (Hayes mdl. Mitt.). Aber auch Wapitis, Weißwedel- (*Odocoileus virginianus*) und Maultierhirsche (*O. hemionus*) oder Wildschweine (*Sus scrofa*)

Todesursache Nr. 1 in Deutschland ist der Straßenverkehr.

können Wölfe schwer und sogar tödlich verletzen (Mech und Boitani 2003).

Die häufigste Todesursache von Wölfen in gesättigten Populationen sind allerdings aggressive Auseinandersetzungen mit anderen Wölfen, vor allem bei territorialen Streitigkeiten.

In Deutschland gibt es Verluste durch den Straßenverkehr (etwa 160 Tiere in 250 Rudeljahren, d. h. etwa ein Tier alle 2 Jahre pro Rudel) und durch illegale Abschüsse (etwa ein Tier pro Rudel alle 10 Jahre, aber mit einer unbekannten Dunkelziffer). Dennoch entwickelt sich die Population gut.

1.5 Sozialverhalten

Wölfe werden Ende April/Anfang Mai in einer Erdhöhle oder unter einem Felsvorsprung, einem Wurzelteller oder dergleichen geboren. Die Erdhöhle, selbst gegraben oder auch die Erweiterung eines Fuchs- oder Dachsbaus, kann mehrere Meter tief sein. Sie endet im Wurfkessel und besteht immer nur aus einer Röhre, nicht mehreren.

Die Welpen kommen nach einer Tragzeit von durchschnittlich 63 Tagen blind und taub zur Welt. Die Wurfgröße liegt bei deutschen Wölfen im Mittel bei fünf, mit einer Schwankungsbreite zwischen drei und acht (DBB Wolf 2017). Bei einem Wurf mit 13 Welpen konnte nicht ausgeschlossen werden, dass es sich um eine multiple Reproduktion handelte (zwei Muttertiere im selben Rudel; Lupus Institut 2014, unveröff.).

In der Wurfhöhle werden die Welpen nur von der Mutterwölfin aufgesucht. Im Alter von 2 Wochen öffnen sie die Augen, eine Woche später können sie auch hören, mit etwa 4 Wochen kommen sie erstmals ans Tageslicht. Etwa 6–8 Wochen lang werden sie gesäugt, bekommen aber schon bald vorverdautes Fleisch von den Elterntieren angeboten. Alle älteren Rudelmitglieder beteiligen sich am Heranschaffen von Beute. Die Welpen begrüßen die zum Wurfplatz zurückkehrenden Wölfe, indem sie deren Lefzen lecken, worauf diese die vorher verschlungene Nahrung auswürgen.

Mit fortschreitender Entwicklung des Gebisses werden auch Teile von zerlegter Beute zur Höhle gebracht. Im Alter von etwa 3 Monaten werden die Welpen zu einem Rendezvousplatz geführt, der nun ihren eigentlichen Aufzuchtort bildet. Rendezvousplätze sind Orte, an denen die Wölfe ungestört bleiben und sich sicher fühlen und die öfter gewechselt werden können. Nähe zu Wasser ist unverzichtbar; denn die säugende Wölfin muss viel trinken. Mit etwa 6 Monaten begleiten die Welpen die Eltern bzw. die älteren Tiere des Rudels auf ihren Exkursionen durch ihr Revier bzw. auf der Jagd.

Erst vor wenigen Tagen haben die Welpen ihre Wurfhöhle verlassen.

Etwa ab Mitte Januar zeigt Blut im Urin der geschlechtsreifen Wölfin ihre beginnende Paarungsbereitschaft an, die etwa eine Woche andauert. Die Paarung selbst erfolgt im Februar. Um diese Zeit werden auch die Jährlinge, jetzt fast 2 Jahre alt, geschlechtsreif. Manche verlassen alsbald das Rudel und gehen auf Wanderschaft, um ein eigenes Revier und einen Geschlechtspartner zu finden. Sie werden nicht vom Rudel ausgestoßen, sondern treffen diese Entscheidung selbst. Andere bleiben noch für eine weitere Generation und sind dann eine wichtige Hilfe bei der Aufzucht der Welpen. Sie pflegen freundliche Kontakte zu den Kleinen, spielen mit ihnen und schützen sie, während die Elterntiere auf der Jagd sind. In der Gegenwart der Jährlinge fühlen sich die Welpen sicher und können ungehemmt und unbesorgt spielen und balgen und sich damit auf ihr späteres Leben vorbereiten.

Spätestens im Alter von zweieinhalb Jahren verlassen die letzten Jungwölfe ihr Rudel. Deshalb werden Wolfsrudel nur selten größer als etwa zehn bis zwölf Tiere. Mit den Eltern umfasst ein Rudel also drei Generationen. Ausnahmen von dieser Grundform kommen vor.

1.5.1 Verhalten am Wurfplatz

Sobald die Welpen den Schutz der Wurfhöhle verlassen, beginnt für die Elterntiere eine schwierige Zeit: Sie müssen jagen, um satt zu werden, müssen aber auch auf die unbeholfenen Jungtiere aufpassen. Altwölfe sind deshalb im Sommer recht mager, besonders die Wölfin, die Milch für die Welpen produzieren muss. Ein älteres Rudel hat es besser, wenn noch Jährlinge im Rudel sind, die sich um die Welpen kümmern. Gegen Raubfeinde, z. B. Bären, wird die Wurfhöhle energisch verteidigt, nicht aber gegen Menschen.

1.5.2 Erste Schritte in die Selbstständigkeit

Beim Start ins Erwachsenenleben ist der junge Wolf zunächst allein. Er verlässt sein Rudel und macht sich auf die Suche nach einem eigenen Revier und einem Geschlechtspartner. Bei dieser Wanderung hat er keine Richtung, keine

Die Altwölfe haben viel zu tun, um ihre Welpen satt zu bekommen.

Wanderroute, kein bestimmtes Ziel im Kopf, und manchmal kommt er auch wieder zurück. Bei seiner Wanderung folgt er gerne von der Landschaft vorgezeichneten Strukturen, etwa Flusstälern oder Gebirgsrücken. Manche Wölfe beenden ihre Wanderschaft in der Nähe ihres Herkunftsrudels, andere wandern monatelang und Hunderte bis über tausend Kilometer weit. Manche siedeln sich in einem bestimmten Gebiet an und bleiben den Rest ihres Lebens allein, wie z. B. der Wolf „Reinhard", der sich im Reinhardswald (Hessen) im Jahr 2008 eingefunden hatte und dort 2011 tot aufgefunden wurde; ebenso der Rüde des Rudels Kyritz-Ruppin (Brandenburg), dem sich eine junge Wölfin erst im Jahr 2015 zugesellte, als er bereits 9 Jahre alt war (DBB Wolf 2017).

Hat ein Wolf schließlich ein eigenes Streifgebiet etabliert, entspricht es etwa der Größe eines künftigen Rudelterritoriums, so als würde er sich vorausschauend auf die Gründung einer Familie vorbereiten. Sein Streifgebiet ist also viel größer, als es zu seiner eigenen Nahrungsversorgung erforderlich wäre.

Mit der Zuwanderung eines Geschlechtspartners kommt es zur Bildung eines territorialen Paares. Dieses markiert sein Gebiet mit Urin und Kot olfaktorisch, durch Heulen auch akustisch, und verteidigt es aggressiv gegen andere Wölfe. Mit der Geburt von Welpen ist ein Rudel entstanden.

1.5.3 Das Rudel

Ein Rudel besteht also im ersten Jahr aus den Elterntieren und den Welpen. Im zweiten Jahr sind meist noch einige Jährlinge im Rudel, so dass wir es mit drei Generationen zu tun haben – Eltern, Jährlingen und Welpen. Fast immer besteht ein Rudel aus unmittelbar (linear) verwandten Wölfen. Nur in Ausnahmefällen schließt sich ein fremder Wolf einem Rudel an, und dann in einer untergeordneten Rangposition. Kommt es dennoch dazu, dass der fremde Wolf die Führerschaft übernehmen will, so ist eine harte Auseinandersetzung unausweichlich. Sie endet oft mit dem Tod eines der Konkurrenten. Verliert der frühere Rudelführer den Kampf, so verlässt er das Rudel.

Die Elterntiere bleiben ihr Leben lang zusammen – jedenfalls versuchen sie das. Doch es ist eher die Regel als die Ausnahme, dass ein Elterntier stirbt, lange bevor es ein mit über 10 Jahren hohes Alter erreicht hat. Dann paart sich das verbliebene Tier wieder mit einem fremden Partner. Zu einer Verpaarung mit einem direkt verwandten Tier, also Mutter–Sohn oder Vater–Tochter, kommt es wegen der Inzestsperre nur selten. Darunter versteht man das im Tierreich weit verbreitete Phänomen, das eine Paarung unter eng miteinander verwandten Individuen (Inzucht) verhindert.

Ebenfalls selten sind Fälle einer multiplen Reproduktion, bei der zwei Fähen in ein und demselben Rudel Nachwuchs zur Welt bringen; denn die Elternfähe lässt andere Fähen (ihre Töchter) nicht zur Paarung zu, ebenso wie auch der Elternrüde anderen Rüden im Rudel die Paarung mit einer paarungsbereiten Wölfin aggressiv verwehrt. Multiple Reproduktion ist jedoch wiederholt beobachtet worden, wenn der Elternrüde ausgefallen war und durch einen rudelfremden Wolf ersetzt wurde (z. B. McNay et al., unveröff. Projektbericht). Er paart sich „anstandslos" nicht nur mit der Alphawölfin, sondern auch mit ihren Töchtern (wenn es die Altwölfin zulässt), weil in diesem Fall keine Inzestsperre besteht. Ob die Aufzucht von zwei Würfen im selben Rudel reibungslos verläuft, ist nicht untersucht.

1.5.4 Anzahl der Wölfe im Rudel

Die Größe von Wolfsrudeln wird grundsätzlich durch die Zahl der überlebenden Welpen und durch den Verbleib der Jährlinge bestimmt. Die meisten Rudel bestehen daher aus vier bis acht Tieren. Mehr als zehn bis zwölf – drei Generationen – sind selten, doch sind in Nordamerika Rudel von 20 und mehr Tieren beobachtet worden, im Yellowstone Nationalpark (Smith und Ferguson 2005) und im kanadischen Yukon (Baer pers. Mitt. und eigene Beob.). Allerdings ist nicht sicher, ob es sich dabei um direkt miteinander verwandte Tiere handelte (also eine echte Familie), oder ob fremde Wölfe sich dem Rudel angeschlossen hatten. Solche großen Rudel lösen sich rasch wieder auf. Rudelgrößen schwanken enorm, auch dort, wo sie nicht durch menschliche Nachstellung dezimiert werden. Beobachtete Rudel sind im Winter am größten, weil die Welpen den älteren Tieren folgen. Im Sommer dagegen sind die älteren Rudelmitglieder meist allein oder in kleinen Gruppen unterwegs.

Wissenschaftler haben sich viel mit der Frage beschäftigt, welche Faktoren außer den genannten die Rudelgröße bestimmen. Lange herrschte die Meinung vor, Rudel seien groß, wenn auch die Beutetiere groß sind, weil z. B. erwachsene Elche oder Bisons nur von mehreren Wölfen überwältigt werden können. Erst mit der Zunahme von unmittelbaren Beobachtungen im Yellowstone-Nationalpark (z. B. Halfpenny 2003, Smith und Ferguson 2005, Mech et al. 2015) hat sich gezeigt, dass auch große Beutetiere meist nur von den beiden Elterntieren getötet werden, während die jüngeren Jahrgänge kaum ins Geschehen eingreifen. Dennoch gilt zumindest eine Grundregel als gesichert: Wo sich Wölfe von kleinen Beutetieren oder gar von Abfall ernähren, sind die Rudel klein. Große Rudel gibt es dort, wo Bisons oder Elche die Hauptbeute stellen (Mech und Boitani 2003), weil nur große Beute ein großes Rudel für mehrere Tage satt macht. Wenn ein größeres Rudel einen Elch erlegt hat, bleibt es mehrere Tage am Ort, frisst, verdaut, schläft, gibt sich der Muße hin. Wäre die Beute ein Reh oder ein Hirschkalb, würden nicht alle satt, und schon am nächsten Tag müssten sie sich wieder auf die Läufe machen, um zu jagen. Da lohnt es sich nicht, im Rudel zu bleiben.

Kleine Rudel können große Beutetiere nicht schnell genug verzehren und verlieren daher viel an Aasfresser. Im kanadischen Yukon werden Wolfspaaren bis zu zwei Drittel der Beute von Kolkraben abspenstig gemacht (Hayes et al. 2000, Kaczensky et al. 2005). Kleine Rudel erlegten dort wesentlich mehr Elche pro Rudelmitglied, um auf ebenso viel Nahrung zu kommen wie Wölfe eines großen Rudels: Paare erbeuteten 27 Elche pro Winter, große Rudel mit zehn und mehr Wölfen erlegten 46 – aber „pro Kopf

Wolf" waren das 13 Elche bei Paaren und nur 4 Elche bei großen Rudeln (Hayes 2011). Große Rudel nutzen also in der nordischen Taiga ihre Beute effizienter aus als kleine Rudel.

1.5.5 Kommunikation

Vielleicht ist das Kommunikationssystem der Wölfe das reichhaltigste unter Säugetieren überhaupt (Primaten ausgenommen). Dabei sind alle Sinne einbezogen. Wölfe verständigen sich auf optischen, akustischen und olfaktorischen Wegen, zudem mit Mimik und Gesten. Optisch kommunizieren sie bei Tageslicht, akustisch im Dunkeln. Über große Entfernungen gewinnen sie Informationen durch Heulen, und über Vergangenes können sie etwas über die Nase erfahren. Für eine Information „auf den ersten Blick" verlassen sie sich auf ihr scharfes Auge, gründliche Information liefert vor allem die Nase.

Akustische Verständigung

Schon in den ersten Lebenstagen machen sich die Welpen, je nach Anlass, durch Winseln, Quietschen oder Kläffen bemerkbar. Bereits mit etwa 3 Wochen verfügen sie über ein reiches Repertoire von Lautäußerungen, die von den Rudelmitgliedern verstanden werden.

Wölfe wuffen oder kläffen, wenn sie etwas Verdächtiges bemerken, und machen damit andere Wölfe darauf aufmerksam. Sie knurren, um sich Respekt und Distanz zu schaffen, oder nur, um ihre Ruhe vor anderen Wölfen, z. B. aufdringlichen Welpen zu haben. Knurren wird stets durch ein entsprechendes Mienenspiel wie Hochziehen der Lefzen, Zähnefletschen, zurückgelegte Ohren unterstrichen, je nachdem, wie viel Nachdruck damit erzeugt werden soll. Knurren ist die häufigste akustische Äußerung von Wölfen untereinander; es ist stets mit einer Form von Aggressivität verbunden – von leichtem Unwillen bis zum wütenden Angriff oder zur Verteidigung.

Heulen ist die auffallendste, für den Menschen die faszinierendste Lautäußerung von Wölfen. Erste Versuche zu heulen machen Welpen bereits vor Verlassen der Wurfhöhle. Dabei ist die Tonlage mit ca. 1100 Hz zunächst sehr hoch, sinkt dann aber auf ca. 350 Hz im Alter von 6–7 Monaten. Bei voll erwachsenen Wölfen liegen die Frequenzen noch tiefer, bei etwa 150 Hz (Harrington und Asa 2003). Die Strophe eines allein heulenden Wolfes dauert etwa 3–7 Sekunden. Sie beginnt in tiefer Tonlage, schraubt sich in hohe Frequenzen, sinkt wieder ab und verebbt. Am meisten geheult wird in der Paarungszeit bzw. in den Morgen- und Abendstunden. Das Chorheulen dauert meist 30–120 Sekunden.

Heulen im Chor – das heißt: Hier sind wir zu Hause!

Heulen dient der Kontaktaufnahme mit anderen Wölfen, seien es Rudelmitglieder oder fremde Wölfe. Durch Heulen finden Wölfe zusammen, wenn sie den Kontakt zum Rudel verloren haben. Einzeltiere können damit einen potenziellen Geschlechtspartner finden. Die Wölfe eines Rudels heulen gerne im Chor. Damit zeigen sie den Besitz ihres Territoriums an und halten Eindringlinge fern, bevor es zu einer blutigen Auseinandersetzung kommen kann. Gemeinsames Heulen stimuliert auch das Gemeinschaftsgefühl und synchronisiert das Verhalten, beispielsweise vor der Jagd.

Durch Heulen verständigen sich Wölfe über große Entfernungen, bis zu 10 km in bewaldetem Gelände (Harrington und Mech 1978, zit. in Harrington und Asa 2003) bzw. bis zu 16 km in der offenen Tundra (Henshaw und Stephenson 1974, zit. in Harrington und Asa 2003). Heulen trägt am weitesten bei tiefer Stimmlage und wenig moduliertem Tonumfang – man kann auch sagen: je eintöniger, desto weiter. Der Informationsgehalt der akustischen Signale und die damit überbrückbaren Entfernungen können allerdings durch feuchte Luft, Wind, Schneefall, Geländebarrieren oder auch durch große Entfernung stark eingeschränkt werden.

Olfaktorische Kommunikation

Uns Menschen ist die olfaktorische Welt der Wölfe so gut wie verschlossen. Wölfe verfügen über einen geradezu fantastischen Geruchssinn und sondern eine Vielzahl von olfaktorischen Signalen ab. Gerüche enthalten Informationen über die Artzugehörigkeit (Bist du Beute oder Genosse?), das Geschlecht (Bist du ein attraktiver Partner?), den sozialen Status (Bist du ein Rudelchef?), über die Rudelzugehörigkeit (Bist du Freund oder Feind?), die Paarungsbereitschaft, die physische Verfassung, welche Beute gemacht wurde, und vieles mehr. Eine uringetränkte Markierungsstelle, ja nur ein Trittsiegel sind ein offenes Buch für Wölfe.

Jeder Wolf hat seinen eigenen individuellen Körpergeruch. Seine Körperoberfläche ist besetzt mit Hautdrüsen, die Sekrete absondern. Diese wiederum bilden ein Substrat für Bakterien, die spezifische Geruchsstoffe produzieren. Daran können sich Wölfe individuell erkennen (Harrington und Asa 2003).

Selbst aus einem Pfotenabdruck können Wölfe etwas über den Urheber erfahren.

Andere Drüsen vermitteln noch viel mehr Information. Paarig angelegte Analdrüsen sondern Sekrete an den Kot ab und informieren über Geschlecht und Paarungsbereitschaft. Die Begrüßung von Wölfen (wie auch Hunden) im Nebeneinander, mit der Nase jeweils an der Analregion des Gegenübers, macht deutlich, dass die olfaktorische Information mehr enthält als die optische von Antlitz zu Antlitz. Nicht geklärt ist die Bedeutung der Violdrüse im oberen Drittel der Rute, deren Position durch dunkles Haar gekennzeichnet ist. Das Sekret der Preputialdrüse von Wolfsrüden und der Vaginaldrüsen von Fähen im Urin, bei Wölfinnen auch im Östrusblut, dient der Demonstration von Dominanz gegenüber anderen Wölfen und der sexuellen Attraktivität.

Wölfe scheinen bedacht darauf, den Informationsgehalt ihrer Absonderungen regelrecht publik zu machen. Sie setzen Kot und Urin an markanten Stellen im Gelände ab, z.B. an Wegkreuzungen, auf Steinen oder Geländerücken, und sie kratzen den Boden zur optischen Markierung auf. Dominante Rüden heben beim Urinieren einen Hinterlauf, was sich ein subdominanter Wolf nicht erlauben darf. Auch dominante Fähen urinieren in dreibeiniger Position, halten dabei aber den freien Lauf gestreckt nach vorne statt wie Rüden etwa rechtwinklig vom Körper weg.

Wölfe wälzen sich gelegentlich in Aas oder Kot und umgeben sich so mit einer markanten Duftnote. Die Funktion dieses Verhaltens wird bis heute nicht recht verstanden (Mech und Boitani 2003). Es hat jedenfalls nichts mit dem Sexualverhalten gemein, wie etwa bei Hirschen, Gamsböcken oder Elchen, die sich in der Paarungszeit mit eigenen Sekreten parfümieren und damit für weibliche Tiere an Sexappeal gewinnen. Es kann auch kein Signal an Artgenossen sein, um sie zu einer erlegten Beute zu führen – Kot ist keine Beute, und Aas lohnt sich kaum. Ob es für die Position im Rudel von Vorteil ist, sich olfaktorisch hervorzutun, ist zweifelhaft. Man hat den Odor eines streng riechenden Wolfes sogar als eine Art Trophäe gedeutet, mit der ein Wolf Eindruck machen möchte, doch scheint dies weit hergeholt und allzu sehr vermenschlicht.

Mimik und Körpersprache

Die unmittelbare tägliche Verständigung in der Wolfsfamilie läuft über Mimik und Körpersprache. Dieser Bereich ist schon lange gründlich erforscht (z. B. Schenkel 1947, Zimen 1978), allerdings nur im Gehege. An den Ausdrucksformen ist der gesamte Körper beteiligt, am auffälligsten das Gesicht und der Schwanz. Die beiden Antipoden des Ausdrucksverhaltens sind Selbstbewusstsein bzw. Aggressivität am einen Ende und Unterwürfigkeit bzw. Angst am anderen (Schenkel 1947, zit. in Mech und Boitani 2003).

Selbstbewusste Wölfe machen sich groß. Sie bewegen sich aufrecht und langsam auf gestreckten Läufen, Körper- und Schwanzhaar sind aufgerichtet, bei Aggression gesträubt, die Zähne werden nicht verborgen. Wölfe in untergeordneter Position machen sich dagegen klein, das Haar ist angelegt, der Kopf wird tief gehalten, die Läufe sind nicht durchgestreckt, Schwanz und Ohren sind angelegt, Zähne werden nicht gezeigt.

Dies darf allerdings nicht in der Weise missverstanden werden, als herrsche im Rudel ständig ein Klima von Aggressivität und Unterwerfung. Es gibt eine klare Hierarchie, aber sie wird nicht, wie unter Gehegebedingungen z. B. von Zimen (1978) beobachtet, in Kämpfen ausgetragen. Rudelmitglieder halten sich an die Regeln, bringen das in Mimik und Körpersprache (eher unbewusst) zum Ausdruck – und so werden Auseinandersetzungen von vornherein vermieden.

Bei Unstimmigkeiten im Rudel dienen Zähne eher zur Show als zum blutigen Streit.

Eine alte Wölfin genießt die Fürsorge aus dem Rudel.

Für den menschlichen Beobachter sind Mimik und Schwanzhaltung vergleichsweise gut zu deuten. Allerdings kommt es nur bei aggressiven Konfrontationen auch zu deutlich sichtbaren Ausdrucksformen. Bei klaren Verhältnissen im Rudel sind die Tiere entspannt, und nur der erfahrene Beobachter erkennt die Beziehungen der Tiere untereinander an ihren Verhaltensweisen.

1.6 Raum-Zeit-Verhalten

1.6.1 Zu- und Abwanderung

Nach einer langen Periode der Schrumpfung erleben wir gegenwärtig in Europa und Nordamerika eine Wiederausbreitung der Wolfspopulationen. Durch Zuwanderung von Wölfen aus dem Baltikum ist gegen Ende des 20. Jahrhunderts die zentraleuropäische Flachlandpopulation entstanden (Czarnomska et al. 2013). Sie entwickelt sich in jüngster Zeit jedoch eigenständig, und Zuwanderung trägt nicht mehr nennenswert zur weiteren Ausbreitung der Population bei. Auf ähnliche Weise ist es zur Wiederbesiedlung Schwedens durch Wölfe aus Finnland (Wabakken et al. 2001) und Ostfrankreichs durch Wölfe aus Italien (Kaczensky et al. 2013) gekommen.

Wölfe haben ein hohes Ausbreitungspotenzial, zum einen wegen ihrer hohen Vermehrungsrate, zum anderen wegen ihrer Neigung, große Strecken zurückzulegen. Männliche Wölfe wandern offenbar weiter als weibliche – in der in Ausbreitung befindlichen schwedischen Population 323 km (± 212) gegenüber 123 km (± 67) (Wabakken et al. 2001). Diese Distanzen sind größer als in Nordamerika und vermutlich darauf zurückzuführen, dass die Chancen, in der Ausbreitungsphase einen Partner zu finden, besonders gering sind. Von deutschen Wölfen sind Distanzen von 1500 km (Rüde Alan 2009, bis Weißrussland), über 700 km (Norddänemark – je ein Rüde und eine Wölfin) und nochmals 700 km (Naya 2017/18, Flandern, Belgien) nachgewiesen (DBB-Wolf 2017, siehe auch

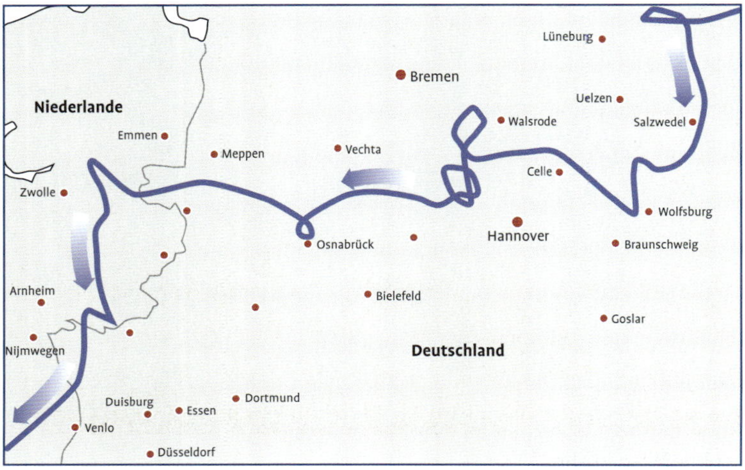

Abb. 1-1a Naya, eine junge Wölfin, lief von Mecklenburg-Vorpommern bis nach Flandern in Belgien. Quelle: TU Dresden, Forstzoologie

Abb. 1-1a bis c). Und gar nicht selten macht ein junger Wolf auch mal einen Ausflug, gerät dabei in feindliches Gelände – nämlich ein fremdes Territorium – und macht wieder kehrt, z. B. von Bad Muskau bis Potsdam und zurück, etwa 250 km Luftlinie je Strecke.

Viele Wanderwölfe sterben, ohne dass sie etwas zum Aufbau einer Population beigetragen haben. In der Schweiz wurden die ersten aus Italien eingewanderten Wölfe 1995 beobachtet, aber erst 17 Jahre später (2012) bildete sich das erste Rudel, das Calanda-Rudel.

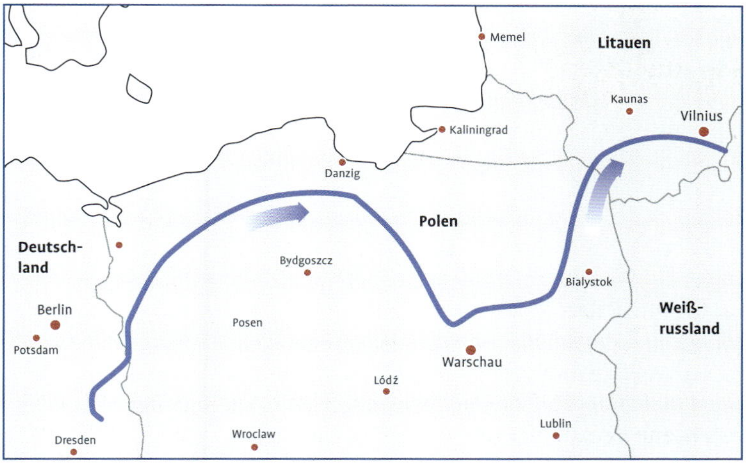

Abb. 1-1b In vier Monaten wanderte der junge Rüde Alan von Sachsen bis Weißrussland. Quelle: LUPUS-Institut für Wolfsmonitoring und -forschung in Deutschland

Alan – gerüstet für eine lange Reise ohne Wiederkehr.

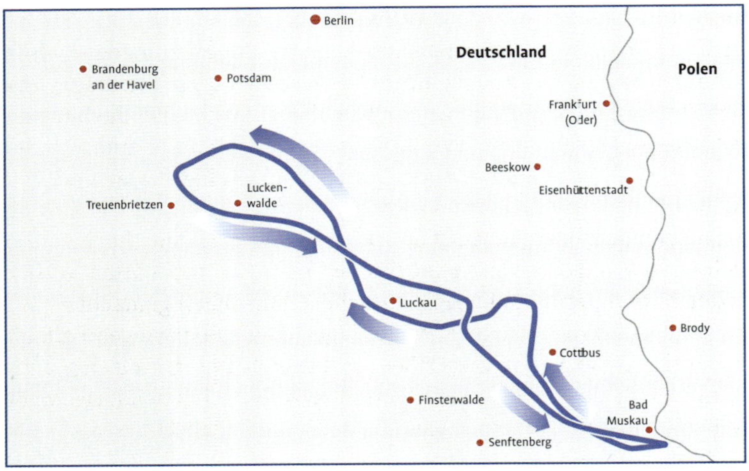

Abb. 1-1c Ein junger Rüde machte einen Ausflug von Bad Muskau bis Potsdam und zurück – etwa 250 km weit. Quelle: LUPUS-Institut für Wolfsmonitoring und -forschung in Deutschland

1.6.2 Territoriengröße

Wolfsrudel sind territorial, d. h. sie besetzen ein bestimmtes Gebiet und dulden hier keine anderen Wölfe. Die Größe von Territorien umfasst eine große Bandbreite. Mech und Boitani (2003) nennen als kleinsten, gut dokumentierten Wert 33 km² für ein sechsköpfiges Rudel in Minnesota, als größten 4335 km² im Nationalpark Denali und sogar 6272 km² ebenfalls in Alaska. Generell gilt, dass Territorien mit zunehmender geografischer Breite größer werden, weil die Produktivität des Lebensraums und damit das Nahrungsangebot abnimmt (Mech und Boitani 2003). Territorien umfassen etwa 200 – 300 km² in Deutschland (Kluth und Reinhardt 2018) bzw. 500 – 1500 km² in Schweden. Nahrung allein erklärt allerdings die Variationsbreite nicht vollständig – sonst gäbe es nicht kleine und große Territorien in ein und demselben Wolfsgebiet nebeneinander.

Territorien werden während des gesamten Jahres beibehalten, allenfalls verschieben sich die Aktivitätszentren als Reaktion auf räumliche, saisonale Verschiebungen der Beutetiere. Wölfe, die überwiegend von wandernden Karibus leben, bilden dagegen zumindest während der Wanderungen keine festen Territorien. Vielmehr folgen sie den Herden über Hunderte Kilometer. Dabei geraten sie in Kontakt mit anderen Rudeln, doch kommt es nicht zu räumlichen Auseinandersetzungen. Allenfalls wird ein erlegtes Karibu vom Rudel gegen andere Wölfe verteidigt. Unter solchen Bedingungen wurden Gruppen von bis zu 42 Wölfen beobachtet (Fuller et al. 2003). Diese Gruppen sind jedoch keine Rudel im Sinne einer Familie und lösen sich rasch wieder auf.

Territorien können auch gewechselt werden, und sie können sich in Größe und Form verändern. Solche Änderungen werden oft durch den Ausfall oder Wechsel eines der Elterntiere ausgelöst. Auch die Bildung oder Auflösung eines Nachbarrudels kann eine räumliche Verschiebung oder die Vergrößerung oder Verkleinerung eines Territoriums zur Folge haben.

1.6.3 Populationsdichte

Die Dichte einer Wolfspopulation (Anzahl Wölfe pro Flächeneinheit, z. B. pro 100 oder 1000 km²) ist kurz nach Geburt der Welpen naturgemäß am höchsten und sinkt dann durch Mortalität und Auswanderung ab. Sie kann andererseits durch Zuwanderung aber auch zunehmen. Als Bezugszeitpunkt für die Angabe einer Populationsdichte eignet sich am besten die Jahreswende.

In den nordischen Gebieten bei geringem Beuteangebot liegen die natürlichen, d. h. nicht wesentlich durch menschliche Nachstellung reduzierten Dichtewerte bei etwa 0,5 Wölfen pro

100 km². Es gibt allerdings spektakuläre Ausnahmen. Im Jahr 1980 wurde auf Isle Royale kurzfristig eine Dichte von 9,2 Wölfen pro 100 km² erreicht (Peterson und Page 1988, zit. in Mech und Boitani 2003). Von Minnesota berichtet Fuller (1989; zit. in Mech und Boitani 2003) von 6,9 Wölfen im Frühwinter bzw. von 5 im Spätwinter. In Białowieża wurden in einem Jahr 9 Wölfe auf 100 km² erreicht (Jedrzejewska und Jedrzejewski 1998). Solche Spitzenwerte treten jedoch nur vorübergehend für 1 oder 2 Jahre auf. Über einen längeren Zeitraum finden sich selten mehr als 4 Wölfe auf 100 km². In Schweden liegen die Dichten bei hohem Beuteangebot an Elchen bei etwa 1 Wolf auf 100 km² (Wikenros et al. 2015). In Ostsachsen, wo zwölf Rudel unmittelbar aneinandergrenzen (Hauptbeute Rehe), sind es im Winter 3–4 Wölfe. Zu beachten ist bei all diesen Angaben, dass Wölfe kaum irgendwo eine Populationsdichte erreichen können, die ihrem Potenzial entspricht, weil sie so gut wie überall bejagt werden – sei es legal oder illegal.

1.7 Wölfe auf der Jagd

So gut Wölfe auch erforscht sind – viele Details ihres Jagdverhaltens blieben der Wissenschaft lange Zeit verborgen. Es waren drei Dinge, die schließlich Licht ins Dunkel brachten. Erstens gelangen dem amerikanischen Wolfsbiologen David L. Mech in den 1960er-Jahren auf Isle Royale aus dem in geringer Höhe kreisenden Buschflieger unmittelbare Beobachtungen von Wölfen bei der Jagd auf Elche (Mech 1966). Zweitens ermöglichte die Radiotelemetrie das gezielte Auffinden und Beobachten von Wölfen bei der Jagd (z. B. Mech 1966). Drittens schließlich eröffnete die Wiederansiedlung von Wölfen im Yellowstone-Nationalpark mit seinen offenen Flächen exzellente Möglichkeiten, Wölfen beim Beuteerwerb über große Strecken und weite Entfernungen zuzusehen (Smith und Ferguson 2005).

1.7.1 Jagen als Einzelwolf

Wölfe, die das Jagen nicht gelernt haben, scheinen keine Schwierigkeiten zu haben, sofort Beute zu machen. Neun Jungwölfe, die im Winter 1976 aus einem Gehege des Nationalparks Bayerischer Wald ausgebrochen waren und sich rasch vereinzelten, erbeuteten bereits wenige Tage später Rehe und Rotwild (eig. Beob.). Alle waren im Gehege geboren und hatten vorher keinerlei jagdliche Erfahrungen gemacht.

Im Sommer jagen Wölfe überwiegend allein. In dieser Zeit ist der Wolf weniger ein Jäger als ein Sammler und sucht nach Jungwild. Das stellt seine Sinnesleistungen vor große Herausforderungen; denn Jungtiere wie Rehkitze, Hirsch- oder Elchkälber, die in Deckung abgelegt sind, verbreiten nur sehr wenig Witterung. Manche Muttertiere (Hirsch- und Elchkühe, Wildschweinbachen) kommen ihrem Nachwuchs auch rasch zu Hilfe und verteidigen ihn energisch. Das kann einen Wolf das Leben kosten.

1.7.2 Jagen im Rudel

Im Winter, wenn die Welpen groß genug sind, jagen Wölfe im Rudelverband. Das verschafft ihnen viele Vorteile bei der Fortbewegung in tiefem Schnee sowie beim Auffinden, Verfolgen und Überwältigen der Beute. In Gebieten mit geringer Beutetierdichte, z. B. in der Taiga (borealer Nadelwald) Kanadas und Alaskas, legen Wölfe auf der Suche nach Beute fast täglich große Strecken zurück. Nach verschiedenen Autoren (in Mech und Boitani 2003) verbringen sie im Winter 28–50 % ihrer Zeit wandernd, d. h. suchend, mit Tagesstrecken um 40 km. In den gemäßigten Breiten mit ungleich höheren Beutetierdichten sind diese täglichen Streifzüge vermutlich kürzer.

Jagende Wölfe sind hartnäckige, schnelle und ausdauernde Angreifer. Gleichzeitig sind sie jedoch vorsichtig, denn von den meisten potenziellen Beutetieren können sie ernsthaft verletzt werden. Deshalb greifen sie, wenn immer möglich, bevorzugt Jungtiere an. Je größer (gefährlicher) die Beutetiere, desto ausgeprägter ist die Konzentration auf Jungtiere. Sie erkennen auch verletzte, behinderte oder geschwächte Tiere

Vorsicht beim Wolf, Gelassenheit beim Hirsch.

rasch und fokussieren dann ihren Angriff auf diese. In der Mehrzahl der Begegnungen von Wölfen mit Beutetieren haben die Wölfe das Nachsehen.

Suchen und Finden von Beute

Beim Ortswechsel über größere Entfernungen bewegt sich das Rudel im fördernden Trab und in Linie. Zur Jagd fächert sich das Rudel auf und die Wölfe bilden eine breite Front. So durchkämmen sie eine größere Fläche. Gegenwind ist günstig, doch nicht unbedingt Voraussetzung. Oft stoßen sie eher zufällig auf Beutetiere. Im Wald wittern sie Beute bei günstigen Windbedingungen auf größere Entfernung, oder sie folgen ihr auf der Fährte. In offenem Gelände übernimmt das scharfe Auge das Orten von Beutetieren.

Der Angriff

Der Verlauf der eigentlichen Jagd hängt vom Verhalten der Beutetiere ab. Die meisten, vor allem kleinere bzw. nicht wehrhafte Arten – Rehe, Karibus, Weißwedel- und Damhirsche – ergreifen die Flucht. Größere – Bisons, Elche, Wapitis, Rotwild, Wildschweine – flüchten oder aber stellen sich den Angreifern. Manche wenden sich gar ihrerseits gegen die Verfolger. In Deutschland wurde dies wiederholt bei Wildschweinen beobachtet und im Film dokumentiert (Koerner 2018).

Tiere, die sich stellen, werden in den meisten Fällen von den Wölfen verlassen, oft schon nach wenigen Minuten. Doch können Wölfe auch mehrere Tage lang bei einem gestellten Elch oder Bison ausharren (Carbyn et al. 1993, zit. in Mech und Boitani 2003). Angriffe auf sich stellende Tiere erfolgen mit großer Vorsicht. Die Wölfe versuchen, die Tiere zur Flucht zu bewegen. Zähnefletschen oder andere aggressive Äußerungen wie Knurren oder Kläffen wurden dabei nicht beobachtet.

Wenn die Wölfe ein flüchtendes Rudel von z. B. Karibus oder Wapitis (oder Rotwild) verfolgen, so versuchen sie, in dem Getümmel ein verwundbares Tier auszumachen. Landis (1998) hat das in einer Filmszene im Yellowstone-Nationalpark eindrucksvoll dokumentiert. Ob sich Beutetiere den Wölfen stellen oder ob sie flüchten – die eine wie die andere Phase dieses Geschehens ist eine Testphase, die in der Mehrzahl der Fälle zugunsten der Beutetiere ausgeht. Sehr oft geben die Wölfe rasch auf, weil sie kein Beutetier ausmachen, das sich für einen finalen Angriff anbietet.

Koordiniertes Jagdverhalten und Kooperation

Bei vielen Menschen hat sich die Vorstellung verfestigt, das Jagen im Wolfsrudel sei streng koordiniert. Die Altwölfe bestimmten den Ablauf, jedes Rudelmitglied habe seine bestimmte Funktion, manche Wölfe bezögen einen Hinterhalt, die Verfolgung fliehender Beute würde in einer Art Staffellauf erfolgen usw. (Peterson und Ciucci 2003). Peterson und Ciucci (2003) äußern Zweifel an diesen Vorstellungen. Die meisten Elemente, die als Kriterium für „strategische Kooperation“ genannt werden, seien entweder nicht beobachtet worden oder aber schlicht Zufall. Im Übrigen verweisen sie darauf, dass der Beuteanteil, der einem einzelnen Rudelmitglied zukommt, in großen Rudeln kleiner ist als in kleinen oder gar bei Wolfspaaren. Sie akzeptieren andererseits koordiniertes Jagen bei Löwinnen, führen dies jedoch darauf zurück, dass diese meist viele Jahre in enger Partnerschaft leben.

Der Gedanke liegt nahe, dass die Jagd im Rudel gegenüber der Jagd als Einzeltier oder im Paar Vorteile hat. Misst man aber Jagderfolg als die Menge an Nahrung pro Wolf, so schneiden Paare am besten ab. Den beiden Wölfen steht mehr Nahrung zur Verfügung als jedem Wolf, der in einem größeren Rudel lebt.

Wölfe sind auch als Einzeltiere in der Lage, große Beutetiere zu überwältigen. Der Gründerrüde der heutigen Wolfspopulation von Schweden erbeutete Ende der 1970er-Jahre wiederholt erwachsene Elche (Bjärvall mdl. Mitt., Isakson mdl. Mitt.). Zwar erreichen skandinavische Elche nur etwa zwei Drittel der Körpermasse ihrer nordamerikanischen Artgenossen und nur wenige von ihnen werden wegen des hohen Jagddrucks älter als 3 Jahre, erreichen also nicht ihr körperliches Maximum – dennoch ist ein solcher Elch mit einem Lebendgewicht von über 300 kg und einer Schulterhöhe von fast 2 m ein formidabler Gegner.

Das finale Töten

Das Töten größerer Beutetiere obliegt im Rudel allein den beiden Elterntieren. Die jüngeren Wölfe halten sich zurück, allenfalls greifen sie gelegentlich auch nach den Flanken oder Läufen des Opfers.

Wölfe töten ihre Beutetiere vorzugsweise mit einem Biss in die Kehle. Dabei wird der Kehlkopf zerstört, das Opfer erstickt. Eine Wapitikuh stellt ungefähr das für den Kehlgriff größte Beutetier dar. Einen Hirsch mit etwa 50 % mehr Körpermasse oder einen Elch fassen Wölfe dagegen an den Flanken oder hinten am Rumpf, gerne auch an der Nase, um ihn zu Boden zu bringen. Erst dann erfolgt der tödliche Kehlbiss. In diesen letzten Sekunden fällt das gesamte Rudel bereits über die Beute her und beginnt mit dem Fressen.

Größe des Rudels und Jagderfolg

Lange war man der Meinung, große Rudel hätten auch einen größeren Jagderfolg bei großen Beutetieren. Mech (1966) machte auf Isle Royale jedoch die Entdeckung, dass selbst ein 16-köpfiges Wolfsrudel nur in etwa 6 % seiner Angriffe auf Elche erfolgreich war. Die anderen Elche entkamen entweder durch Flucht, oder sie stellten sich und die Wölfe gaben auf. In den meisten Fällen dauerte die Verfolgung oder das Stellen nur wenige Minuten – dann wussten die Wölfe: Ein Angriff lohnte sich nicht.

Gegen Ende des Winters, wenn Beutetiere ihre körpereigenen Reserven weitgehend aufgezehrt haben, sind Wölfe deutlich erfolgreicher als zu Winterbeginn. Im Yellowstone-Nationalpark sind zu Winteranfang noch etwa acht Angriffe auf Wapitis für einen Jagderfolg erforderlich, zu Winterende nur noch fünf (Smith und Ferguson 2005). Im Spätherbst, wenn die dominanten Wapitihirsche nach der kräftezehrenden Brunft stark abgemagert sind, bilden sie für Wölfe vorübergehend eine relativ leichte Beute – trotz ihrer imponierenden Größe und des mächtigen Geweihs.

1.8 Lebensraum und Verbreitung

Die Verbreitung des Wolfes erstreckte sich einst über alle Lebensräume nördlich von etwa 20° nördlicher Breite, d. h. vom mittleren Mexiko, vom Süden Saudi-Arabiens und von Indien bis zum Polareis. Wölfe sind überaus anpassungs-

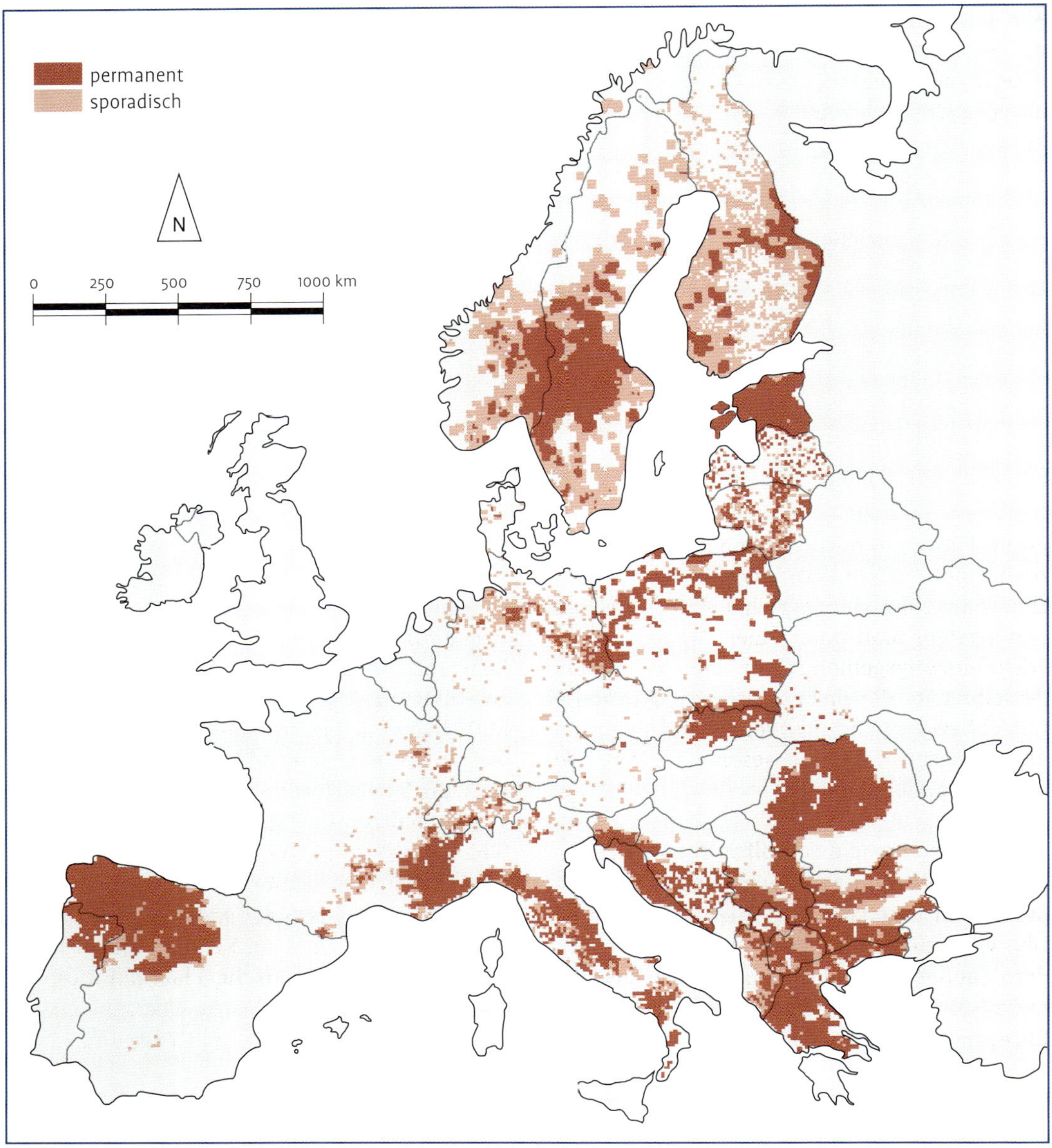

Abb. 1-2 Verbreitung des Wolfes in Europa (aus Mangel an Daten ohne Russland, Weißrussland und Ukraine). Quelle: LCIE 2018, www.lcie.org/large-carnivores

fähig und leben in Wüsten, Steppen, Wäldern, Sümpfen und in der Tundra, von Meereshöhe bis in Regionen über der Baumgrenze, sie halten arktische Temperaturen von − 50 °C aus und ebenso + 50 °C auf der Arabischen Halbinsel. Die Art der Vegetation spielt keine Rolle, wohl aber die Gegenwart von wilden Huftieren (Young und Goldman 1944, zit. in Mech und Boitani 2003).

Das heutige Areal der Wölfe ist in zahlreiche Populationen aufgesplittert, ein Ergebnis drastischer Verfolgung über Jahrhunderte, die

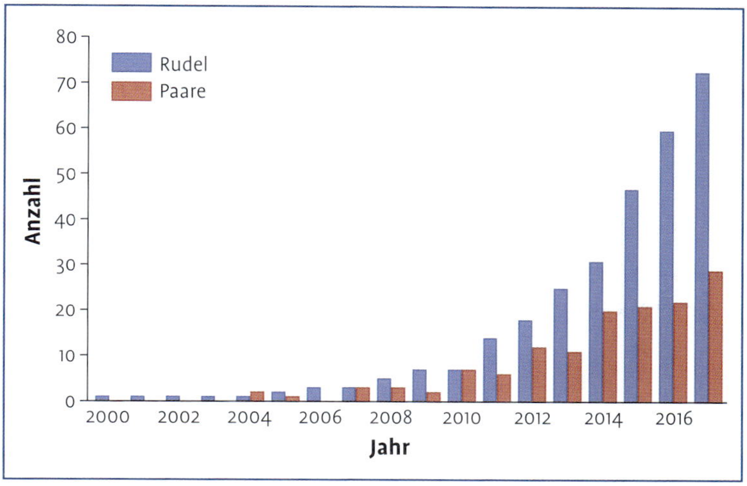

Abb. 1-3 Seit gut 10 Jahren wächst die Wolfspopulation in Deutschland jährlich um etwa 30 %. Quelle: DBBW 2018.

große Lücken in das einst kontinuierliche Verbreitungsareal gerissen und eine genetische Differenzierung zur Folge hatte. Im Allgemeinen versteht man unter einer Population eine Fortpflanzungsgemeinschaft von Individuen derselben Art, die ein bestimmtes geografisches Gebiet bewohnt und sich weitgehend eigenständig entwickelt, d. h. ohne wesentliche Zuwanderung von außen.

1.8.1 Verbreitung des Wolfes in Europa

In Europa werden gegenwärtig neun Wolfspopulationen unterschieden. Hier sei ein kurzer Überblick zur Situation in den einzelnen Ländern (außer Russland, Weißrussland und Ukraine – keine Daten verfügbar) gegeben (LCIE 2018; siehe auch Abb. 1-2). Die Zahlen sind nur als sehr grobe Einschätzungen aufzufassen, da der Standard des Monitorings in den verschiedenen Ländern nicht einheitlich ist.

Die **skandinavische Population** umfasst etwa 400 Wölfe in Schweden und Norwegen. Sie ist durch Zuwanderung von Tieren aus Finnland entstanden (erste Rudelbildung 1983), geht auf nur fünf Gründertiere zurück und ist daher von starker Inzucht betroffen. In Norwegen werden auf Grundlage eines Parlamentsbeschlusses nur drei Rudel geduldet, in Schweden wird das Rentierweidegebiet (ca. 45 % im Norden des Landes) von einer Besiedlung frei gehalten. Die Population in Schweden wird durch Abschüsse auf 22 Rudel bzw. 270 Tiere begrenzt.

Die **finnische Population** ist starken Schwankungen durch illegale Jagd (ca. 150 Tiere, abnehmend) unterworfen und auf das Grenzgebiet zu Russland (Karelien) beschränkt. Seit etwa 2005 haben sich jedoch mehrere Rudel im Südwesten des Landes gebildet (Granroth-Wilding et al. 2017).

Die **baltische Population** umfasst etwa 830 Tiere (Stand 2011) in Estland (230), Lettland (300) und Litauen (300) sowie 400 in Nordpolen. Sie erscheint stabil bzw. nimmt zu und wird (außer in Polen) regelmäßig bejagt.

Die **zentraleuropäische Flachlandpopulation** erstreckt sich über Nordostdeutschland und Westpolen, umfasst etwa 1500 Tiere und nimmt rasch zu.

Die **Karpatenpopulation** umfasst etwa 3300 Wölfe, davon 300 in Südostpolen, 500 in der Slowakei und 2500 in Rumänien (Stand 2012).

Die **dinarisch-balkanische Population** umfasst insgesamt etwa 5000 Tiere und setzt sich aus etwa 40 Wölfen in Slowenien, 200 in Kroatien, 650 in Bosnien, 270 in Mazedonien, 800 in Serbien, 700 in Griechenland und 250 in Albanien zusammen (Stand 2000).

Die **italienische Population** besteht aus 600 – 800 Wölfen und ist stabil.

Die **alpine Population**, durch Zuwanderung italienischer Wölfe entstanden (erste Rudelbildung 1992 in Mercantour, Frankreich), umfasst etwa 300 Wölfe in Ostfrankreich, etwa 100 im Nordwesten Italiens und etwa 40 Wölfe in der Schweiz. Sie nimmt rasch zu.

Die **iberische Population** besiedelt Nordwestspanien mit etwa 2000 und Nordportugal mit 200 – 400 Wölfen.

1.8.2 Wölfe in Deutschland

Der Beginn der Besiedlung Deutschlands durch Wölfe liegt im Jahr 2000, als an der Grenze zu Westpolen erstmals seit ihrer Ausrottung vor über 150 Jahren Jungwölfe geboren wurden. Die Elterntiere waren aus Westpolen gekommen, wo sich aus Wölfen, die aus dem Baltikum stammten, eine Population von einigen wenigen Rudeln gebildet hatte. Zusammen mit den westpolnischen Wölfen bilden die deutschen Wölfe die zentraleuropäische Flachlandpopulation.

Im Jahr 2003 paarte sich eine Jungwölfin dieses Rudels mit einem Hund und zog neun Mischlinge auf, von denen vier bis zum Jahresende überlebten. Zwei konnten eingefangen werden, die anderen verschwanden. 2005 bildete sich das zweite Rudel, und danach nahm der Bestand rasch zu. Seit dem Jahr 2008 stieg die Zahl der bestätigten Rudel um etwa 30 % pro Jahr. Die Ausbreitung erfolgte überwiegend in nordwestlicher Richtung bis zur Nordseeküste (Cuxhaven) und nach Dänemark, wo sich ein Rudel aus zwei deutschen Wölfen gebildet hat.

Ende April 2018 waren in Deutschland 73 Rudel, 30 Paare und drei Einzelwölfe bestätigt (DBB-Wolf 2018). In Westpolen westlich der Weichsel waren es zum gleichen Zeitpunkt etwa 80 Rudel bzw. Wolfspaare (IFAW 2018).

1.8.3 Wölfe in der Schweiz

In der Schweiz werden seit 1994 zunehmend Wölfe beobachtet, die aus den Seealpen (Frankreich) bzw. aus dem Piemont (Italien) einwandern. Das erste Rudel bildete sich erst 2012 im Kanton Graubünden. Dieses „Calanda-Rudel" hat seitdem jedes Jahr Welpen aufgezogen. Im Jahr 2016 etablierten sich im Tessin und im Wallis zwei weitere Rudel. Die Anzahl der Wölfe insgesamt wird auf etwa 40 Tiere geschätzt, die über das ganze Land verteilt sind.

Keine Angst vor großen Ungetümen. Wölfen gefällt es auf Truppenübungsplätzen.

1.8.4 Wölfe in Österreich

Zwischen 2009 und 2015 sind in Österreich bis zu sieben Wölfe pro Jahr genetisch nachgewiesen worden. Darunter waren Wölfe aus der Balkanpopulation, der Alpenpopulation und der Karpatenpopulation. Das erste Rudel bildete sich im Jahr 2016 in Allentsteig im Norden des Landes, nahe der Grenze zur tschechischen Republik. Eines der Elterntiere stammt aus der zentraleuropäischen Flachlandpopulation.

Fazit für die Praxis

- Nach einem Tief um die Mitte des vorigen Jahrhunderts nehmen die Wölfe an Zahl zu. Sie vergrößern ihr Verbreitungsgebiet und kommen zurück in Länder, in denen sie bereits ausgerottet waren. Die zentraleuropäische Flachlandpopulation wächst derzeit pro Jahr um etwa 30 %. Grund für diese Renaissance sind nationale und internationale Schutzbestimmungen.
- Etwa 80 – 90 % der Wölfe sind in Rudeln organisiert. Das sind die Elterntiere mit den Jungtieren und einigen Jährlingen.
- Jungwölfe verlassen ihr Familienrudel mit 1 – 2 Jahren. Manche wandern dabei mehrere 100 km weit.
- Ein Rudel beansprucht als Territorium etwa 200 – 300 km^2.
- Die Populationsdichte von Wölfen überschreitet in Mitteleuropa nur selten einen Wert von etwa vier Tieren pro 100 km^2.
- Wölfe treffen in Europa auf ein Beuteangebot, das höher ist als je zuvor. Rehe, Rotwild und Wildschweine, örtlich auch Damwild stellen etwa 90 % ihrer Nahrung.
- Mit den Bedingungen der Kulturlandschaft kommen Wölfe gut zurecht. Sie sind nicht auf Wildnis angewiesen, bevorzugen aber weiträumige Waldgebiete.

Literatur

Bibikow, D. I. (1988): Der Wolf. A. Ziemsen Verlag, Wittenberg. 198 S.

Czarnomska, S. D., Jedrzejewska, B., Borowik, T., Niedziałkowska, M., Stronen, A. V., Nowak, S., Mysłajek, R. W., Okarma, H., Konopinski, M., Pilot, M., Smietana, W., Caniglia, R., Fabbri, E., Randi, E., Pertoldi, C., Jedrzejewski, W. (2013): Concordant mitochondrial and microsatellite DNA structuring between Polish lowland and Carpathian Mountain wolves. Conservation Genetics 14 (3), 573 – 588.

Dybas, Ch. L. (2012): A Wolf in Jackal's Clothing. Africa Geographic.

Fuller, T. K., Mech, L. D., Fitts Cochrane, J. (2003): Wolf population dynamics. In: Mech, L. D., Boitani, L. (Hrsg.): Wolves: behavior, ecology, and conservation. The University of Chicago Press Ltd., London, 161 – 191.

Granroth-Wilding, H., Primmer, C., Lindqvist, M., Poutanen, J., Thalmann, O., Aspi, J., Harmoinen, J., Kojola, I., Laaksonen, T. (2017): Non-invasive genetic monitoring involving citizen science enables reconstruction of current pack dynamics in a re-establishing wolf population. BMC Ecology 17 (44), doi: 10.1186/s12898-017-0154-8.

Halfpenny, J. C. (2003): Yellowstone Wolves in the Wild. Riverbend Publishing, Helena, Montana. 104 S.

Harrington, F. H., Asa, Ch. S. (2003): Wolf Communication. In: Mech, D. L., Boitani. L. (Hrsg.): Wolves: behavior, ecology, and conservation. The University of Chicago Press Ltd., London, 66 – 105.

Hart, V., Nováková, P., Malkemper, E. P., Begall, S., Hanzal, V., Ježek, M., Kušta, T., Němcová, V., Adámkov, J., Benediktová, K. Červený, J., Burda, H. (2013): Dogs are sensitive to small variations of the Earth's magnetic field. Frontiers in Zoology 10 (1), 80.

Hayes, R. D. (2011): Wölfe im Yukon. Eigenverlag. Bezug: info@woelfeindeutschland.de

Hayes, R. D., Baer, A. M., Wotschikowsky, U., Harestad, A. S. (2000): Kill rate by wolves on moose in the Yukon. Canadian Journal of Zoology 78 (1), 49 – 59.

Jedrzejewska, B., Jedrzejewski, W. (1998): Predation in vertebrate communities. The Białowieża Primeval Forest as a case study. Springer, Berlin. 2450 S.

Kaczensky, P., Hayes, R. D., Promberger, C. (2005): Effect of raven *Corvus corax* scavenging on the kill rates of wolf *Canis lupus* packs. Wildlife Biology 11 (2), 101 – 108

Kaczensky P., Chapron, G., von Arx, M., Huber, D., Andrén, H., Linnell, J. (Hrsg.) (2013): Status, management and distribution of large carnivores – bear, lynx, wolf & wolverine – in Europe. IUCN/SSC Large Carnivore Initiative for Europe under contract N°070307/2012/629085/SER/B3.

Koerner, S. (2018): Familie Wolf – gefährliche Nachbarn? https://www1.wdr.de/fernsehen/abenteuer-erde/sendungen/familie-wolf-gefaehrliche-nachbarn-100.html

Landis, R. (1998): Yellowstone wolves – predation. Trailwood-Landis films, Gardiner, MT.

McNay, M. (undatiert): Projektbericht 14.22, Alaska Department of Fish and Game.

Mech, D. L. (1966): The wolves of Isle Royale. US National Park ServiceFauna Serie, No. 7, U. S. Government Printing Office. 228 S.

Mech, D. L. (1970): The wolf: The ecology and behavior of an endangered species. Natural History Press, Garden City, NY. 384 S.

Mech, D. L. (1988): Longevity in wild wolves. Journal of Mammalogy. 69 (1), 197 – 198, https://doi.org/10.2307/1381776.

Mech, D. L., Boitani. L. (2003): Wolves: behavior, ecology, and conservation. The University of Chicago Press, Ltd., London. 472 S.

Peterson, R. O., Ciucci, P. (2003): The wolf as a carnivore. In: Mech, L. D., Boitani, L. (Hrsg.): Wolves: behaviour, ecology and conservation. University of Chicago Press, Chicago, 104 – 130.

Savolainen, P., Zhang, Y. P., Lu, J., Lundeberg, J., Leitner, T. (2002): Genetic evidence for an East Asian origin of domestic dogs. Science, 298 (5598), 1610 – 1613.

Sidorovich, V., Rotenko, I. I. (2018): Reproduction biology in grey wolves (*Canis lupus*) in Belarus: Common Beliefs versus reality. Chatyry Chverc, Minsk. 15 S.

Smith, D. W., Ferguson, G. (2005): Decade of the wolf: returning the wild to Yellowstone. Rowman and Littlefield, Lanham. 264 S.

Stenlund, M. H. (1955): A field study of the timber wolf (*Canis lupus*) on the Superior National Forest, Minnesota. Technical Bulletin no. 4. Minnesota Department of Conservation, Minneapolis. 55 S.

Wabakken, P., Sand, H., Liberg, O., Bjärvall, A. (2001): The recovery, distribution, and population dynamics of wolves on the Scandinavian peninsula, 1978 – 1998. Canadian Journal of Zoology 79, 710 – 725.

Wikenros, C., Sand, H., Bergström, R., Liberg, O., Chapron, G. (2015): Response of Moose Hunters to Predation following Wolf Return in Sweden. PLoS ONE 10(4): e0119957. doi:10.1371/journal.

Zimen, E. (1978): Der Wolf. Mythos und Verhalten. Meyster Verlag, Wien, München. 332 S.

Internet

DBBW (Dokumentations- und Beratungsstelle des Bundes zum Thema Wolf): www.DBB-Wolf.de

IFAW (International Fund for Animal Welfare): www.ifaw.org/deutschland.

LCIE (Large Carnivore Initiative for Europe): lcie.org/Large-carnivores

2 Der Eurasische Luchs

MARCO HEURICH

2.1 Systematik und Evolution

Luchse gehören zur Familie der Katzen (Felidae), die wiederum der Ordnung der Raubtiere zugeordnet ist. Aufgrund der Ergebnisse neuer molekulargenetischer Methoden wurde die traditionelle Systematik überarbeitet, so dass heute 13 Gattungen mit insgesamt 37 Arten unterschieden werden. Die vier heute lebenden Luchs-Arten gehören zur Gattung *Lynx*. (Macdonald et al. 2010).

Die Entwicklung der Katzen begann vor etwa 30 Millionen Jahren mit dem Auftreten des etwa hauskatzengroßen *Proailurus*. Von ihm spalteten sich später die Linien der Katzen und die der Säbelzahnkatzen ab. Während aus den heutigen Katzen vor 11 Millionen Jahren die Groß- und Kleinkatzen entstanden, starben die Säbelzahnkatzen am Ende der letzten Eiszeit aus. Die Luchslinie trennte sich vor etwa 7,2 Millionen Jahren von den Kleinkatzen ab (Werdelin et al. 2010). Vom „Urluchs" *Lynx issiodorensis* wiederum stammen alle vier heute lebenden Luchsarten ab (Hemmer 1993). Zunächst entstand der Rotluchs (*Lynx rufus*), der heute in Mexiko, den Vereinigten Staaten und dem südlichen Kanada vorkommt. Der Pardelluchs (*Lynx pardinus*) trennte sich vor etwa 2,5 Millionen bis 500 000 Jahren. Er ist heute als eines der seltensten Säugetiere vom Aussterben bedroht, denn es leben nur noch 150–450 Tiere im Südwesten der Iberischen Halbinsel (Rodríguez und Calzada 2015). Der Kanadische Luchs (*Lynx canadensis*) wurde lange als Unterart des Eurasischen Luchses betrachtet, da sich beide Arten erst während der beiden letzten Eiszeiten getrennt haben. Aktuell wird er aber aufgrund paläontologischer und molekulargenetischer Erkenntnisse als eigene Art geführt (Sunquist und Sunquist 2002, Johnson et al. 2006).

Für den Eurasischen Luchs (*Lynx lynx*) werden derzeit mindestens sechs bis neun Unterarten unterschieden, drei davon müssen noch durch weitere Untersuchungen bestätigt werden. Für Europa sind vier Unterarten relevant: Der Nordluchs (*L.l. lynx*), der sein Verbreitungsgebiet von Skandinavien über das Baltikum bis zum Jenissej hat; der Karpatenluchs (*L.l. carpaticus*), der im gesamten Karpatenbogen vorkommt und von dem auch die meisten Tiere für Wiederansiedlungsprojekte in Mitteleuropa stammen; der Balkanluchs (*L.l. martinoi*), von dem weniger als 50 ausgewachsene Individuen in Albanien, dem Kosovo, Montenegro und Mazedonien leben; und schließlich der Kaukasusluchs (*L.l. dinniki*), der vom Ägäischen Meer über den Kaukasus bis zum Elbrusgebirge vorkommt (Breitenmoser und Breitenmoser-Würsten 2008).

2.2 Morphologie

Luchse besitzen ein unverwechselbares Aussehen, zu dem die schwarzen Haarpinsel auf den Ohren, der Stummelschwanz und der Backenbart beitragen. Über die Funktion dieser Merk-

Charakteristisch für den Luchs sind sein Stummelschwanz, seine für Katzen langen Beine, sein Backenbart und natürlich die Pinsel auf seinen Ohren.

male wird viel spekuliert, so vermutet man, dass die Haarpinsel als Geräuschverstärker oder zum Feststellen der Windrichtung dienen. Beides konnte aber bislang nicht wissenschaftlich bestätigt werden. Es könnte auch sein, dass den Pinseln zusammen mit der auffälligen schwarz-weißen Zeichnung auf der Rückseite der Ohren eine Funktion bei der Verständigung der Tiere zukommt. Ungewöhnlich im Tierreich ist auch der Stummelschwanz mit der schwarzen Spitze, der nur 15–20 cm lang ist. Auch hier ist die Funktion nicht geklärt. Es wird vermutet, dass es sich um eine Anpassung an die Kälte handelt. Bedenkt man jedoch, dass der Schneeleopard, der in den Gebirgen Zentralasiens vorkommt, einen sehr langen, buschigen Schwanz hat, kann auch diese Erklärung nicht überzeugen.

Luchse sind mit einer Körperlänge von 80–110 cm und einer Schulterhöhe von etwa 55 cm die größten in Mitteleuropa vorkommenden Raubkatzen. Dabei sind männliche Tiere (Gewicht 20–32 kg) etwa ein Fünftel größer als Weibchen (15–21 kg). Aufgrund des rundlichen, verkürzten Gesichtes haben Katzen einen relativ kleinen Kiefer, in dem nur 28 Zähne Platz haben (Hunde verfügen über 42 Zähne). Dabei ist die Zahl der Schneide- und der Eckzähne bei Katzen und Hunden gleich (12 bzw. 4). Luchse verfügen aber nur über 8 statt 16 Vorderbackenzähne und über 4 statt 10 Backenzähne. Das Gebiss des Luchses ist hoch spezialisiert und hervorragend an die Lebensweise als Fleischfresser angepasst. Es besitzt stark verlängerte Eckzähne, die als Fangzähne bezeichnet werden und dazu dienen, den Tötungsbiss anzubringen. Charakteristisch für Raubtiere ist die sogenannte Brechschere. Sie setzt sich aus zwei scharfen Reißzähnen in jeder Kieferhälfte zusammen, die wie eine Schere gegeneinander bewegt werden können und das Abbeißen von Fleisch erlauben. Aufgrund der ausgeprägten Kiefermuskulatur können Luchse einen enormen Kaudruck entwickeln, so dass sie in der Lage sind, Röhrenknochen mit einem Durchmesser von bis zu 2,5 cm glatt durchzubeißen.

Karpartenluchse haben ein stark geflecktes Fell und sind damit in Laubmischwäldern optimal getarnt.

Luchse laufen auf den Zehenspitzen. Die weichen Zehenballen ermöglichen zusammen mit den eingezogenen Krallen eine geschmeidig fließende und lautlose, typisch katzenartige Fortbewegung. Die breiten Pfoten sind mit dichtem Haar bewachsen, so dass die Tiere im Winter wie mit Schneeschuhen laufen können und im Schnee nicht so tief einsinken wie ihre Beutetiere. Während ein durchschnittlicher Mensch ein Gewicht von 175 g/cm^2 Fußfläche auf den Boden bringt, sind es beim Luchs nur 60 g/cm^2.

Das Fellmuster der Luchse ist sehr variabel. Tiere, die in Skandinavien oder im Gebirge leben, haben ein blasseres, wenig geflecktes Fell, wohingegen Luchse mit rotbraunem Farbton und stark geflecktem Fell vor allem in den Karpaten vorkommen. Das Fell tarnt beim Anschleichen und lässt die Konturen im Wald durch den Wechsel von Licht und Schatten verschwinden. Die Musterung ist für die Erforschung der Luchse sehr praktisch, denn sie ist so individuell wie der Fingerabdruck eines Menschen und kann deshalb dazu verwendet werden, die einzelnen Tiere voneinander zu unterscheiden. Ob Tiere miteinander verwandt sind, lässt sich jedoch nicht aus der Musterung erkennen. Zusätzlich schützt das Fell mit seinen 9000 Haaren/cm^2 (zum Vergleich Mensch: 200 Haare/cm^2) hervorragend vor Kälte und Feuchtigkeit, so dass sich die Tiere auch bei sehr niedrigen Temperaturen am Polarkreis wohlfühlen.

2.3 Sinnesleistungen

Wie bei allen Katzenarten ist der Sehsinn beim Luchs sehr gut ausgeprägt, die Lichtempfindlichkeit der Augen ist etwa sechsmal höher als beim Menschen. Das hängt damit zusammen, dass die Augen sehr groß sind und die Pupillen weit geöffnet werden können. Außerdem enthält die Netzhaut der Luchse mehr lichtempfindliche Stäbchenzellen und hinter der Netzhaut befindet sich eine lichtreflektierende Schicht, das sogenannte „Tapetum lucidum“. Sie wirkt wie ein Lichtverstärker, indem sie das Licht, das bereits die Sehsinneszellen passiert hat, nochmals zu diesen zurückwirft. Deshalb leuchten die Augen beim Anstrahlen mit einem Scheinwerfer – der typische „Katzenaugeneffekt“. Allerdings können Luchse schlechter Farben erkennen, da sie nur über zwei Typen Zäpfchenzellen verfügen, die lediglich Grün und Blau unterscheiden können. Das ist aber in der Dämmerung und nachts durchaus von Vorteil, da die Tiere so mehr Grautöne unterscheiden können und Farbsehen bei Dunkelheit keine Vorteile bietet (Kitchener 1991). Außerdem verfügen Luchse über eine sehr hohe Sehschärfte, so dass sie in der Lage sind, eine Maus aus 75 m Entfernung zu erkennen. Durch die nahe zusammenliegenden Augen vorne im Gesicht ergibt sich eine starke Überschneidung der Sehachsen. Diese erlaubt ein sehr gutes dreidimensionales Sehen und dadurch eine genaue Entfernungsabschätzung, was ein zielgerichtetes Fangen der Beutetiere erst möglich macht (Lindemann 1949).

Auch das Gehör des Luchses ist sprichwörtlich gut ausgeprägt und kann noch Töne im Bereich zwischen 65 und 70 kHz wahrnehmen, während das menschliche Hörvermögen bereits bei 15 – 20 kHz endet. Versuche haben ergeben, dass Luchse den Ton einer Trillerpfeife noch aus 4,5 km Entfernung wahrnehmen können, während es bei einem Hund nur 2,8 km sind (Sunquist und Sunquist 2002).

Der Geruchssinn spielt bei den Luchsen eine untergeordnete Rolle. Das zeigt sich schon an der Größe des Riechepithels von Katzen: Es umfasst nur eine Fläche von 14 cm², während

Sehsinn und Gehörsinn sind bei Luchsen sprichwörtlich gut ausgeprägt, während der Geruchssinn vor allem der innerartlichen Kommunikation dient.

es bei Hunden bis zu 150 cm² erreichen kann (Kitchner et al. 2010). Da verwundert es nicht, wenn der Geruchssinn beim Beuteerwerb eine viel geringere Rolle spielt als z. B. bei Wölfen. Gerüche haben jedoch eine große Bedeutung bei der innerartlichen Kommunikation. Die über mehrere Drüsen abgesetzten Duftmarkierungen wirken dabei wie Verkehrszeichen und Schilder, an denen sich die Tiere über ihre Nachbarn, Geschlechtspartner oder durchziehende Tiere informieren können. Sie spielen eine entscheidende Rolle bei der Etablierung und dem Erhalt der Streifgebiete.

Aufgrund eines Gendefekts funktioniert der Geschmacksrezeptor für „süß“ bei Luchsen nicht, so dass sie nur sauer, salzig und bitter schmecken können. Da sich die Tiere fast ausschießlich von Fleisch ernähren, ist dies aber nicht von Bedeutung.

Mit ihren Schnurrhaaren verfügen Katzen über einen siebten Sinn. Sie sind dicker und tiefer in der Haut verankert als andere Haare und sitzen in flüssigkeitsgefüllten Säckchen, die von einer Vielzahl von Sinneszellen und Nervenbahnen durchzogen werden. Die Schnurrhaare sind vor allem im Bereich der Schnauze, aber auch im gesamten Kopfbereich und den Vorderbeinen konzentriert. Die Sinneszellen reagieren sehr empfindlich auf Scherreize, wodurch die Tiere sogar Veränderungen von Luftströmungen registrieren können. Durch diesen Sinn wird das Jagen in der Dunkelheit unterstützt, selbst blinde Tiere sind damit in der Lage, Hindernisse ohne Berührung zu umgehen. Auch unmittelbar vor dem Tötungsbiss haben die Schnurrhaare eine wichtige Bedeutung, indem sie dem Luchs helfen, die richtige Position zu finden (Leyhausen 1979).

2.4 Fortpflanzung, Entwicklung, Sterblichkeit

2.4.1 Paarungszeit

Die Paarungszeit der Luchse liegt im Februar und März. Dann sind auch ihre charakteristischen Schreie, die wie ein raues, lautes „mao!, mao!" klingen, zu hören. Männliche Luchse (Kuder) paaren sich mit 3 Jahren zum ersten Mal erfolgreich, während Weibchen (Katzen) schon mit 2 Jahren, in Ausnahmefällen sogar mit einem Jahr, Junge bekommen können (Kvam 1991). Das Männchen kontrolliert in dieser Zeit die Weibchen in seinem Streifgebiet. Da die Weibchen nur 4–7 Tage paarungsbereit sind, folgt ihnen der Kuder dann auf Schritt und Tritt und es kommt zu mehrfachen Verpaarungen. Dabei wird der Eisprung erst durch die Kopulation ausgelöst (= induzierte Ovulation).

2.4.2 Jugenaufzucht

Nach einer Tragzeit von 67–74 Tagen werden die Jungen zwischen Ende Mai und Mitte Juni zur Welt gebracht (Kunc 1970). Die Wurfplätze liegen bevorzugt in steilem, unzugänglichem Gelände. Oft suchen sich die Weibchen felsige Bereiche aus, in denen sich die Jungen in Nischen oder kleine Höhlen zurückziehen können. Im Flachland dienen auch Windwürfe, dichte Verjüngungsflächen oder tief beastete Bäume als Wurfplatz (Boutros et al. 2007).

Ein Wurf umfasst zwischen einem und vier Jungtieren (mittlere Embryonenzahl 2,5), die nach der Geburt noch blind sind und bei einer Länge von etwa 17 cm 250–300 g wiegen (Kvam 1991). Die Jungen sind also Nesthocker, es dauert 2 Wochen, bis sie ihre Augen öffnen und beginnen, ihre Umgebung zu erkunden. In den ersten 4 Wochen verbringt die Mutter fast die ganze Zeit am Wurfplatz, denn sie muss die Jungtiere im Durchschnitt sechs Mal am Tag säugen und sie bei schlechtem Wetter auch wärmen. Sobald der Nachwuchs weniger Fürsorge benötigt, geht das Muttertier wieder regelmäßig jagen und verlässt den Wurfplatz häufiger.

Auch dann besteht die Nahrung der Jungen vor allem aus Milch. Denn anders als beim Wolf trägt die Luchsin ihren Jungen keine Nahrung zu. Nach etwa 2 Monaten zieht die Familie zum ersten Mal um. Dabei trägt die Mutter die Jungen einzeln zum neuen Lagerplatz, der meist nicht weiter als 1,5 km entfernt ist (Boutros et al. 2007). Die Jungen werden 4,5–6 Monate

Während der Paarungszeit kann man die charakteristischen Rufe der Luchse hören.

gesäugt, danach haben sie 75–80 % ihrer Körpergröße erreicht. Bis dahin haben sich auch die Reißzähne vollständig entwickelt und die Jungen können von ihrer Mutter zu Rissen geführt werden, um dort Fleisch zu fressen. Der Wechsel der Milchzähne beginnt im September und ist erst im Alter von 9–10 Monaten abgeschlossen. Erst dann können die Jungluchse selbstständig größere Tiere erbeuten. So lange sind sie darauf angewiesen, dass die Mutter ihre Nahrung erbeutet. In den ersten Lebensmonaten lässt die Mutter den Jungen den Vortritt und diese fressen noch gemeinsam. Ab November gibt es jedoch eine klare Rangordnung und die stärkeren Jungtiere lassen ihre Geschwister erst dann fressen, wenn sie selbst satt sind. Im Winter frisst sich die Mutter zunächst selbst satt, bevor die Jungen zum Riss geführt werden (Breitenmoser und Breitenmoser-Würsten 2008). Erst nach 2 Jahren ist das Körperwachstum der Tiere vollständig abgeschlossen (Hucht-Ciorga 1988).

Die Jungen werden blind geboren und öffnen erst nach 2 Wochen die Augen. In dieser Zeit kümmert sich die Luchsin intensiv um den Nachwuchs.

2.4.3 Loslösung von der Mutter und Abwanderung der Jungluchse

Schon im März und April, also nach nicht einmal einem Jahr, beginnen sich die Jungen von der Mutter zu trennen. Das ist die schwierigste Phase im Leben der Jungluchse, da sie nun selbst jagen und sich auf die Suche nach einem noch unbesetzten Streifgebiet begeben müssen. Dieses sogenannte Dispersal, also die Abwanderung aus dem Streifgebiet der Mutter, ist ein wichtiger natürlicher Prozess, der dazu beiträgt, Lücken in der Verbreitung der Luchse zu schließen und den genetischen Austausch innerhalb und zwischen den Populationen zu ermöglichen. Junge Männchen wandern dabei größere Distanzen, während Weibchen die Tendenz besitzen, sich

Meist werden zwei bis drei, manchmal aber auch vier Jungtiere geboren.

Schon zwischen März und April verlassen die meisten Jungtiere ihre Mutter und machen sich auf die Suche nach einem freien Streifgebiet. Dabei haben sie viele Gefahren zu meistern und es kann auch zu Auseinandersetzungen mit residenten Tieren kommen, deren Streifgebiet sie durchwandern.

in der Nähe ihrer Mütter niederzulassen. Diese Tendenz ist umso stärker ausgeprägt, je besser die Qualität des Lebensraumes ist (vor allem hohe Beutetierdichte). So wanderten Männchen in Schweden zwischen 50 und 450 km, während die Distanz bei den Weibchen nur 30–150 km betrug (Samelius et al. 2012). Die in Mitteleuropa beobachteten Strecken waren deutlich geringer. In Polen legten die Männchen zwischen 11 und 128 km und die Weibchen 5–9 km zurück (Schmidt 1998). In der Schweiz lag der Mittelwert bei 70 km (Zimmermann et al. 2005). Dabei sind die Tiere, in bestimmten Grenzen, in der Lage, auch ungünstige Lebensräume zu durchwandern. Eingezäunte Autobahnen stellen jedoch ein großes Hindernis dar. Mithilfe besenderter Luchse konnte hier festgestellt werden, dass die Tiere am Zaun stoppten und umkehrten. Allerdings sind Luchse auch so flexibel, dass sie Unterführungen und Talbrücken nutzen können, um auf die andere Straßenseite zu gelangen. Im Vergleich zu Wölfen sind Luchse schlechter im Erschließen neuer Lebensräume (= konservatives Ausbreitungsverhalten). Ihre Strategie liegt eher darin, Kontakt zu benachbarten Luchsen zu halten, während Wölfe Hunderte Kilometer abwandern können.

Auf ihrem Dispersal wandern die Luchse durch unbekannte Landschaften und sind dabei vielen Gefahren ausgesetzt. Das führt zu einer hohen Sterblichkeit der Jungtiere. Von 46 in der Schweiz besenderten Jungluchsen überlebten nur 20 das erste und 11 das zweite Jahr (Breitenmoser und Breitenmoser-Würsten 2008). Auch in Skandinavien starb im ersten Lebensjahr etwa die Hälfte aller Jungtiere und im zweiten ein weiteres Drittel (Andren et al. 2006).

2.4.4 Todesursachen

Es kommt selten vor, dass Luchse von anderen Tieren, wie beispielsweise Wolf und Tiger, erbeutet werden, denn sie haben eine effektive Methode, sich in Sicherheit zu bringen: Bei Gefahr klettern sie einfach auf Bäume. Natürlich können Jungluchse von Füchsen, Wölfen und Bären getötet werden und andere Prädatoren können ihnen die Risse streitig machen, ein negativer Einfluss von anderen Großräubern auf Luchspopulationen konnte bislang jedoch nicht wissenschaftlich fundiert nachgewiesen werden (Wilkenros 2010). Allerdings können sie durch die Konkurrenz mit anderen Raubtieren um ihre Risse dazu gezwungen sein, mehr Beutetiere zu reißen. Beispielsweise konnte für das slowenisch-kroatische Grenzgebiet nachgewiesen werden, dass Bären oft Luchsrisse fanden und an ihnen fraßen. Um diesen Verlust auszugleichen, mussten die Luchse 23 % mehr Beutetiere reißen (Krofel et al. 2012).

Krankheiten treten bei Luchsen eher selten als Todesursache auf, da es zwischen den einzelgängerisch lebenden Tieren nur selten zu direkten Kontakten kommt. Grundsätzlich kommen jedoch die gleichen Krankheiten vor wie bei Hauskatzen. Zu nennen sind hier die Tollwut, die aber aufgrund der Impfung der Füchse in Deutschland, Österreich und der Schweiz nicht mehr vorkommt, und die Katzenseuche (Feline Parvovirose), die in der Schweiz bei 20 % der Tiere nachgewiesen wurde (Ryser-Degiorgis 2001). Eine auffällige Krankheit ist die Räude, die durch Parasiten ausgelöst wird. Dabei legen Milben Gänge unter der Haut an und lösen einen Juckreiz aus. Dieser ist so stark, dass sich die Tiere beim Kratzen offene Wunden zufügen, was innerhalb von wenigen Monaten zum Tod der dann geschwächten Tiere führt. Die Räude ist eine häufige Todesursache in der skandinavischen Population, in der Harzpopulation steht sie an zweiter Stelle.

Die größte Gefahr für Luchse stellt jedoch der Mensch dar. Von 272 in der Schweiz tot aufgefundenen Tieren kamen 60 % durch menschliche Eingriffe ums Leben. Den größten Anteil daran hatten Verkehrsunfälle mit 26 % sowie illegale und legale Abschüsse mit 21 bzw. 9 % (Breitenmoser und Breitenmoser-Würsten 2008). In Skandinavien ist die von Menschen verursachte Sterblichkeit mit 70 – 90 % noch höher. Obwohl die Luchse dort regulär bejagt werden, beträgt der Anteil der Wilderei an der Mortalität 38 % und ist damit höher als der der regulären Jagd (Andren et al. 2006).

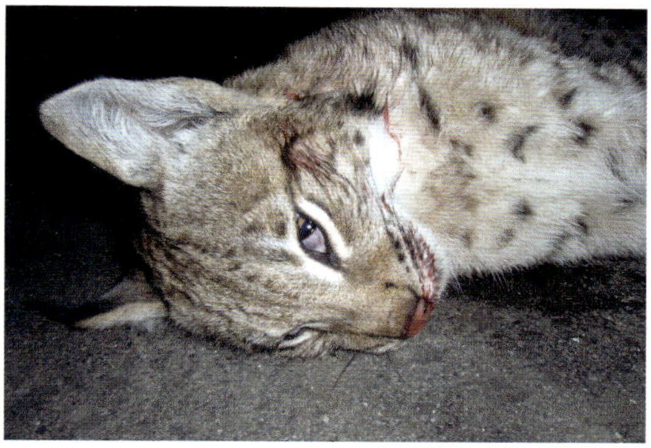

Illegale Tötungen und der Straßenverkehr sind die häufigsten Todesursachen für Luchse in Mitteleuropa.

In Deutschland sind in den letzten Jahren sieben Luchse nachweislich illegalen Handlungen zum Opfer gefallen. Davon wurden fünf Luchse erschossen, ein Luchs vergiftet und ein weiterer stranguliert. Sechs Tiere davon wurden im Bayerischen Wald gefunden und ein weiteres in der Harzpopulation. Allerdings stellen diese Zahlen nur den Gipfel des Eisberges dar, da nur wenige der getöteten Tiere auch gefunden werden. Aktuelle Untersuchungen aus dem Böhmerwald legen nahe, dass dort jährlich bis zu 15 Luchse illegal getötet werden und dadurch die Ausbreitung der Luchspopulation gestoppt wurde (Heurich et al. 2018).

2.5 Sozialverhalten

Die soziale Organisation von Luchsbeständen ist typisch für Katzenarten. Ihre Populationen bestehen im Wesentlichen aus drei sozialen Gruppen, die untereinander nur wenig Kontakt haben: residenten Männchen, Familiengruppen und halbwüchsigen, subadulten Tieren. Sie leben als Einzelgänger in nach Geschlecht getrennten, exklusiven Territorien, die sich insbesondere bei den Weibchen kaum überlappen (Breitenmoser und Breitenmoser-Würsten 2008). Die weiblichen Streifgebiete sind deutlich kleiner als die der Kuder, im Mittel nur ein Drittel bis halb so groß. Der Anteil der adul-

Köpfchenstoßen ist ein typisches Begrüßungsritual bei Katzen. Hierbei werden die Stirnseiten zweier Tiere aus geringer Entfernung gegeneinandergestoßen. Dieses Verhalten wird meist mehrmals hintereinander ausgeführt, ein einzelner Kopfstoß dauert 1–2 Sekunden.

ten Tiere liegt bei etwa 50 % und der der Halbwüchsigen bei 10–20 %. Bei den verbleibenden 30–40 % handelt es sich um Jungtiere. Nur die Weibchen bilden mit ihren Jungtieren soziale Einheiten, und in günstigen Lebensräumen dulden sie sogar, dass sich weibliche Jungtiere in ihrem Streifgebiet ansiedeln. Luchsinnen sind sehr fürsorgliche Mütter und es besteht eine enge Beziehung zu den Jungtieren. Die Tiere schmiegen sich gerne aneinander und reiben dabei die Köpfe. Auch halten sie im Schlaf gerne Körperkontakt. Zudem belecken sich Mutter und Jungtiere ausgiebig, meist an Rücken und Kopf, dort vor allem zwischen den Ohren. Wie kleine Hauskatzen verbringen die Jungluchse viel Zeit mit Spielen, untereinander und auch mit ihrer Mutter. Dadurch können sie Bewegungsabläufe und deren Koordination einüben und insbesondere ihre Jagdtechnik spielerisch verbessern.

Obwohl in Gehegen ganze Luchsfamilien gehalten werden und die Tiere dort auch regelmäßige Sozialkontakte pflegen, kommt es in freier Wildbahn zwischen männlichen und weiblichen Tieren außerhalb der Ranzzeit nur zu wenigen Kontakten. Der Kuder beteiligt sich damit nicht an der Aufzucht der Jungtiere und hilft auch nicht, sie mit Nahrung zu versorgen. Allerdings unterstützt er die Weibchen indirekt, indem er weniger in den Kernbereichen der Weibchen jagt und andere Kuder und subadulte Tiere aus dem Steifgebiet fernhält. Dadurch können die Weibchen ihre Jungen ohne größere Störungen großziehen – ein nicht geringer Beitrag, wenn man bedenkt, dass bei anderen Katzenarten die Tötung von Jungtieren durch andere Männchen die häufigste Form der innerartlichen Sterblichkeit ist.

Den subadulten Tieren bleibt nur, sich unauffällig zu verhalten und den territorialen Tieren aus dem Weg zu gehen, denn bei einem Aufeinandertreffen kann es zum Kampf kommen.

2.6 Lebensraum und Streifgebiet

Das Verbreitungsgebiet der Luchse erstreckt sich von den Pyrenäen in einem breiten Gürtel über die gesamte Taiga bis nach Kamtschatka und umfasst nach Süden auch das Hochland von Tibet. Damit haben Luchse das größte Verbreitungsgebiet aller heute lebenden Katzenarten. Daraus ergibt sich auch, dass sich die Tiere sehr flexibel an die verschiedensten Umweltfaktoren anpassen können. Auch in von Menschen dominierten Landschaften können Luchse gut leben, wenn zumindest drei Anforderungen an den Lebensraum erfüllt sind: Genügend Deckung zum Anpirschen, ein ausreichendes Beutetierangebot und Schutz vor übermäßiger menschlicher Stö-

In Mitteleuropa kommen Luchse vor allem in Waldlandschaften vor. Wie flexibel sie in ihren Habitatansprüchen sind, zeigt dieser Luchs, der oberhalb der Waldgrenze im Tien-Shan-Gebirge in Kirgisistan lebt.

rung. Wie schon das Verbreitungsgebiet zeigt, sind Luchse an das Leben in Wäldern angepasst. Allerdings haben sie keine spezifischen Ansprüche an die Qualität des Lebensraumes und so kommen sie in den verschiedensten Waldtypen vor. Im Norden von den borealen Nadelwäldern über die temperaten Laubwälder bis hin zu Bereichen der innerasiatischen Waldsteppe. Optimal für Luchse sind strukturreiche Wälder, die den Tieren gute Jagd- und Versteckmöglichkeiten bieten. Umgefallene Bäume, aufgeklappte Wurzelteller und Verjüngungsgruppen sind eine günstige Deckung, um sich an die Beutetiere anzupirschen, und kleine Lichtungen und weitständige Bäume erlauben den überraschenden Angriff. Bevorzugte Jagdgebiete sind auch die Übergangsbereiche zwischen Wald und extensivem Grünland, in denen sich Rehe und Rothirsche gerne aufhalten. Die Verteilung von Luchsen in der Landschaft wird stark durch die Waldverteilung bestimmt und die Tiere kommen in Gebieten mit mehr als 50 % Waldanteil häufiger vor. Der durchschnittliche Waldanteil innerhalb ihrer Streifgebiete liegt sogar bei 60 % (Schadt 1998).

Dabei hängen Streifgebietsgröße und Populationsdichte eng mit dem Beutetierangebot zusammen. Je höher die Produktivität des Lebensraumes und je höher die Beutetierdichte, desto kleiner sind die Streifgebiete. Dementsprechend findet man die größten Streifgebiete in Nordskandinavien (500–1500 km^2), wo die Beutetierdichte geringer ist, und die kleinsten in Mitteleuropa (100–450 km^2), mit einer deutlich höheren Beutetierdichte (Herfindal 2005). Eine Übersicht über die bisher veröffentlichten Streifgebietsgrößen gibt Tab. 2-1. Die Populationsdichten schwanken dementsprechend zwischen 0,1 und 4,2 Tieren je 100 km^2 (Avgan et al. 2014).

Während am Ende des 19. Jahrhunderts die Populationen der großen Pflanzenfresser in Europa hinsichtlich Abundanz und Verbreitung stark reduziert waren, steigen ihre Bestände heute fast überall an (Apollonio et al. 2010). Seit dem Anfang des 20. Jahrhunderts erholten sich ihre Bestände zunächst langsam und dann ab Mitte des Jahrhunderts immer schneller. Die Verfünffachung der Jagdstrecken in Deutschland zwischen 1950 und 2010 zeichnet diesen Anstieg nach (Ammer et al. 2010). Gründe für diese Entwicklung waren der Schutz vor ungeregelter Nutzung, die Hege der Bestände und Veränderungen in der Landnutzung (Côté et al. 2004, Ripple et al. 2014). Damit stellt das Nahrungsangebot in Mitteleuropa heutzutage keinen limitierenden Faktor für die Entwicklung von Luchspopulationen dar (Hagen et al. 2017).

Tab. 2-1 Streifgebietsgrößen von Luchsen in Europa (verändert nach Heurich und Sinner 2002).

Untersuchungsgebiet	Anzahl Tiere		Streifgebietsgröße [km²]		Quelle
	Männl.	Weibl.	Männl.	Weibl.	
Frankreich, Jura	3	5	258	150	Stahl et al. 2002
Deutschland, Bayerwald	7	4	445	122	Magg et al. 2016
Kroatien, Kocevje	2	2	200	177	Huber et al. 1995
Polen, Białowieża	5	3	248	133	Schmidt et al. 1997
Schweden, Sarek	8	21	407	709	Linnell et al. 2001
Schweden, Bergslagen	4	1	632	307	Linnell et al. 2001
Norwegen, Nord-Trondelag	3	2	1515	561	Linnell et al. 2001
Schweiz, Jura	9	11	283	185	Breitenmoser-Würsten et al. 2007
Schweiz, Nordwestalpen	11	12	159	106	Breitenmoser-Würsten et al. 2001
Norwegen, Hedmark	7	10	1456	832	Herfindal et al. 2005
Norwegen, Akershus	2	2	812	350	Herfindal et al. 2005

Gegenüber menschlichen Aktivitäten zeigen Luchse eine relativ große Toleranz. Störexperimente in Norwegen mit besenderten Luchsen zeigen, dass die Tiere im Tageslager Menschen im Mittel bis 50 m an sich herankommen lassen, bevor sie ausweichen. Dabei suchten manche Tiere schon bei einem Abstand von 250 m das Weite, während sich bei anderen Tieren Menschen bis auf 8 m nähern konnten (Sunde 1998). Dass Luchse in Gebieten mit starker menschlicher Nutzung auch längerfristig leben können, zeigt das Beispiel des Luchses Turo. Dieser hielt sich ein Jahr lang auf dem Zürichberg auf, einem Naherholungsgebiet der Stadt Zürich, das auf drei Seiten von der Stadt umgeben ist und in dem sehr viele Jogger, Spaziergänger und Radfahrer unterwegs sind (Breitenmoser und Breitenmoser-Würsten 2008). Obwohl es immer wieder Luchsbeobachtungen in unmittelbarer Umgebung von Häusern, Straßen und Wanderwegen gibt, darf dieser Umstand nicht darüber hinwegtäuschen, dass Luchse eher die menschliche Nähe meiden. Dies zeigen Untersuchungen aus dem Bayerischen Wald, nach denen Luchse Siedlungen bis in eine Distanz von 1000 m sowohl in der Nacht als auch am Tag meiden. Zu Wanderwegen beträgt die Distanz am Tag etwa 300 m, während diese Wege nachts die Lebensraumnutzung der Tiere nicht beeinflussen (Filla et al. 2017).

Luchse haben also vergleichsweise geringe Ansprüche an die Qualität ihrer Lebensräume, aber große Ansprüche an deren Ausdehnung, und benötigen deshalb große, gut vernetzte Waldgebiete zum Überleben. Wenn man bedenkt, dass mindestens 100 an der Fortpflanzung beteiligte Tiere notwendig sind, um Inzuchteffekte zu vermeiden, benötigt eine Luchspopulation, bei einer Dichte von einem Tier je 100 km² bereits 10 000 km². Um ein langfristiges Überleben sicherzustellen, sollte eine Population aus mindestens 500–1000 Tieren bestehen und benötigt dementsprechend einen Lebensraum von mehr als 50 000 km² Fläche (Linnell et al. 2008). Daraus wird deutlich, dass Luchse in unserer Landschaft nur dann erhalten werden können, wenn es gelingt, großflächige, sich über mehrere Länder erstreckende Habitatverbundsysteme zu schaffen und dauerhaft zu erhalten. Ein großes Problem ist dabei die immer stärkere Zerschneidung der geeigneten Lebensräume durch neue Verkehrslinien, aber auch die starke Zunahme des Straßenverkehrs auf bereits bestehenden Straßen. Dadurch steigt die Wahrscheinlichkeit, dass die Tiere, die in ihren großen Streifgebieten täglich weite Entfernungen zurücklegen, überfahren werden. Neben diesem direkten Einfluss führt die zunehmende Zerschneidung der Landschaft auch zu einem geringeren genetischen Austausch zwischen den Luchspopulationen. Dies wiederum hat zur Folge, dass in den ohnehin sehr kleinen Populationen genetische Vielfalt verloren geht und durch die Verpaarung nah verwandter Tiere Inzuchteffekte auftreten, was für einige Populationen in Mitteleuropa bereits nachgewiesen wurde (Bull et al. 2016).

Luchse sind Pirsch- und Überraschungsjäger. Sie schleichen sich lautlos an die Beutetiere an und überwältigen sie nach einem kurzen Spurt mit einem gezielten Biss in die Kehle.

2.7 Luchse als Raubtiere

2.7.1 Luchse sind Überraschungsjäger

Wie alle Katzenarten sind Luchse reine Fleischfresser. Sie benötigen zum Überleben einen viel höheren Proteingehalt in der Nahrung als andere Säugetierarten, da sie nicht in der Lage sind, aus Kohlenhydraten Glukose herzustellen, sondern dazu Proteine verwenden (Kitchener et al. 2010). Deshalb haben sich im Laufe der Evolution ihr gesamter Körperbau und ihre Sinne darauf hin perfektioniert, andere Tiere zu fangen und zu töten. Das hat sie zu den vollendeten Jägern gemacht, die wir heute beobachten können. Im Vergleich zu Kaniden, wie dem Wolf, die ihre Beutetiere über große Strecken hetzen, jagen sie als Pirsch- und Ansitzjäger und töten ihre Beutetiere mit einem gezielten Überraschungsangriff. Die Jagd selbst („behavioural sequence") besteht aus dem Suchen nach der Beute, dem Aufeinandertreffen mit der Beute, der Entscheidung, einen Angriff zu starten, und dem eigentlichen Angriff.

Luchse versuchen zunächst ihre Beute aufzuspüren, ohne dabei entdeckt zu werden. Dazu bewegen sie sich langsam durch den Wald und setzen oder legen sich in regelmäßigen Abständen hin, um die Umgebung zu beobachten. Bei dieser Pirschjagd helfen ihnen ihre hervorragend ausgeprägten Sinne und die gute Tarnung ihres Fells. Ist ein Beutetier entdeckt, versuchen sie sich unter Nutzung aller Deckung bis auf wenige Meter zu nähern. Nachdem sie eine günstige Ausgangsposition erreicht haben, spurten sie los und überwältigen ihre Beutetiere mit einem gezielten Biss in die Drossel, den sogenannten Kehlbiss. Der Tod tritt innerhalb kurzer Zeit durch Verletzungen der Halsschlagader, der Nervenbahnen sowie dem Zerreißen der Luftröhre und der damit verbundenen Unterbrechung der Sauerstoffzufuhr, ein. Besonders günstig sind die Chancen der Luchse, wenn es ihnen gelingt, sich bis auf 20 m an ihr Beutetier heranzuschleichen, dann sind 70 % der Angriffe erfolgreich. Ist die Distanz größer, können die Beutetiere meist entkommen, da sie schneller und ausdauernder als Luchse sind, die nur ein relativ kleines Herz besitzen (Haglund 1966). Kleinere Beutetiere, wie Hasen, werden durch einen gezielten Biss in den Nacken oder Kopf getötet. Durch diese ausgefeilte Jagdtaktik können Luchse auch Beutetiere überwältigen, die viel größer sind als sie selbst.

2.7.2 Beutespektrum und Selektion

Luchse haben ein großes Nahrungsspektrum und können Wirbeltiere von der Größe einer Maus bis zu hin zu einem Elchkalb erbeuten. Dabei versuchen sie, wie alle Lebewesen, ihre Energieaufnahme zu optimieren. Große Beutetiere liefern zwar viel Nahrung, das Risiko, sich bei einem solchen Angriff zu verletzen, ist jedoch hoch. Auf der anderen Seite lassen sich Mäuse zwar risikolos fangen, die Fleischausbeute ist im Verhältnis zum Aufwand allerdings gering. Deshalb bevorzugen Luchse eher kleine Huftiere, die etwas mehr wiegen als sie selbst. Sie lassen sich gefahrlos töten und liefern Fleisch für mehrere Tage. Das Reh stellt unter Berücksichtigung von Aufwand, Ausbeute und Risiko ein ideales Beutetier dar und steht deshalb in Europa ganz oben auf dem Speisezettel. Dort, wo sie vorkommen, werden auch Rentiere und Gämsen häufig erbeutet. Insbesondere in Waldgebieten fallen Gämsen dem Luchs leicht zum Opfer, da ihre Feindvermeidungsstrategie auf Lebensräume oberhalb der Waldgrenze angepasst ist. Bei Rothirschen erbeuten Luchse vor allem Kälber und einjährige Weibchen, während sie Wildschweine meiden (Belotti et al. 2014, Hayward et al. 2012, Mattisson et al. 2014, Podolski et al. 2013). Von 387 gefundenen Rissen im Nationalpark Bayerischer Wald waren 79% Rehe, 17% Rothirsche (vor allem Kälber), 2% Feldhasen und 2% Füchse.

Vom 15–30 kg schweren Reh können Luchse alle Altersklassen und Geschlechter erbeuten, unabhängig davon, ob die Tiere geschwächt, stark, jung oder alt sind. Die 30–50 kg schweren Gämsen sind für Luchse schon schwieriger zu überwältigen, deshalb werden bei dieser Art vor allem junge, alte und geschwächte Tiere gerissen. Beim viel größeren Rothirsch wiegen ausgewachsene Weibchen 60–80 kg, so dass bei ihnen selbst der gewandte Jäger Luchs an seine Grenzen stößt und deshalb vor allem Kälber, einjährige Tiere und nur selten ausgewachsene Weibchen erbeutet. Dabei ist der Anteil von Rothirschen in der Nahrung der Kuder deutlich höher als bei Weibchen. Auch im Jahreslauf ergeben sich Unterschiede. Während im Sommer mehr Rehe erbeutet werden, steigt der Anteil von Rothirschen im Winter an (Hucht-Ciorga 1988). Dies hängt vor allem mit der Schneelage zusammen: Während die Rothirsche im Winter oft tief im Schnee einsinken, können Luchse den Vorteil, den ihnen ihre großen Pranken verschaffen, ausnutzen und auf der Schneeoberfläche laufen.

2.7.3 Wie viel Reh braucht ein Luchs?

Der tägliche Nahrungsbedarf von Luchsen liegt zwischen 1,1 und 2,7 kg Fleisch (Breitenmoser und Breitenmoser-Würsten 2008). Haben Luchse ein größeres Beutetier gerissen, liefert es ihnen Nahrung für mehrere Tage, bei einem Reh etwa 3–4 Tage. Die Luchse kommen dann im-

Luchse erbeuten Tiere von der Größe einer Maus bis hin zum Elchkalb. Wo immer möglich, reißen sie jedoch Rehe, ihre in Mitteleuropa bevorzugte Beute.

Die großen Pranken des Luchses wirken wie Schneeschuhe. Das verschafft ihm im Winter einen Vorteil gegenüber seinen Beutetieren.

mer wieder, vor allem in der Abenddämmerung, zu ihrem Beutetier zurück. Haben sie sich satt gefressen, decken sie den Riss oft mit Blättern, Nadelstreu, Gras und/oder Haaren des Beutetieres ab, um es vor Konkurrenten zu verbergen. Allerdings ist die Tarnung nicht so perfekt wie beispielsweise bei Bären und man kann das Beutetier deshalb meist noch gut erkennen. Am Tag halten sich die Luchse normalerweise in der Nähe des Risses auf. Die durchschnittliche Distanz in der Schweiz betrug etwa 300 m, maximal waren es 1800 m (Breitenmoser und Haller 1987). Wenn Luchse ihren Riss aufgefressen haben, dauert es nur 2–3 Tage, bis sie erneut ein Beutetier reißen (Breitenmoser und Haller 1993, Belotti et al. 2015).

Die Prädation je Luchs unterscheidet sich kaum zwischen den verschiedenen Luchspopulationen, sie liegt im Durchschnitt zwischen 45 und 56 Rehen pro Jahr (Belotti et al. 2015). Dieser Wert schwankt stark zwischen den sozialen Gruppen, so beträgt die jährliche Prädation von Weibchen mit zwei Jungtieren im Bayerischen Wald 75 Rehe und 2 Rothirsche, während männliche Luchse im gleichen Zeitraum durchschnittlich 46 Rehe und 10 Rothirsche erbeuten (Belotti et al. 2015).

Dieser Luchs ist mit einem Halsbandsender ausgestattet, der es erlaubt, den Tieren zu folgen und ihre Risse zu suchen. Damit konnte man ermitteln, dass sie etwa 50 Rehe pro Jahr erbeuten.

2.8 Verbreitung der Luchse

2.8.1 Geschichte der Ausrottung

In den letzten Jahrhunderten kam es zu einem steten Rückgang der Luchsbestände. Bereits in der Mitte des 19. Jahrhunderts waren die Tiere aus halb Europa verschwunden. In Deutschland hielten sich die Bestände am längsten in den Mittelgebirgen und den Alpen. Die letzten Tiere wurden im Harz (1818), im Thüringer Wald (1843), im Bayerischen Wald (1846) und im Karwendelgebirge (1852) erlegt. In den österrei-

Tab. 2-2 Zusammenstellung der Luchswiederansiedlungen in Europa zwischen 1970 und 2007 (nach Heurich und Sinner 2002).

Land	Aussetzungsort	Jahre	Männchen	Weibchen	Gesamt	Herkunft	Status	Ergebnis
Österreich	Turrach, Steiermark	1977–1979	6	3	9	Wildtiere	offiziell	Fehlschlag
Österreich	Kalkalpen	seit 2011	1	1	2	Wildtiere	offiziell	erst begonnen
Tschechische Republik	Böhmerwald	1982–1989	11	7	18	Wildtiere	offiziell	Erfolg
Tschechische Republik	Podyji NP	1993–1994	2	2	4–6	Gefangenschaft	inoffiziell	Fehlschlag
Frankreich	Vogesen	1983–1989	12	9	21	Wildtiere und Gefangenschaft	offiziell	Erfolg
Deutschland	Bayerischer Wald	1970–1974			5–10	Wildtiere und unbekannt	inoffiziell	Fehlschlag
Deutschland	Harz	2000–2006	9	15	28	Gefangenschaft	offiziell (24)/ inoffiziell (4)	Erfolg
Deutschland	Pfälzer Wald	seit 2015			20 (geplant)	Wildtiere	offiziell	aktuell
Italien	Gran Paradiso NP	1975	2	0	2	Wildtiere	offiziell	Fehlschlag
Polen	Kampinoski NP	1992–1999	14	17	31	Gefangenschaft	offiziell	unbekannt
Polen	Johannisburger Heide	2003–2006		2	4	Gefangenschaft	offiziell	unbekannt
Slowenien	Kocevje	1973	3	3	6	Wildtiere	offiziell	Erfolg
Schweiz	Westalpen	1971–1976	7	5	12	Wildtiere	offiziell (6)/ inoffiziell (6)	Erfolg
Schweiz	Engadin	1972–1980	2	2	4	Wildtiere	inoffiziell	Fehlschlag
Schweiz	Jura	1972–1975	5	5	10	Wildtiere	offiziell (4)/ inoffiziell (6)	Erfolg
Schweiz	Jorat Plateau	1989			3	unbekannt	inoffiziell	Fehlschlag
Schweiz	Ostalpen	2001–2007	5	6	11	Wildtiere	offiziell	unbekannt

chischen Alpen verzögerte sich die Ausrottung aufgrund des unzugänglichen Geländes, hier erlegte man die letzten Luchse in Salzburg (1824), in Kärnten (1887) und im Tiroler Achenseegebiet (1897). In der Schweiz wurden die Luchse erst zu Beginn des 20. Jahrhunderts in Graubünden (1888) und im Wallis (1902) ausgerottet (Festetics 1978). Die Hauptursache für den Rückgang der Luchsbestände war ihre direkte Verfolgung, denn das Vernichten der Raubtiere galt vom Mittelalter bis ins 19. Jahrhundert als Christenpflicht und Staatsaufgabe. Durch staat-

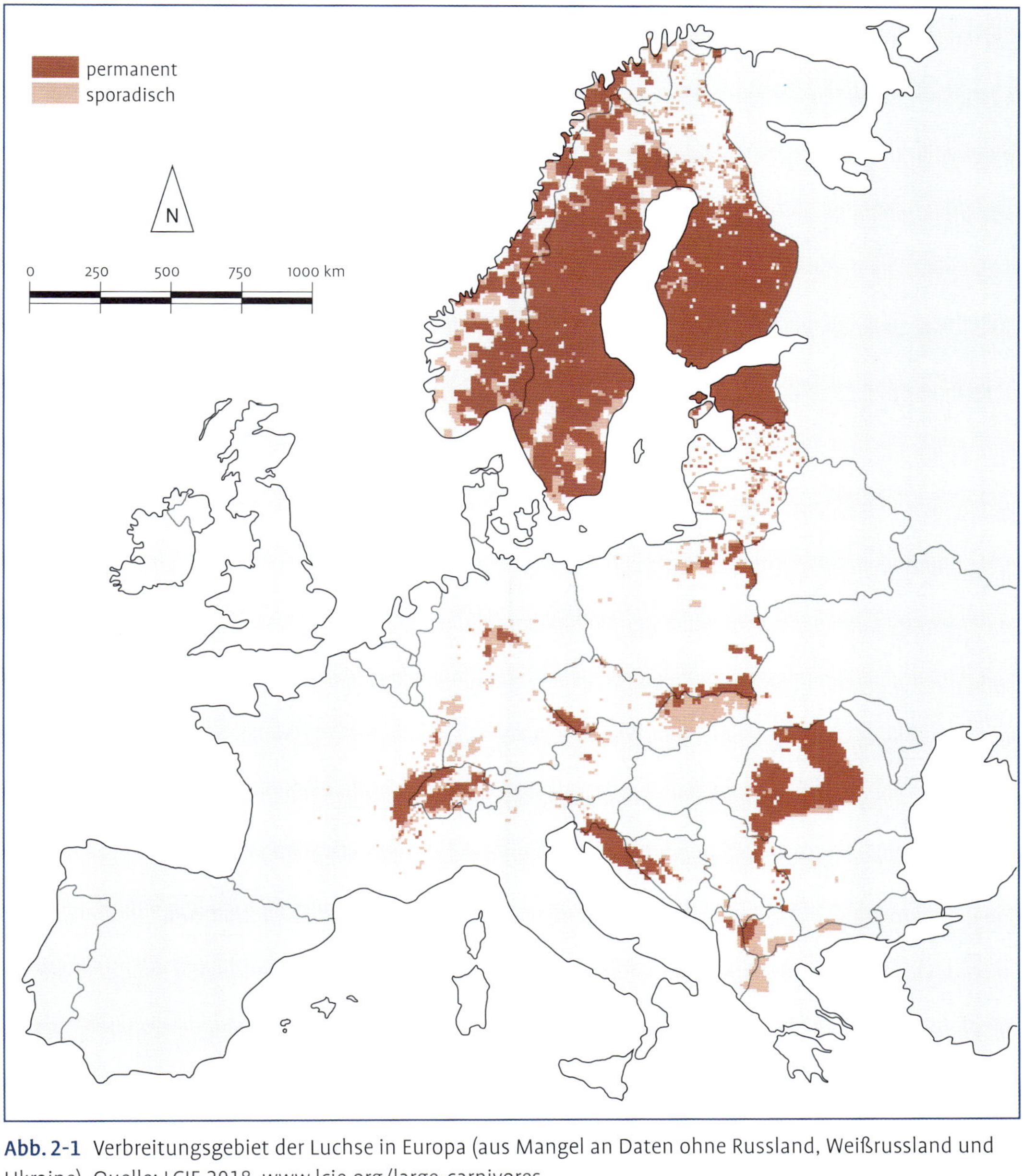

Abb. 2-1 Verbreitungsgebiet der Luchse in Europa (aus Mangel an Daten ohne Russland, Weißrussland und Ukraine). Quelle: LCIE 2018, www.lcie.org/large-carnivores

In den großflächigen Waldgebieten des Bayerischen Waldes fand die erste Wiederansiedlung von Luchsen in Mitteleuropa statt.

liche Abschussprämien wurde die Ausrottung der Luchse noch beschleunigt, allerdings lagen die Schussgelder, die für Luchse gezahlt wurden, erheblich niedriger als beim Wolf (Stahl 1978). Zusätzlich haben auch der Rückgang der Waldfläche und vor allem der Beutetierbestände, die erst zu Beginn des 20. Jahrhundert gestoppt werden konnten, zum Rückgang der Luchse beigetragen. Die Bedeutung dieser Faktoren ließ sich daraus ableiten, dass die gemeldeten Abschusszahlen nicht ausgereicht hätten, eine vitale Luchspopulation zum Aussterben zu bringen (Breitenmoser 1998). Der Rückgang der Beutetierbestände schwächte die Luchspopulationen und führte dazu, dass die Luchse vermehrt auf Nutztiere ausweichen mussten. Ein Teufelskreis, der zu einer noch stärkeren Verfolgung führte (Breitenmoser 1998). Ihren Tiefpunkt erreichten die Luchsbestände in der Mitte des 20. Jahrhunderts. Damals überlebten in Europa (ohne Russland) nur etwa 1720–2020 Tiere. Davon etwa 350–450 in Skandinavien, 190 im Baltikum, 900–1100 in den Karparten und 280 auf dem Balkan. Durch natürliche Ausbreitung (vor allem Skandinavien und Osteuropa) und Wiederansiedlungen in acht verschiedenen Ländern (vor allem Westeuropa, Tab. 2-2) konnten sich die Luchsbestände erholen, so dass mittlerweile wieder mehr als 9000 Tiere in Europa leben (Chapron et al. 2014; LCIE 2018, www.lcie.org/large-carnivores Abb. 2-1).

2.8.2 Entwicklung in Deutschland

Die ersten Luchse konnten bereits in den 1950er-Jahren beobachtet werden, als im Zuge der Expansion der Karpatenpopulation immer wieder einzelne Tiere zuwanderten. Die eigentliche Rückkehr begann dann 1970 mit der heimlichen Freilassung von 5–7 Luchsen im Bereich des Nationalparks Bayerischer Wald. Bis 1978 konnten 10–12 Jungtiere und 8 tote Tiere nachgewiesen werden. Vermutlich haben damals illegale Tötungen dazu geführt, dass sich der Bestand nicht weiter ausdehnen konnte (Wotschikowsky 1978). Zur Stützung des bestehenden Vorkommens wurden zwischen 1982 und 1989 insgesamt 18 Tiere (11 Männchen, 7 Weibchen) auf der Fläche des heutigen Nationalparks Šumava freigelassen. Diese Maßnahme verlief sehr erfolgreich, so dass es zwischen 1990 und 1995 zu einer Ausdehnung der Population bis zum Fichtelgebirge und dem österreichischen Waldviertel kam. Bestandesschätzungen für die Population, die sich über die Länder Deutschland, Österreich und Tschechien erstreckt, gingen damals von 100 Tieren aus. Anschließend ging der Bestand bis zum Jahr 2001 auf 75 Tiere zurück und stagniert seitdem bei 59–83 Tieren (Müller et al. 2014).

Zwischen 2000 und 2006 wurden auch im Harz 24 Luchse wieder angesiedelt. Das Projekt verlief sehr erfolgreich, so dass bereits 2002 die ersten Luchsjungen beobachtet werden konnten. Anschließend besiedelten die Luchse den gesamten Harz und die angrenzenden Gebiete. Einzelne Tiere wanderten bis nach Nordhessen ab und legten den Grundstein für eine Teilpopulation, in der auch regelmäßig Jungtiere geboren werden. Aktuell wird die Population auf etwa 80 Tiere geschätzt (Anders, pers. Mitt.). Als Besonderheit wurden im Harz, nach einer sechs- bis achtwöchigen Auswilderungsphase, nur Tiere aus Gehegen freigelassen, die sich meist problemlos in freier Wildbahn zurechtfanden. Schlüssel für den Erfolg des Projektes sind sowohl die enge Zusammenarbeit mit der Jägerschaft als auch das intensive Monitoring der Luchse und eine umfangreiche Öffentlichkeitsarbeit.

Im Pfälzerwald wurde 2015 das jüngste Wiederansiedlungsprojekt für Luchse gestartet. Gefördert durch die Europäische Union und zahlreiche Partner wurden dort bislang 13 Luchse erfolgreich freigelassen. 2017 wurden dann auch die ersten Jungtiere im Pfälzerwald nachgewiesen. In den nächsten Jahren sollen noch weitere 7 Tiere ausgewildert werden. Ziel ist es, im Pfälzerwald eine Population zu begründen, die sich anschließend in die Vogesen ausbreiten und langfristig auch in Kontakt mit der Alpen- und Jurapopulation stehen soll.

Darüber hinaus wurden in den letzten Jahren immer wieder einzelne Luchse in den Alpen, dem Schwarzwald, der Rhön, im Spessart, im Hainich, im Thüringer Wald und im Erzgebirge nachgewiesen, die aus benachbarten Luchspopulationen zugewandert sind.

2.8.3 Entwicklung in Österreich

In Österreich wurden die ersten Luchse zwischen 1977 und 1979 in der Steiermark bei Turrach freigelassen. Die Wiederansiedlung von insgesamt 6 Männchen und 3 Weibchen wurde vom Institut für Wildbiologie und Jagdkunde der Universität Göttingen durchgeführt. Die mit Sendern ausgestatteten Tiere verließen schon bald den Aussetzungsort und wurden in den folgenden Jahren bei Weichselboden und südlich von Turrach beobachtet. 1995 wurde ein Kuder südlich von Salzburg überfahren und seit 2000 gibt es regelmäßige Hinweise auf Luchse im

Aufgrund der erfolgreichen Wiederansiedlungsprojekte und Schutzbemühungen für den Luchs können wir auf eine positive Entwicklung der Bestände hoffen.

Bereich des Nationalparks Kalkalpen (Engleder und Laas 2005). Da diese Population ein wichtiges Bindeglied zwischen den verschiedenen alpinen Populationen und der Böhmerwaldpopulation darstellt, entschloss man sich zu einer Stützung des Bestandes und entließ 2011 ein Weibchen und ein Männchen in die Freiheit, die vorher in der Schweiz gefangen wurden. Kurze Zeit später, im Frühling 2012, wurden dann die ersten Jungen geboren und 2013 ein weiteres Weibchen aus der Schweiz angesiedelt. In den Folgejahren sind einige Luchse verschollen und ein Tier wurde illegal geschossen. Bemerkenswert ist, dass es gelang, die Täterin zu überführen und zu einer hohen Geldstrafe zu verurteilen. Zur Kompensation dieser Abgänge wurden 2017 2 weitere Tiere, ein Männchen und ein Weibchen aus der Schweiz, freigelassen. Aktuell leben im Gebiet um den Nationalpark Kalkalpen sechs Luchse.

Auch in Kärnten gab es immer wieder Hinweise auf Luchse, die darauf hindeuten, dass wiederholt Tiere aus Slowenien zuwandern.

Das zweite Luchsvorkommen in Österreich liegt im Böhmerwald und bildet mit den Luchsgebieten Bayerns und Südböhmens eine zusammenhängende Population. Der Norden Österreichs ist auch das einzige Gebiet im Land, wo es regelmäßig und langjährig Hinweise auf Jungluchse gibt. Weitere Informationen finden sich im Abschnitt über die deutschen Luchspopulationen.

2.8.4 Entwicklung in der Schweiz

Auch in die Schweiz kehrten die Luchse durch Wiederansiedlungsmaßnahmen zurück. Die erste Aussetzung erfolgte am 23. 04. 1971 im Kanton Obwalden in der Zentralschweiz. Bis 1980 wurden an acht verschiedenen Orten mindestens 24 Luchse aus der Slowakei freigelassen (Tab. 5) (Breitenmoser et al. 2010). Nur fünf dieser Wiederansiedlungen waren behördlich genehmigt, dabei wurden 10 Luchse freigelassen. Ein Monitoring der Entwicklung dieser Luchspopulationen gab es damals nicht. Dementsprechend war die Situation auch unübersichtlich, da die offiziellen und inoffiziellen Wiederansiedlungen nebeneinander stattfanden und auch bei den offiziellen Aktionen die Öffentlichkeit kaum informiert wurde. Als Ergebnis entstanden zwei Populationen, eine in den Nordwestalpen und eine im Schweizer Jura. Um die Ausbreitung der Luchse in Richtung Ostalpen zu unterstützen, wurden zwischen 2001 und 2008 7 Luchse aus den Nordwestalpen und 5 aus dem Jura in die Nordostschweiz umgesiedelt. Dieses Projekt verlief bislang erfolgreich, so dass im Winter 2014/2015 mithilfe des Fotofallenmonitorings 16 selbstständige Tiere plus 8 Jungtiere aus vier Würfen beobachtet werden konnten. Dies entspricht einer Dichte von 2,2 Tieren pro 100 km². Aktuell leben in der Schweiz etwa 205 subadulte und adulte Luchse, davon 61 im Jura und 144 in den Alpen.

Trotz mehrerer erfolgreicher Wiederansiedlungen stehen die Luchspopulationen in Mitteleuropa unter starkem Druck. Es gibt zwar nach wie vor geeignete Habitate (Magg et al. 2016), aber Barrieren in der Landschaft, wie Verkehrswege, Siedlungsräume und intensiv bewirtschaftete Flächen, vermindern die Konnektivität zwischen den Kernlebensräumen der Luchse immer weiter (Kramer-Schadt et al. 2004, Zimmermann et al. 2005). Auch die illegale Jagd auf Beutegreifer stellt ein großes Problem für die Überlebenswahrscheinlichkeit einiger Populationen dar (Heurich et al. 2018). Um die Luchspopulationen in Mitteleuropa dauerhaft zu sichern und ihre Ausbreitung zu ermöglichen, wird eine staatenübergreifende Strategie zur Erhaltung und Vernetzung der noch vorhandenen Lebensräume sowie zur Bekämpfung der Wilderei benötigt. Dafür müssen die bedeutenden Kernlebensräume und Korridore identifiziert und geeignete Managementmaßnahmen, wie z. B. Akzeptanzsteigerung, Habitatvernetzungen und Lebensraumschutz umgesetzt werden.

Literatur

Ammer, C., Vor, T., Knoke, T., Wagner, S. (2010): Der Wald-Wild-Konflikt: Analyse und Lösungsansätze vor dem Hintergrund rechtlicher, ökologischer und ökonomischer Zusammenhänge. Universitätsverlag Göttingen. Göttingen. 184 S.

Fazit für die Praxis

- Mit ihren sprichwörtlichen Sinnen, sind die Luchse auf das Jagen in der Nacht angepasst. Sie sehen in der Dunkelheit etwa 6-mal besser als der Mensch und können noch Töne hören, bei denen das menschliche Hörvermögen versagt.
- Luchse sind Einzelgänger, Männchen und Familiengruppen leben getrennt voneinander. Das Streifgebiet eines Männchens umfasst mehrere Streifgebiete von Weibchen.
- Die Paarungszeit dauert von Februar bis März, und Ende Mai, Anfang Juni werden 1–4 Jungtiere geboren. Im September folgen die Jungen ihrer Mutter auf den Streifzügen und bereits im März/April des Folgejahres verlassen sie ihre Mutter und begeben sich auf die Suche nach einem eigenen Streifgebiet.
- Menschliche Handlungen stellen die häufigsten Todesursachen dar. Dazu gehören der Straßenverkehr und illegale Nachstellungen. In der Harzpopulation spielt die Räude eine große Rolle.
- Luchse sind Ansitz- und Pirschjäger, die sich ihren Beutetieren unter Nutzung von Deckung bis auf wenige Meter nähern, um diese dann in einem Überraschungsangriff zu überwältigen und mit einem gezielten Biss in die Kehle zu töten.
- Kleine Huftiere wie Rehe, Rentiere und Gämsen sind die Hauptbeutetiere. Wo diese nicht vorkommen, können sich Luchse auch von Hasen ernähren, die Luchse sind dann aber auch deutlich kleiner.
- Luchse sind vergleichsweise schlechte Disperser. Alle in Mitteleuropa vorkommenden Populationen wurden deshalb durch Wiederansiedlungen begründet.

Andren, H., Linnell, J. D. C., Liberg, O., Andersen R., Danell A., Karlsson, J., Odden, J., Moae, P. I. F, Ahlqvist, P., Kvam, T., Franze R., Segerström, P. (2006): Survival rates and causes of mortality in Eurasian lynx (*Lynx lynx*) in multi-use landscapes. Biological Conservation 131 (1), 23–32.

Apollonio, M., Andersen, R., Putman, R. (2010): European ungulates and their management in the 21st century. Cambridge University Press. Cambridge. 618 S.

Avgan, B., Zimmermann, F., Güntert, M., Arıkan, F., Breitenmoser, U. (2014): The first density estimation of an isolated Eurasian lynx population in southwest Asia. Wildlife biology, 20 (4), 217–221.

Belotti, E., Weder, N., Seibold, H., Kaldhusdal, A., Bufka, L., Küchenhoff, H., Wölfing, B., Heurich, M. (2015): Patterns of lynx predation at the interface between protected areas and multi-use landscapes in a Central Europe. PLoS ONE 10 (9), e0138139. doi:10.1371,journal.pone.0138139

Boutros, D., Breitenmoser-Würsten, C., Zimmermann, F., Ryser, A., Molinari-Jobin, A., Capt, S., Güntert, M., Breitenmoser, U. (2007): Characterization and suitability of Eurasian lynx (*Lynx lynx*) sites. Wildlife Biology 13, 417–429.

Breitenmoser, U. (1998): Large predators in the Alps: the fall and rise of man's competitors. Biological conservation 83 (3), 279–289.

Breitenmoser, U., Breitenmoser-Würsten, C. (2008): Der Luchs. Ein Großraubtier in der Kulturlandschaft. Salm Verlag, Wohlen und Bern. 600 S.

Breitenmoser, U., Haller, H. (1987): Zur Nahrungsökologie des Luchses *Lynx lynx* in den schweizerischen Nordalpen. Zeitschrift für Säugetierkunde 52 (3), 168–191.

Breitenmoser, U., Haller, H. (1993): Patterns of predation by reintroduced European lynx in the Swiss Alps. Journal of Wildlife Management 57 (1), 135–144.

Breitenmoser, U., Ryser, A., Molinari-Jobin, A., Zimmermann, F., Haller, H., Breitenmoser-Würsten, C. (2002): The changing impact of predation as a source of conflict between hunters and reintroduced lynx in Switzerland. In: Mc Donald, D. W., Loveridge, A. J. (Hrsg.): Biology and Conservation of Wild Felids. Oxford University Press, Oxford, 493–505.

Breitenmoser-Würsten, C., Zimmermann, F., Molinari-Jobin, A., Molinari, P., Capt, S., Vandel, J. M., Stahl, P., Breitenmoser, U. (2007): Spatial and social stability of a Eurasian lynx *Lynx lynx* population: an assessment of 10 years of observation in the Jura Mountains. Wildlife Biology, 13 (4), 365 – 380.

Breitenmoser-Würsten, C., Zimmermann, F., Ryser, A., Capt, S., Laas, J., Siegenthaler, A., Breitenmoser, U. (2001): Untersuchung zur Luchspopulation in den Nordwestalpen der Schweiz 1997 – 2000. KORA Bericht 9d, 1 – 88.

Bull, J. K., Heurich, M., Saveljev, A. P., Schmidt, K., Fickel, J., Förster, D. W. (2016): The effect of reintroductions on the genetic variability in Eurasian lynx populations: the cases of Bohemian–Bavarian and Vosges–Palatinian populations. Conservation Genetics 17 (5), 1229 – 1234.

Côté, S. D., Rooney, T. P., Tremblay, J.-P., Dussault, C., Waller, D. M. (2004): Ecological impacts of deer overabundance. Annual Review of Ecology, Evolution, and Systematics 35, 113 – 147.

Engleder, T., Laas, J. (2005): Der Luchs in Österreich. Zur aktuellen Situation. Natur&Land. 91(5), 28 – 30.

Festetics, A. (1978): Die Verbreitung des Luchses in Europa. In: Festetics, A. (Hrsg.): Der Luchs in Europa. Verbreitung, Wiedereinbürgerung, Räuber-Beute-Beziehung. Kilda Verlag, Greven, 89 – 160.

Filla, M., Premier, J., Magg, N., Dupke, C., Khorozyan, I., Waltert, M., Bufka, L., Heurich, M. (2017): Habitat selection by Eurasian lynx (*Lynx lynx*) is primarily driven by avoidance of human activity during day and prey availability during night. Ecology and Evolution 7 (16). 6367 – 6381.

Hagen, R., Heurich, M., Storch, I., Hanewinkel, M., Kramer-Schadt, S. (2017): Linking annual variations of roe deer bag records to large-scale winter conditions: spatio-temporal development in Europe between 1961 and 2013. European Journal of Wildlife Research, 63(6), 97.

Haglund, B. (1966): Winter habits of the lynx (*Lynx lynx*) and wolverine (*Gulo gulo* L.) as revealed by tracking in the snow. I. Viltrevy 4. 81 – 299.

Hemmer, H. (1993): Felidae – Katzenartige. In: Stubbe, M., Karapp, F. (Hrsg.): Handbuch der Säugetiere Europas. Raubsäuger. Teil 2. Aula-Verlag, Wiesbaden, 1065 – 1187.

Herfindal, I., Linnell, J. D., Odden, J., Birkeland, J., Nilsen, E., Andersen, R. (2005): Prey density, environmental productivity and home-range size in the Eurasian lynx (*Lynx lynx*). Journal of Zoology 265(1), 63 – 71.

Heurich, M., Sinner, K. F. (2012): Der Luchs. Die Rückkehr der Pinselohren. Buch und Kunstverlag Oberpfalz, Amberg. 140 S.

Heurich, M., Schultze-Naumburg, J., Piacenza, N., Magg, N., Červený, J., Engleder, T., Herdtfelder, M., Sladova, M., Kramer-Schadt, S. (2018): Illegal hunting as a major driver of the source-sink dynamics of a reintroduced lynx population in Central Europe. Biological Conservation 224, 355 – 365.

Huber, T., Kaczensky, P., Stanisa, C., Cop, J., Gossow, H. (1995): Luchstelemetrieproject Kocesvska Slowenien. Abschlussbericht. Julkaisematon raportti.

Hucht-Ciorga, I. (1988): Studien zur Biologie des Luchses: Jagdverhalten, Beuteausnutzung, innerartliche Kommunikation und an den Spuren fassbare Körpermerkmale. Schriften des Arbeitskreises Wildbiologie und Jagdwissenschaft an der Justus-Liebig-Universität Gießen. Heft 19. Ferdinand Enke Verlag, Stuttgart.117 S.

Johnson, W. E., Godoy, J. A., Palomares, F., Delibes, M., Fernandes, M., Revilla, E., O'Brien, S. J. (2004): Phylogenetic and phylogeographic analysis of Iberian lynx populations. Journal of Heredity 95, 19 – 28.

Kitchener, A. C., Van Valkenburgh, B., Yamaguchi, N. (2010): Felid form and function. In: Macdonald, D. W., Loveridge, A. J. (Hrsg.): Biology and Conservation of Wild Felids. Oxford University Press, Oxford, 83 – 106.

Krofel, M., Kos, I., Jerina, K. (2012): The noble cats and the big bad scavengers: effects of dominant scavengers on solitary predators. Behavioral Ecology and Sociobiology 66 (9), 1297 – 1304.

Kunc, L. (1970): Breeding and rearing the Northern lynx Felis l. lynx at Ostrava Zoo. International Zoo Yearbook 10, 83 – 84.

Kvam, T. (1991): Reproduction in the European Lynx, *Lynx lynx*. Zeitschrift für Säugetierkunde 56 (3), 146 – 158.

Leyhausen, P. (1979): Katzen. Eine Verhaltenskunde. Parey Verlag, Berlin. 279 S.

Lindemann, W. (1949): Beobachtungen an wilden und gezähmten Luchsen. Zeitschrift für Tierpsychologie 7 (2), 217 – 240.

Linnell, J. D. C., Andersen, R., Kvam, T., Andr'en, H., Liberg, O., Odden, J., Moa, P. F. (2001): Home range size and choice of management strategy for lynx in Scandinavia. Envrionment Management 27, 869 – 879.

Linnell, J., Salvatori, V., Boitani, L. (2008): Guidelines for population level management plans for large carnivores in Europe. A Large Carnivore Initiative for Europe report prepared for the European Commission (contract 070501/2005/424162/MAR/B2), 83.

Kitchener, A. (1991): The Natural History of the Wild Cats. Christopher Helm, London. 200 S.

Kitchener, A. C., Van Valkenburgh, B., Yamaguchi, N. (2010): Felid form and function. In: Macdonald, D. W., Loveridge, A. J. (Hrsg.): Biology and Conservation of Wild Felids. Oxford University Press, Oxford, 83 – 106.

Magg, N., Müller, J., Heibl, C., Hackländer, K., Wölfl, S., Wölfl, M., Bufka, L., Červený, J., Heurich, M. (2016): Habitat availability is not the factor limiting the distribution of the Bohemian-Bavarian lynx population. Oryx 50 (4), 742 – 752.

Macdonald, D. W., Loveridge, A. J., Novwel, K. (2010): Dramatis personae: an introduction to the wild felids. In: Gittleman, J. L., Funk, S. M., Macdonald, D., Wayne, R. K. (Hrsg.): Carnivore conservation. Cambridge University Press, Cambridge, 3 – 58.

Müller, J., Wölfl, M., Wölfl, S., Müller, D. W. H., Hothorn T., Heurich, M. (2014): Protected areas shape the spatial distribution of a European lynx population more than 20 years after reintroduction. Biological Conservation 177, 210 – 217.

Rodríguez, A., Calzada, J. (2015): *Lynx pardinus*. The IUCN Red List of Threatened Species 2015: e.T12520A50655794. http://dx.doi.org/10.2305/IUCN.UK.2015-2.RLTS.T12520A50655794.en. (abgerufen am 18. Oktober 2017).

Ryser-Degiorgis, M. P. (2001): Todesursachen und Krankheiten beim Luchs – eine Übersicht. KORA Bericht Nr. 8 d. 19 S.

Samelius, G., Andrén, H., Liberg, O., Linnell, J. D. C., Odden, J., Ahlqvist, P., Sköld, K. (2012): Spatial and temporal variation in natal dispersal by Eurasian lynx in Scandinavia. Journal of Zoology 286 (2), 120 – 130.

Schadt, S. (1998): Ein Habitat- und Ausbreitungsmodell für den Luchs. Diplomarbeit, Technische Universität München. 9 S.

Schmidt, K., Jedrzejewski, W., Okarma, H. (1997): Spatial organization and social relations in the Eurasian lynx population in Białowieża Primeval Forest, Poland. Acta Theriologica 42: 289 – 312.

Schmidt, K. (1998): Maternal behaviour and juvenile dispersal in the Eurasian lynx. Acta Theriologica 43 (4), 391 – 408.

Stahl, D. (1978): Einige Anmerkungen zum Luchs aus historischer Sicht. In: Luchsgruppe (Hrsg.): Der Luchs – Erhaltung und Wiedereinbürgerung in Europa. Verlag Morsak, Grafenau.

Stahl, P., Vandel, J. M., Ruette, S., Coat, L., Coat, Y., Balestra, L. (2002): Factors affecting lynx predation on sheep in French Jura Mountains. Biological Conservation 101, 15 – 22.

Sunde, P., Tener, S. O., Kvam, T. (1998): Tolerance to humans of resting lynxes *Lynx lynx* in a hunted population. Wildlife Biology 2, 177 – 183.

Sunquist, M., Sunquist, F. (2002): Wild Cats of the World. The University of Chicago Press. Chicago. 240 S.

Werdelin, L., Yamaguchi, N., Johnson, W. E., O'Brien, S. J. (2010): Phylogeny and evolution of cats (Felidae). In: Macdonald, D. W., Loveridge, A. J. (Hrsg.): Biology and Conservation of Wild Felids. Oxford University Press, Oxford, 59 – 82.

Wikenros, C., Liberg, O., Sand, H., Andren, H. (2010): Competition between recolonizing wolves and resident lynx in Sweden. Canadian Journal of Zoology 88, 271 – 279.

Wotschikowsky, U. (1978): Der Luchs im Bayerischen Wald. In: Wotschikowsky, U. (Hrsg.): Der Luchs. Erhaltung und Wiedereinbürgerung in Europa. Druckerei Bernhard. Mammendorf. 13 S.

Zimmermann, F., Breitenmoser-Würsten, C., Breitenmoser, U. (2005): Natal dispersal of Eurasian lynx (*Lynx lynx*) in Switzerland. Journal of Zoology 267 (4), 381 – 395.

3 Der Braunbär

MICHAELA SKUBAN

3.1 Systematik und Evolution

Der erste, belegte Urahn der heute lebenden Bären ist etwa 40 Millionen Jahre alt und war ein Wiesel-ähnliches, fleischfressendes Tier, das auf Bäumen lebte und sehr gut klettern konnte (Treff 1995). Die Fähigkeit, auf Bäume zu klettern, ist den meisten, heute lebenden Bären erhalten geblieben. Aus diesem Urahn entwickelten sich im späteren Verlauf die Großbären, Kleinbären, Marder, Robben und hundeartigen Raubtiere. Somit stehen die Bären den Wölfen (*Canis lupus*) näher als den katzenartigen Raubtieren wie dem Luchs (*Lynx lynx*). Die Familie der Bären umfasst heute neben dem bei uns heimischen Braunbären (*Ursus arctos*) sieben weitere Arten (siehe Tab. 3-1).

Ein europäisches Bärenweibchen, kurz bevor es auf den Baum klettert. Europäische Braunbären sind eng mit den Grizzlybären verwandt.

3.2 Morphologie

Der Braunbär gilt als „großes Raubtier“, er ist aber ein Allesfresser und kann somit ein breites Nahrungsspektrum nutzen. Seine Zahnformel ist identisch mit der des Schweins und jener von uns Menschen. Bären sind Vierfüßer, können sich aber auf die Hinterfüße stellen. Sie haben ein weitaus flexibleres Schultergelenk als Wolf oder Luchs und können sehr gut mit den Vorderpfoten manövrieren. Das dichte Fell des Braunbären kann von fast ganz schwarz bis in seltenen Ausnahmen cremefarben variieren. Bei den Bären sind die Männchen meist um 30–50 % größer als die Weibchen. Männchen erreichen etwa 200–350 kg Körpergewicht, die Weibchen zwischen 80–180 kg (Skuban 2011).

3.3 Sinnesleistungen

3.3.1 Geruchssinn

> „Eine Fichtennadel fiel zu Boden – der Adler hat sie gesehen, der Hirsch hat sie gehört, der Bär hat sie gerochen.“ (Indianisches Sprichwort)

Dieses alte indianische Sprichwort zeigt uns, dass der am besten ausgebildete Sinn des Bären der Geruchssinn ist. Die meist feuchte, große Bärennase enthält ebenso viele Geruchsrezeptoren wie die Hundenase. Der Bär gebraucht seine Nase auf vielfältige Weise. Besonders hilft sie ihm bei der Futtersuche. Beispielsweise können Bären Kadaver auf Distanzen von mehreren Kilometern riechen (Pazhetnov et al. 1999). Das spart ihnen Zeit und Energie, die sie andernfalls zum Suchen verbrauchen würden. Bären können mithilfe ihrer Nase erschnüffeln, ob Früchte oder Samen bereits essbar sind, hierbei hilft ihnen jedoch auch der Sehsinn. Des Weite-

Tab. 3-1 Die acht Bärenarten.

Bärenart	Wiss. Name	Verbreitung	Beschreibung
Braunbär in Nordamerika Grizzlybär	*Ursus arctos*	Vor allem in Kanada, Alaska, Russland und Europa	Allesfresser mit einem großen Anteil pflanzlicher Nahrung. Tierische Nahrungsbestandteile bestehen vor allem aus Insekten. Insbesondere die nordamerikanischen Grizzlybären jagen aber auch Großsäuger. Europäische Braunbären können ein Gewicht von bis zu 350 kg erreichen, während Grizzlybären bis zu 800 kg schwer werden können.
Eisbär	*Ursus maritimus*	Nordpolarmeer und angrenzende Landmassen bis zur Hudson Bay	Exklusive Fleischfresser und mit einem Gewicht von bis zu 1000 kg das größte auf dem Land lebende Raubtier. Sie sind das prominenteste Opfer der Klimaänderung, da das für sie lebensnotwendige Eis schmilzt und sie deshalb keine Robben mehr jagen können.
Nordamerikanischer Schwarzbär oder Baribal	*Ursus americanus*	Weite Teile Nordamerikas von Mittelmexiko bis Alaska	Mit 850 000 bis 950 000 Tieren sind sie die weltweit am häufigsten vorkommenden großen Beutegreifer. Es handelt sich um typische Allesfresser mit einem Gewicht bis zu 270 kg. Sie sind weniger aggressiv als Grizzlybären.
Asiatischer Schwarzbär oder Kragenbär	*Ursus thibetanus*	Schwerpunkt der Verbreitung ist Südostasien mit Vorkommen bis in den Iran und nach Südostrussland	Die Tiere sind Allesfresser mit einem Gewicht von bis zu 200 kg. Traurige Bekanntheit haben sie als „Gallenbären" erlangt. In winzigen Käfigen führen diese ein klägliches Dasein, indem man ihnen die in der traditionellen chinesischen Medizin als Heilmittel eingesetzte Gallenflüssigkeit abzapft.
Lippenbär	*Melursus ursinus*	Indien (dieser Bär diente als Vorlage für den Balou im Dschungelbuch)	Hauptsächlich frisst er Termiten und Insekten. Dafür haben sich bei dieser Art spezifische Anpassungen herausgebildet, wie bewegliche Lippen, eine lange Zunge, eine Zahnlücke, durch die er die Insekten aufgesaugt, sowie verschließbare Nasenlöcher. Lippenbären erreichen ein Gewicht von bis zu 140 kg.
Malaienbär oder Sonnenbär	*Helarctos malayanus*	Südostasien einschließlich Sumatra und Borneo	Der Bär lebt fast ausschließlich vegetarisch und ist mit 65 kg Körpergewicht der kleinste Großbär. Malaienbären sind in ihrer Lebensweise an tropische Regenwälder angepasst und verbringen viel Zeit auf Bäumen.
Brillenbär oder Andenbär	*Tremarctos ornatus*	Anden, Südamerika	Er ist die evolutiv jüngste Bärenart und der letzte Vertreter der „Kurzschnauzenbären", die im Eiszeitalter noch über ganz Nord- und Südamerika verbreitet waren.
Großer Panda oder Bambusbär	*Ailuropoda melanoleuca*	Feucht-kalte Bergwälder in China	Er hat sich auf pflanzliche Nahrung spezialisiert und frisst vor allem Bambus. Dabei erreicht er ein Gewicht von 110 kg. Er ist ein Symboltier des internationalen Naturschutzes und bildet das Logo des WWF.

Dieses Bärenweibchen steht zur besseren Orientierung auf den Hinterfüßen. Somit kann sie zwar auch mehr sehen, aber hauptsächlich besser riechen als im vierfüßigen Stand.

ren verständigen sich Bären hauptsächlich über olfaktorische Signale. Anhand von Urin und Kot eines Artgenossen kann ein Bär dessen Geschlecht erkennen und ebenso, in welcher sexuellen Verfassung er sich befindet und ob es sich um ein dominantes oder subdominantes Tier handelt. Ein Bär in seinem Streifgebiet kennt die anderen dort lebenden Bären hauptsächlich über den Geruch.

Fälschlicherweise wird oft behauptet, Bären würden sich nur auf die Hinterfüße stellen, um eine bessere Sicht zu haben. Zwar dient das Aufstellen tatsächlich zur besseren Orientierung, allerdings eher, um besser riechen zu können. Je höher sie ihre empfindliche Nase heben, desto besser können sie verschiedene Gerüche aufnehmen und sich zusammen mit der visuellen Information ein vollständigeres „Bild" von der Gesamtsituation machen (Pazhetnov et al. 1999).

Jedoch führt den Bären gerade seine gute Nase oft in konfliktreiche Situationen mit uns Menschen. Die Tiere können menschliche Abfälle, aber auch Komposthaufen auf größere Entfernungen orten und aufspüren. In Bärengebieten führen offene Mülltonnen und Komposthaufen oft zu Konflikten und sollten deshalb vermieden werden.

3.3.2 Sehsinn

Der Sehsinn des Bären ist schwächer entwickelt als sein Geruchsinn und in etwa vergleichbar mit dem des Menschen. Das kann damit zusammenhängen, dass Bären eigentlich tagaktive Tiere sind und in der Nacht schlafen. Sie brauchen in der Nacht somit keine ausgeprägte Sehfähigkeit wie etwa nachtaktive katzenartige Raubtiere. Allerdings haben sich Bären in Kulturlandschaften dem Rhythmus des Menschen angepasst. Dort sind sie nachts aktiv, um uns tagaktiven Menschen aus dem Weg zu gehen (Kaczensky et al. 2005).

Bären können mit ihren Vorderpfoten deutlich besser manipulieren als Wolf und Luchs. Wenn sie Waldbeeren von den Sträuchern abziehen, führen sie die Zweige mit den Pfoten an den Mund. Auch hat man bei ihnen den Gebrauch von Werkzeugen beobachtet (Deecke 2012). So benutzen Bären Steine, um Muscheln zu öffnen, aber auch, um sich damit an unzugänglichen Stellen zu kratzen. Allerdings können sie mit ihren geschickten Pfoten auch ungesicherte Abfalltonnen, Schuppen oder gar Haustüren aufbrechen, wenn sie dort etwas Essbares wittern.

3.3.3 Hörsinn

Bären können auch sehr gut hören und die verschiedenen Geräusche voneinander unterscheiden und als neutral, positiv oder negativ bewerten. Der Bär hört genau, wenn Menschen in seinem Lebensraum unterwegs sind. Dann zieht er sich entweder zurück oder verhält sich still in seinem Versteck. Waldbesucher, die sich leise und zudem kreuz und quer durch das Gelände bewegen, können einen schlafenden Bären ungewollt aufschrecken, was mitunter in einem Bärenangriff enden kann. Um dies zu vermeiden, ist es sinnvoll, bei Wanderungen in einem Bärengebiet die Wege nicht zu verlassen und durch Geräusche auf sich aufmerksam zu machen, z. B. indem man ein Glöckchen bei sich trägt.

3.3.4 Ortssinn – der Bär und seine inneren Landkarten

Bären kreieren in ihrem Kopf eine perfekt angelegte Landkarte ihres Streifgebietes (Pazhetnov et al. 1999). Sie können sich somit verlässlich orientieren und planvolle Wanderungen und Ausflüge unternehmen. In dieser mentalen Karte sind wichtige Futterquellen, Tagesruheplätze, Winterlager, benachbarte Artgenossen aber auch menschliche Siedlungen und andere Infrastrukturen gespeichert. Dies führt jedoch auch dazu, dass, der Bär, wenn er einmal erfolgreich erkannt und ausprobiert hat, wo es beispielsweise eine Abfalltonne oder einen Komposthaufen zu plündern gibt, diese Futterstelle immer wieder aufsuchen wird. Das Gleiche gilt natürlich auch für Wildfütterungen mit schmackhaftem Mais oder Äpfeln. Im Yellowstone-Nationalpark wurden sämtliche Müllkippen in den 1970er-Jahren geschlossen, da es dort zu großen Ansammlungen von Bären kam. Noch 30 Jahre nach der Schließung wurden dort Bären beobachtet, die diese Plätze gelegentlich auf eventuell verfügbares Futter überprüften (Hilderbrandt et al. 1999). Manche Bären in der Slowakei besuchen zur Maisreife die entsprechenden Felder. Mit Sendern überwachte Tiere brachen exakt Anfang August auf und legten über Nacht bis zu 35 km zurück, um am nächsten Tag den reifen Mais zu fressen (Skuban et al. 2016).

3.4 Fortpflanzung, Entwicklung, Sterblichkeit

Die Paarungszeit dieser normalerweise solitär lebenden Tiere findet meistens zwischen Mai und Juli statt, kann aber in warmen Jahren bereits ab Mitte April einsetzen. Zunächst müssen sich Männchen und Weibchen finden, wobei beide Geschlechter auf Partnersuche gehen (Pazhetnov et al. 1999). War die Suche erfolgreich, ist der erste Akt der Annäherung mit Stress verbunden, denn jede Begegnung mit Artgenossen bedeutet für die einzelgängerischen Tiere eine starke negative Erregung. Die beiden Bären stellen sich auf die Hinterfüße, um den anderen besser zu erschnuppern. Vor Aufregung schmatzend, nähern sie sich nur sehr langsam an.

Wenn sie sich dann miteinander bekannt gemacht haben, bleibt das Bärenpaar wenige

Dieses Bärenweibchen hat einen illegalen Fütterungsplatz gefunden, den sie regelmäßig mit ihren Jungtieren besucht. Die Kleinen merken sich diesen Platz und können ihn auch im Erwachsenenalter wiederfinden. Das Muttertier reagiert hier wahrscheinlich auf das sehr leise Auslösergeräusch der Fotofalle, das sie irritiert.

Ein besendertes Bärenpaar beim gemeinsamen Kennenlernen während der Paarungszeit.

Stunden bis mehrere Wochen zusammen und verpaart sich in dieser Zeit sehr oft miteinander (Pazhentov et al. 1999). In der Slowakei wurden sogar Bärenallianzen aus drei Tieren (ein Männchen und zwei Weibchen) beobachtet (Skuban 2011). Während der Paarungszeit der Bären kann es auch zu körperlichen Auseinandersetzungen zwischen einzelnen Individuen kommen. Es konnte beobachtet werden, dass ausgewachsene, dominante Männchen versuchen, jüngere Männchen an der Verpaarung mit den Weibchen zu hindern. Aber auch ältere Männchen kämpfen untereinander um Weibchen.

3.4.1 Gefährliche „Bärzeit" oder was ist der Infantizid?

Weibchen mit diesjährigen Jungen sind während der Paarungszeit besonders gefährdet, da es bei den Bären den sogenannten Infantizid, das Töten von Nachkommen der eigenen Art gibt. Hierbei versucht ein Bärenmännchen die Jungen eines ihm nicht bekannten Weibchens zu töten. Wenn das Weibchen neugeborene Jungtiere hat, ist es nicht an einer erneuten Verpaarung interessiert. Jedoch kann es während der Paarungszeit bei Verlust seiner Jungtiere sehr schnell wieder einen Eisprung bekommen. Ein Bärenmännchen, das die Jungtiere eines Weibchens tötet, hat somit Chancen, sich mit ihm zu verpaaren, und kann somit die Anzahl der eigenen Nachkommen erhöhen. Man konnte zeigen, dass Männchen nur die Jungtiere von Weibchen töten, mit denen sie sich im vorausgegangenen Jahr nicht verpaart haben (Bellemain et al. 2006). Die Weibchen entwickeln allerdings Gegenstrategien, um die Bärenmännchen zu verwirren. Sie verhalten sich promiskuitiv und verpaaren sich mit verschiedenen Männchen in ihrem Streifgebiet. Folglich werden die Männchen im darauffolgenden Jahr diese Bärin als ihren Geschlechtspartner erkennen und (fälschlicherweise) davon ausgehen, dass es sich bei deren Jungen um ihre eigenen Nachkommen handelt (Bellemain et al. 2006). So können die Weibchen die Wahrscheinlichkeit senken, dass ihre Jungen getötet werden.

Durch Trophäenjagd, die es auf große Männchen abgesehen hat, kann das Infantizidrisiko stark erhöht werden. Wenn man große, erwachsene Männchen aus der Bärenpopulation herausschießt, führt dies zu verstärkten Einwanderungen von fremden Männchen, die dann versuchen können, Jungtiere der ihnen nicht bekannten Weibchen zu töten (Pazhetnov et al. 1999). In diesem Zusammenhang ist erwähnenswert, dass in Skandinavien, wo Bären relativ stark bejagt werden, im Extremfall jährlich bis zu 22 % der Weibchen Jungtiere durch Infantizid verlieren (Steyaert et al. 2014).

3.4.2 Human-shield-Effekt – menschlicher Schutz nahe Siedlungen

Neuere Untersuchungen haben gezeigt, dass gerade zur Paarungszeit verstärkt Bären in der Nähe menschlicher Siedlungen auftauchen (Elfström et al. 2012, Skuban et al. 2017a). Hierbei handelt es sich entweder um subdominante Männchen oder um Weibchen mit diesjährigen Jungen. Viele Menschen glauben, dies sei ein Hinweis darauf, dass die Bärenpopulation zu hoch ist. Allerdings ist dieses ungewöhnliche Auftreten von Bären in der Nähe von Ortschaften meist zeitlich beschränkt und die Mehrzahl der Tiere zeigt am Ende der Paarungszeit wieder ihr normales Verhalten. Offensichtlich haben diese Bären gelernt, dass sie in der Nähe der Menschen sicher sind, da starke, erwachsene Bären Menschen meiden. Da sie so jedoch für den Menschen sichtbar sind, erhöht dies deren Angst, was das Bärenmanagement vor eine große Herausforderung stellt (Skuban et al. 2017a).

3.4.3 Entwicklung des Bärennachwuchses

Nachdem sich das Weibchen verpaart hat, entwickelt sich der Embryo zunächst nicht weiter, sondern es kommt zu einer sogenannten „Keimruhe". Der Embryo wird quasi in seiner Entwicklung eingefroren und nimmt seine Weiterentwicklung erst im Herbst wieder auf. Das ist eine gute Anpassung an die Nahrungsverfügbarkeit, da im Herbst fettreiche Samen und zuckerhaltige Früchte zur Verfügung stehen, die dazu beitragen, dass das Weibchen und damit auch der Embryo ausreichend mit Nahrung versorgt sind. Fallen fettreiche Samen als Nahrung aus, kann dies den Reproduktionserfolg nachhaltig beeinflussen. Die Bärenweibchen brauchen nicht nur während der Trächtigkeit sehr viel Energie, sondern auch, um später die Muttermilch zu produzieren.

Im Schutz der Winterhöhle kommen die Bärenjungen zwischen Ende Dezember und Anfang Februar zur Welt. Sie wiegen nur 500 g, sind blind und taub und von einem leichten Flaum bedeckt. Sie können ihre Körpertemperatur zwar noch nicht selbstständig regulieren, sind aber in der Lage, externe Wärmequellen wahrzunehmen. Deshalb kriechen sie langsam am warmen Körper ihrer Mutter entlang, bis sie die wärmsten Stellen unter den Achseln erreicht haben. Dort befinden sie sich in direkter Nähe zu den Brustwarzen ihrer Mutter, aus denen sie die sehr fetthaltige Muttermilch (Fettgehalt um 17 %) trinken. Mit Hilfe dieser Supermilch können sie sich rasch entwickeln: Im Alter von etwa 3 Wochen öffnen sie ihre Augen, eine Woche später können sie richtig sehen, mit etwa 7 Wochen können sie Objekte wahrnehmen und ab der 8. Woche hören. Erst im 3. Monat gehen sie selbstständig, was auch dem Zeitpunkt entspricht, an dem sie mit ihrer Mutter die Höhle verlassen und das erste Mal Tageslicht erblicken. Wenn die Kleinen aus der Höhle kommen, prä-

Ein kleines Bärenjunges erklimmt rasch einen schützenden Baum, nachdem es ein irritierendes Geräusch gehört hat.

gen sie sich umgehend das Gesicht ihrer Mutter ein und folgen ihr auf Schritt und Tritt. Nun verstärkt sich auch beim Muttertier die emotionale Verbindung zu ihren Jungen: Hierbei spielt das „Kindchenschema" des „kleinen niedlichen Bärengesichtes" eine wichtige Rolle.

Die Zeit im Familienverband ist für die Jungbären außerordentlich wichtig, da sie nun die wichtigsten Verhaltensweisen erlernen müssen. Die kleinen Bären werden zwar bis zu einem Alter von 6 Monaten noch gestillt, müssen aber dennoch erlernen, welche Futterelemente essbar sind. Das passiert zum einen durch Versuch und Irrtum, aber auch durch Beobachtung und Nachahmung der Mutter. Allerdings können sie von Geburt an über 40 verschiedene Futterstoffe allein unterscheiden, was angeboren zu sein scheint (Pazhetnov et al. 1999).

Da die kleinen Bären zu Beginn ihres Lebens hilflos und gefährdet sind (in der Slowakei wurden Übergriffe von Wölfen auf Jungbären nachgewiesen), ist ihre wichtigste und auch einzige Verteidigungsstrategie die Flucht auf den Baum (Skuban 2011).

Bei Gefahr kann auch die Mutter durch spezielle Laute den Jungen das Signal geben, sich auf einen Baum zu flüchten. Somit ist der Nachwuchs „sicher verstaut" und die Bärenmutter kann entweder den Angreifer verjagen oder selbst flüchten, um die Kleinen dann später wieder abzuholen (Skuban 2011). Sehen wir einmal kleine Bären im Baum oder allein im Wald, sollten wir uns unbedingt zurückziehen. Eine Bärenmutter wird niemals ihren Nachwuchs vergessen oder im Stich lassen.

Die Jungbären lernen in der sicheren Familienbindung viele neue Elemente der natürlichen Umwelt kennen, die sie dann als gefährlich, positiv oder neutral bewerten und abspeichern. Da Bären sehr „konservativ" sind, ändern sie diese Kategorisierung in ihrem späteren Leben kaum noch, selbst wenn sie danach andere Erfahrungen machen. Hat der Bär in dieser Phase z. B. eine positive Verknüpfung mit Menschen und menschlicher Infrastruktur entwickelt, lässt sich dies fast nicht mehr umkehren. Ein solcher Bär kann dann ein Risiko für Menschen darstellen.

Bärenjunge spielen viel und gerne miteinander. Das Spielverhalten ist sehr wichtig für die Entwicklung ihrer motorischen Fähigkeiten. Zum einen werden Muskeln angelegt und trainiert. Zum anderen können sie ihre eigenen körperlichen Grenzen ausprobieren und sich im Zweikampf mit ihren Geschwistern messen.

Die Bärenfamilie verbringt den darauffolgenden Winter zusammen in einer Höhle. Allerdings ist die Fähigkeit, eine Höhle zu suchen oder zu bauen, angeboren und Jungtiere können ohne Mutter bereits ab einem Alter von ca. 8 Monaten allein im Freiland überleben (Pazhentov et al. 1999, Skuban 2011). Viele Bärenfamilien lösen sich bereits im nächsten Jahr zu Beginn der Paarungszeit auf. Wenn das Bärenweibchen dann intensiv nach Spuren von Männchen sucht, kommen ihre Jungen ebenfalls mit diesem Geruch in Verbindung. Da die Jungen eine starke angeborene Angst vor erwachsenen Bärenmännchen haben, spalten sie sich automatisch ab, wenn ihre Mutter den Spuren von Männchen folgt. In Ausnahmefällen kommt die Familie nochmals zusammen. Die Geschwister verbringen jedoch das nächste Jahr gemeinsam und überwintern auch erneut zusammen. Im darauffolgenden Lebensjahr lösen sich auch diese Verbindungen auf und die Bären beginnen ihr eigenes, meist solitäres Bärenleben.

Ein Bärenweibchen kann zwischen zwei und fünf Jungtiere haben. Allerdings ist die Sterblichkeit unter den Jungtieren hoch und weniger als die Hälfte von ihnen erreicht das Erwachsenenalter, das für Männchen mit ca. 4 Jahren beginnt, wenn sie ihr eigenes Streifgebiet etablieren, und für Weibchen nach dem ersten Wurf. Das Alter der Bärinnen bei ihrem Wurf hängt offenbar von ihrem Ernährungszustand ab. So konnte gezeigt werden, dass Schwarzbärenweibchen bei Zufütterung bereits mit 3 Jahren Jungtiere haben können, während in Gebieten ohne Fütterung das Alter bei 5–6 Jahren liegt (Rogers 2011). Ähnliche Altersangaben gelten auch für Braunbären (Schwartz und White 2008).

Bären können im Freiland ein Alter von mehr als 20 Jahren erreichen. Der älteste gefundene Bär der Slowakei war 33 Jahre alt und starb

Ein klassischer Bärenbaum. Bären kratzen und beißen die Rinde von Bäumen ab, um am ausfließenden Harz ihre Haare zu hinterlassen.

an Altersschwäche (Skuban 2011). Mithilfe des Zahnes M3 kann man Altersbestimmungen durchführen, da sich dort eine Art Jahresringe ablesen lassen. Wahrscheinlich ziehen sich Bären zurück, wenn sie spüren, dass sie sterben werden. Somit findet man nur selten auf natürliche Weise gestorbene Tiere im Freiland. In Gefangenschaft können Bären auch mehr als 40 Jahre erreichen.

3.5 Sozialverhalten

Das Sozialverhalten der Bären ist zwar weniger komplex als das der Wölfe, jedoch ist der Bär bei Weitem kein „unsozialer Geselle“, sondern viel toleranter gegenüber fremden Artgenossen als manch anderes Raubtier. Bären besetzen kein klassisches Territorium, in das kein anderer Artgenosse eindringen darf. Jedes Tier hat sein eigenes Streifgebiet, das sich jedoch mit den Streifgebieten anderer Bären überlappt. Der Aufenthaltsort eines Bären in seinem Areal wechselt je nach Jahreszeit und Futterverfügbarkeit (Mangipane et al. 2018). Der Bär nutzt nicht unbedingt das gesamte Gebiet über das ganze Jahr gleich intensiv. Hat er ein gewisses Streifgebiet besetzt, weiß er auch von den anderen Bären in seiner Region. Der Austausch von Informationen erfolgt meist olfaktorisch über den Geruch, beispielsweise über Kot, Urin oder Markierungsstellen.

In einer etablierten Bärenpopulation gibt es eine Art Hierarchie (oder despotische Struktur). Starke, erwachsene Bärenmännchen sind dominanter als junge Männchen oder die meisten Weibchen. Dadurch können sie attraktive Futterplätze besetzen, die von anderen, subdominanten Bärenmitgliedern gemieden werden. Oft haben diese starken Männchen auch größere Streifgebiete, was ihnen den Zugang zu attraktiven Nahrungsressourcen und Weibchen ermöglicht.

Bärenbäume zur stillen Kommunikation

Oft liest man, Bären würden sich fast ausschließlich über die sogenannten Markierungsbäume im Wald verständigen. Fakt ist, dass es diese Markierungsbäume gibt und einige Bären sie intensiv nutzen. Hierbei kratzen sie die Rinde auf oder beißen sogar richtige Stücke aus dem Baum heraus. Der Baum versucht seine Wunde zu heilen und versorgt sie mit klebrigem Harz. Wenn der Bär nun seinen Rücken an der klebrigen Stelle auf und ab reibt, bleiben Haare daran zurück. Oft kratzen die Tiere zusätzlich am Boden, um die Stelle noch besser zu markieren. Jedoch nutzen sie die Bäume nicht immer gleich intensiv. Offensichtlich ist die Markierungstätigkeit zur Paarungszeit intensiver. Fotofallenaufnahmen haben gezeigt, dass auch nicht alle Bären auf die Markierungen reagieren. Sicherlich können weitere Studien helfen, die Bedeutung der Bäume für die Bären besser zu entschlüsseln.

3.6 Raum-Zeit-Verhalten – Lebensraum, Streifgebiet und Dispersal

Um das Raum-Zeit-Verhalten richtig zu verstehen, müssen wir zwischen den drei metabolischen „Bärenjahreszeiten" unterscheiden. Denn diese beeinflussen nicht nur maßgeblich die Ernährung, sondern auch den Aufenthaltsort der Bären (Mangipane et al. 2018). Nach dem Aufwachen aus dem Winterschlaf im Frühjahr herrscht die Hypophagia, während der ein Bär weniger frisst, als sein Körper braucht; dann folgt die frühe Hyperphagia im Sommer, wenn der Bär in etwa so viele Kalorien zu sich nimmt, wie sein Körper benötigt; ab Spätsommer setzt die späte Hyperphagia ein, während der der Bär sehr viel frisst, um sich einen Fettvorrat für den Winter anzulegen (Hilderbrandt et al. 1999). Was er während dieser drei metabolischen Zustände „zu sich nimmt", ist im Unterkapitel Ernährung genauer beschrieben. Der Bär bewegt sich in seinem Streifgebiet ja nach Verteilung der zur Verfügung stehenden Nahrungsressourcen und ist deshalb zu verschiedenen Zeiten im Jahr nur an bestimmten Orten präsent.

3.6.1 Winterschlaf

Der Bär hat im Vergleich zu Wolf und Luchs seine eigene Strategie, den Winter zu überstehen. Anders als diese legt er eine sogenannte „Winterruhe" ein und sucht sich dafür entsprechende Winterlager. Während dieser Winterruhe sinkt seine Körpertemperatur lediglich auf etwa 34 °C ab und der Herzschlag verlangsamt sich auf 19 Schläge pro Minute (Barrows et al. 2011). Der Bär kann somit schneller aufwachen als die typischen Winterschläfer mit ihren z. T. deutlich niedrigeren Körpertemperaturen. Deswegen sollte man die klassischen Wintergebiete von Bären so störungsfrei wie möglich halten und beispielsweise auf Drückjagden, Skifahren oder Schneeschuhwandern verzichten. Wenn Bären aus ihren Höhlen flüchten müssen, ist das für sie mit einem großen Energieverlust verbunden (Skuban 2011). Während des Winterschlafes haben die Bären keinen Stoffwechsel. Also essen und trinken sie nicht und scheiden auch nichts aus. Bären entleeren sich vor dem Winterschlaf vollständig. Die Winterlager können im Extremfall auch sehr weit von dem Gebiet entfernt sein, in dem sich die Bären während ihrer aktiven Phase im Jahr aufhalten. Die Winterlager sind so vielfältig, wie die Bären individuell sind. Manche Tiere sind richtige Baumeister und graben aktiv Unterschlüpfe in den Boden oder unter ein Wurzelwerk von Bäumen. Andere machen es sich leichter und suchen sich Felshöhlen, in denen sie ein weiches Nest aus Blättern und Zweigen anlegen. Seltener schlafen Bären in ausgehöhlten Bäumen, aber gerade große Männchen biegen sich einfach ein paar kleine Fichten in Schonungen geschickt wie ein Zelt zurecht und legen sich dann darunter. Mit dem ersten Schnee wird ihr Platz bedeckt und wirkt wie ein Iglu. Ein solches Winterlager ist allerdings Wetteränderungen sehr stark ausgesetzt, beispielsweise wenn der Schnee taut.

3.6.2 Wie sieht ein Bärentag aus?

Wie bereits beschrieben, sind die meisten Bären in Kulturlandschaften eher während der Dämmerung oder nachts aktiv, um uns Menschen aus dem Weg zu gehen. In Abhängigkeit vom

Dieser kleine Jungbär scheint Freude daran zu haben, eine Fichte umzubiegen. Erwachsene Bären schaffen sich manchmal auf diese Weise ein Winterlager in einer Schonung.

Tageslicht werden Bären je nach menschlicher Aktivität früher oder später aktiv und richten sich dabei eben nicht nach bestimmten Tageszeiten (Kaczensky et al. 2006). Wir sollten demnach Freizeitaktivitäten im Wald in der Dunkelheit möglichst vermeiden, um Bären nicht zu stören. In den frühen Morgenstunden kehren sie an einen Tagesruheplatz zurück, an dem sie sich verstecken können. Analysen von Tagesruheplätzen in der Slowakei, ein Land mit viel menschlicher Störung, haben gezeigt, dass Bären Plätze aufsuchen, an denen sie „unsichtbar“ sind. Sie bevorzugen hierbei dichten Bewuchs in Schonungen, aber auch dichtes Buschwerk oder Sträucher. Teilweise können sie auch außerhalb der Wälder in kleinen Waldinseln oder sogar in Maisfeldern schlafen (Skuban et al. 2017a). Hochgewachsene Fichtenwälder ohne dichtes Unterholz bieten ihnen keine guten Versteckmöglichkeiten. Menschen in Bärengebieten sollten somit vorsichtig sein, in dichtem Unterholz oder Gebüsch leise nach Pilzen zu suchen, da man so einen schlafenden Bären wecken kann. In der Kulturlandschaft sind Tageslager eines Bären nicht immer weit von menschlichen Infrastrukturen entfernt. Bietet ihnen ein Platz genügend Deckung, können sie auch nur wenige hundert Meter von Dörfern entfernt schlafen (Skuban et al. 2017).

Sind Bären aktiv, liegt ihr Bewegungsradius zwischen wenigen hundert Metern bis hin zu 35 km in einer Nacht. Das hängt von der räumlichen Verteilung der Futterressourcen oder von der Partnersuche ab. Suchen sich Bären jedoch ein neues Streifgebiet, können sie dafür im Extremfall auch Hunderte Kilometer zurücklegen. Meistens siedeln sich die weiblichen Jungtiere in der Nähe des mütterlichen Streifgebietes an. Vor allem Jungmännchen bilden den abwandernden Teil der Bärenpopulation, was für den genetischen Austausch zwischen einzelnen Bärensubpopulationen sehr wichtig ist (Sawaya et al. 2014).

3.6.3 Habitatfragmentierung und Straßenverkehr

Eines der größten Probleme in Kulturlandschaften ist der enorme Platzbedarf des Menschen. Siedlungen und Industriegebiete werden erweitert und Straßen ausgebaut. Zusätzlich erhöht sich ständig das Verkehrsaufkommen. Diese fragmentierte Landschaft macht es vielen Wildtieren schwer, ihre täglichen Bedürfnisse zu decken oder sich neue Streifgebiete zu suchen. Bären als platzbedürftige Tiere gelten hierbei als Schlüsselarten. Wo sie leben und wandern können, sollten somit viele andere Tiere genügend Platz zum Leben haben. Studien haben gezeigt, dass Straßen mit einem täglichen Verkehrsaufkommen von mehr als 5000 Fahrzeugen für die meisten Bären nicht mehr passierbar sind (Skuban et al. 2017b). Somit stellen diese Straßen quasi unüberwindliche Barrieren dar. Meistens sind abwandernde Jungtiere, vor allem die jungen Männchen, durch Verkehrsunfälle betroffen. Querungshilfen wie Grünbrücken, aber auch hohe Straßenbrücken, können Wildtieren ihre Tageswanderungen sowie ihre Migrationen und Abwanderungen erleichtern und somit einen wichtigen Beitrag zur Habitatvernetzung leisten.

Der Platzbedarf eines Bären ist relativ groß. Seine Streifgebiete können zwischen 8000 ha und – im Extremfall eines besenderten polnischen Männchens – 15 000 km^2 umfassen (Filip Sęba, pers. Mitt.). Oft sind die Streifgebiete der Männchen um 20–30 % größer als die der Weibchen (Cirović et al. 2015). Ein ideales Bärenhabitat besteht aus großen geschlossenen Waldflächen, in denen jedoch alle wichtigen Nahrungsbestandteile vorkommen müssen. Des Weiteren müssen die Streifgebiete genügend Versteckmöglichkeiten bieten. Bären gelten als besonders störungsanfällig. Hierbei können gerade Forst- und Freizeitaktivitäten der Menschen einschließlich Mountainbiker, Jogger, Wanderer sowie Pilz- und Beerensammler die Tiere aufschrecken und in ihrer Tagesruhe stören (Kazcensky et al. 2005, Skuban et al. 2017). Menschliche Aktivitäten abseits der Wanderwege und in den sehr frühen Morgen- oder späten Abendstunden erhöhen die Wahrscheinlichkeit von Begegnungen und setzen die Tiere unter Stress. Stark genutzte Wälder sind deshalb für Bären i. d. R. kein günstiger Lebensraum mehr. Entweder müssen sich die Tiere dann an die Störungen gewöhnen, was zu Problemen führen kann, oder sie versuchen, wenn die Störungen zu stark sind, abzuwandern.

3.7 Ernährung

Wie bereits im Kapitel Raum-Zeit-Verhalten beschrieben, gibt es drei metabolische Zustände des Bärenkörpers, die mit der Verfügbarkeit von Futterelementen korrespondieren, die Hypophagia, die frühe Hyperphagia und die späte Hyperphagia (Hilderbrand et al. 1999).

3.7.1 Hypophagia: bis Ende Mai/Anfang Juni

Wenn Bären aus dem Winterschlaf erwachen, ist ihr Metabolismus noch niedrig und ihr Organismus muss sich erst wieder vom Winterschlaf auf ein aktives Leben umstellen. Oft bevorzugen die Tiere dann leichte Kost: frische Gräser, Kräuter, aber auch leichtverdauliches Protein, das sie beispielsweise durch Erjagen neugeborener Jungtiere von Schalenwild oder den Verzehr von im Winter verendeten Tieren aufnehmen. Wenn sie noch Samen, wie Bucheckern oder Eicheln vom Vorjahr finden, verschmähen sie auch diese nicht, solange sie nicht auskeimen und dadurch bitter werden (Skuban et al. 2016).

Im Frühjahr ernähren sich Bären zum Großteil von Gräsern und Kräutern. Mit etwas Glück kann man sie auf Lichtungen „beim Grasen“ beobachten.

3.7.2 Frühe Hyperphagia: von Juni bis Ende August

Während dieser Zeit hat sich die Nahrungspalette abermals erweitert. Bären ernähren sich jetzt verstärkt von zuckerhaltigen Früchten wie etwa Heidelbeeren, Himbeeren, Brombeeren oder Preiselbeeren. Da die Früchte jedoch sehr klein, der Energiebedarf des Bärenkörpers aber groß ist, müssen sie bis zu 20 000 kleiner Waldbeeren täglich aufnehmen (Treff 1985). Während der Sommerzeit decken Bären ihren Proteinbedarf verstärkt über Insekten, wie Ameisen oder Wespen. Interessanterweise bevorzugen sie große Waldameisen, die nicht nur sehr viel Protein liefern, sondern auch weniger Ameisensäure enthalten als andere Arten (Swenson et al. 1999).

3.7.3 Späte Hyperphagia: vom Spätsommer bis zum Winterschlaf

Ab dem Spätsommer beginnt die Mast, der Bär kann mehr fressen, als sein Stoffwechsel unmittelbar benötigt. Aus dem Kalorienüberschuss legt sich der Bär in diesem Zeitraum ein 15–20 cm dickes Fettpolster für den Winter an. Sehr wichtig sind dann fettreiche Samen wie Bucheckern, Haselnüsse oder Eicheln, aber auch zuckerhaltige Früchte einschließlich der wilden Verwandten von Äpfeln, Birnen, Kirschen und Schlehen. Ebenfalls steigt der Fleischanteil in der Bärenernährung, da sie im Herbst in der Lage sind, das Eiweiß in Fett umzuwandeln (Hilderbrand et al. 1999). Falls es zum Ausfall kalorienreicher Samen oder Früchte kommt, etwa durch späten Frost im Frühjahr, der die Blüten der Bäume erfrieren lässt, können Bären in eine Energieunterversorgung kommen. Allerdings haben sie in Kulturlandschaften bessere Möglichkeiten, auf Alternativen wie beispielsweise Wildfutterstellen, Getreidefelder, Obstplantagen, Weingärten usw. umzusteigen, um dort die fehlenden Kalorien aufzunehmen (Skuban et al. 2016). Dies führt jedoch dazu, dass sich Bären auf der Suche nach Nahrung in Menschennähe begeben müssen, was wiederum Konflikte nach sich ziehen kann.

Im Sommer decken Bären ihren Proteinbedarf oft mit Insekten. Im Bild sieht man die Überreste eines Ameisenstaates.

Dieser Bär in einer Tanne wurde in einem Garten fotografiert. Solche Szenen können zu Konflikten in der Koexistenz der Bären mit uns Menschen führen.

3.7.4 Die Rolle von Fleisch in der Bärenernährung

Oft wird behauptet, der Bär sei ein reiner Vegetarier mit gelegentlicher Tendenz zum Aasfressen. Jedoch ist das Jagdverhalten weit individueller als bislang angenommen. Es gibt demnach Bären, die gerne Fleisch fressen und dafür auch relativ regelmäßig auf Jagd gehen (Edwards et al. 2011). Im Fokus stehen dann vor allem Jungtiere verschiedener Schalenwildarten oder auch Schalenwild, das nach dem Winter oder der Paarungszeit geschwächt ist. Manchmal lauern sie den Tieren auch an Wildfutterstellen auf, an denen ihre potenzielle Beute mit der Nahrungsaufnahme beschäftigt und somit weniger aufmerksam ist (Skuban 2011). Einige Bären profitieren allerdings auch von anderen Großraubtieren, wie Wolf oder Luchs, wenn sie mit ihnen im gleichen Gebiet leben. Sie können dann die Überreste der Beute nutzen, die andere Raubtiere zuvor erjagt haben (Skuban et al. 2016). Manchmal geht dies sogar zu Lasten dieser Raubtiere, die dann verstärkt jagen müssen, um genug Futter zu haben (Krofel et al. 2012). Die Ernährung des Braunbären im Jahresverlauf ist in Tab. 3-2 zusammengefasst.

Tab. 3-2 Die Ernährung des Bären im Jahresverlauf.

Was?	Warum?
Frühjahr	
Viel frisches Gras und Kräuter	Nach dem Winterschlaf ist der Metabolismus des Bären erniedrigt. Deshalb ernähren sich die Tiere von „leichtverdaulichen Kräutern", die interessanterweise auch in der Kräuterheilkunde gerne eingesetzt werden, da sie den Körper reinigen. Des Weiteren enthält dieses „Grünfutter" viel Vitamin C, das die Tiere nach dem Winter benötigen.
Fallwild	Schalenwild, das den Winter nicht überlebt hat, ist nicht nur leicht zu beschaffen, es enthält auch wichtiges Protein. Der Bärenkörper ist in der Lage, dieses Protein im Frühjahr in Muskelmasse umzusetzen (Hilderbrand et al. 1999).
Eicheln und Bucheckern vom letzten Jahr	Diese ölhaltigen Samen kann der Bär noch bis zu ihrem Auskeimen verwenden, danach werden sie bitter. Die Samen enthalten Fette und Vitamine.
Jungtiere von Schalenwild	Einige Bären gehen aktiv auf die Jagd nach neugeborenen Rehen, Wildschweinen und Hirschen. Auch hier geht es um das Protein im Fleisch.
In der Kulturlandschaft: Wildfutterstellen	*Bären können dort Äpfel und Getreide finden, die noch nicht in der Natur verfügbar sind. Dieses Futter liefert ihnen Kohlenhydrate.*
Sommer	
Himbeeren, Brombeeren, Blaubeeren	Die Früchte enthalten neben wichtigen Vitaminen auch sehr viel Zucker, was dem Bären erlaubt, langsam zuzunehmen.
Insekten, insbesondere Ameisen und Wespen	Die Insekten liefern dem Bärenkörper wichtiges Protein. Außerdem enthalten sie Fett, das in den Waldbeeren fehlt.
Herbst	
Eicheln und Bucheckern	Die Samen enthalten viel Fett, das der Bär braucht, um für den kommenden Winter zuzunehmen.
Früchte wie Äpfel, Kirschen, Schlehen	Früchte liefern Zucker und Vitamine. Teilweise nutzen Bären dafür auch Obstplantagen oder Gärten in der Nähe des Waldes.
Falls möglich: Fleisch von Wildtieren	Im Herbst kann der Bär das Protein in seiner Nahrung in Körperfett umwandeln (Hilderbrand et al. 1999).
In Kulturlandschaft: Getreidefelder und Wildfutterstellen	*Getreide jeder Art liefert ihnen Kohlenhydrate, also ein „Kraftfutter" zum Zunehmen. Bären bevorzugen Maisfelder, da sie dort zusätzlich eine gute Deckung haben.*
Winter (ganz selten)	
Wildfutterstellen	Getreide und Äpfel liefern Kohlenhydrate.
Fleisch von Wildtieren	Fleisch liefert wichtiges Protein.
Bucheckern	Diese Samen sind im Winter am wichtigsten, da sie lebensnotwendiges Fett liefern. Es konnte gezeigt werden, dass die Winteraktivität beim Bären hauptsächlich durch die Kombination von milden Wintern, wenig Schnee und Mastjahren der Buchen ausgelöst wird (Cicnjak et al. 1987, Skuban et al. 2017).

3.7.5 Der Zündstoff in der Bärenernährung

Bären sind Allesfresser und Opportunisten. Somit können sie manche Futterquelle aufspüren, die gar nicht für sie bestimmt ist, etwa Nutztiere, Abfalltonnen oder Komposthaufen in Gärten. Bären, die sich auf menschlichen Abfall spezialisiert haben, stellen ein Risiko dar, da durchaus zu erwarten ist, dass es zu gefährlichen Begegnungen kommen kann, wenn sie beispielsweise attraktive Nahrungsquellen auch gegenüber Menschen verteidigen.

Wie bereits erläutert, nutzen Bären mitunter ungesicherte Apfelplantagen, Zwetschgenbäume oder sogar Rebanlagen in Weinbaugebieten. Bären haben auch erkannt, dass Getreidefelder mit Weizen, Hafer und vor allen Dingen Mais riesige, leicht zu beschaffende Mahlzeiten bereithalten. Immer wieder kommt es sogar vor, dass sie die Behälter für in Motorsägen verwendetes Rapsöl aufbrechen. Kurioserweise fressen manche Bären sogar Kerzen, aber nur solche aus reinem Bienenwachs. So wurde schon mehrfach beobachtet, dass sich Bären auf Friedhöfen an Grabkerzen zu schaffen machen.

Immer wieder fressen Bären auch das an Wildfutterstellen ausgelegte Getreide, Äpfel oder anderes verwertbares Futter, das eigentlich für Hirsch, Reh und Wildschwein bestimmt war. Zusätzlicher Schaden entsteht hier, wenn der Bär die Futtertröge beschädigt oder Vorratsbehältnisse aufbricht.

Inwieweit die Verfügbarkeit von Wildfutterstellen die Winterruhe des Bären beeinflusst, ist Gegenstand der Diskussion. Einige Bären suchen diese Stellen nachweislich auf. Vor allem die Kombination aus einem milden Winter, dem Überangebot an ölhaltigen Samen in Mastjahren sowie Winterfütterungen führt dazu, dass einige Bären keinen Winterschlaf halten und den Winter über aktiv bleiben (Skuban et al. 2016). Der Klimawandel scheint zusammen mit der Verfügbarkeit von hochkalorischem Futter hierbei offensichtlich eine große Rolle zu spielen. Trächtige Weibchen, die ihre Jungen im selben Winter gebären, ziehen sich immer in sichere Unterschlüpfe zurück.

3.8 Verbreitung im deutschsprachigen Raum

In Deutschland wurde der letzte Bär 1835 bei Ruhpolding erlegt, im heute tschechischen Böhmerwald hielten sich die Tiere bis 1856, der letzte Bär in Tirol wurde 1898 und in der Schweiz 1904 bei Scuol geschossen. Die systematische Verfolgung der Tiere sollte hauptsächlich der Prädation an Nutztieren entgegenwirken.

In Österreich konnte man 1972 im Ötschertal ein Bärenmännchen nachweisen, welches selbstständig zugewandert war. Zwischen 1989 und 1993 startete man daher ein Auswilderungsprojekt, in dem 3 Bären (2 Weibchen, 1 Männchen) aus Kroatien und Slowenien freigelassen wurden. Zunächst war die Aktion ein Erfolg und es wurden bis 2007 mindestens 31 Bären in Österreich geboren. 1999 erreichte die Population mit 12 Individuen ihren höchsten Stand. Anschließend verschwanden immer mehr Tiere ohne nachvollziehbaren Grund und seit 2012 gilt die Population als erloschen. Als Gründe für diese Entwicklung werden die geringe Populationsgröße, verbunden mit illegalen Tötungen genannt. Aktuell werden immer wieder einzelne Bären in Kärnten nachgewiesen. Es handelt sich um männliche Tiere, die aus Slowenien zuwandern, wo etwa 500 Bären leben, etwa 21 davon in den Slowenischen Alpen (Skrbinšek et al. 2017).

Im italienischen Trentino startete ein Wiederansiedlungprojekt für Bären. Zwischen 1999 und 2002 wurden 10 Bären aus Slowenien (7 Weibchen, 3 Männchen) ausgesetzt, um die dort vorhandene Reliktpopulation zu erhalten. Mit der Maßnahme konnte das Aussterben der Bären verhindert werden. 2016 zählte die Population 49 bis 66 Individuen und zeigte einen leicht positiven Trend (Skrbinšek et al. 2017).

Im Juli 2005 wurde in der Schweiz der erste Bär seit 100 Jahren nachgewiesen, der aus der Population im Trentino stammt. Seitdem wandern jedes Jahr einzelne Tiere aus dem benachbarten Italien in die Schweiz ein. Von der Population im Trentino gelang es auch einem jungen Männchen im Jahre 2006, in den bayeri-

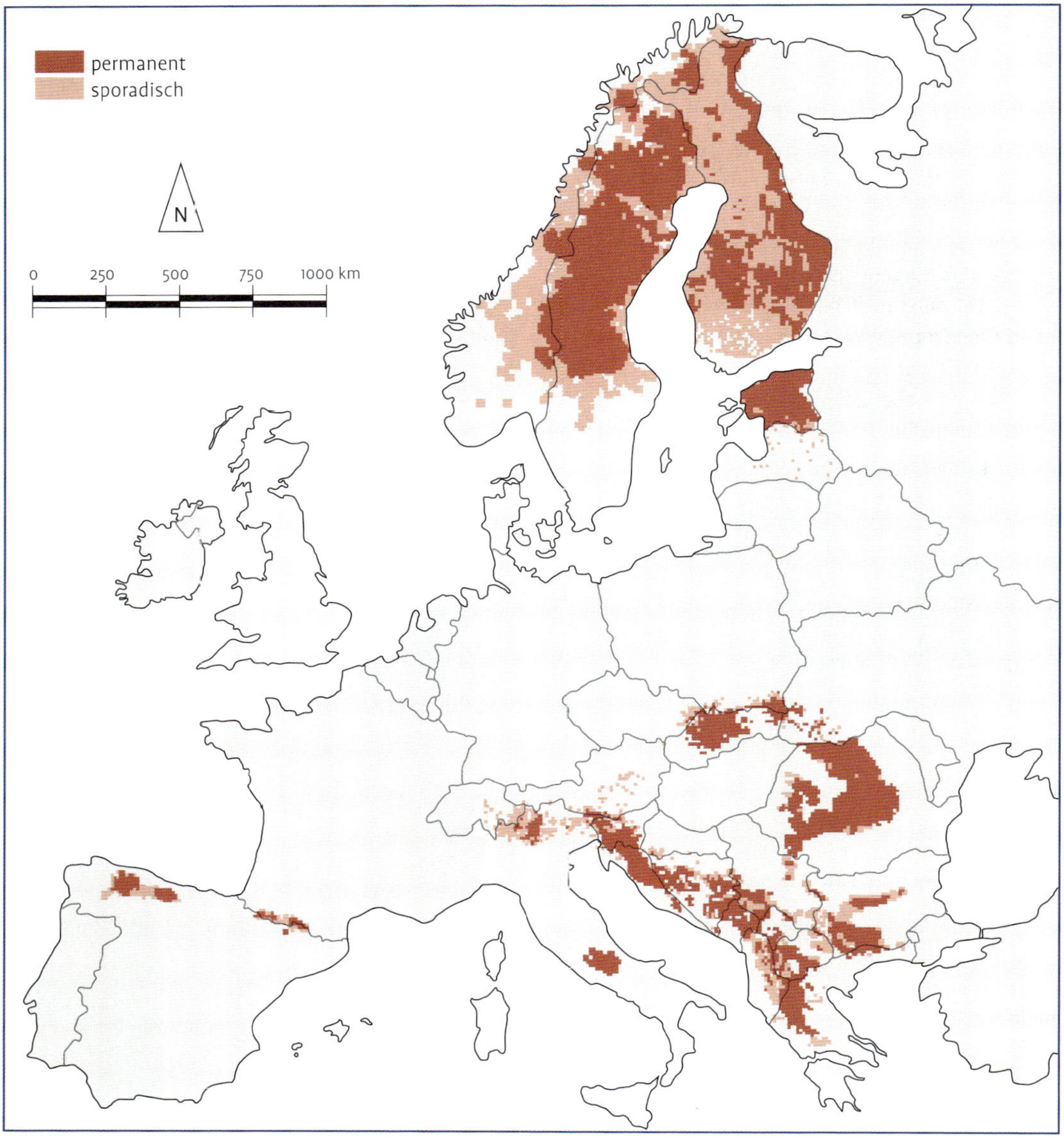

Abb. 3-1 Verbreitungsgebiet des Europäischen Braunbären (aus Mangel an Daten ohne Russland, und Weißrussland). Quelle: LCIE, www.lcie.org/large-carnivores

schen Alpenraum einzuwandern. Der unter dem Namen Bruno bekannt gewordene Bär wurde jedoch nach großem Medienrummel im selben Jahr geschossen. Man schätzt, dass in Europa (ohne Russland, Ukraine, Weißrussland) etwa 34 000 Bären leben. Die größten Vorkommen finden sich in den Karpaten (7200), in Skandinavien (5100), im Baltikum (710), sowie auf dem Balkan und im Gebiet des ehemaligen Jugoslawien (3670). Reliktvorkommen gibt es in den Abruzzen (45) und den Pyrenäen (25) und in Cantabrien (295 – 210) (Chapron et al. 2014, LCIE 2018, www.lcie.org/large-carnivores).

Fazit für die Praxis

- Obwohl der Bär zu den großen Beutegreifern gehört, ist er ein Allesfresser.
- Die Ernährung des Braunbären ändert sich im Jahresverlauf: Im Frühjahr präferieren die Tiere Gräser, Kräuter und teilweise Fallwild; im Sommer spezialisieren sie sich eher auf zuckerhaltige Waldbeeren und Insekten als Proteinlieferant. Im Herbst müssen sich die Tiere einen 15 – 20 cm dicken Fettpolster anfressen, weshalb sie vor allen Dingen auf Bucheckern, Eicheln, Äpfel, Pflaumen, aber auch gelegentlich auf Säugetiere zurückgreifen.
- Bären halten im Winter den sogenannten Winterschlaf, dessen Länge regional entsprechend den Schneeverhältnissen und Temperaturen variiert.
- Sie sind Einzeltiere, die sich nur zur Paarungszeit zwischen Ende April/Mai und Juli zu kurzweiligen Paaren zusammenfinden.
- Bären sind nicht territorial, da die Streifgebiete der ansässigen Tiere in einem entsprechenden Gebiet überlappen. Jedoch versuchen sie sich nicht zu treffen und benutzen dazu oft olfaktorische Verständigung.
- In Kulturlandschaften reagieren Bären oft stark auf die Anwesenheit des Menschen, da sie als Allesfresser viele neue Futterressourcen wie etwa Maisfelder, Kompost, Obstplantagen, Bienenstöcke, Abfall und gelegentlich Nutztiere verwerten können. Somit kommen sie mit dem Menschen oft in Konflikt.
- Ausgewachsene Bären haben keine natürlichen Feinde, jedoch töten Männchen oft die Jungtiere derjenigen Weibchen, mit denen sie sich im Vorjahr nicht verpaart haben.

Literatur

Barrows, N. D., Nelsen O. L., Robbins, C. T., Rourke B. C. (2011): Increased cardiac alpha-myosin heavy chain in left ateria and decreased myocardial insulin-like growth factor (lgf-l) expression accompany low heart rate in hibernating grizzly bears. Physiological and Biochemical Zoology 84 (1), 1 – 17.

Bellemain, E., Swenson, J. E., Taberlet, P. (2006): Mating strategies in relation to sexually selected infanticide in a non-social carnivore: the brown bear. Ethology 112, 1 – 9.

Chapron, G., Kaczensky, P., Linnell, J. D. C., von Arx, M. et al. (2014): Recovery of large carnivores in Europe's modern human-dominated landscapes. Science 346 (6216), 1517 – 1519.

Cirović, D., deGabriel Hernando, M., Paunović, M., Karamanlidis, A. A. (2015): Homerange, movement, and activity patterns of a brown bear in Serbia. Ursus 26 (2), 79 – 85.

Deecke, V. B. (2012): Tool-use in the brown bear (Ursus arctos). Anim Cogn 15, 725 – 30.

Edwards, M. A., Derocher, A. E., Hobson, K. A., Branigan, M., Nagy, J. A. (2011): Fast carnivores, slow herbivores: differential foraging strategies among grizzly bears in the Canadian Arctic. Oecologia 165, 877 – 889.

Elfström, M., Davey, M. L., Zedrosser, A., Müller, M., DeBarba, M., Støen, O.-L., Miquel, C., Taberlet, P., Häckländer, K., Swenson, J. E. (2012): Do Scandinavian brown bears approach settlements to obtain high-quality food? Biological Conservation 178, 128 – 135.

Hilderbrand, G. V. (1999): Effects of seasonal differences in body mass and composition in wild and captive brown bears. CanadianJournal of Zoology 77, 1623 – 1630.

Kaczensky, P., Huber, Đ., Knauer, F., Roth, H., Wagner, A., Kusak, J. (2006): Activity pattern of brown bears (Ursus arctos) in Slovenia and Croatian Journal of Zoology 269 (4), 474 – 485.

KORA Schweiz www.kora.ch

Krofel, M., Kos, I., Jerina, K. (2012): The noble cats and the big bad scavengers: effect of dominant scavengers on solitary predators. Behavioral Ecology and Sociobiology 66, 1297 – 1304.

Pazhetnov, V. S., Pazhetnov, S. V., Pazhetnova, I. S. (1999): Methode zur Aufzucht verwaister Bärenkinder. Verlag Aleksej Všakov. IFAW, Tver (in Russisch).

Rogers, L. L. (2011): Does divisionary feeding jeopardize public safety? Human-Wildlife Interactions 5, 287–295.

Sawaya, M. A., Kalinowski, S. T., Clevenger, A. P. (2014): Genetic connectivity for two bear species at wildlife crossing structures in Banff National Park. Proceeding Royal Society B 281, 20131705.

Schwartz, C. C., White, G. C. (2008): Estimating reproductive rates for female brown bears. Proportion versus transition probabilities. Ursus 19 (1), 1–12.

Skrbinšek, T., Bragalanti, N., Calderola, S., Groff, C., Huber, D., Kaczensky, P., Majić Skrbinšek, A., Molinari-Jobin, A., Molinari, P., Rauer, G., Reljić, S., Stergar, M., Jelenčič, M. (2017): Annual Population Status Report for Brown Bears in Northern Dinaric Mountains and Central-Eastern Alps. Projektbericht. 36 S.

Skuban, M. (2011): Dem Braunbären auf der Spur. Biologie, Geschichte, Mythen. Stocker Verlag, Graz. 320 S.

Skuban, M., Find'o, S., Kajba, M. (2016): Human Impact on habitat on bear feeding habits and habitat selection in the Pol'ana Mountains, Slovakia. European Journal of Wildlife Research 62, 353–364.

Skuban, M., Find'o, S., Kajba, M. (2017a): Bears napping nearby. Daybed selection of brown bear in a human dominated landscape. Canadian Journal Zoology, www.doi.org/10.1139/cjz-2016-2017

Skuban, M., Find'o, S., Kajba, M., Koreň, M., Chamers, J., Antal, V. (2017b): Effects of roads on brown bear movements and mortality in Slovakia. European Journal of Wildlife Research 63, 82.

Steyaert, S. M., Swenson, J. E., Zedrosser, A. (2014): Litter loss triggers estrus in a seasonal breeder. Ecology and Evolution 4, 300–310.

Swenson, J. E., Jansson, A., Riig, R., Sandegren, F. (1999): Bears and ants: myrmecophagy by brown bears in central Scandinavia. Canadian Journal of Zoology 4, 551–561.

Treff, H. A. (Hrsg.) (1995): Bärenstark. Natur- und Kulturgeschichte der Bären. Museum für Mensch und Natur, Pfeil Verlag, München. 192 S.

Internet

IUCN (International Union for the Conservation of Nature): www.iucnredlist.org

LCIE (Large Carnivore Initiative for Europe): www.lcie.org/large-carnivores

4 Die Rolle der großen Beutegreifer im Ökosystem

MARCO HEURICH

4.1 Einleitung

Mit der Rückkehr der großen Beutegreifer nach Mitteleuropa und dem stetigen Anwachsen ihrer Populationen stellt sich vermehrt die Frage, welche Effekte diese Tiere in unseren Ökosystemen ausüben können. Dieses Thema wird sehr kontrovers diskutiert, insbesondere zwischen Naturschützern, Förstern und Jägern, aber auch unter Wissenschaftlern. Während in den 1970er Jahren die großen Beutegreifer in der Ökologie mehr als „Luxusgeschöpfe" betrachtet wurden, welche die Prozesse in Ökosystemen nur geringfügig beeinflussen, wird ihre Rückkehr in den letzten Jahren auch als Maßnahme zum Schutz der Biodiversität und zur Lösung des Wald-Wild-Konfliktes angesehen (Ray 2005). Parallel zu dieser Naturschutzdiskussion ist die Anzahl theoretischer und empirischer Studien gestiegen, die sich mit der Frage beschäftigen, welchen Einfluss Raubtiere auf ihre Beutetiere ausüben und ob sie darüber hinaus auch Artengemeinschaften und die biologische Vielfalt generell beeinflussen können (Estes et al. 2011, Ripple et al. 2014a, b). Ziel dieses Kapitels ist es deshalb, den theoretischen Hintergrund und die aktuellen Forschungsergebnisse zu den direkten Effekten zusammenzufassen, die große Beutegreifer auf ihre Beutetiere und auf mittelgroße Raubtiere (= Mesocarnivore) wie z. B. Füchse (*Vulpes vulpes*) ausüben. Ferner werden auch die Ergebnisse zu indirekten Effekten auf niedrigere trophische Ebenen dargestellt.

4.2 Theoretische Grundlagen

Der Einfluss von Raubtieren auf ihre Beutetiere und dadurch auf die Struktur und Funktion von Ökosystemen ist eine zentrale Frage, der die Ökologie seit mehr als einem Jahrhundert nachgeht. Dabei wird Prädation als ein Prozess definiert, bei dem ein Tier (= Räuber) ein anderes lebendes Individuum (= Beute) einer anderen trophischen Ebene tötet (Townsend et al. 2009). Seit Langem gibt es Debatten darüber, ob Ökosysteme eher von oben nach unten (top-down), also durch Raubtiere, oder von unten nach oben (bottom-up), also durch die Produzenten, kontrolliert werden (Turkington 2009). Entsprechend der zweiten Sichtweise werden Prozesse in Ökosystemen vor allem durch Energie- und Nährstoffflüsse bestimmt, die von der untersten trophischen Ebene nach oben gerichtet sind; die weiter unten liegende Ebene dient hier also der darüber liegenden Ebene als Energiequelle. Damit sind die Lebewesen der höheren Ebene durch die Ressourcen der darunter liegenden in ihrer eigenen Produktion limitiert, was eine von unten nach oben gerichtete Kontrolle der Lebensgemeinschaften zur Folge hat (Lindeman 1942). Folglich gibt es immer mehr Pflanzen als Pflanzenfresser und mehr Primärkonsumenten als Räuber, da mit jedem Konsumptionsvorgang Energieverluste auftreten. Typischerweise ist das Verhältnis von Ebene zu Ebene 1:10. Solche nach oben gerichteten Effekte treten dann auf, wenn die Wechselbeziehungen der Arten durch Ressourcenverfügbarkeit und Konkurrenz geprägt sind (Ray et al. 2005). Daraus ergibt sich eine Sichtweise von Prädatoren, die von den verfügbaren Ressourcen in den Ökosystemen gesteuert werden und selbst nur einen geringen Einfluss auf die Prozesse haben. Diese Sichtweise kann gut mit dem Modell der ökologischen Pyramide veranschaulicht werden.

In den 1960er-Jahren erschienen erste Arbeiten, die diese Sichtweise kritisch hinterfragten und den Raubtieren eine bedeutendere Rolle in den Ökosystemen zuwiesen. Damals formulierten Hairston et al. (1960) die Grüne-Welt-Hypothese (= Green World Hypothesis), die postuliert, dass die Welt grün ist, weil sie nicht von Pflanzenfressern (= Herbivoren) überweidet wird. Ein Argument für diese Annahme ist die Existenz von Kohlelagerstätten, die ein Hinweis darauf sein soll, dass sich totes Pflanzenmaterial in geologischen Zeiträumen akkumulierte und nicht vollständig von Herbivoren genutzt wurde. Die Autoren folgerten daraus, dass Pflanzenfresser nicht durch die Verfügbarkeit von Ressourcen, also durch dichteabhängige Prozesse, sondern dichteunabhängig durch Prädation reguliert werden. Mit der Annahme einer von oben nach unten (= top down) gerichteten Kontrolle in den Ökosystemen legten sie einen Gegenentwurf zur bisherigen Sichtweise vor. Demnach haben Raubtiere einen bedeutenden Einfluss auf die Verteilung und Dichte ihrer Beutetiere, was wiederum die Prozesse in den darunter liegenden trophischen Ebenen beeinflusst.

Aufbauend auf diesen Arbeiten entwickelten Oksanen et al. (1981) die „Exploitation Ecosystems Hypothesis" (EEH). Diese besagt, dass die Primärproduktion einen Einfluss darauf hat, ob die Effekte in einem Ökosystem von unten nach oben oder in umgekehrter Richtung verlaufen. Die Hypothese sagt voraus, dass in unproduktiven Ökosystemen die Pflanzenbiomasse zu gering ist, um Herbivorenpopulationen zu erhalten; deshalb werden die Pflanzenfresser durch von unten nach oben gerichtete Effekte reguliert. Mit zunehmender Primärproduktion bilden sich Systeme mit zwei trophischen Ebenen, in denen die Herbivorendichte mit der Primärproduktion ansteigt und die Pflanzenbiomasse durch von oben nach unten gerichtete Effekte kontrolliert wird. Ökosysteme mit drei trophischen Ebenen, also mit Raubtieren, bilden sich bei noch höherer Primärproduktion aus (Abb. 4-1).

Mit steigender Primärproduktion steigt in diesen Systemen auch die Pflanzen- und Raubtierbiomasse an, während die Herbivorenbiomasse konstant bleibt. Der Zuwachs der Herbivorenbiomasse wird von den Raubtieren, also durch von oben nach unten gerichtete Effekte, abgeschöpft. Werden die Raubtiere aus dem System entnommen, sagt die EEH einen starken Anstieg der Herbivorenbiomasse und eine damit verbundene Erhöhung der Schäden an Pflanzen voraus. Allerdings sind die Verhältnisse in den verschiedenen Ökosystemen nicht immer einheitlich und oft durch eine Überlagerung der Top-down- und Bottom-up-Effekte gekennzeichnet. So kann z. B. eine natürliche Störung, die zur Öffnung des Kronendachs führt, dafür sorgen, dass die Pflanzenproduktion am Boden ansteigt und sich in der Folge die Herbivoren durch starke Vermehrung der Kontrolle durch Raubtiere entziehen.

4.3 Empirische Belege für die Effekte von großen Beutegreifern

Im Zuge der Rückkehr von großen Beutegreifern durch gezielte Wiederansiedlungen und durch Ausdehnung ihrer Verbreitungsgebiete ergaben sich in den letzten Jahrzehnten ideale Bedingungen, um auch empirische Belege über ihren Einfluss zu sammeln. Bei den direkten Effekten, die auf Beutetiere und Mesoprädatoren gerichtet sein können, wird zwischen letalen, also durch die Tierdichte beeinflussten („density mediated") und nicht-letalen, durch das Tierverhalten beeinflussten („behaviourally mediated") Effekten, unterschieden.

4.3.1 Letale Effekte von Räubern

Beutetiere

Das Schlüsselcharakteristikum von großen Beutegreifern ist ihr letaler Einfluss auf Beutetierpopulationen durch das Töten von Individuen.

Dabei ist der Effekt auf die Beutetierpopulation am größten, wenn die Räuber vor allem Tiere im besten Alter (prime age) und von guter Kondition töten, die sich dann im nächsten Jahr nicht mehr fortpflanzen können. In solchen Fällen ist die Wahrscheinlichkeit groß, dass sich die getöteten Tiere zu den anderen Todesursachen (z. B. Jagd, Krankheiten) aufsummieren; man spricht von additiver Mortalität. Jagen die Räuber vor allem Individuen, die noch jung und unerfahren oder alt oder von schlechter Kondi-

Abb. 4-1 Veranschaulichung der Vorhersagen der „Exploitation Ecosystems Hypothesis“ (EEH) für Ökosysteme mit zwei bzw. drei trophischen Ebenen (nach Oksanen et al. 1981, Oksanen 1992). Dargestellt werden die Dichte der großen Beutegreifer und der Pflanzenfresser sowie die Schäden an Pflanzen entlang eines Produktivitätsgradienten, und zwar in Abhängigkeit vom Vorkommen großer Beutegreifer. Die Werte gelten für Ökosysteme mit einer Nettoprimärproduktion von mehr als 0,7 kg/m²/Jahr (verändert nach Ripple und Beschta 2012a).

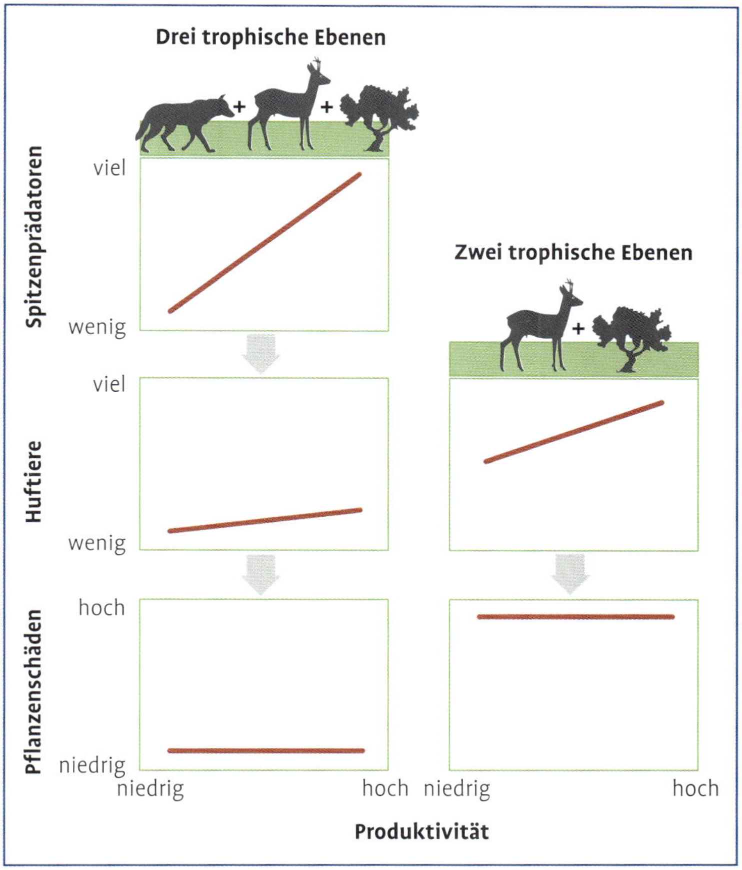

tion sind, ist der Effekt auf die Beutepopulation weitaus geringer. In solchen Fällen spricht man von kompensatorischer Mortalität, da ein Großteil dieser Tiere auch ohne das Zutun der Raubtiere sterben würde (z. B. durch Altersschwäche, Krankheiten, Unterernährung). Außerdem spielen diese Tiere auch für die Reproduktion nur eine untergeordnete Rolle (Genovart et al. 2010). Ob der Einfluss der Raubtiere eher kompensatorisch oder additiv ist, hängt vor allem von der Relation des Körpergewichts von Räuber und Beutetieren sowie von der Jagdtechnik und Sozialstruktur der Raubtiere ab. Sind die Räuber wesentlich kleiner als die Beutetiere, bevorzugen sie alte und geschwächte Tiere oder Jungtiere als Beute. Sind sie aber gleich groß oder größer, nimmt der Anteil von Beutetieren im besten Alter zu (Gervasi et al. 2015). Pirsch- und Überraschungsjäger können im Allgemeinen größere Beutetiere töten als Hetzjäger, und auch Tieren, die in der Gruppe jagen, gelingt es leichter, größere Beutetiere zu töten.

Jagen Luchse Rothirsche, müssen sie selektiv vorgehen, da die Beute groß und wehrhaft ist. Deshalb überwältigen sie vor allem Kälber und Schmaltiere sowie geschwächte Tiere und diese vor allem bei hoher Schneelage. Aus diesem Grund ist der Eingriff bei den Rothirschen auch eher kompensatorischer Natur und hat nur einen geringen Einfluss auf die Entwicklung der Beutetierpopulation.

Wenn Luchse Rehe jagen, sind sie aufgrund des ähnlichen Gewichtes in der Lage, Tiere aller Altersklassen zu töten, unabhängig davon,

Jagen Luchse Rothirsche, müssen sie selektiv vorgehen, da ausgewachsene Hirsche viel zu groß und wehrhaft für sie sind. Deshalb erbeuten Luchse vor allem Kälber sowie einjährige und geschwächte Tiere.

ob diese vital oder geschwächt sind. Wölfe hingegen hetzen ihre Beutetiere z. T. über lange Strecken und „testen" dadurch deren Verwundbarkeit. Insbesondere große Beutetiere wie Elche können ihre Verfolger, z. B. durch Tritte, schwer verletzen oder sogar töten, weshalb die Wölfe hier besonders vorsichtig vorgehen. Von 100 Elchen, die von Wölfen aufgespürt wurden, werden am Ende nur etwa 5 getötet. Die anderen rennen entweder einfach davon oder stellen sich einem Kampf, dem die Wölfe dann meistens aus dem Weg gehen.

Luchse

Luchse können Rehe im besten Alter erbeuten. Daher haben sie einen starken Einfluss auf die Rehpopulation, was man beispielsweise im Bayerischen Wald nachweisen konnte. Dort wurden zwischen 1984 und 1988, also zu einer Zeit, als es dort noch keine Luchse gab, 88 Rehe besendert. Durch den Vergleich mit den Telemetriedaten, die nach der Rückkehr der Luchse erhoben wurden, konnte untersucht werden, wie sich die Prädation durch Luchse auf die Überlebenswahrscheinlichkeit der Rehe auswirkt. Die Analysen ergaben, dass die jährliche Überlebensrate der Rehe im Zeitraum ohne Luchsvorkommen mit 0,79 signifikant höher war als nach der Rückkehr, als sie nur noch 0,61 betrug. Die geringere Überlebensrate ist ein Hinweis darauf, dass die Prädation in diesem Fall additiv wirkt. Zusätzlich wurde auch ein starker Einfluss der Winterstrenge nachgewiesen (Heurich et al. 2012).

In der gleichen Studie wurden 115 besenderte Rehe, die tot aufgefunden worden waren, auf ihre Todesursache untersucht. 45 % der Tiere waren vom Luchs erbeutet und 27 % geschossen worden, 13 % fielen dem Straßenverkehr, 3 % wildernden Hunden zum Opfer. Bei den restlichen Rehen konnte die Todesursache nicht mehr zweifelsfrei geklärt werden. Damit war die Prädation durch Luchse der mit Abstand wichtigste Mortalitätsfaktor für Rehe. Ähnliche Ergebnisse werden auch aus anderen europäischen Untersuchungsgebieten berichtet, wo zwischen 12 und 74 % der Rehe vom Luchs gerissenen wurden (Breitenmoser und Haller 1987, Okarma et al.

1997, Breitenmoser und Breitenmoser-Würsten 2008, Jedrzejewski et al. 1993, Jędrzejewska und Jędrzejewski 1998). Umgerechnet auf eine Fläche von 100 ha (= 1 km²) wurden in Polen 1,1–1,8 Rehe und 0,4–0,7 Rothirsche pro Jahr von den dort lebenden Luchsen erbeutet (Okarma et al. 1997), im Böhmerwald waren es bis zu 1,2 Rehe und weniger als 0,1 Rothirsche (Belotti et al. 2015). Im Schweizer Jura lagen die Werte bei 0,5 Rehen und 0,9 Gämsen (Molinari-Jobin et al. 2002).

Dass Luchse lokal einen starken Einfluss auf ihre Beutetiere ausüben können, zeigt die Entwicklung der Beutetierpopulationen im Turtmanntal, einem schneereichen Hochtal im schweizerischen Wallis. Dort haben Luchse direkt nach der Wiederansiedlung den Gämsenbestand von 800 auf 300–400 Tiere reduziert und den geringen Rehbestand von 70 Tieren vorübergehend ganz zum Verschwinden gebracht (Breitenmoser und Haller 1993).

Auch großflächig können Luchse zu einem Rückgang ihrer Beutetiere beitragen, was ebenfalls in den Schweizer Alpen beobachtet wurde. Dort stieg zwischen 1990 und 1999 der Luchsbestand an, was zu einem Rückgang des Rehabschusses von 1000 auf unter 300 Stück führte. In dieser Zeit erbeuteten die Luchse fast 40 % des geschätzten Frühlingsbestandes der Rehe (Breitenmoser et al. 2010). In Schweden konnte ebenfalls ein starker Einfluss auf die Rehpopulation nachgewiesen werden, der nach Rückkehr der Luchse eine negative Wachstumsrate und damit einen Rückgang der Population zur Folge hatte (Andrén und Liberg 2015). Das steht im Einklang mit Ergebnissen aus dem Wald von Białowieża, wo in den Jahren, in denen dort keine Luchse lebten, die Rehdichte mit 4 Tieren/km² doppelt so hoch war wie in Jahren mit Luchsen (Jędrzejewska und Jędrzejewski 1998). Allerdings gibt es auch Untersuchungen aus den Schweizer Alpen und dem Schweizer Jura, bei denen der Anteil der Luchsprädation am Rehbestand nur bei 10 % lag (Breitenmoser und Haller 1987, Molinari-Jobin et al. 2002). In der Summe verdeutlichen diese Ergebnisse, dass der Einfluss des Luchses auf eine Rehpopulation je nach

Durch die Besenderung von Beutetieren, wie hier Rehen, mit GPS-Halsbändern kann der Einfluss von großen Beutegreifern auf die Beutetierpopulation abgeschätzt werden.

Umweltbedingungen stark schwankt, jedoch in Kombination mit strengen Wintern (Schweden, Ostpolen, Alpen) sehr groß sein kann.

Wölfe

Wölfe sind aufgrund ihrer weiten Verbreitung, dem Jagen in Rudeln und ihrer ganzjährigen Aktivität die bedeutendsten Jäger von Huftieren in der nördlichen Hemisphäre (Peterson et al. 2003). Sie können vom Reh bis zum Bison alle in ihrem Verbreitungsgebiet wild vorkommenden Huftierarten erbeuten. Zudem sind sie in der Lage, ihre Nahrungsgewohnheiten flexibel an das lokale Vorkommen der verschiedenen Beutetierarten anzupassen, je nach deren Verfügbarkeit. Meist bevorzugen Wölfe Rothirsche, auch dann, wenn andere Huftierarten im gleichen Gebiet leben (Gazzola et al. 2005, Jedrzejewski et al. 2010 Jędrzejewski et al. 2000). Ergebnisse aus dem Yellowstone-Nationalpark zeigten, dass Wölfe bei den Wapitis (*Cervus canadensis*) vor allem Kälber sowie alte oder verletzte Alttiere erbeuten, während sie bei den Hirschen verstärkt mittelalte Tiere (< 10 Jahre) töten (Wrigth et al. 2006). Beim Wildschwein ergibt sich ein nach Ost- und Südeuropa differenziertes Bild. Während Wölfe in Osteuropa

Ausgewachsene Wildschweine sind sehr wehrhaft und werden von Wölfen gemieden. Vor allem werden Frischlinge und Überläufer erbeutet.

Wildschweine meiden, werden sie in Südeuropa bevorzugt. Kommen in einem Gebiet sehr hohe Wildschweinbestände vor, steigt auch ihr Anteil in der Wolfsnahrung (Jędrzejewski et al. 2000, Mattioli et al. 2004).

Rehe scheinen für Wölfe eher indifferent zu sein, sie werden weder bevorzugt gerissen noch gemieden, allerdings stellen sie in Deutschland das häufigste Beutetier dar, gefolgt von Rothirschen und Wildschweinen (Ansorge et al. 2006, Jedrzejewski et al. 2010). Hier werden die Auswertungen von umfangreichen Losungsfunden dazu beitragen, ein genaueres Bild der Beutetierselektion zu erhalten.

Die Erbeutungsrate von Wölfen wurde bislang in Skandinavien, Polen und Italien bestimmt. Dabei fraß ein Wolf in Skandinavien im Durchschnitt 29 Elche und 1,5 Rehe pro Jahr (Sand et al. 2005). In Polen waren es 27 Rothirsche, 12 Wildschweine und 2 Rehe. Auf die Fläche bezogen entsprach das 0,6 – 1,1 Rothirschen, 0,04 – 0,3 Rehen und 0,2 – 0,4 Wildschweinen je km² (Jedrzejewski et al. 2002). In Italien hingegen wurden 0,2 – 0,7 Rothirsche, 0,2 – 1,2 Rehe und 0,07 – 0,3 Gämsen je km² erbeutet (Gazzola et al. 2005). Der Anteil der Wolfsprädation an der jährlichen Mortalität der Beutetiere lag dabei zwischen 7 und 40 % (Jedrzejewski et al. 2010).

Kombinierter Prädationsdruck

Wenn mehrere Raubtierarten in einem Gebiet vorkommen, kann der Prädationsdruck auf die Beutetierbestände stark ansteigen (Gasaway et al. 1992b, Mech und Peterson 2003, Messier 1994, Orians et al. 1997). Dies trifft insbesondere bei kleinen Huftierarten zu, da sie zum Beutespektrum mehrerer Raubtierarten gehören können. Deutlich wird dies am Beispiel der Impalaantilopen, die von Wildhunden, Leoparden, Hyänen und Löwen erbeutet werden, während Büffel nur von Löwen überwältigt werden können (Sinclair et al. 2003). Gleiches gilt für Rehe, bei denen der kombinierte Prädationsdruck von Luchs und Wolf die Bestände limitieren kann. So zeigen die Studien aus Białowieża, dass 52 – 85 % des jährlichen Zuwachses der Rehpopulation von Luchsen erbeutet wird und zusätzlich 8 – 10 % von Wölfen (Jędrzejewska und Jędrzejewski 1998). Auch in der Studie von Melis et al. (2009) war die Rehdichte in Gebieten

Bären fressen neugeborene Huftiere und können so einen Einfluss auf den Zuwachs von Huftierpopulationen haben. Einen großen Effekt üben sie jedoch erst in Kombination mit anderen großen Beutegreifern wie Luchs und Wolf aus, indem sie diesen ihre Risse streitig machen und sie dadurch zwingen, mehr Beutetiere zu töten.

mit Vorkommen von Luchs und Wolf mit etwa 1,8 Tieren/km² viel geringer als in Gebieten, in denen nur Wölfe lebten (10,5/km²) oder weder Luchs noch Wolf vorkamen (15/km²).

Neugeborene Huftiere gehören zwar zum Nahrungsspektrum von Bären (Zager und Beecham 2006), der Einfluss, den sie dadurch auf die Bestände ihrer Beutetiere ausüben, ist jedoch gering. So lagen in einer Studie von Ripple und Beschta (2012) die Huftierdichten in Gebieten, in denen nur Bären vorkamen, bei 15 Tieren/km². Erst wenn Bären mit anderen Raubtieren im gleichen Lebensraum vorkommen, steigt deren Einfluss auf die Huftierbestände erheblich. Dementsprechend konnten Ripple und Beschta (2012) in Gebieten, in denen Wölfe und Bären gemeinsam vorkamen, nur eine Huftierdichte von etwa 4 Tieren/km² feststellen. Denn zusätzlich zum Einfluss auf die neugeborenen Jungtiere fressen Bären immer wieder an Rissen von Wölfen und Luchsen, was zur Folge hat, dass diese um ihre Beute gebrachten Prädatoren mehr Tiere reißen müssen, als sie selbst benötigen. So konnten Krofel et al. (2012) nachweisen, dass Bären in Kroatien und Slowenien 32 % aller Luchsrisse fanden und die Luchse dadurch gezwungen waren, 23 % mehr Beutetiere zu reißen. Zusätzliche Nahrung in Form von Raubtierrissen, insbesondere in Zeiten, in denen die Bären einen hohen Nahrungsbedarf haben (vor und nach dem Winterschlaf), erhöht die Lebensraumkapazität für Bären, so dass diese eine höhere Dichte erreichen können.

Den gleichen Effekt hat auch ein anderer Rückkopplungsmechanismus. Studien aus dem Yellowstone-Nationalpark zeigen, dass durch den Rückgang der Wapitibestände infolge der Wiederansiedlung der Wölfe auch der Verbissdruck auf Beerensträucher sank. Durch den nachlassenden Äsungsdruck der Wapitis entwickelten sich auch die beerentragenden Zwergsträucher besser, was wiederum dazu führte, dass sich deren Anteil an der Nahrung der Grizzlybären vervierfachte (Beschta und Ripple 2012, Ripple et al. 2014a). Mehr Kadaver und mehr Beeren bedeuten einen reichlich gedeckten Tisch für Grizzlys und haben eine höhere Lebensraumkapazität und Bärendichte zur Folge. Dies wiederum erhöhte die Prädation an neugeborenen Huftieren. Damit wirken Bären quasi wie ein Verstärker, der den Effekt von anderen Prädatoren auf die Huftierpopulationen erhöht.

Additive Effekte können wir auch beobachten, wenn die tierischen Jäger in Gebiete zurückkehren, in denen Huftiere stark von Menschen bejagt werden. Im Yellowstone-Nationalpark, in dem zwischen 1995 und 1996 Wölfe wiederangesiedelt wurden, verringerte sich der Wapitibestand innerhalb eines Jahrzehnts von 14000 auf 6000 Tiere. Dies war aber nicht nur eine Folge der Wolfsprädation, sondern ging zudem auf die Bejagung von Wapitis in deren Überwinterungsgebieten außerhalb der Parkgrenzen zurück. Indem sich die Eingriffe beider Räuber addierten, kam es zum Rückgang der Wapitibestände (Vucetich et al. 2005).

Auch die Ergebnisse aus dem Wald von Białowieża zeigen, dass sich Prädation durch Wölfe und menschliche Jagd summieren und zu einem Rückgang der Beutetierpopulation führen können (Jędrzejewski et al. 2000). Beim Rothirsch wurden dort 32–47 % des jährlichen Zuwachses von Wölfen und 53–85 % von menschlichen Jägern abgeschöpft, was in der Summe den Rückgang der Rothirschpopulation zur Folge hatte. Bei den Rehen erlegten die Jäger zwischen 23 und 48 %, die Wölfe nur 8–10 % des Zuwachses. Bei Wildschweinen wurden 15–65 % des Zuwachses von Jägern und 10–17 % von Wölfen abgeschöpft (Jędrzejewska und Jędrzejewski 1998).

Bedeutung der Umwelt

Neben dem Vorkommen von Prädatoren sind die Produktivität des Ökosystems, die Winterstrenge und die Waldbedeckung die wichtigsten Faktoren, die die Rehdichte in Europa bestimmen (Melis et al. 2009). Dabei werden die limitierenden Effekte der Räuber durch die Produktivität des Lebensraumes und die Winterstrenge beeinflusst. In den produktiven Lebensräumen liegen die Rehdichten beim Vorkommen von Beutegreifern 20–40 % niedriger als in ähnlichen Gebieten ohne Raubtiere. In weniger produktiven Lebensräumen ist der Einfluss der Raubtiere wesentlich stärker, so dass die Rehdichten dort um über 80 % unter denen in Gebieten ohne Raubtiere liegen.

Der gleiche Effekt konnte in Bezug auf die Winterstrenge beobachtet werden. Je strenger die Winter waren, desto stärker war der Einfluss von großen Beutegreifern (Melis et al. 2009). Diese Ergebnisse wurden auch durch Untersuchungen im Wald von Białowieża bestätigt. Dort konnte gezeigt werden, dass Luchse während kühler, weniger produktiver Perioden die Beutetierbiomasse um 40–50 % unterhalb der Lebensraumkapazität hielten, während es in wärmeren, produktiveren Perioden nur 10–20 % waren (Jedrzejewska und Jedrzejewski 2005). Anders stellt sich die Situation bei den Wildschweinen dar. Hier kamen Melis et al. (2006) zu dem Ergebnis, dass Winterstrenge und Lebensraumproduktivität die Hauptfaktoren sind, die die Variation der Populationsdichten in Europa bestimmen. Das Vorhandensein von Räubern hatte nur einen geringen Einfluss (Melis et al. 2006).

Mesoprädatoren

Neben dem starken Einfluss auf ihre Beutetiere können große Beutegreifer auch die Populationen von Mesoprädatoren beeinflussen (Smith et al. 2003, Prugh et al. 2009). Wolf und Luchs werden auch als Spitzen- oder Apexprädatoren bezeichnet, da sie an der Spitze der Nahrungspyramide stehen und (abgesehen von ihren Jungtieren) nicht von anderen Arten getötet werden. Bei Mesoprädatoren handelt es sich um mittelgroße Raubtiere wie den Fuchs, die auch regelmäßig von Spitzenprädatoren getötet werden. Grund dafür ist allerdings nicht die Nahrungssuche, sondern die Konkurrenz zwischen den Raubtierarten. Werden nun die Populationen von Spitzenprädatoren durch den Menschen stark reduziert oder ausgerottet, können sich die Mesoprädatoren ungehindert entwickeln. Die Mesoprädatoren-Befreiungs-Hypothese („mesopredator release hypothesis") postuliert, dass diese dann häufiger werden und einen stärkeren Prädationsdruck auf ihre Beutetiere ausüben (Soulé et al. 1988).

Forschungsergebnisse über den Einfluss von Wölfen auf Mesoprädatoren stammen vor allem aus Nordamerika. Infolge der Ausrottung der Wölfe konnten Kojotenpopulationen (*Canis latrans*) dort stark ansteigen und ihr Areal um 60 % ausweiten (Prugh et al. 2009). Im Einklang mit der Mesoprädatoren-Befreiungs-Hypothese kam es nach der Wiederansiedlung der Wölfe im Yellowstone nicht nur zu einem Rückgang der Wapitipopulation, vielmehr wurde auch ein Rückgang der Kojotenpopulation um 39 % beobachtet (Berger und Gese 2007). Zusätzlich konnten Newsome und Ripple (2015) bei einer nordamerikaweiten Untersuchung nachweisen, dass in Gebieten mit Wolfsvorkommen Kojoten seltener sind als Füchse, während in Gebieten ohne Wölfe das Verhältnis umgekehrt ist.

Auch Luchse sind in der Lage, Mesoprädatoren zu limitieren. Beispielsweise konnte man in Schweden feststellen, dass Luchse jeden zweiten besenderten Fuchs töteten und die Rückkehr der Luchse einen Rückgang der Fuchspopulation zur Folge hatte (Heldin et al. 2006, 2007). Veränderungen in der Luchspopulation können somit weitreichende Auswirkungen auf das Ökosystem haben. So wurde für Finnland nachgewiesen, dass der Anstieg der Luchspopulation einen Rückgang der Rotfuchsbestände zur Folge hatte, was wiederum eine Erholung der Bestände von Birk- und Auerhuhn (*Tetrao tetrix* und *T. urogallus*) sowie des Schneehasen (*Lepus timidus*) bewirkte (Elmhagen et al. 2010, Ritchie et al. 2012). Pasanen-Mortensen et al. (2013) konnten in einer kontinentalen Studie ebenfalls nachweisen, dass Luchse die Bestände von Rotfüchsen limitieren.

4.3.2 Nicht-letale Effekte von Räubern auf ihre Beutetiere

Zur Maximierung ihrer Fitness versuchen Organismen je Zeiteinheit möglichst viel Energie aufzunehmen (Theorie der optimalen Nahrungssuche; „optimal foraging theory“), das heißt, sie gehen vor allem dort auf Nahrungssuche, wo sie viel und qualitativ hochwertiges Futter finden (Pulliam 1974). Kommen im Lebensraum dieser Organismen Raubtiere vor, müssen sie Verhaltensanpassungen entwickeln, die dazu beitragen, das Risiko, getötet zu werden, zu minimieren. Damit üben Prädatoren bereits durch ihre bloße Anwesenheit sogenannte nicht-letale Effekte auf ihre Beutetiere aus. Die Lebensraumnutzung der Beutetiere orientiert sich nach der Rückkehr der großen Beutegreifer nicht mehr ausschließlich an der Verteilung der Nahrung und der Konkurrenz durch Artgenossen, sondern auch am Prädationsrisiko, das in verschiedenen Habitaten unterschiedlich hoch sein kann (Schmitz et al. 1997). Die Tiere müssen dann abwägen, wie viel Zeit und Energie sie für die Nahrungssuche und -aufnahme aufwenden und wie viel sie in die Vermeidung von Feinden investieren. Man spricht in diesem Zusammenhang von einer Ökologie der Angst („ecology of fear“; Brown et al. 1999). Die wissenschaftliche Grundlage für diese Zusammenhänge liefert die Theorie der Risikoverteilung (Risk-Allocation-Hypothesis von Lima und Bednekoff 1999). Sie besagt, dass die Stärke des Feindvermeidungsverhaltens von der Höhe und der Frequenz des Prädationsrisikos sowie vom

Untersuchungen aus Schweden und Finnland zeigen, dass die Rückkehr der Luchse einen Rückgang der Fuchspopulation zur Folge hatte, der sich wiederum positiv auf die Entwicklung der Rauhfußhuhn-Populationen auswirkte.

Ernährungszustand des Beutetieres abhängt. Entsprechend der Theorie sollte Feindvermeidungsverhalten am stärksten ausgeprägt sein, wenn das Prädationsrisiko sehr hoch ist, aber nur kurzzeitig und selten auftritt. Wenig Feindvermeidungsverhalten ist zu erwarten, wenn das Prädationsrisiko dauerhaft niedrig oder dauerhaft sehr hoch ist. Das macht auch Sinn, weil ein Tier einem sehr hohen, aber kurzen Risiko mit Feindvermeidungsverhalten begegnen kann, einem andauernd sehr hohen Risiko dagegen nicht. Denn dann müssten die Beutetiere ständig auf der Hut sein und hätten keine Zeit mehr für andere lebensnotwendige Verhaltensweisen. Gleichzeitig neigen Tiere dazu, ein höheres Risiko einzugehen, wenn sie hungrig sind. Später wurde diese Theorie auch auf die Landschaft übertragen, in der Gebiete mit hohem und solche mit geringem Prädationsrisiko abwechseln. Dafür wurde der Begriff Landschaft der Angst geprägt („landscape of fear") (Laundré et al. 2001).

Zur Verringerung des Prädationsrisikos haben Beutetiere vielfältige Feindvermeidungsstrategien entwickelt. Dazu gehört eine erhöhte Aufmerksamkeit, denn durch häufigeres und längeres Sichern kann ein sich näherndes Raubtier früher erkannt und Fluchtverhalten rechtzeitig eingeleitet werden (Caro 2005). Eine solche Verhaltensänderung wurde im Yellowstone-Nationalpark in Gebieten mit Wolfsvorkommen nachgewiesen (Laundré et al. 2001).

Eine weitere Strategie ist die Reduktion der Zeit für die Nahrungsaufnahme, indem Herbivoren beispielsweise gezielt qualitativ hochwertigere Nahrung aufnehmen und sich anschließend in die Deckung zurückziehen, um in Sicherheit wiederzukäuen. Auch durch verschieben der Aktivität in sichere Zeitperioden (Valeix et al. 2009) und durch das vermehrte Aufsuchen von sicheren Habitaten können sie das Risiko, erbeutet zu werden, senken. Sehr bekannt geworden sind die Effekte, die die im Yellowstone-Nationalpark wiederangesiedelten Wölfe auf die Habitatnutzung der Wapitis ausüben. Während sich diese in den Zeiten vor der Wiederansiedlung vor allem auf offenen Flächen aufhielten, auf denen Wölfe sie leicht erbeuten können, wechselten sie danach in Wälder, die ihnen bessere Versteckmöglichkeiten bieten (Creel

Wenn sich Rothirsche sicher fühlen, halten sie sich gerne auf offenen Flächen auf, denn dort finden sie optimale Äsung. Besteht hingegen ein hohes Risiko, von Wölfen oder menschlichen Jägern erbeutet zu werden, ziehen sich die Tiere in Wälder zurück.

et al. 2005). Darüber hinaus halten sich die Wapitis nach der Rückkehr der Wölfe im Winter vor allem in den schneeärmeren Tallagen außerhalb des Nationalparks auf, da sie dort den Wölfen leichter entkommen können (White et al. 2012). Auch die Bildung größerer Gruppen kann eine Strategie zur Feindvermeidung sein, wenn es dadurch gelingt, Raubtiere rechtzeitig zu erkennen und Angriffe abzuwehren. Das Individuum erlangt dadurch zwei Vorteile: Erstens kann der Sicherungsaufwand reduziert werden (avoidance hypothesis) und zweitens sinkt das Risiko, bei einem Angriff erbeutet zu werden (dilution hypothesis). Allerdings sind die Ergebnisse aus dem Yellowstone-Nationalpark zu dieser Frage nicht eindeutig. In einigen Studien konnte man vergrößerte Rudel in Gebieten mit höherem Prädationsrisiko finden, während in anderen Studien in solchen Gebieten kleinere Rudel vorkamen. Vermutlich haben kleinere Gruppen den Vorteil, dass sie weniger häufig von Wölfen entdeckt werden (Hebblewhite und Pletscher 2002, Creel und Winnie 2005, Creel et al. 2014).

Die Reaktion der Beutetiere kann auf verschiedenen räumlichen und zeitlichen Skalen erfolgen (Johnson 1980, Rettie und Messier 2000). Dabei geht die Limiting-Factor-Avoidance-Hypothese davon aus, dass sich die am meisten limitierenden Faktoren auf den groben Skalen (sowohl räumlich und zeitlich) am stärksten auswirken sollten (Rettie und Messier 2000). So können die Beutetiere saisonale Wanderungen in Gebiete unternehmen, in denen die Prädatoren aufgrund ihrer geringen Dichte das plötzlich sehr hohe Nahrungsangebot nicht nutzen können, wie dies beispielsweise für Karibus und Wölfe gezeigt wurde (Seip 1991). Oder sie können die Lage ihrer Homeranges so wählen, dass das Prädationsrisiko minimiert wird, beispielsweise indem sie das Grenzgebiet zwischen den Territorien zweier Wolfsrudel aufsuchen, in dem sich die Wölfe nur selten aufhalten (Mech 1977, Sinclair und Norton-Griffiths 1982, White et al. 2012). Innerhalb ihrer Streifgebiete nutzen Beutetiere bevorzugt die Habitate, in denen Räuber sie schlecht erbeuten können (Laundré et al. 2001). Diese Regionen können je nach Jagdtechnik des Prädators unterschiedlich sein. Während Pirschjäger wie der Luchs Deckung zum Anschleichen benötigen, brauchen Hetzjä-

Wenn Rothirsche Gruppen bilden, können sie die Umgebung effizienter beobachten und Raubtiere früher wahrnehmen. Gleichzeitig sinkt der Aufwand für die Feindvermeidung für das Einzeltier, dem somit mehr Zeit zur Nahrungsaufnahme bleibt.

ger wie der Wolf freie Flächen, um erfolgreich zu jagen (Creel et al. 2005, Mao et al. 2005). Wenn die Beutetiere also dem Luchs ausweichen wollen, müssen sie offene Flächen aufsuchen, während sie sich in Gebieten mit Wölfen in deckungsreichen Gebieten aufhalten sollten. Innerhalb der Waldbestände spielt auch die Verteilung von liegendem Totholz, Windwurftellern und anderen Hindernissen eine Rolle, da diese das Fluchtverhalten der Beutetiere oder das Jagdverhalten der Raubtiere beeinträchtigen. So konnten Kuijper et al. (2013) zeigen, dass in Kerngebieten von Wolfsrudeln der Verbiss in der Nähe von liegendem Totholz, das Huftieren beim Äsen die Sicht behindert, geringer war.

Indem sie auf verschiedenen Skalen und auf die unterschiedlichsten Verhaltensweisen wirken, können die nicht-letalen Effekte selbst auf Populationsebene stärker sein, als die letalen, die durch das Töten der Beutetiere hervorgerufen werden (Brown und Kotler 2004). Insbesondere gilt dies dann, wenn die durch Prädatoren verursachte suboptimale Nutzung von Ressourcen eine geringere Nahrungsaufnahme zur Folge hat oder die Reproduktion beeinflusst (Creel und Christianson 2008).

Die nicht letalen Effekte, die Pirsch- und Ansitzjäger wie der Luchs in Waldlandschaften auf die Habitatnutzung ihre Beutetiere ausüben, sind deutlich geringer, als man dies bislang aus Systemen mit Wölfen als Hauptprädator kennt (Dubke et al. 2017). Denn die Beutetiere suchen nahrungsreiche Gebiete selbst dann auf, wenn diese Luchsen genügend Deckung zum Anschleichen bieten, so dass für sie ein großes Risiko besteht, erbeutet zu werden. Die insgesamt geringen Effekte in Waldlandschaften werden auch von skandinavischen Studien bestätigt. Samelius et al. (2013) haben die Habitatnutzung vor und nach der Besiedlung durch Luchse in Schweden auf der Ebene von Streifgebieten verglichen und konnten keine Hinweise dafür finden, dass Rehe Habitate mit einem höheren Prädationsrisiko weniger häufig aufsuchten. Im Gegensatz dazu fanden Gehr et al. (2018) in einer Studie in den Schweizer Alpen heraus, dass Rehe besonders risikoreiche Gebiete in Sommernächten mieden. Lone et al. (2014) kamen bei der Betrachtung von Habitatstrukturen in Norwegen zu dem Ergebnis, dass in dichteren Waldbeständen das Rissrisiko für Rehe höher ist. In Übereinstimmung mit diesen Ergebnissen konnten Ewald et al. (2014) im Bayerischen Wald zeigen, dass Rehe in Gebieten mit Luchsvorkommen vor allem an Orten wiederkäuen, die ihnen eine gute Sicht bieten, so dass sie einen sich anpirschenden Luchs besser entdecken können.

Untersuchungen im Bayerischen Wald, kamen zu dem Ergebnis, dass sich das Sicherungsverhalten in Gebieten mit und ohne Luchse nicht unterscheidet, dass die Tiere aber eine starke Reaktion auf ein unmittelbar hohes Prädationsrisiko zeigen. Das heißt, dass die Tiere, wenn sie einen Luchs oder Hinweise auf ihn unmittelbar wahrnehmen, durch verstärktes Sichern reagieren und den betreffenden Ort meiden (Eckard et al. 2017). Das Meiden von risikoreichen Gebieten bei unmittelbar hohem Risiko wurde auch in der Schweiz beobachtet (Gehr 2018). Die Gründe für dieses Verhalten liegen vermutlich darin, dass Luchse als Pirsch- und Lauerjäger nur sehr schwer rechtzeitig von ihrer Beute erkannt werden können. Zusätzlich müssen die Beutetiere in großen Waldgebieten überall mit völlig überraschenden Angriffen aus dem Unterholz rechnen. Andererseits ist die Wahrscheinlichkeit eines Angriffs, wegen der grundsätzlich geringen Luchsdichte, nicht hoch (nach Gehr et al., 2018, alle 56 Tage). So ist es für die Rehe energetisch nicht sinnvoll, in ein dauerhaft hohes Feindvermeidungsverhalten zu investieren. Anders ist es, wenn die Rehe den Luchs bereits wahrgenommen haben. Dann reagieren sie sehr stark mit häufigem und dauerhaftem Sicherungsverhalten, um die unmittelbar drohende Gefahr abzuwenden. Diese Ergebnisse stehen im Einklang mit der Theorie der Risikoverteilung, die vorhersagt, dass bei einem durchgehend hohen Risiko Beutetiere weniger stark reagieren als bei stärker variierendem Risiko und dass bei kurzzeitig hohem Risiko starkes Feindvermeidungsverhalten gezeigt wird. Allerdings spielt auch die Landschaftsstruktur eine große Rolle für die Variation des Prädationsrisikos. So reißen Pumas in 73 % der Fälle ihre Beutetiere in der Nähe von Waldrändern und nur zu 6 % auf offenen Flächen. In einer Landschaft mit großen Freiflächen haben somit Maultierhirsche einen Vorteil, während Pumas in Landschaften mit vielen Grenzlinien und in Waldgebieten leichter Beute machen können (Laundré und Hernández 2003).

Aus Mitteleuropa gibt es bislang nur wenige Studien, die sich mit nicht-letalen Effekten von Wölfen beschäftigen. Theuerkauf und Rouys (2008) fanden im Wald von Białowieża heraus, dass Huftiere die am stärksten durch Wölfe genutzten Bereiche nicht mieden und im Gegenteil forstliche Eingriffe und Jagd die Huftierdichte stärker beeinflussten als das Prädationsrisiko durch Wölfe. Auch die Stressbelastung von Rehen und Rothirschen war, entgegen den Erwartungen, in Wolfsgebieten am geringsten und wurde vielmehr durch anthropogene Einflüsse (Jagd, Straßen, Siedlungen) beeinflusst (Zbyryt et al. 2017). Nur auf sehr kleinskaliger Ebene konnten nicht-letale Einflüsse von Wölfen festgestellt werden. Rothirsche vermieden es, sich in der Nähe starker, liegender Totholzstämme aufzuhalten und sicherten dort verstärkt. Diese Effekte verstärkten sich im Kerngebiet eines Wolfsrudels (Kuijper et al. 2015).

4.3.3 Gemeinsame Betrachtung letaler und nicht-letaler Effekte

Wie wirken sich nun die letalen und nicht-letalen Effekte auf die Bestände der Beutetiere aus? Große Beutegreifer können limitierend oder regulierend auf die Beutetierpopulationen einwirken. Limitierung ist die Absenkung der Populationsdichte unter die Lebensraumkapazität, Regulation das Steuern der Population in Richtung einer bestimmten Dichte, beispielsweise nach einem Rückgang oder Anstieg der Population.

Dabei ist die Limitierung weitaus häufiger zu beobachten; eine weltweite Metaanalyse von 107 Experimenten, bei denen Prädatoren ausge-

Im Kerngebiet eines Wolfsrudels ist das Prädationsriskiko für Beutetiere am größten. Deshalb treten dort auch die stärksten nicht-letalen Effekte auf.

schlossen wurden, kam zum Ergebnis, dass Prozesse der Prädation den Bestand der Beutetiere im Mittel auf etwa 60 % vermindern (Salo et al. 2010). Die letalen Effekte von großen Beutegreifern, insbesondere der Wolfsprädation, auf Huftiere sind auf der Nordhalbkugel intensiv untersucht worden. Dabei stellte sich heraus, dass auch Wölfe einen stark limitierenden Einfluss auf ihre Beutetierpopulationen ausüben können. So waren die Huftierdichten in Gebieten ohne Wolfsvorkommen im Durchschnitt sechsmal höher als in Gebieten mit Wölfen. Entsprechend den Annahmen der EES konnten Ripple und Beschta (2012a) zeigen, dass die Huftierdichten mit zunehmender Primärproduktion nur geringfügig anstiegen, wenn Wölfe und Bären gemeinsam vorkamen. Übereinstimmend kommt auch Crête (1999) zu dem Ergebnis, dass die Huftierbiomasse in einem Produktivitätsgradienten in Nordamerika nicht ansteigt, wenn Wölfe vorkommen, sich aber in Gebieten ohne Wölfe um das Fünffache erhöht. Auch infolge großangelegter Programme zur Kontrolle der Wolfspopulationen in Nordamerika ergaben sich quasi-experimentelle Ansätze, um den Einfluss der Wölfe auf ihre Beutetiere zu untersuchen. Bereits nach fünf Jahren führte die Reduktion der Wolfsbestände im Yukon um 80 % zu einem Anstieg der Elch- und Rentierpopulationen (Hayes et al. 2003). Zuvor hatten Gasaway et al. (1992) festgestellt, dass in Gebieten mit Eingriffen in die Wolfspopulation 4,5-mal mehr Elche vorhanden waren als in Gebieten ohne Eingriffe.

4.3.4 Trophische Kaskaden

Durch große Beutegreifer hervorgerufene letale und nicht-letale Effekte können sich über den Einfluss auf die Herbivoren und Mesoprädatoren (direkte Effekte) im Ökosystem fortsetzen (indirekte Effekte), wenn z. B. Wölfe den Bestand ihrer Beutetiere limitieren und dadurch der Verbissdruck sinkt. Erstrecken sich Effekte über mehr als eine trophische Ebene, spricht man von einer trophischen Kaskade. Die Bedeutung trophischer Kaskaden für ökosystemare Prozesse wird immer noch kontrovers diskutiert, insbesondere, weil die meisten Studien, die sich mit trophischen Interaktionen beschäftigen, Gemeinschaften von wirbellosen Tieren untersuchen (Borer et al. 2005). Deshalb besteht noch immer Unsicherheit darüber, wie häufig trophische Kaskaden tatsächlich auftreten und wie stark sie sind (Ray et al. 2005). Ein gut dokumentiertes Beispiel stammt aus einer Region in Venezuela (Lago Guri). Dort wurde ein großes Gebiet im Rahmen eines Staudammprojektes überflutet. Auf den Inseln, die aus der Wasseroberfläche ragten, ging die gesamte Raubtierzönose, bestehend aus Jaguar (*Panthera onca*), Puma (*Puma concolor*) und kleineren Prädatoren, verloren. Dies hatte weitreichende Folgen für das gesamte Ökosystem, namentlich auf die Bestäuber, die Samenverbreiter und Samenprädatoren, die Mesoprädatoren, die Blattfresser, das Vogelvorkommen, das C/N-Verhältnis der Böden und auf die Gehölzverjüngung (Terborgh et al. 2001).

Bislang konnten für 7 von 31 auf der Erde vorkommenden großen Beutegreifern (Körpergewicht > 15 kg) trophische Kaskaden nachgewiesen werden: für Löwe (*Panthera leo*), Leopard (*Panthera pardus*), Dingo (*Canis lupus dingo*), Seeotter (*Enhydra lutris*), Eurasischer Luchs (*Lynx lynx*), Wolf und Puma (*Puma concolor*) (Ripple et al. 2014a, b). Besonders umfangreich wurde der Einfluss von indirekten Effekten im Zuge der Wiederansiedlung von Wölfen im Yellowstone-Nationalpark untersucht. Im Zuge des Populationsrückgangs der Wapitipopulation konnte auch ein Rückgang des Aspenverbisses von 100 % im Jahr 1998 auf 20 % im Jahr 2010 beobachtet werden. Mittlerweile haben sich kleine Aspenwäldchen gebildet und die Bäume eine Größe erreicht, in der sie nicht mehr verbissen werden können (Ripple und Beschta 2012b). Infolge der nun häufiger vorkommenden Weiden und Aspen stieg die Anzahl der aktiven Biberkolonien zwischen 1996 und 2009 um mehr als 50 % an (Smith und Tyers 2012), zusätzlich konnte eine Reaktion der Singvögel beobachtet werden (Baril et al. 2011) (Abb. 4-2 Seite 85).

Auch der Rückgang der Kojotenpopulation hatte weitreichende indirekte Effekte zur Folge.

In Gebieten mit Wolfsvorkommen und damit weniger Kojoten ist die Überlebenswahrscheinlichkeit von Kitzen der Pronghornantilope (*Antilocapra americana*) viermal höher als in Gebieten ohne Wölfe (Berger et al. 2008). Da Kojoten die Umgebung von Wurfplätzen der Wölfe meiden, kam es dort auch zu einem Anstieg von Kurzschwanzmäusen, der in einer größeren Entfernung nicht zu beobachten war (Miller et al. 2012) (Abb. 4-2).

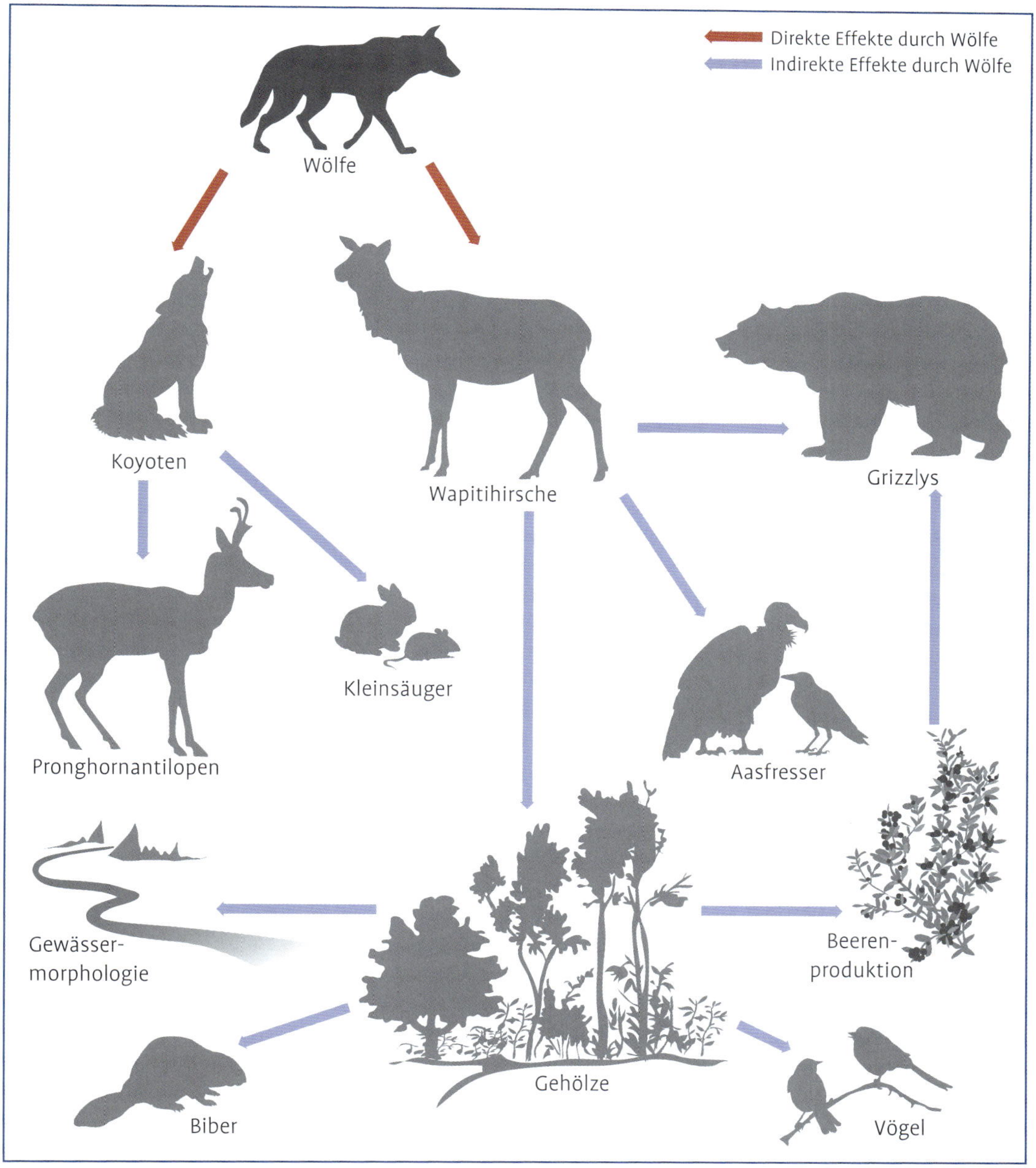

Abb. 4-2 Zusammenstellung der direkten und indirekten Effekte die in Folge der Wiederansieldung von Wölfen im Yellowstone Nationalpark beobachtet werden (verändert nach Ripple et al. 2014a).

Seit der Rückkehr der Wölfe in den Yellowstone-Nationalpark sind die Wapitibestände stark zurückgegangen, so dass sich Aspen- und Weidenbestände verjüngen können. Aktuell sind sich Wissenschaftler noch nicht einig, wie groß der Beitrag der Wölfe zu dieser Entwicklung ist, da einige Studien zeigen, dass auch der Abschuss von Hirschen außerhalb des Nationalparks sowie die Klimaveränderung zu der Entwicklung beigetragen haben.

Darüber hinaus haben Wölfe über ihre Risse einen Einfluss auf die Verfügbarkeit von Aas als Nahrungsgrundlage für Aasfresser. Im Yellowstone-Nationalpark konnte gezeigt werden, dass Wölfe zu einer dauerhaften Verfügbarkeit von Aas beitragen und diese nicht mehr auf den Ressourcenimpuls im Spätwinter beschränkt ist. An den Rissen konnten 30 verschiedene Säugetier- und Vogelarten sowie mehr als 57 Käferarten nachgewiesen werden. Damit haben Wölfe einen wichtigen Einfluss auf die Diversität des Ökosystems (Wilmers et al. 2003) (Abb. 4-2).

Dass die Beobachtungen aus dem Yellowstone-Nationalpark kein Einzelfall sind, zeigen weitere Studien aus fünf verschiedenen Nationalparken im Westen der Vereinigten Staaten, die zu ähnlichen Ergebnissen kommen (Beschta und Ripple 2009). Im Isle-Royal-Nationalpark im Oberen See werden seit mehr als 50 Jahren die Entwicklungen der Wolf- und der Elchpopulationen verfolgt. Die Untersuchungen zeigen, dass Wölfe von oben nach unten gerichtete Einflüsse auf das Ökosystem ausüben können, die es z. B. der Tanne erlauben, sich in den Phasen mit hoher Wolf- und niedriger Elchpopulation zu etablieren (McLaren und Peterson 1994). Auch in den stärker von Menschen beeinflussten Gebieten in Wisconsin im Osten der Vereinigten Staaten üben Wölfe einen starken Einfluss auf Weißwedelhirsche (*Odocoileus virginianus*) aus, der in Gebieten mit einer hohen Wolfsdichte zu einer höheren Artenzahl an Kräutern und Sträuchern führt. Ein Einfluss auf die Gehölzvegetation konnte jedoch nicht festgestellt werden (Callan et al. 2013). Aus Mitteleuropa gibt es nur eine Studie, die sich mit indirekten Effekten durch Wölfe beschäftigt. Kuijper et al. (2013) verglichen im Wald von Białowieża den

Verbissdruck in Kerngebieten von Wolfsrudeln mit demjenigen in deren Umgebung und fanden einen signifikant geringeren Verbissdruck (50,5 % gegenüber 58,3 %). Dies führten sie auf die fünfmal höhere Prädation innerhalb der Kerngebiete zurück.

Indirekte Einflüsse auf die Vegetation aufgrund des Prädationseinflusses des Luchses wurden bislang noch nicht eindeutig nachgewiesen. Aus dem Schweizer Oberland und dem Bayerischen Wald gibt es jedoch Hinweise darauf, dass der kombinierte Einfluss von Luchs und Jagd zu einer Verjüngung des Waldes beigeträgt (Rüegg et al. 1999, Heurich et al. 2004). Für Pumas, die eine ähnliche ökologische Nische besetzen wie Luchse, konnten indirekte Effekte auf die Vegetationsentwicklung nachgewiesen werden. Im Yosemite- und im Zion-Nationalpark limitieren Pumas die Populationen der Maultierhirsche (*Odocoileus hemionus*), so dass der Verbissdruck auf Gehölzpflanzen niedriger ist als in Gebieten mit geringerem Pumavorkommen (Ripple und Beschta 2006, Ripple und Beschta 2008). Darüber hinaus kann das von Pumas verursachte Prädationsrisiko dazu führen, dass sich Hirsche in die Nähe von menschlicher Infrastruktur zurückziehen, um nicht erbeutet zu werden (Human-Shield-Effekt). Als Ergebnis sind sowohl die Hirschdichten als auch die Verbissbelastung in menschlicher Umgebung höher (Ripple und Beschta 2006a, Ripple und Beschta 2008).

4.4 Welche Effekte haben Wölfe in der mitteleuropäischen Kulturlandschaft?

Bisherige Forschungsergebnisse zum Einfluss von großen Beutegreifern stammen vor allem aus Nordamerika und dort vor allem aus großen, im Vergleich zu Mitteleuropa sehr naturnahen und großräumigen Landschaften mit geringem menschlichem Einfluss. Und selbst dort sind die beobachteten Effekte z. T. sehr klein und es besteht ein wissenschaftlicher Disput über ihr Ausmaß (Mech 2012). Dabei ist auch zu berücksichtigen, dass Forscher meist nur dann ihre Arbeiten veröffentlichen, wenn sie einen Effekt gefunden haben und deshalb Arbeiten, die keine Effekte von Raubtieren zeigen können, in die Schublade wandern. Deshalb stellt sich die Frage, ob große Beutegreifer in unserer vom Menschen dominierten Landschaft überhaupt in der Lage sind, die Populationen ihrer Beutetiere zu regulieren und trophische Kaskaden auszulösen? Schließlich verändern Menschen das gesamte Nahrungsnetz, indem sie das Verhalten und die Dichte von Beutetieren, Mesoprädatoren und großen Beutegreifern beeinflussen und deren Lebensraum verändern (Abb. 4-3).

Große Beutegreifer werden außerhalb von Schutzgebieten oft bejagt oder fallen Verkehrsunfällen zum Opfer (seit 1990 wurden in Deutschland 225 Wölfe überfahren!), und selbst dort, wo sie geschützt sind, spielen illegale Abschüsse eine große Rolle. Da ihre Populationen durch diese Umstände limitiert werden, können die großen Beutegreifer in vielen Gebieten gar nicht die ökologisch effektiven Bestandesdichten erreichen, die notwendig wären, um ihre Beutetierbestände zu limitieren oder zu regulieren. Auf der anderen Seite wandern große Beutegreifer in Landschaften ein, in denen ihre Beutetiere bereits bejagt werden. Dies könnte dazu führen, dass sich beide Mortalitätsfaktoren aufaddieren und so einen Rückgang der Beutetierbestände nach sich ziehen, wie er bei den Wapitis im Yellowstone-Nationalpark und bei Rothirschen im Nationalpark Białowieża beobachtet wurde. In Gebieten mit geringer jagdlicher Entnahme, die die Huftierbestände nicht limitiert, könnte die zusätzliche Mortalität durch den Wolf aber auch ohne Effekt auf die Bestandesdichte bleiben. Darüber hinaus haben menschliche Aktivitäten auch einen großen Einfluss auf das Verhalten der Tiere. So meiden große Beutegreifer generell menschliche Strukturen und verlegen ihre Aktivitätsphasen in Zeiten, in denen Menschen nicht aktiv sind.

Gleichzeitig hat die Jagd einen starken Effekt auf das Verhalten der Beutetiere, die dann verstärkt nachtaktiv sind und sich in deckungsreichen Gebieten aufhalten. Wenn nun Raubtiere zurückkehren, müssen sich die Beutetiere zusätzlich an das Risiko, von diesen getötet zu werden, anpassen. Das kann dazu führen, dass die Beutetiere dem jeweiligen Prädator nicht mehr ausweichen können, wenn sie beispielsweise von menschlichen Jägern in offenen Bereichen und von Luchsen in deckungsreichen Bereichen erbeutet werden (Lone et al. 2014). Zudem erhöhen menschliche Aktivitäten die Produktivität der Landschaft, z. B. durch massive Düngergaben, durch den Anbau energiereicher Pflanzen, durch Kahlschläge oder durch die Winterfütte-

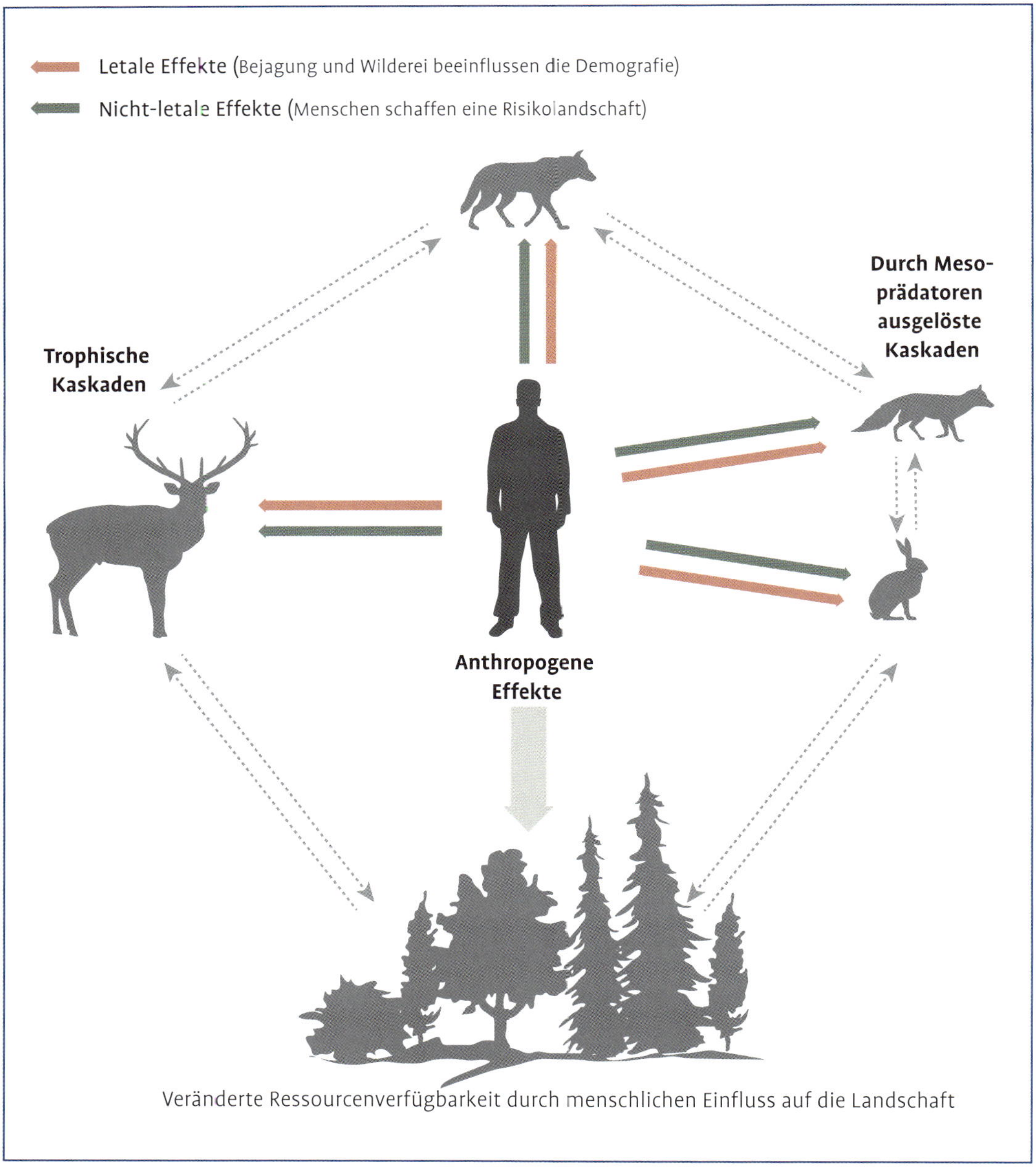

Abb. 4-3 Schematische Darstellung der Effekte von Menschen auf das Räuber-Beute-System in der mitteleuropäischen Kulturlandschaft (nach Kuijper et al. 2016).

Ob Wölfe in unserer vom Menschen dominierten Kulturlandschaft ihre Beutetiere regulieren oder gar trophische Kaskaden auslösen können, bleibt abzuwarten.

Fazit für die Praxis

- Große Beutegreifer haben das Potenzial, die Bestände von Huftieren und kleinen Raubtieren (Mesoprädatoren) unter die Lebensraumkapazität zu senken. Insbesondere, wenn mehrere Raubtierarten in einem Gebiet vorkommen, kann dies den Prädationsdruck auf die Beutetierbestände stark erhöhen.
- Wenn Raubtiere in ein Gebiet zurückkehren, passen die Beutetiere ihr Feindvermeidungsverhalten an die veränderte Situation an, so dass sich deren Habitatnutzung neben dem Vorkommen von Nahrung auch am Risiko, getötet zu werden, orientiert. Es bildet sich eine sogenannte Landschaft der Angst aus.
- Die Effekte der großen Beutegreifer auf ihre Beutetiere und Mesoprädatoren können sich im Ökosystem fortsetzen. Erstrecken sie sich über mehr als eine trophische Ebene, spricht man von einer trophischen Kaskade. Das Vorkommen und die Stärke trophischer Kaskaden wird zwischen Wissenschaftlern kontrovers diskutiert und es liegen z. T. konträre Ergebnisse aus demselben Ökosystem vor.
- Bisherige Forschungsergebnisse zum Einfluss von großen Beutegreifern stammen vor allem aus Nordamerika und dort vor allem aus relativ naturnahen und großräumigen Landschaften mit einem geringen menschlichen Einfluss. Deshalb stellt sich die Frage, ob große Beutegreifer in unserer vom Menschen dominierten Landschaft überhaupt in der Lage sind, die Populationen ihrer Beutetiere zu regulieren und trophische Kaskaden auszulösen.

rung von Huftieren. Dadurch werden die von unten nach oben gerichteten Effekte im Ökosystem gestärkt, so dass sich der relative Einfluss der großen Beutegreifer verringert.

Vermutlich sind starke letale Effekte der großen Beutegreifer vor allem in wenig produktiven Lebensräumen mit nur geringem menschlichen Einfluss auf die Landschaft zu erwarten, wenn die Raubtiere ökologisch effektive Dichten erreichen können. Auf der anderen Seite vermuten Kuijper et al. (2016), dass nicht-letale Effekte in unserer Landschaft eine größere Bedeutung erlangen könnten als letale Effekte, da sie bereits bei geringeren Raubtierdichten auftreten können. Aber auch hier kommen Ciuti et al. (2012) zu dem Ergebnis, dass die Einflüsse des Menschen viel größere Auswirkungen auf das Verhalten von Wapitis haben als die der großen Beutegreifer. Da menschliche Aktivitäten stärker auf Raubtiere als auf Huftiere wirken, sollten die Räuber-Beute-Interaktionen in den Bereichen der Landschaft am stärksten sein, in denen die menschlichen Einflüsse am niedrigsten sind (Kuijper et al. 2016). Es sind also noch viele Fragen offen und es bleibt spannend, in den nächsten Jahren zu beobachten, wie sich die Rückkehr der großen Beutegreifer tatsächlich auf unsere Ökosysteme auswirken wird.

Literatur

Ansorge, H., Kluth, G., Hahne, S. (2006): Feeding ecology of wolves. *Canis lupus* returning to Germany. Acta Theriologica 51, 99 – 106.

Baril, L. M., Hansen, A. J., Renkin, R., Lawrence, R. (2011): Songbird response to increased willow (*Salix* spp.) growth in Yellowstone's northern range. Ecological Applications 21, 2283 – 2296.

Belotti, E., Weder, N., Heidi, S., Kaldhusdal, A., Bufka, L., Küchenhoff, H., Woelfing, B., Heurich, M. (2015): Patterns of lynx predation at the interface between protected areas and cultural landscapes in a Central Europe. PLoS ONE 10(9), e0138139.

Berger, K. M., Gese, E. M. (2007): Does interference competition with wolves limit the distribution and abundance of coyotes? Journal of Animal Ecology 76, 1075 – 1085.

Berger, K. M., Gese, E. M., Berger, J. (2008): Indirect effects and traditional trophic cascades: a test involving wolves, coyotes, and pronghorn. Ecology 89, 818 – 828.

Beschta, R. L., Ripple, W. J. (2009): Large predators and trophic cascades in terrestrial ecosystems of the western United States. Biological Conservation 142, 2401 – 2414.

Borer, E., Seabloom, E., Shurin, J., Anderson, K., Blanchette, C., Broitman, B., Cooper, S., Halpern, B. (2005): What determines the strength of a trophic cascade? Ecology 86, 528 – 537.

Breitenmoser, U., Breitenmoser-Würsten, C. (2008): Der Luchs – Ein Großraubtier in der Kulturlandschaft. Salm Verlag, Wohlen/Bern. 600 S.

Breitenmoser, U., Haller, H. (1987): Zur Nahrungsökologie des Luchses *Lynx lynx* in den schweizerischen Nordalpen. Zeitschrift für Säugetierkunde 52, 168 – 191.

Breitenmoser, U., Haller, H. (1993): Pattern of predation by reintroduced European lynx in the Swiss Alps. Journal of Wildlife Management 57, 135 – 144.

Breitenmoser, U., Ryser, A., Molinari-Jobin, A., Zimmermann, F., Haller, H., Molinari, P., Breitenmoser-Würsten, C., Macdonald, D., Loveridge, A. (2010): The changing impact of predation as a source of conflict between hunters and reintroduced lynx in Switzerland. Biology and conservation of wild felids, 493 – 506.

Brown, J. S., Laundré, J. W., Gurung, M. (1999): The ecology of fear: optimal foraging, game theory, and trophic interactions. Journal of Mammalogy 80, 385 – 399.

Brown J. S., Kotler, B. P. (2004): Hazardous duty pay and the foraging cost of predation. Ecology Letters. 7, 999 – 1014.

Ciuti, S., Northrup, J. M., Muhly, T. B., Simi, S., Musiani, M., Pitt, J. A., Boyce, M. S. (2012): Effects of humans on behaviour of wildlife exceed those of natural predators in a landscape of fear. PloS ONE 7 (11), e50611.

Creel, S., Winnie Jr, J., Maxwell, B., Hamlin, K., Creel, M. (2005): Elk alter habitat selection as an antipredator response to wolves. Ecology 86, 3387 – 3397.

Creel, S., Christianson, D. (2008): Relationships between direct predation and risk effects. Trends in ecology & evolution 23, 194 – 201.

Crête, M. (1999): The distribution of deer biomass in North America supports the hypothesis of exploitation ecosystems. Ecology Letters 2, 223 – 227.

Elmhagen, B., Ludwig, G., Rushton, S. P., Helle, P., Lindén, H. (2010): Top predators, mesopredators and their prey: interference ecosystems along bioclimatic productivity gradients. Journal of Animal Ecology 79, 785–794.

Estes, J. A., Terborgh, J., Brashares, J. S., Power, M. E., Berger, J., Bond, W. J., Carpenter, S. R., Essington, T. E., Holt, R. D. Jackson, J. B. (2011): Trophic downgrading of planet Earth. Science 333, 301–306.

Fortin, D., Beyer, H. L., Boyce, M. S., Smith, D. W., Duchesne, T., Mao, J. S. (2005): Wolves influence elk movements: behavior shapes a trophic cascade in Yellowstone National Park. Ecology 86, 1320–1330.

Gasaway, W. C., Boertje, R. D., Grangaard, D. V., Kelleyhouse, D. G., Stephenson, R. O., Larsen, D. G. (1992): The role of predation in limiting moose at low densities in Alaska and Yukon and implications for conservation. Wildlife Monographs, 3–59.

Gazzola, A., Bertelli, I., Avanzinelli, E., Tolosano, A., Bertotto, P., Apollonio, M. (2005): Predation by wolves *(Canis lupus)* on wild and domestic ungulates of the western Alps, Italy. Journal of Zoology 266, 205–213.

Genovart, M., Negre, N., Tavecchia, G., Bistuer, A., Parpal, L., Oro, D. (2010): The Young, the Weak and the Sick: Evidence of Natural Selection by Predation. PLoS ONE 5:e9774.

Gervasi, V., Nilsen, E. B., Linnell, J. D. (2015): Body mass relationships affect the age structure of predation across carnivore-ungulate systems: a review and synthesis. Mammal Review 45, 253–266.

Godvik, I. M. R., Loe, L. E., Vik, J. O., Veiberg, V. Ø., Langvatn, R., Mysterud, A. (2009): Temporal scales, trade-offs, and functional responses in red deer habitat selection. Ecology 90, 699–710.

Hairston, N. G., Smith, F. E., Slobodkin, L. B. (1960): Community structure, population control, and competition. American Naturalist 94 (894), 421–425.

Hayes, R. D., Farnell, R., Ward, R. M., Carey, J., Dehn, M., Kuzyk, G. W., Baer, A. M., Gardner, C. L., O'Donoghue, M. (2003): Experimental reduction of wolves in the Yukon: ungulate responses and management implications. Wildlife Monographs, 1–35.

Helldin, J. O., Liberg, O., Glöersen, G. (2006): Lynx (*Lynx lynx*) killing red foxes (*Vulpes vulpes*) in boreal Sweden – frequency and population effects. J. Zool., Lond. 270, 657–663.

Helldin, J-O., Danielsson, A. V. (2007): Changes in red fox *Vulpes vulpes* diet due to colonization by lynx, *Lynx lynx*. Wildlife Biology 13, 475–480.

Hernández, L., Laundré, J. W. (2005): Foraging in the 'landscape of fear' and its implications for habitat use and diet quality of elk *Cervus elaphus* and bison *Bison bison*. Wildlife Biology 11, 215–220.

Heurich, M., Möst, L., Schauberger, G., Reulen, H., Sustr, P., Hothorn, T. (2012): Survival and causes of death of European Roe Deer before and after Eurasian Lynx reintroduction in the Bavarian Forest National Park. European Journal of Wildlife Research. 58 (3), 567–578.

Heurich, M., Zeis, K., Küchenhoff, H., Müller, J., Belotti, E., Bufka, L., Woelfing, B. (2016): Selective Predation of a Stalking Predator on Ungulate Prey. PloS one, 11 (8), e0158449.

Hunter, L. T., Skinner, J. (1998): Vigilance behaviour in African ungulates: the role of predation pressure. Behaviour 135, 195–211.

Jędrzejewska, B., Jędrzejewski, W. (1998): Predation in vertebrate communities: the Białowieża Primeval Forest as a case study. Springer, Berlin. 135 S.

Jedrzejewski, W., Apollonio, M., Jedrzejewska, B., Kojola, I., Putman, R., Andersen, R. (2010): Ungulate-large carnivore relationships in Europe. Ungulate management in Europe: problems and practices. Cambridge University Press. Cambridge, 284–318.

Jedrzejewski, W., Jedrzejewska, B., Okarma, H., Schmidt, K., Bunevich, A. N., Milkowski, L. (1996): Population dynamics (1869–1994), demography, and home ranges of the lynx in Białowieża Primeval Forest (Poland and Belarus). Ecography 19, 122–138.

Jędrzejewski, W., Jędrzejewska, B., Okarma, H., Schmidt, K., Zub, K., Musiani, M. (2000): Prey selection and predation by wolves in Białowieża Primeval Forest, Poland. Journal of Mammalogy 81, 197–212.

Jedrzejewska, B., Jedrzejewski, W. (2005): Large carnivores and ungulates in European temperate forest ecosystems: bottom-up and top-down control. In: Ray, J., Redford, K., Steneck, R., Berger, J. (Hrsg.): Large carnivores and the conservation of biodiversity, Island Press, Washington, D.C., 230–246.

Johnson, D. H. (1980): The comparison of usage and availability measurements for evaluating resource preference. Ecology 61, 65–71.

Kauffman, M. J., Brodie, J. F., Jules, E. S. (2010): Are wolves saving Yellowstone's aspen? A landscape-level test of a behaviorally mediated trophic cascade. Ecology 91, 2742–2755.

Krofel, M., Kos, I., Jerina, K. (2012): The noble cats and the big bad scavengers: effects of dominant scavengers on solitary predators. Behavioral Ecology and Sociobiology 66, 1297–1304.

Kuijper, D. P. J., de Kleine, C., Churski, M., van Hooft, P., Bubnicki, J., Jędrzejewska, B. (2013): Landscape of fear in Europe: wolves affect spatial patterns of ungulate browsing in Białowieża Primeval Forest, Poland. Ecography 36, 1263–1275.

Kuijper, D. P., Bubnicki, J. W., Churski, M., Mols, B., Van Hooft, P. (2015): Context dependence of risk effects: wolves and tree logs create patches of fear in an old-growth forest. Behavioral Ecology 26 (6), 1558–1568.

Kuijper, D. P. J., Sahlén, E., Elmhagen, B., Chamaillé-Jammes, S., Sand, H., Lone, K., Cromsigt, J. P. G. M. (2016): Paws without claws? Ecological effects of large carnivores in anthropogenic landscapes. Proceedings of the Royal Society Of London B., 283 (1841), 20161625.

Laundré, J. W., Hernández, L. (2003): Winter hunting habitat of pumas *Puma concolor* in northwestern Utah and southern Idaho, USA. Wildlife Biology 9, 123–129.

Laundré, J. W., Hernández, L., Altendorf, K. B. (2001): Wolves, elk, and bison: reestablishing the "landscape of fear" in Yellowstone National Park, U.S.A. Canadian Journal of Zoology 79, 1401–1409.

Lindeman, R. L. (1942): The trophic-dynamic aspect of ecology. Ecology 23, 399–417.

Mao, J. S., Boyce, M. S., Smith, D. W., Singer, F. J., Vales, D. J., Vore, J. M., Merrill, E. H. (2005): Habitat selection by elk before and after wolf reintroduction in Yellowstone National Park. Journal of Wildlife Management 69, 1691–1707.

Mattioli, L., Capitani, C., Avanzinelli, E., Bertelli, I., Gazzola, A., Apollonio, M. (2004): Predation by wolves (*Canis lupus*) on roe deer (*Capreolus capreolus*) in north-eastern Apennine, Italy. Journal of Zoology 264, 249–258.

McLaren, B. E., Peterson, R. O. (1994): Wolves, moose and tree rings on Isle Royal. Science 266, 1555–1558.

Mech, L. D. (1977): Wolf-pack buffer zones as prey reservoirs. Science 198, 320–321.

Mech, L. D., Peterson, R. O. (2003): Wolf-prey relations. In: Mech, L. D., Boitani, L. (Hrsg.): Wolves: Behavior, Ecology and Conservation. University of Chicago Press. 131–157.

Melis, C., Szafrańska, P. A., Jędrzejewska, B., Bartoń, K. (2006): Biogeographical variation in the population density of wild boar (*Sus scrofa*) in western Eurasia. Journal of Biogeography 33, 803–811.

Miller, B. J., Harlow, H. J., Harlow, T. S., Biggins, D., Ripple, W. J. (2012): Trophic cascades linking wolves (*Canis lupus*), coyotes (*Canis latrans*) and small mammals. Canadian Journal of Zoology 90, 70–78.

Melis, C., Jędrzejewska, B., Apollonio, M., Bartoń, K. A., Jędrzejewski, W., Linnell, J. D. C., Kojola, I., Kusak, J., Adamic, M., Ciuti, S., Delehan, I., Dykyy, I., Krapinec, K., Mattioli, L., Sagaydak, A., Samchuk, N., Schmidt, K., Shkvyrya, M., Sidorovich, V. E., Zawadzka, B., Zhyla, S. (2009): Predation has a greater impact in less productive environments: variation in roe deer, *Capreolus capreolus*, population density across Europe. Global Ecology and Biogeography 18, 724–734.

Messier, F. (1994): Ungulate population models with predation: a case study with the North American moose. Ecology 75 (2), 478–488.

Molinari-Jobin, A., Molinari, P., Breitenmoser-Würsten, C., Breitenmoser, U. (2002): Significance of lynx *Lynx lynx* predation for roe deer *Capreolus capreolus* and chamois *Rupicapra rupicapra* mortality in Swiss Jura moutains. Wildlife Biology 8, 109–115.

Newsome, T. M., Ripple, W. J. (2015): A continental scale trophic cascade from wolves through coyotes to foxes. Journal of Animal Ecology 84 (1), 49–59.

Nilsen, E. B., Gaillard, J.-M., Andersen, R., Odden, J., Delorme, D., Van Laere, G., Linnell, J. (2009): A slow life in hell or a fast life in heaven: demographic analyses of contrasting roe deer populations. Journal of Animal Ecology 78, 585–594.

Okarma, H., Jedrzejewski, W., Schmidt, K., Kowalczyk, R., Jedrzejewska, B. (1997): Predation of Eurasian lynx on roe deer and red deer in Białowieża Primeval Forest, Poland. Acta Theriologica 42, 203–224.

Oksanen, L. (1992): Evolution of exploitation ecosystems I. Predation, foraging ecology and population dynamics in herbivores. Evolutionary Ecology 6, 15–33.

Oksanen, L., Fretwell, S. D., Arruda, J., Niemela, P. (1981): Exploitation ecosystems in gradients of primary productivity. American Naturalist, 240 – 261.

Pasanen-Mortensen, M., Pyykönen, M., Elmhagen, B. (2013): Where lynx prevail, foxes will fail – limitation of a mesopredator in Eurasia. Global Ecology and Biogeography 22, 868 – 877.

Peterson, R. O. (2003): The wolf as a carnivore. In: Mech, L. D., Boitani, L. (Hrsg.): Wolves: Behavior, ecology, and conservation. University of Chicago Press. 104 – 130.

Prugh, L. R., Stoner, C. J., Epps, C. W., Bean, W. T., Ripple, W. J., Laliberte, A. S., Brashares, J. S. (2009): The rise of the mesopredator. Bioscience 59, 779 – 791.

Ray, J., Redford, K., Steneck, R., Berger, J. (2005): Large carnivores and the conservation of biodiversity. Island Press, Washington, DC.

Pulliam, H. R. (1974): On the theory of optimal diets. American Naturalist. 108 (959), 59 – 74.

Ratikainen, I. I., Panzacchi, M., Mysterud, A., Odden, J., Linnell, J., Andersen, R. (2007): Use of winter habitat by roe deer at northern latitude where Eurasian lynx are present. Journal of Zoology 273, 192 – 199.

Rettie, W. J., Messier, F. (2000): Hierarchical habitat selection by woodland caribou: its relationship to limiting factors. Ecography 23, 466 – 478.

Ripple, W. J., Beschta, R. L. (2006): Linking a cougar decline, trophic cascade, and catastrophic regime shift in Zion National Park. Biological Conservation 133, 397 – 408.

Ripple, W. J., Beschta, R. L. (2008): Trophic cascades involving cougar, mule deer, and black oaks in Yosemite National Park. Biological Conservation 141, 1249 – 1256.

Ripple, W. J., Beschta, R. L. (2012): Large predators limit herbivore densities in northern forest ecosystems. European Journal of Wildlife Research 58 (4), 733 – 742.

Ripple, W. J., Estes, J. A., Beschta, R. L., Wilmers, C. C., Ritchie, E. G., Hebblewhite, M., Berger, J., Elmhagen, B., Letnic, M., Nelson, M. P. (2014a): Status and ecological effects of the world's largest carnivores. Science 343 (6167), doi: 10.1126/science.1241484.

Ripple, W. J., Beschta, R. L., Fortin, J. K., Robbins, C. T. (2014b): Trophic cascades from wolves to grizzly bears in Yellowstone. Journal of Animal Ecology 83, 223 – 233.

Ritchie, E. G., Elmhagen, B., Glen, A. S., Letnic, M., Ludwig, G., McDonald, R. A. (2012): Ecosystem restoration with teeth: what role for predators? Trends in ecology & evolution 27, 265 – 271.

Salo, P., Banks, P. B., Dickman, C. R., Korpimäki, E. (2010): Predator manipulation experiments: impacts on populations of terrestrial vertebrate prey. Ecological monographs 80, 531 – 546.

Samelius, G., Andrén, H., Kjellander, P., Liberg, O. (2013): Habitat Selection and Risk of Predation: Re-colonization by Lynx had Limited Impact on Habitat Selection by Roe Deer. PLoS ONE 8, e75469

Sand, H., Zimmermann, B., Wabakken, P., Andrén, H., Pedersen, H. C. (2005): Using GPS technology and GIS cluster analyses to estimate kill rates in wolf-ungulate ecosystems. Wildlife Society Bulletin 33, 914 – 925.

Seip, D. R. (1991): Predation and caribou populations. Rangifer 11 (4), 46 – 52.

Schmitz, O. J., Beckerman, A. P., O'Brien, K. M. (1997): Behaviorally mediated trophic cascades: effects of predation risk on food web interactions. Ecology 78, 1388 – 1399.

Smith, D. W., Tyers, D. B. (2012): The history and current status and distribution of beavers in Yellowstone National Park. Northwest Science 86, 276 – 288.

Smith, D. W., Peterson, M. J., Houston, D. B. (2003): Yellowstone after wolves. Bioscience 53, 330 – 340.

Sinclair, A., Mduma, S., Brashares, J. S. (2003): Patterns of predation in a diverse predator-prey system. Nature 425, 288 – 290.

Sinclair, A., Norton-Griffiths, M. (1982): Does competition or facilitation regulate migrant ungulate populations in the Serengeti? A test of hypotheses. Oecologia 53, 364 – 369.

Soulé, M. E., Bolger, D. T., Alberts, A. C., Wright, J., Sorice, M., Hill, S. (1988): Reconstructed dynamics of rapid extinctions of chaparral-requiring birds in urban habitat islands. Conservation Biology 2, 75 – 91.

Terborgh, J., Lopez, L., Nunez, P., Rao, M., Shahabuddin, G., Orihuela, G., Riveros, M., Ascanio, R., Adler, G. H., Lambert, T. D. (2001): Ecological meltdown in predator-free forest fragments. Science 294, 1923 – 1926.

Theuerkauf, J., Rouys, S. (2008): Habitat selection by ungulates in relation to predation risk by wolves and humans in Białowieża Forest, Poland. Forest Ecology and Management 256, 1325 – 1332.

Townsend, C. R., Begon, M., Harper, J. L., Hoffmeister, T. S., Steidle, J. L., Thomas, F. (2009): Ökologie. Springer, Berlin. 647 S.

Turkington, R. (2009): Top-down and bottom-up forces in mammalian herbivore-vegetation systems: An essay review. Botany 87, 723–739.

Valeix, M., Loveridge, A. J., Chamaillé-Jammes, S., Davidson, Z., Murindagomo, F., Fritz, H., Macdonald, D. W. (2009): Behavioral adjustments of African herbivores to predation risk by lions: Spatiotemporal variations influence habitat use. Ecology 90, 23–30.

Vucetich, J. A., Smith, D. W., Stahler, D. R. (2005): Influence of harvest, climate and wolf predation on Yellowstone elk, 1961–2004. Oikos 111, 259–270.

Wilmers, C. C., Crabtree, R. L., Smith, D. W., Murphy, K. M., Getz, W. M. (2003): Trophic facilitation by introduced top predators: grey wolf subsidies to scavengers in Yellowstone National Park. Journal of Animal Ecology 72, 909–916.

White, P., Proffitt, K. M., Lemke, T. O. (2012): Changes in elk distribution and group sizes after wolf restoration. The American Midland Naturalist 167, 174–187.

Wrigth, G. J., Peterson, R. O., Smith, D. W., Lemke, T. O. (2006): Selection of northern Yellowstone elk by gray wolves and hunters. Journal of Wildlife Management 70, 1070–1078.

Zager, P., Beecham, J. (2006): The role of American black bears and brown bears as predators on ungulates in North America. Ursus 17, 95–108.

Teil 2

Management von großen Beutegreifern

5 Was ist Wildtiermanagement?

MARCO HEURICH

Obwohl das Wort Management im allgemeinen Sprachgebrauch oft verwendet wird, wurde der Begriff des Wildtiermanagements erst in den letzten 20–30 Jahren im deutschsprachigen Raum populär. Inzwischen spielt er, insbesondere im Umgang mit großen Beutegreifern, eine wichtige Rolle. Unter Wildtiermanagement versteht man das Bestreben, einen zielorientierten Ausgleich zwischen den Bedürfnissen der Wildtiere und den Anforderungen von Menschen herbeizuführen, im Kontext der Ökosysteme und auf wissenschaftlicher Grundlage. Der Begriff „Wildtier" kommt ursprünglich von der Bezeichnung Wild, das die jagdbaren Tiere beschreibt. In seiner heutigen Definition umfasst der Begriff alle an Land lebenden Säugetiere und Vögel.

Aldo Leopold (1887–1948), ein deutschstämmiger Forstwissenschaftler, legte in den 1920er-Jahren in Nordamerika den Grundstein für das moderne Wildtiermanagement. Ein besonderes Jahr für die Disziplin war 1933. Damals wurde Leopold die erste Professur für Wildtiermanagement an der Universität von Wisconsin in Madison verliehen. Er veröffentlichte das erste Lehrbuch zum Thema und mit dem „Journal of Wildlife Management" verlegte die in diesem Jahr gegründete Wildlife Society die erste wissenschaftliche Zeitschrift zum Wildtiermanagement.

Wildtiermanagement umfasst die Teilgebiete Jagd (game management), Kontrolle von Schädlingen (pest control) und den Schutz von Wildtieren (wildlife conservation), wobei sich in den letzten Jahrzehnten eine deutliche Verschiebung der Bedeutung dieser Teildisziplinen, weg vom jagdlichen Management, hin zum Schutz von Wildtieren, ergeben hat. Darüber hinaus spielt

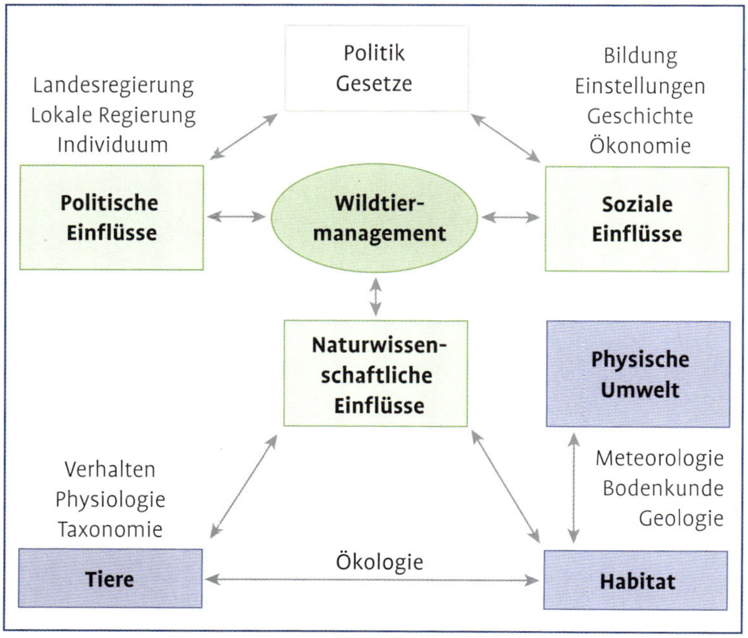

Abb. 5-1 Wildtiermanagement zeichnet sich dadurch aus, dass neben den naturwissenschaftlichen Kenntnissen auch soziale und politische Aspekte in den Managementprozess einbezogen werden müssen.

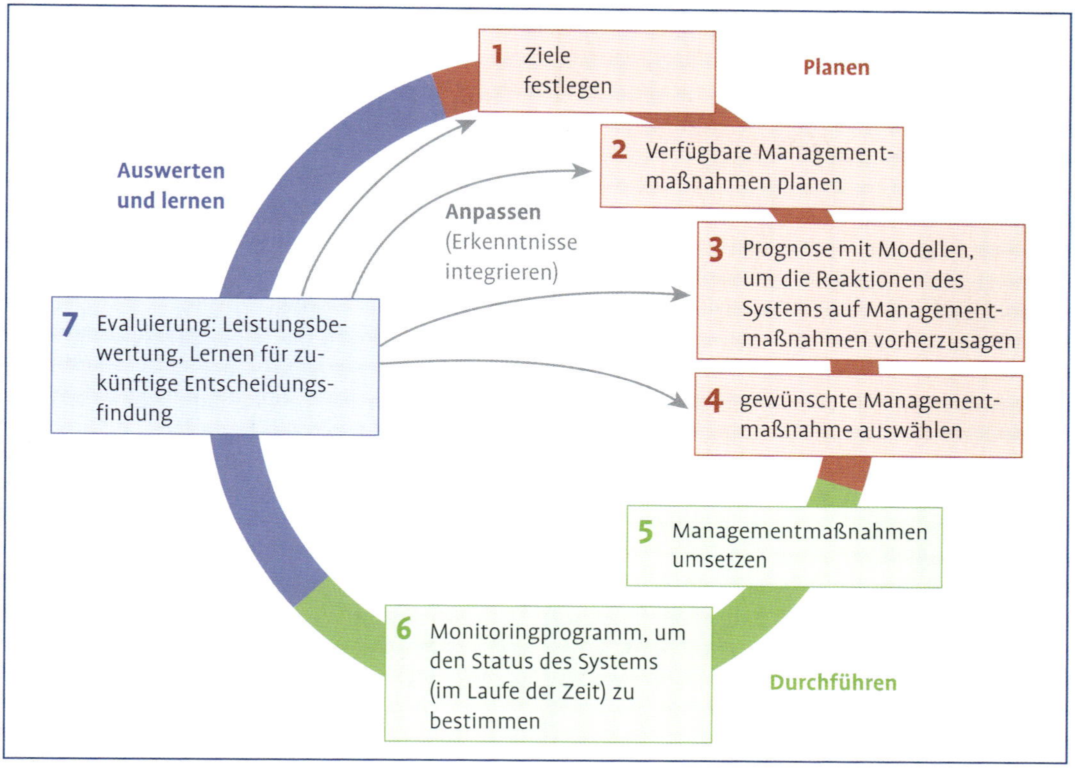

Abb. 5-2 Das Wildtiermanagement folgt einem Managementprozess, der aus verschiedenen Schritten besteht. Eine besondere Form ist das adaptive Management, das seinen Schwerpunkt auf ein besseres Systemverständnis und das Anpassen von Entscheidungen legt und durch eine enge Zusammenarbeit zwischen Wissenschaftlern und Managern gekennzeichnet ist (verändert nach California Department of Fish and Wildlife 2018).

die Naturschutzbiologie (Conservation Biology) als eigene Fachdisziplin eine immer bedeutendere Rolle.

Wildtiermanagementprobleme sind oft komplex, insbesondere wenn sie die großen Beutegreifer betreffen. Denn es müssen hier nicht nur die naturwissenschaftlichen Grundlagen zu Biologie und Ökologie einer Art und ihrer Lebensräume berücksichtigt, sondern auch gesellschaftliche, ökonomische und soziale Prozesse in die Lösungskonzepte einbezogen werden (Abb. 5-1).

Die große Bedeutung des Menschen im Wildtiermanagement erkannte schon Aldo Leopold, indem er schrieb: „The problem is not how we should handle the animals, the real problem is human management."

Wie das generelle Management folgt auch das Wildtiermanagement einem Managementprozess, der aus folgenden Schritten besteht (Abb. 5-2):

1. Zielsetzung: Zunächst muss das Problem eindeutig definiert und daraus konkret messbare, strategische und operative Ziele abgeleitet werden. Dafür ist es notwendig, sich umfassend mit dem zu bearbeitenden System (Ökologie, Soziologie, Politik, Ökonomie) auseinanderzusetzen.

2. Planung: Hier wird die Umsetzung der Ziele durch Festlegung von Organisations- und Ablaufstrukturen sowie Personal- und Mitteleinsatz geplant. Von besonderer Bedeutung ist in diesem Schritt die Organisation des sogenannten Monitorings, mit dem das Erreichen der Ziele gemessen werden kann.

3. Prognose: Mit Hilfe von Modellen können Vorhersagen für die Reaktion des Systems auf verschiedene Managementmaßnahmen getroffen und mit Methoden der mathematischen Optimierung die besten Varianten ausgewählt werden.

4. Entscheidung: Wurden mehrere Handlungsoptionen geplant und bewertet, wird hier die Entscheidung für eine Variante getroffen.

5. Umsetzung: Implementierung der geplanten Strukturen und Maßnahmen des Wildtiermanagements.

6. Monitoring: Mit Hilfe des Monitoringprogramms werden die Maßnahmen des Wildtiermanagements und die darauf folgende Reaktion des Systems erfasst. Dazu müssen die Zielgrößen der verwendeten Indikatoren mit den definierten Zielen übereinstimmen.

7. Lernen und Anpassung (adaptives Management): Durch den Vergleich der Ziele mit den Ergebnissen des Monitorings wird überprüft, ob die Maßnahmen des Wildtiermanagements erfolgreich waren. Auf Basis der beim Soll-Ist-Vergleich erzielten Ergebnisse wird das Management evaluiert und entsprechend angepasst.

Eine besondere Form ist das sogenannte **adaptive Management**. Es wurde insbesondere für natürliche Systeme entwickelt, in denen sich die Auswirkungen des Handelns aufgrund der Systemkomplexität oft nicht einfach vorhersagen lassen. Ziel dieses strukturierten, iterativen Prozesses ist es, den Umgang mit natürlichen Ressourcen zu verbessern, indem man durch ein wissenschaftliches Monitoring aus den Ergebnissen des Managements lernt und dadurch die Unsicherheit bei zukünftigen Entscheidungen verringern kann. Das adaptive Management legt seinen Schwerpunkt auf das Erlangen eines besseren Systemverständnisses und die Anpassung von Entscheidungen in einer engen Zusammenarbeit zwischen Managern, Wissenschaftlern und Interessensgruppen (Nichols und Williams 2006, Williams et al. 2009).

Aufgrund der meist komplexen Ausgangssituation mit einer Vielzahl von beteiligten Behörden und Interessensgruppen, wie z.B. Jägern, Naturschützern, Förstern, Landwirten und Erholungssuchenden, die jeweils ganz unterschiedliche Ziele verfolgen, nutzt das Wildtiermanagement oft Werkzeuge, die eine Einbeziehung dieser Gruppen in den Managementprozess erlauben. Insbesondere die gemeinsame Erarbeitung der Ziele im Rahmen eines partizipativen Prozesses ist hier von besonderer Bedeutung, aber aufgrund der vielschichtigen Interessenslage auch eine große Herausforderung. Die Einbindung der am Wildtiermanagement Beteiligten ist aber nicht nur für die Erarbeitung der Ziele, sondern auch für die anderen Schritte im Managementprozess wichtig, um beispielsweise eine reibungsfreie Umsetzung und eine gemeinsame Kontrolle der Ergebnisse zu erreichen.

Literatur

California Department of Fish and Wildlife (2018): Adaptive Management. http://www.dfg.ca.gov/ERP/adaptive_management.asp (abgerufen am 26.07.2018).

Johnson, B. L. (1999): The role of adaptive management as an operational approach for resource management agencies. Conservation Ecology 3 (2), 8. http://www.consecol.org/vol3/iss2/art8/

Krausman, P. R. (2002): Introduction to Wildlife Management. Prentice Hall, Upper Saddle River, 478.

Nichols, J. D., Williams, B. K (2006): Monitoring for conservation. Trends in ecology & evolution 21(12), 668–673.

Williams, B. K., Szaro, R. C., Shapiro, C. D. (2009): Adaptive Management: The U.S. Department of the Interior Technical Guide. Adaptive Management Working Group, U.S. Department of the Interior, Washington, D. C.

6 Strukturen des Managements

FRANZISKA BAUER, MAGDALENA KULISCH UND MARCO HEURICH

6.1 Managementpläne

Der große Raumanspruch von Beutegreifern hat besonders im dicht besiedelten, kleinteiligen Mitteleuropa zur Folge, dass Populationen und teilweise selbst die Streifgebiete von Rudeln oder Individuen zahlreiche administrative Grenzen überschreiten können. Aufgrund des Konfliktpotenzials, das sich aus der Rückkehr der großen Beutegreifer ergibt, besteht zugleich die Notwendigkeit, ein aktives Management einzuführen (Linnell et al. 2008). Unter Berücksichtigung von gesetzlichen Grundlagen, sozialen und ökonomischen Rahmenbedingungen sowie der unterschiedlichen Biologie der einzelnen Arten erstellen Behörden daher in Zusammenarbeit mit den verschiedenen Interessengruppen Managementpläne, die ein einheitliches und nachvollziehbares Management über Verwaltungsgrenzen hinweg gewährleisten sollen (Ferderation of Associations for Hunting and Conservation of the EU 2005). Diese Managementpläne sind ein zentrales Werkzeug, um den gewünschten Zustand für eine Art auf Basis der gesetzlichen Grundlagen genau zu definieren und die Strukturen, Zuständigkeiten und Maßnahmen so festzulegen, dass der gewünschte Zustand erhalten bleibt oder, wenn noch nicht erreicht, herbeigeführt werden kann. Dazu müssen insbesondere Festlegungen für die Bereiche des Herdenschutzes (einschließlich Schadensprävention und -ausgleich), des jagdlichen Managements, des Monitorings und der Forschung, des Umganges mit verhaltensauffälligen Tieren und der Öffentlichkeitsarbeit getroffen werden.

Im Aufbau und den behandelten Themen gleichen sich die Managementpläne verschiedener Staaten und Bundesländer weitgehend, doch bei der Umsetzung und den Zuständigkeiten gibt es z. T. erhebliche Unterschiede, da hier die örtlichen Besonderheiten berücksichtigt werden können. Durch die Pläne wird auch das notwendige Monitoring sichergestellt, um z. B. die Berichtspflicht gegenüber der Europäischen Kommission erfüllen zu können. Diese prüft auf Basis der Ergebnisse des Monitorings, ob der „günstige Erhaltungszustand" für die jeweilige Art erreicht wurde, zu dessen Herstellung und Bewahrung sich die Mitgliedsstaaten über die Natura-2000-Richtlinie verpflichtet haben. Darüber hinaus sollten die im Rahmen des Monitorings erhobenen Daten aufbereitet und zusam-

Ein wichtiger Erfolgsfaktor für die Erarbeitung von Managementplänen ist die Einbindung der verschiedenen Interessengruppen.

men mit den Managementplänen der Bevölkerung zur Verfügung gestellt werden, so dass sich jeder interessierte Bürger über die Art und Weise des Managements der großen Beutegreifer und den Zustand ihrer Populationen in der jeweiligen Region informieren kann. Für den Erfolg des Wildtiermanagements ist jedoch nicht nur der Plan selbst, sondern vor allem auch der Prozess, in dem der Plan entsteht, sowie seine stringente Umsetzung von großer Bedeutung. Durch die gemeinsame Diskussion von Zielen, Strukturen und Umsetzungsmaßnahmen mit möglichst allen am Managementprozess beteiligten Behörden und Interessengruppen entstehen Lösungen, die eine höhere Akzeptanz und bessere Unterstützung zur Folge haben. Ein wichtiger Grundsatz ist es auch, dass die Inhalte der Managementpläne in regelmäßigen Zeitabständen evaluiert und an sich ändernde Bedingungen angepasst werden. Auf diese Weise können Managementpläne einen wichtigen Beitrag zum verantwortungsvollen Umgang mit den großen Beutegreifern unter Einbeziehung der verschiedenen menschlichen Interessen erreichen (Bundesministerium für Umwelt, Naturschutz, Bau und Reaktorsicherheit 2017).

6.1.1 Deutschland

In Deutschland werden die Managementpläne großer Beutegreifer aufgrund des föderalen Aufbaus auf Ebene der Bundesländer erstellt. Als Grundlage für diese Planungen hat das Bundesamt für Naturschutz (BfN) ein Fachkonzept für ein Wolfsmanagement in Deutschland erarbeitet, das 2007 als BfN-Skript unter dem Titel „Leben mit Wölfen – Leitfaden für den Umgang mit einer konfliktträchtigen Tierart in Deutschland", veröffentlicht wurde. Zuständig sind jeweils die Obersten Naturschutzbehörden der Länder oder die von ihnen beauftragten Fachbehörden. Im Entstehungsprozess der Pläne sind sowohl die zuständigen Behörden als auch Vertreter verschiedener Interessengruppen, wie Tierschutz, Naturschutz, Forstwirtschaft, Landwirtschaft und Jagd beteiligt. Diese Gruppen können somit Einfluss auf die Zielsetzungen, die Managementstrukturen und Entscheidungsabläufe sowie auf die Aktualisierung und Verbesserung der Pläne nehmen.

Für das Wolfsmanagement haben mittlerweile, mit Ausnahme der Stadtstaaten, alle Bundesländer Managementpläne, Leitlinien, Konzepte oder Leitfäden erstellt (Bundesministerium für Umwelt, Naturschutz, Bau und Reaktorsicherheit 2015). Für den Luchs existieren nur in Bayern und in Rheinland-Pfalz entsprechende Dokumente. Bayern ist zudem das einzige Bundesland mit einem Managementplan der Stufe 1 für Bären (Zu- und Durchwanderung einzelner Tiere). Die Dokumente sind für die Öffentlichkeit zugänglich und können im Internet abgerufen werden (siehe Linkliste im Onlinematerial zu diesem Buch, Webcode NuL 4059 auf www.nul-online.de).

6.1.2 Österreich

Für das Management der großen Beutegreifer wird in Österreich eine enge Koordination zwischen den zuständigen Bundesländern angestrebt, deshalb wurde in Österreich jeweils ein nationaler Managementplan für die großen Beutegreifer Bär und Wolf von der Koordinierungsstelle für den Braunbären, Luchs und Wolf (KOST) erarbeitet. Diese Pläne sollen einen einheitlichen Leitfaden für die Umsetzung von Maßnahmen in den neun Bundesländern darstellen. Ziel ist es, diese Pläne alle 5 – 10 Jahre zu aktualisieren. Der Bärenmanagementplan wurde zuletzt 2005 überarbeitet, der Managementplan für Wölfe 2012 (Koordinierungsstelle für den Braunbären, Luchs und Wolf 2012; Länderübergreifende Koordinierungsstelle für Bärenfragen 2005). Die Pläne sind der Öffentlichkeit auf der Homepage des Forschungsinstituts für Wildtierkunde und Ökologie (FIWI) zugänglich (siehe Linkliste im Onlinematerial zu diesem Buch, Webcode NuL 4059 auf www.nul-online.de). Für den Luchs existiert in Österreich derzeit noch kein Managementplan.

6.1.3 Schweiz

In der Schweiz gibt es jeweils einen eigenen nationalen Managementplan für die großen Beutegreifer Wolf, Bär und Luchs, welcher federführend vom Bundesamt für Umwelt (BAFU) erarbeitet wurde. Ähnlich wie in Österreich soll dadurch eine landesweit einheitliche Vorgehensweise sichergestellt werden. Wenn sich die Vollzugsbehörden der Kantone an die Empfehlungen der Managementpläne halten, kann somit die Konformität mit dem Bundesrecht gewährleistet werden. Darüber hinaus sind aber auch maßgeschneiderte Lösungen für konkrete Einzelsituationen auf Ebene der Kantone zulässig, vorausgesetzt diese stimmen mit der Rechtslage überein. Die meisten Kantone haben inzwischen ihre eigenen Konzepte. Sie alle stützen sich auf den nationalen Managementplan, dessen Inhalte sie konkretisieren. Der Bärenmanagementplan wurde 2009 aktualisiert, jener für den Luchs 2016 und für den Wolf 2017 (BAFU 2009, 2016, 2017). Die Pläne sind auf der Homepage des BAFU für die Öffentlichkeit zugänglich (siehe Linkliste im Onlinematerial zu diesem Buch, Webcode NuL 4059 auf www.nul-online.de).

6.2 Organisationsstrukturen und Verfahrensweisen

6.2.1 Deutschland

Aufgaben des Bundes

Seit der Föderalismusreform 2006 gehören Jagdwesen sowie Naturschutz und Landschaftspflege in die Kompetenz der Länder. Nur die Grundsätze des Naturschutzes und das Artenschutzrecht werden vom Bund geregelt. Entsprechend legt der Bund im Management der großen Beutegreifer die Grundsätze fest und koordiniert die Maßnahmen der Länder (Abb. 6-1). Besondere Aufmerksamkeit wird von Seiten des Bundes den Wölfen gewidmet, aufgrund ihrer fortwährenden Ausbreitung (BMUB 2015). Das Bundesministerium für Umwelt, Naturschutz und nukleare Sicherheit (BMU) und das Bundesamt für Naturschutz (BfN) haben verschiedene Grundlagen für das Wolfsmanagement erarbeitet und den Ländern zur Verfügung gestellt. Dazu gehören vor allem Arbeiten zur Bewertung von Präventions- und Kompensationsmodellen und zum Umgang mit verhaltensauffälligen Tieren. Darüber hinaus wurden mehrere Fachtagungen organisiert, Materialien für die Öffentlichkeitsarbeit entwickelt und Forschungsarbeiten initiiert. Eine wichtige Aufgabe des Bundes ist es, die durch die Europäische Kommission an die Bundesregierung gestellten Forderungen zu erfüllen (BMUB 2017). Dazu gehört, dass alle 6 Jahre über den Erhaltungszustand der Arten berichtet werden muss, was die Aufnahme und Auswertung entsprechender Daten erfordert. Um dies zu gewährleisten, wurde 2009 ein bundesweit einheitlicher Standard für das Monitoring von Großraubtieren entwickelt (Kaczensky et al. 2009). Um die Ergebnisse der Länder auf Bundesebene zusammenzuführen, findet jährlich ein vom BfN koordiniertes Treffen der mit dem Monitoring von Wolf und Luchs beauftragten Personen aller Bundesländer statt (BMUB 2015). Zur Standardisierung des genetischen Monitorings wurde ein nationales Referenzzentrum bei der Senckenberg Gesellschaft für Naturforschung etabliert.

Eine weitere Maßnahme des BfN ist das 2016 ins Leben gerufene Forschungs- und Entwicklungsvorhaben Dokumentations- und Beratungsstelle des Bundes zum Thema Wolf (DBBW), das für die Zusammenfassung und Aufarbeitung der in den Bundesländern erhobenen Daten zuständig ist. Hauptaufgaben dieser Stelle sind die bundesweite Beratung aller Naturschutzbehörden zum Thema Wolf und der Unterhalt der DBBW-Internetseite (siehe Linkliste im Onlinematerial zu diesem Buch, Webcode NuL 4059 auf www.nul-online.de), über die beispielsweise die aktuellen Ergebnisse des bundesweiten Monitorings abgerufen werden können (BMUB 2015). Darüber hinaus ist der Bund auch für die internationale Zusammenarbeit z. B. mit Polen beim Management der zentraleuropäischen Population zuständig (Abb. 6-1 Seite 102).

Aufgaben der Länder

Innerhalb des vom Artenschutzrecht vorgegebenen Rahmens erstellen die Länder Managementpläne und setzen die darin geplanten Maßnahmen um. Dabei können sich die Strukturen

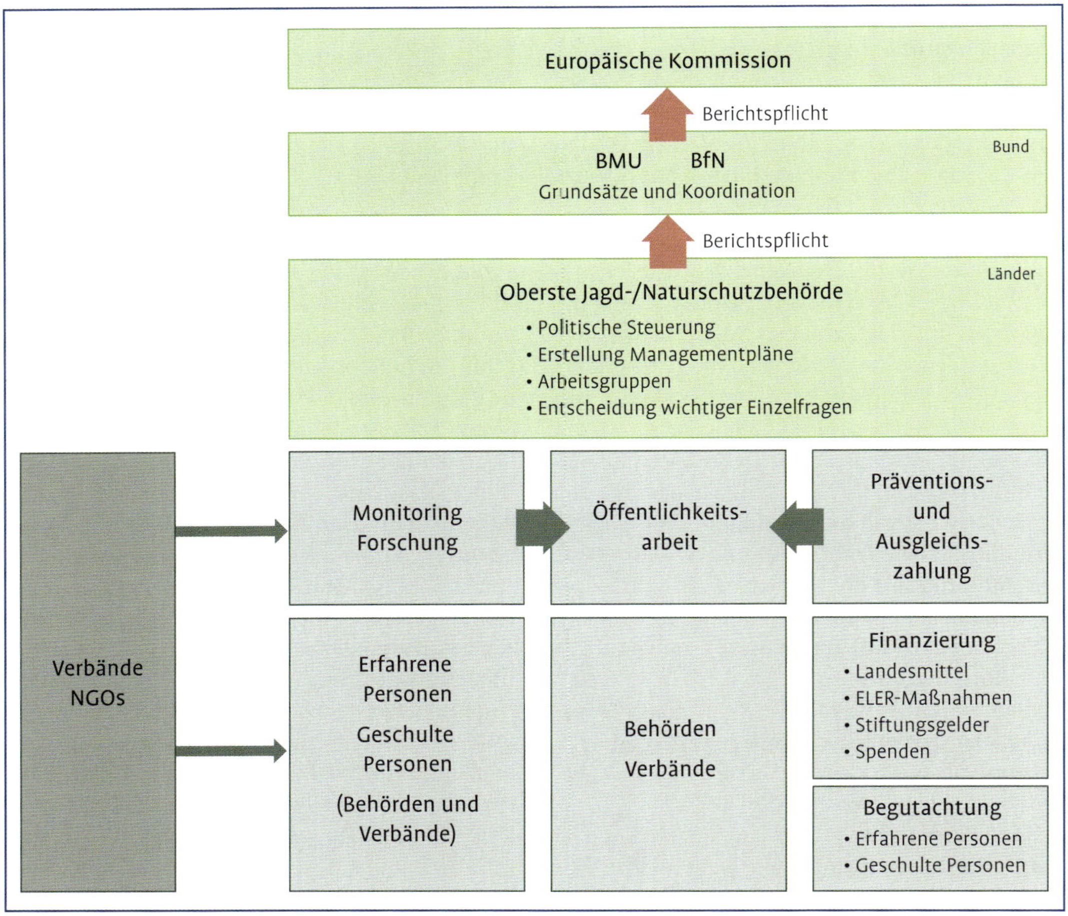

Abb. 6-1 Strukturen des Wildtiermanagements großer Beutegreifer in Deutschland. ELER = Europäischer Landwirtschaftsfond für die Entwicklung des ländlichen Raums. Weitere Erläuterungen im Text.

je nach Bundesland stark unterscheiden. Auch die Aufteilung der Aufgaben zwischen Behörden und Verbänden ist nicht einheitlich geregelt, so dass Besonderheiten der jeweiligen Bundesländer berücksichtigt werden können. Es liegt in der Verantwortung der Behörden, die Ablaufstrukturen und Zuständigkeiten genau zu regeln, dies geschieht bei der Erstellung der Managementpläne, die zusammen mit den betroffenen Interessengruppen erfolgt. Die Ausführung der Maßnahmen liegt meist in Verantwortung von Landesämtern oder Landkreisen, mit Unterstützung von Verbänden, Vereinen und wissenschaftlichen Institutionen (BfN 2013, BMUB 2015; Abb. 6-1).

Erfahrene und Geschulte Personen

Die sogenannten „Erfahrenen" und „Geschulten Personen" sind ein wichtiger Bestandteil des Managements von großen Beutegreifern in Deutschland. Für die Umsetzung vieler Maßnahmen, insbesondere für das Monitoring und die Schadensbeurteilung, sind sie unerlässlich. Geschulte Personen sind i. d. R. ehrenamtliche Mitarbeiter, die eine Schulung in Form eines mehrtägigen Kurses absolviert haben und über Erfahrungen im Erkennen und Deuten von Hinweisen verfügen (Reinhardt et al. 2015b). Geschulte Personen sind häufig Naturschützer, Jäger, Nutztierhalter, Förster oder Behördenmitarbeiter (BMUB 2015).

Ausbildung von „Geschulten Personen“ bei der Erkennung von Rissen.

Eine bundesländerübergreifende Schulung für das Monitoring von Wölfen („Erkennen und Dokumentieren von Wolfshinweisen“) wird seit 2005 vom LUPUS-Institut für Wolfsmonitoring und -forschung in Deutschland in der Lausitz angeboten. Die Bundesländer Mecklenburg-Vorpommern, Schleswig-Holstein und Niedersachsen organisieren ihre Schulungen zum Wolfsmonitoring eigenständig (BMUB 2015).

Eine Person kann laut BfN als „Erfahrene Person“ bezeichnet werden, wenn sie sich durch Artenkenntnis, Feldarbeit und nationale oder internationale Beteiligung an anerkannten Großraubtierprojekten ausreichend praktische Erfahrung und theoretisches Wissen angeeignet hat, um zuverlässig Hinweise erkennen und interpretieren zu können (Kaczensky et al. 2009).

Zu den Aufgaben der „Erfahrenen Personen“ gehören die Datenaufnahme im Gelände, die Bewertung und Analyse der durch „Geschulte Personen“ gesammelten Daten und die Organisation des Monitorings in einer bestimmten Region. Darüber hinaus leiten „Erfahrene Personen“ die Seminare für die Ausbildung „Geschulter Personen“, beteiligen sich an der Öffentlichkeitsarbeit und beraten Behörden und Verbände (Abb. 6-1).

Monitoring

Das Monitoring in Deutschland beruht auf der zweischichtigen Struktur nach Kaczensky et al. (2009). Demnach tragen „Erfahrene Personen“ die Verantwortung für die Datenauswertung und die Koordination der ehrenamtlich arbei-

Die richtige Dokumentation von Beobachtungen im Gelände, wie hier einer Luchsspur, bildet die Grundlage für das Wildtiermonitoring.

tenden „Geschulten Personen“. Diese wiederum sind für das aktive Monitoring zuständig. Die Organisation liegt grundsätzlich zunächst in der Verantwortung der Landesbehörden, die aber andere Institutionen damit beauftragen können. Folglich unterscheiden sich die Länder in Bezug darauf, durch wen die „Erfahrenen“ und „Geschulten Personen“ gestellt werden (BMUB 2015, Reinhardt et al. 2015b). So übernimmt in Sachsen das LUPUS-Institut für Wolfsmonitoring und -forschung in Deutschland die Durchführung des Monitorings. Niedersachsen wiederum nimmt mit der Landesjägerschaft (LJN) einen Verband in die Verantwortung, während in Bayern das Landesamt für Umwelt zuständig ist. Auch in den anderen Bundesländern beteiligen sich Verbände und Vereine am Monitoring, durch finanzielle und materielle Unterstützung sowie durch die Bildung von Netzwerken „Geschulter Personen“ (BMUB 2015).

Öffentlichkeitsarbeit

Zur Öffentlichkeitsarbeit gehören die Pressearbeit, die Organisation von Informationsveranstaltungen und Aktionstagen, die Veröffentlichung von Artikeln und Informationsbroschüren sowie das Erstellen von Internetseiten. Die zuständigen Behörden konzentrieren sich vor allem auf die Pressearbeit im Zusammenhang mit aktuellen Ereignissen, während andere Bereiche der Öffentlichkeitsarbeit und besonders die Bildungsarbeit auch von Naturschutzorganisationen, Stiftungen und Jagdverbänden abgedeckt werden. Dafür werden oft ehrenamtliche „Geschulte Personen“ eingesetzt. Eine Möglichkeit, die Öffentlichkeitsarbeit zu organisieren, ist die Einrichtung von „Wolfsbüros“, wie man sie in Sachsen (Kontaktbüro Wölfe in Sachsen) und Niedersachsen (Wolfsbüro des Niedersächsischen Landesbetriebes für Wasserwirtschaft, Küsten- und Naturschutz) findet (BMUB 2015).

Beratungsstellen für Herdenschutz, Präventions- und Ausgleichszahlungen

Die Förderung von Präventionsmaßnahmen, Rissbegutachtungen und Ausgleichszahlungen bei bestätigten Raubtierrissen sind ebenfalls länderspezifisch geregelt. Präventionsmaßnahmen können zu einer höheren Akzeptanz von großen Beutegreifern beitragen. Da der Kostenaufwand dafür im Vergleich zu Ausgleichszahlungen jedoch wesentlich höher ist, verzichtet man in vielen Regionen Europas darauf (Bayerisches Landesamt für Landwirtschaft 2017). Auch in Deutschland existieren für Luchse, die nur selten Schäden an Weidetieren verursachen, keine Förderrichtlinien für Präventionsmaßnahmen (Ministerium für Umwelt, Energie, Ernährung und Forsten 2016). Für Wölfe gibt es ebenfalls keine flächendeckende Förderung von Präventionsmaßnahmen, vielmehr wird die Förderung auf Gebiete mit etabliertem Wolfsvorkommen und deren Umgebung (z. B. 30 km Umkreis in Sachsen) beschränkt.

Staatlich regulierte Ausgleichszahlungen für Schäden, welche durch große Beutegreifer verursacht wurden, gibt es in fast allen Bundesländern, außer in den Stadtstaaten Bremen und Hamburg (DBBW 2016). Die Abwicklung und der Ersatz der verursachten Schäden werden i. d. R. durch die Behörden übernommen. Die Gelder stammen aus den jeweiligen Landesmitteln, teilweise ergänzt durch ELER-Maßnahmen (Europäischer Landwirtschaftsfond für die Entwicklung des ländlichen Raums), und durch Spendenmittel von Naturschutz- und Jagdverbänden (BMUB 2015, DBBW 2016).

Die Organisation der Beratung von Weidetierhaltern und der Rissbegutachtung, auf deren Grundlage über Ausgleichszahlungen entschieden wird, ist länderabhängig. Je nach Bundesland werden die Aufgaben von Behördenmitarbeitern, speziell geschulten Rissbegutachtern oder (ehrenamtlichen) „Geschulten“ oder „Erfahrenen Personen“ übernommen. Da es aus Gründen der Bekämpfung von Tierseuchen nur Fachpersonal erlaubt ist, tot aufgefundene Haustiere zu sezieren, werden in solchen Fällen Tierärzte oder die zuständige Landesuntersuchungsanstalt konsultiert (BMUB 2015). Aktuelle Informationen, sowie eine Übersicht über Zuständigkeiten und Vorgehensweise in den Bundesländern, sind auf der Webseite des

DBBW zu finden (siehe Linkliste im Onlinematerial zu diesem Buch, Webcode NuL 4059 auf www.nul-online.de).

6.2.2 Österreich

Koordinierungsstelle für den Braunbären, Luchs und Wolf

Die Koordinierungsstelle für den Braunbären, Luchs und Wolf (KOST) ist die Schnittstelle zwischen Behörden, Interessengruppen und Experten. Durch ihre länderübergreifende Tätigkeit wird eine bundesweit einheitliche Vorgehensweise angestrebt. Sie setzt sich aus jeweils einem Vertreter der Agrar- und Jagdrechts- sowie der Naturschutzabteilungen der jeweiligen Landesregierungen, einem Vertreter des Bundesministeriums für Nachhaltigkeit und Entwicklung (Sektion 1 – Umwelt und Klimaschutz) und ausgewählten Experten zusammen (KOST 2012). Derzeit werden alle neun Bundesländer, die Vertreter der Interessengruppen Naturschutz (WWF), Jagd (Zentralstelle der Landesjagdverbände) sowie Grundeigentümer (Land- und Forstbetriebe Österreich, Landwirtschaftskammer) zu den regelmäßig stattfindenden Treffen eingeladen (Abb. 6-2). Diese werden abwechselnd in den Bundesländern abgehalten, bei Bedarf ist auch die Einbindung von regionalen Vertretern der Interessengruppen oder wissenschaftlichen Einrichtungen vorgesehen (KOST 2012).

Da die KOST keine Handlungsvollmacht besitzt, dient sie vor allem als Plattform zur Koordination der Bundesländer und der einbezoge-

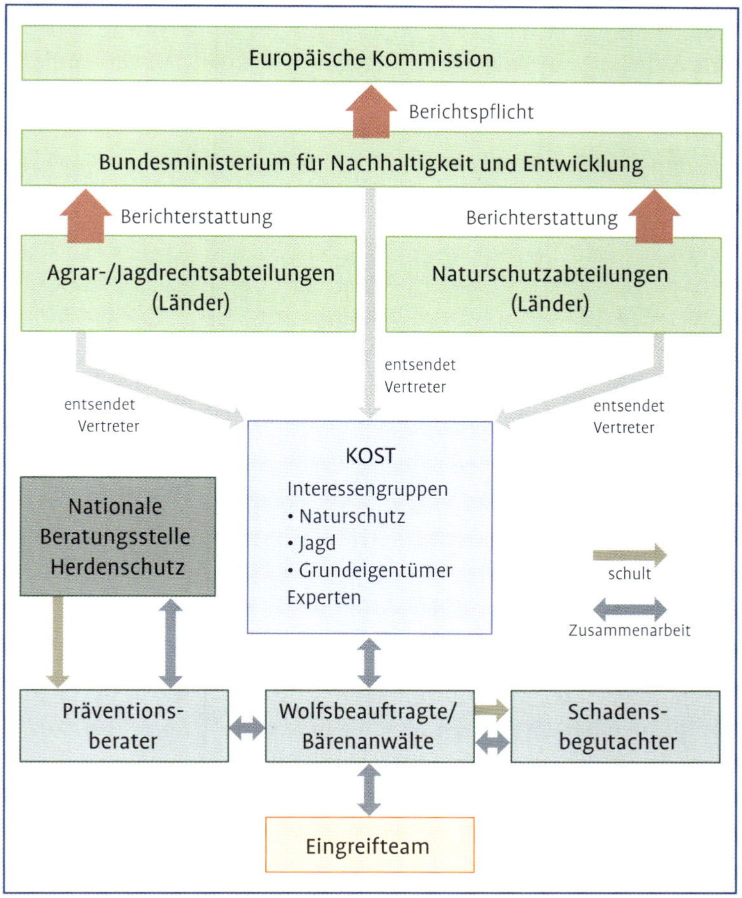

Abb. 6-2 Schematische Darstellung der Strukturen des Wildtiermanagements großer Beutegreifer in Österreich.

nen Akteure des Wildtiermanagements großer Beutegreifer. Die Aufgabenbereiche umfassen Austausch von Informationen über die aktuelle Situation, über Schadensmeldungen und Präventionsmaßnahmen sowie die Erarbeitung von Managementstrategien, außerdem die Abstimmung mit den Interessengruppen und zwischen den Landesbehörden und den Nachbarländern. Des Weiteren führt sie die relevanten Informationen zusammen und bereitet sie für die Entscheidungsträger auf (Landesregierungen, Bezirksverwaltungsbehörden) (KOST 2012).

Wolfsbeauftragte und Bärenanwälte, Schadensbegutachter und Eingreifteam

Den „Erfahrenen Personen" in Deutschland entsprechen in Österreich die Wolfsbeauftragten und Bärenanwälte. Durch das von ihnen koordinierte Wildtiermonitoring werden Informationen über Verbreitung, Populationsgröße und Verhalten von Wolf, Bär und Luchs gewonnen. Dieses Wissen bildet die Grundlage für die Erarbeitung von Managementstrategien. Die KOST und zuständige Behörden werden von den Wolfsbeauftragten und Bärenanwälten kontinuierlich über die aktuelle Situation informiert und beraten. Betroffene Mitarbeiter von Bezirksverwaltungsbehörden, wie z. B. Jagdsachverständige und Amtstierärzte sowie Schadensbegutachter, werden von ihnen ausgebildet und beraten (KOST 2012). Die Wolfsbeauftragten und Bärenanwälte arbeiten eng mit Schadensbegutachtern, die aus der lokalen Bevölkerung stammen, zusammen, um Schadensfälle objektiv zu analysieren. Sie unterstützen die geschädigten Personen bei der Meldung eines Schadensfalles und beraten sie über Präventionsmaßnahmen. Darüber hinaus sind sie die wichtigste Anlaufstelle für die lokale Bevölkerung und informieren die Öffentlichkeit aktiv im Rahmen ihrer Pressearbeit (KOST 2012). Die für Niederösterreich und die Steiermark zuständige Person ist am FIWI über Projektmittel (von sieben Bundesländern, Bundesumweltministerium und WWF) angestellt. In Kärnten ist sie der Naturschutzabteilung und in Tirol der Veterinärabteilung zugeordnet. Die Funktion der Wolfsbeauftragten und Bärenanwälte wird neben anderen Tätigkeiten ausgeübt.

Das Eingreifteam wird bei gefährlichen Situationen von Bezirksverwaltungsbehörden bzw. den Landesregierungen eingesetzt. Es arbeitet eng mit den Wolfsbeauftragten und Bärenanwälten zusammen (Länderübergreifende Koordinierungsstelle für Bärenfragen 2005). Der Aufgabenbereich umfasst das Management von auffälligen Tieren. Dazu gehören Fang, Narkotisierung, Ausstattung mit Halsbandsendern, die kurzfristige Überwachung und die Durchführung von Vergrämungsmaßnahmen sowie die Unterstützung bei der Entnahme aus der Population. Das Eingreifteam wird vom FIWI der Veterinärmedizinischen Universität gestellt (KOST 2012).

Nationale Beratungsstelle Herdenschutz und Präventionsberater

Die Nationale Beratungsstelle Herdenschutz wurde 2011 gegründet und an den Österreichischen Bundesverband für Schafe und Ziegen (ÖBSZ) angegliedert (Nationale Beratungsstelle Herdenschutz 2015). Ihre Arbeit befindet sich auch 2019 in vielen Bereichen noch im Aufbau. Grundsätzlich soll sie die Erfahrungen anderer Länder beim Herdenschutz in Bezug auf Effektivität und Umsetzbarkeit für die unterschiedlichen ökologischen Bedingungen in Österreich analysieren. Schutzmaßnahmen sollen dadurch effektiver gestaltet und schließlich mithilfe von Modellprojekten auf Österreich übertragen und damit auf ihre Wirksamkeit überprüft werden. Die Schulung und Vermittlung von Hirten sowie Erwerb und Training von Herdenschutzhunden sollen ebenfalls in ihren Kompetenzbereich fallen. An der Schnittstelle zur Landwirtschaft sollen Präventionsberater ausgebildet werden, die über landwirtschaftliche Fachkenntnisse verfügen und so die Nutztierhalter adäquat über Schutzmaßnahmen beraten können. Zu den Aufgaben gehören auch die finanzielle Förderung und die Unterstützung im Schadensfall (KOST 2012). Durch eine intensive Zusammenarbeit der Präventionsberater mit den Schadensbegutachtern vor Ort und der nationalen

Beratungsstelle für Herdenschutz soll ein erfolgreiches Herdenschutzprogramm umgesetzt werden. Die Einrichtung eines nationalen Kompetenzzentrums für Wolf, Bär und Luchs ist für Anfang 2019 geplant (Nationale Beratungsstelle Herdenschutz 2018).

6.2.3 Schweiz

Derzeit wird die Schweiz in fünf Haupt-Kompartimente (Jura, Nordostschweiz, Zentralschweiz, Westschweizeralpen und Südostschweiz) und 16 Teil-Kompartimente für das Management von Wolf und Luchs eingeteilt. Diese umfassen mehrere Kantone oder Teilkantone (BAFU 2016). Im Konzept Bär von 2009 erfolgt die Einteilung in acht Haupt-Kompartimente (BAFU 2009). Diese stellen einheitliche Lebensraumeinheiten für die großen Beutegreifer dar und wurden aufgrund politischer, künstlicher und natürlicher Barrieren abgegrenzt (Ryser 2004, KORA 2017a). Ziel ist, das Management der großen Beutegreifer auf der Ebene der Kompartimente zu planen und zu koordinieren, um so ein abgestimmtes Vorgehen zu erreichen.

Nationale Ebene

Das Bundesamt für Umwelt (BAFU) erarbeitet die Managementpläne mit dem Ziel eines möglichst konfliktfreien Zusammenlebens mit den geschützten Arten. Es arbeitet eng mit den Kantonen zusammen, um Schäden an Nutztieren zu dokumentieren und die Erfassung der Bestände von Wolf, Luchs und Bär zu unterstützen (Abb. 6-3). Dazu finanziert das BAFU sowohl

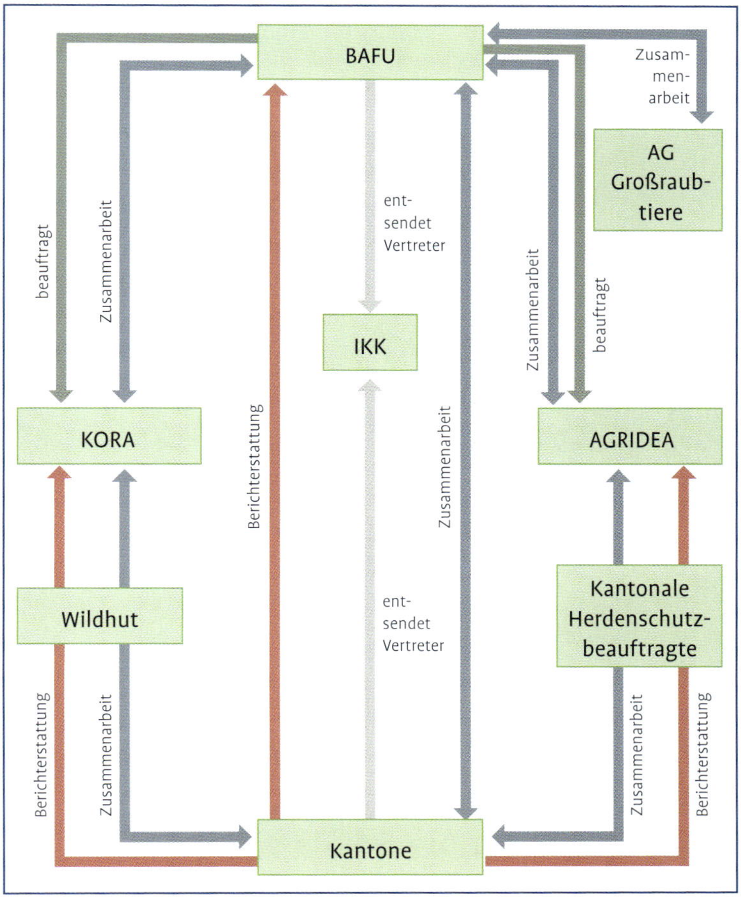

Abb. 6-3 Schematische Darstellung der Strukturen des Wildtiermanagements großer Beutegreifer in der Schweiz. BAFU = Bundesamt für Umwelt, IKK = Interkantonale Kommission, KORA = Koordinierte Forschungsprojekte zur Erhaltung und zum Management der Raubtiere in der Schweiz, AGRIDEA = Schweizerische Vereinigung für die Entwicklung der Landwirtschaft und des ländlichen Raums, AG Großraubtiere = Arbeitsgruppe Großraubtiere.

das Monitoring der Populationen als auch die Begutachtung von tot aufgefundenen Nutztieren zur Klärung der Todesursache. Falls erforderlich, können auch Forschungsprojekte über Ausbreitung, Populationsdynamik und Einfluss auf die Beutetierpopulationen gemeinsam mit den Kantonen initiiert und finanziert werden. Das BAFU arbeitet eng mit der landwirtschaftlichen Beratung zusammen, um den Herdenschutz zu koordinieren und effizient umzusetzen zu können. Darüber hinaus überprüft das BAFU die Durchführung der Managementstrategien durch die Kantone (BAFU 2016).

Die Arbeitsgruppe Großraubtiere (AG Großraubtiere) setzt sich aus Vertretern von Bund, Kantonen, nationalen Interessenverbänden und Wissenschaftlern zusammen. In der Arbeitsgruppe werden wichtige Fragen bezüglich Wolf, Bär und Luchs diskutiert sowie Vorschläge zur Überarbeitung für die bestehenden Managementpläne formuliert. Zusätzlich trägt sie zu einem Wissens- und Erfahrungstransfer an Entscheidungsträgern bei (BAFU 2016).

Schweizer Wildhüter bei der Montage einer Fotofalle.

KORA (Koordinierte Forschungsprojekte zur Erhaltung und zum Management der Raubtiere in der Schweiz) ist für das Monitoring der Populationen, die Entwicklung neuer Monitoringmethoden sowie für die internationale Koordination von Studien und Forschung zum Thema Großraubtiere zuständig (KORA 2017b).

Die Schweizerische Vereinigung für die Entwicklung der Landwirtschaft und des ländlichen Raums (AGRIDEA) koordiniert den Herdenschutz und leitet die Fachstellen Technischer Herdenschutz und Herdenschutzhunde sowie den Wissenstransfer, die Aus- und Weiterbildung der kantonalen Mitarbeiter, die Verwaltung der Herdenschutzfinanzen und den internationalen Wissensaustausch (Schweizerische Vereinigung für die Entwicklung der Landwirtschaft und des ländlichen Raums 2017).

Interkantonale Kommission, Kantone und Wildhut

Die Interkantonale Kommission (IKK) ist für die Koordination der Managementmaßnahmen pro Hauptkompartiment zuständig und setzt sich aus je einem Vertreter des BAFU und der betroffenen Kantone zusammen (BAFU 2016). Der Aufgabenbereich der IKK ist die Koordination des Großraubtiermanagements zwischen Kantonen und Bund. Dazu gehören u. a. der Austausch von Daten, die Öffentlichkeitsarbeit und die Abgrenzung von Gebieten für regulatorische Maßnahmen.

Zusätzlich haben die meisten Kantone, in denen große Beutegreifer vorkommen, Arbeitsgruppen gebildet, in welchen die verschiedenen Interessengruppen, die Verwaltung sowie die nationalen Hauptakteure (BAFU, KORA und AGRIDEA) eingebunden sind.

Die Umsetzung der Managementmaßnahmen erfolgt auf Ebene der Kantone. Dazu gehören das Monitoring der großen Beutegreifer, welches im engen Austausch mit KORA stattfindet, und die Umsetzung von Herdenschutzmaßnahmen entsprechend den Richtlinien des BAFU, in Zusammenarbeit mit AGRIDEA. Die Öffentlichkeitsarbeit stellt ebenfalls einen wichtigen Aufgabenbereich der Kantone dar und Transparenz im Großraubtiermanagement kann durch die Einbindung sowohl von kantonalen Vertretern der verschiedenen Interessengruppen als auch der lokalen und regionalen Behörden geschaffen werden. Auch bei Maßnahmen zum Erhalt der heimischen Biodiversität sowie bei der forstlichen und jagdlichen Planung muss der Einfluss von Wolf, Bär und Luchs von den Kantonen berücksichtigt werden.

In 20 Kantonen gibt es professionelle Wildhüter, die bei den Jagdbehörden der jeweiligen Kantone angestellt sind (keine Wildhüter gibt es in den Kantonen Zürich, Solothurn, Basel-Stadt, Schaffhausen, Aargau und Thurgau). Aufgaben der Wildhut sind die Erfassung des Wildbestandes (einschließlich großer Beutegreifer), der Schutz der Wildtiere inklusive ihres Lebensraumes, Öffentlichkeitsarbeit und jagdpolizeiliche Aufgaben (Schweizerischer Wildhüterverband 2017). Die Wildhut ist außerdem für die Entnahme von Bär, Luchs und Wolf bei Krankheit oder Verletzungen zuständig (BAFU 2009, 2016). Die Entnahme einzelner verhaltensauffälliger Tiere kann bei vorliegender Abschussbewilligung durch den Kanton ebenfalls durch Wildhüter erfolgen (Kanton St. Gallen 2017). Für Vergrämungen von Bären gibt es spezielle Eingreiftrupps, welche sich aus kantonalen Wildhütern und erfahrenen Experten zusammensetzen (BAFU 2009).

6.3 Internationale Zusammenarbeit

6.3.1 Europa

Um den Schutz der großen Beutegreifer im Rahmen der Natura-2000-Richtlinie europaweit zu harmonisieren und zu koordinieren, hat die Europäische Kommission die Large Carnivore Initiative for Europe (LCIE) beauftragt, die entsprechenden Rahmenkonzepte zu entwickeln.

Die LCIE ist seit 2010 offiziell eine Specialist Group innerhalb der Species Survival Commission (SSC), welche der International Union for the Conservation of Nature (IUCN) angehört. Ihr Ziel ist es, überlebensfähige Populationen der großen Beutegreifer in Koexistenz mit den Menschen vor Ort als integralen Teil der europäischen Ökosysteme und Landschaften zu erhalten und wiederherzustellen. Es handelt sich um ein Expertennetzwerk, bestehend aus 39 aktiven Mitgliedern aus 27 Ländern, die über Expertisen in den Bereichen ökologische und sozialwissenschaftliche Forschung, praktische Naturschutzarbeit und Wildtiermanagement verfügen (LCIE 2017).

Ziel der LCIE ist es, durch eine intensive internationale Zusammenarbeit einen günstigen Erhaltungszustand (entsprechend der Natura-2000-Richtlinie) für die Populationen der großen Beutegreifer zu erreichen. Konkret soll dies durch internationale Managementpläne und transparente Monitoringstandards für Europa ermöglicht werden. Dabei ist die Erfassung der Bestände auf Populationsebene besonders wichtig und soll als Basis für die Erarbeitung von Schutzzielen für die großen Beutegreifer dienen (LCIE 2013). In diesem Sinne wurden von der LCIE wichtige Grundlagen erarbeitet. Beispiel dafür sind die 2008 veröffentlichten „Guidelines for population level management plans for large carnivores", die den Rahmen für das Management der großen Beutegreifer in Europa abstecken und eine wichtige Grundlage für die Erarbeitung der Managementpläne der jeweiligen Mitgliedsländer bilden. Durch die Berichte zu Status und Management der großen Beutegreifer in Europa kann erstmals ein umfassendes Bild der Situation der großen Beutegreifer in Europa gezeichnet werden. Dabei verfolgt die LCIE eine pragmatische Vorgehensweise, bei der moderne wissenschaftliche Ansätze mit traditionellem Wissen verknüpft werden, um ein möglichst konfliktarmes Nebeneinander von Mensch und Wildtier in den europäischen Kulturlandschaften zu erreichen (LCIE 2017).

6.3.2 Alpenraum

Besonders im Alpenraum gibt es zahlreiche Initiativen, die ein effizientes Management von Wolf, Bär und Luchs durch intensive internationale Zusammenarbeit anstreben. Die Alpenkonvention hat sich zum Ziel gesetzt, durch die

Erarbeitung von Managementstrategien und die Formulierung von konkreten Schutzzielen einen günstigen Erhaltungszustand der Populationen der großen Beutegreifer zu erreichen. Dafür wurde die Plattform WISO „Large carnivores, wild ungulates and society" (Große Beutegreifer, wildlebende Huftiere und Gesellschaft) im Zuge der zehnten Alpenkonferenz 2009 gegründet (Schnidrig et al. 2016). Bestehend aus ausgewählten Experten der Vertragsparteien/ Alpenländern und offiziellen Beobachtern der Alpenkonvention wird der Ansatz eines nachhaltigen Wildtiermanagements unter Berücksichtigung von ökologischen, ökonomischen und soziokulturellen Aspekten verfolgt. Es sind die Hauptziele der Plattform, Informations- und Beratungsmechanismen zur Verfügung zu stellen, um die Kommunikation zwischen diversen Interessengruppen zu unterstützen und den Austausch von Daten, Informationen und Erfahrungen zwischen Vertragspartnern zu fördern, damit Managementmaßnahmen besser abgestimmt werden können. Darüber hinaus hat sich die Plattform eine Verbesserung der genetischen Monitoringprogramme mit Abstimmung zwischen allen Alpenländern und einen Austausch über nachhaltige Präventionsmaßnahmen sowie Kompensationszahlungen zum Ziel gesetzt (Alpenkonvention 2017).

Das SCALP-Projekt (Status and Conservation of the Alpine Lynx Population) mit Vertretern aus allen Alpenländern strebt die Entwicklung von Monitoringstandards und gemeinsamen Managementkonzepten für Luchse an. Zusätzlich sollen die Interessengruppen mit ausreichenden Informationen versorgt werden, damit ein sachlicher Diskurs möglich ist (KORA 2017c). Auch die Wolf Alpine Group (WAG) wurde mit dem Ziel gegründet, gleiche Monitoringstandards für alle Alpenländer zu etablieren (Wolf Alpine Group 2014).

6.3.3 Deutschland – Polen

Die Wölfe Deutschlands und Polens gehören zur selben Population, der Zentraleuropäischen Flachlandpopulation. Darum ist eine enge Abstimmung bei Wildtiermonitoring und -management von großer Bedeutung. Die ers-

Fazit für die Praxis

- Managementpläne sind ein zentrales Werkzeug, um den gewünschten Zustand für eine Art auf Basis der gesetzlichen Grundlagen genau zu definieren und die zur Zielerreichung notwendigen Strukturen, Zuständigkeiten und Maßnahmen unter Berücksichtigung von länderspezifischen Besonderheiten festzulegen.
- In Österreich und der Schweiz gibt es jeweils nationale Managementpläne, die für die Bundesländer bzw. Kantone gelten. In Deutschland werden die Managementpläne auf Ebene der Bundesländer erstellt.
- Wichtige Module im Management der großen Beutegreifer sind: Monitoring, Herdenschutz, Jagd, Umgang mit verhaltensauffälligen Tieren, Strafverfolgung, Öffentlichkeits- und Bildungsarbeit.
- Eine wichtige Rolle im Management von großen Beutegreifern spielen „Erfahrene Personen", die über ausreichend praktische Erfahrung und theoretisches Wissen verfügen, um zuverlässig Hinweise erkennen und interpretieren zu können und „Geschulte Personen", ehrenamtliche Mitarbeiter, die eine Schulung in Form eines mehrtägigen Kurses absolviert haben und über Erfahrungen im Erkennen und Deuten von Hinweisen verfügen. In den verschiedenen Ländern/ Bundesländern werden diese Personen unterschiedlich bezeichnet.
- Eine wichtige Rolle für die Koordination und Zusammenarbeit auf Europäischer Ebene spielt die „Large Carnivore Initiative for Europe". Sie hat die Grundsätze für das Management auf Populationsebene erarbeitet und stellt die Monitoringdaten der einzelnen Länder zusammen.

ten Schritte in diese Richtung wurden 2009 durch ein Treffen von Regierungsmitgliedern und Fachleuten getan, bei dem man eine länderübergreifende Arbeitsgruppe gründete. Im nächsten Schritt wurden vom LUPUS-Institut für Wolfsmonitoring und -forschung in Deutschland zusammen mit polnischen Wolfsforschern gemeinsame Monitoringstandards entwickelt und im BfN-Bericht „Standards of the Monitoring of the European Wolf Population in Germany and Poland" (2015), veröffentlicht. Kernpunkte sind die Einführung der Monitorstruktur nach Kaczensky et al. (2009) und jährliche Treffen und Statusberichte beider Länder sowie die Teilnahme weiterer EU-Länder, welche diese Population teilen. Derzeit betrifft dies vor allem Tschechien, in Zukunft können auch die Niederlande und Dänemark dazugehören (Reinhardt et al. 2015a).

Eine Implementierung einheitlicher Monitoringstandards würde es ermöglichen, in Zukunft staatsübergreifend die Entwicklungen auf Populationsebene zu dokumentieren und zu beurteilen so dass die Basis für ein abgestimmtes Management geschaffen wird.

Literatur

Alpenkonvention (2017): Plattform Große Beutegreifer, Wildlebende Huftiere und Gesellschaft: http://www.alpconv.org/de/organization/groups/wgcarnivores/default.html (abgerufen am 12. 11. 2017).

BAFU (Bundesamt für Umwelt) (2009): Konzept Bär – Managementplan für den Braunbären in der Schweiz. 23 S.

BAFU (2016): Konzept Luchs Schweiz – Vollzugshilfe des BAFU zum Luchsmanagement in der Schweiz. 22 S.

BAFU (2017): Konzept Wolf Schweiz – Vollzugshilfe des BAFU zum Wolfsmanagement in der Schweiz. 27 S.

Bayerisches Landesamt für Landwirtschaft (2017): Was tun bei einer Rückkehr von Wolf, Luchs und Bär? Informationen für Nutztierhalter und Behörden in Bayern. LFL Informationen. 36 S.

BMUB (Bundesministerium für Umwelt, Naturschutz, Bau und Reaktorsicherheit) (2015): Bericht des Bundesministerium für Umwelt, Naturschutz, Bau und Reaktorsicherheit zur Lebensweise, zum Status und zum Management des Wolfes (*Canis Lupus*) in Deutschland. (abgerufen am 26.10.17).

BMUB (2017): Die Rückkehr des Wolfes nach Deutschland: http://www.bmub.bund.de/themen/natur-biologische-vielfalt-arten/artenschutz/nationaler-artenschutz/rueckkehr-des-wolfes-nach-deutschland/ (abgerufen am 30.9.2017).

DBBW (Dokumentations- und Beratungsstelle des Bundes zum Thema Wolf) (2016): Wolfsverursachte Schäden, Präventions- und Ausgleichszahlungen in Deutschland 2015. 24 S.

Ferderation of Associations for Hunting and Conservation of the EU (2005): Conservation and management of large Carnivores in the EU – Position of FACE. 2 S.

Kaczensky, P., Kluth, G., Knauer, F., Rauer, G., Reinhardt, I., Wotschikowsky, U. (2009): Monitoring von Großraubtieren in Deutschland. BfN-Skripten 251. 89 S.

Kanton St. Gallen (2017): Wildhüter und Jagd: http://www.anjf.sg.ch/home/Portrait/wildhueter.html (abgerufen am 24. 09. 2017).

KORA (2017a): Luchs Management- Kompartimente: http://www.kora.ch/index.php?id=25 (abgerufen am 01. 12. 2017).

KORA (2017b): Aufgabenbereiche: http://www.kora.ch/index.php?id=32 (abgerufen am 28. 12. 2017).

KORA (2017c): SCALP (Status and Conservation of the Alpine Lynx Population): http://www.kora.ch/index.php?id=117 (abgerufen am 24. 09. 2017).

KOST (Koordinierungsstelle für den Braunbären, Luchs und Wolf) (2012): Wolfsmanagement in Österreich. Grundlagen und Empfehlungen. Forschungsinstitut für Wildtierkunde und Ökologie, Veterinärmedizinische Universität Wien. 28 S.

Länderübergreifende Koordinierungsstelle für Bärenfragen (2005): Managementplan Bär Österreich – überarbeitete Version 2005. WWF Österreich, Wien. 54S.

LCIE (Large Carnivore Initiative for Europe – IUCN/SSC Specialist Group) (2013): A manifesto for large carnivore conservation in Europe (2013). Abrufbar unter: http://www.lcie.org/About-LCIE/Vision.

LCIE: About LCIE: http://www.lcie.org/About-LCIE (abgerufen am 7.11.17).

Linnell, J., Salvatori, V., Boitani, L. (2008): Guidelines for population level management plans for large carnivores in Europe. A Large Carnivore

Initiative for Europe report prepared for the European Commission (contract 070501/2005/ 424162/MAR/B2). 85 S.

Ministerium für Umwelt, Energie, Ernährung und Forsten (2016): Managementplan für den Umgang mit Luchsen in Rheinland-Pfalz, Mainz. 40 S.

Nationale Beratungsstelle Herdenschutz (2018): Organisation: http://www.herdenschutz.at (abgerufen am 28.11.2018).

Reinhardt, I., Kluth, G., Pierużek-Nowak, S., Mysłajek, R. W. (2015a): Standards for the monitoring of the Central European wolf population in Germany and Poland. BfN Federal Agency for Nature Conservation. BfN-Skripten 398. 46 S.

Reinhardt, I., Kaczensky, P., Knauer, F., Rauer, G., Kluth, G., Wölfl, S., Huckschlag, D., Wotschikowsky, U. (2015b): Monitoring von Wolf, Luchs und Bär in Deutschland. Bundesamt für Naturschutz. BfN-Skripten 413. 97 S.

Ryser, A. (2004): Luchsmanagement in der Schweiz Regierung von Niederbayern Sachgebiet 830 – Naturschutz und Landschaftspflege (Herausgeber) Luchsmanagement in Mitteleuropa. Naturschutz in Niederbayern, Heft 4. S. 87–94.

Schnidrig, R., Nienhuis, C., Imhof, R., Bürki, R., Breitenmoser, U. (2016): Wolf in the Alps: Recommendations for an internationally coordinated management. RowAlps Report Objective 3. KORA Bericht Nr. 72. 70 S.

Schweizerische Vereinigung für die Entwicklung der Landwirtschaft und des ländlichen Raums (2017): Herdenschutz: https://www.agridea.ch/de/fachbereiche/herdenschutz/ (abgerufen am 28. 12. 2017).

Schweizerischer Wildhüterverband (SWHV): Berufsbild Wildhüter: http://www.wildhueterverband.ch/berufsbild-wildhueter.html (abgerufen am 06. 11. 2017).

Wolf Alpine Group (2014): Wolf population status in the alps: pack distribution and trends up to 2012. 7 S.

7 Wildtiermanagement für Menschen

ULRICH SCHRAML

Eine friedliche Koexistenz von Menschen und großen Beutegreifern stellt für Artenschützer, Wildbiologen und andere Naturfreunde derzeit ein zentrales Ziel dar (NABU 2015, Bloch und Radinger 2017, Ronnenberg et al. 2017). Vielfach erwarten sie dafür vor allem von den Menschen, die einer Rückkehr dieser Tiere mit Skepsis begegnen, dass sie ihre Meinungen ändern und ihre Verhaltensweisen an die neuen Nachbarn anpassen. So sollen Konflikte mit den Wildtieren vermieden werden. Die folgenden Ausführungen zielen darauf ab, sowohl konzeptionell wie auch im praktischen Wildtiermanagement einen Schritt weiter zu gehen. Es soll nach Wegen geforscht werden, die – auch im Angesicht der großen Beutegreifer – eine respektvolle Koexistenz von Schafhaltern, Naturschützern und Jägern ermöglichen. Dafür werden keine Rezepte vorgestellt, um möglichst vielen Menschen ein möglichst positives Bild von Wolf, Luchs oder Bär zu vermitteln; vielmehr wird danach gefragt, wie die Beziehungen jener Gruppen, die in den Debatten um große Beutegreifer unterschiedliche Positionen einnehmen, konstruktiv gestaltet werden können.

Vor diesem Hintergrund sollen im Folgenden zunächst die Faktoren beleuchtet werden, die für die Bewertung von Wolf, Luchs und Bär relevant sind. Zum Teil setzen die wissenschaftlichen Erklärungen für die sehr unterschiedlichen Einstellungen beim Aussehen und dem Verhalten der Wildtiere an, zum größeren Teil aber bei den Menschen. Dass beides eng miteinander verknüpft ist, wird deutlich, wenn man sich vor Augen führt, dass Wahrnehmung ein aktiver Prozess ist, der von grundsätzlichen Werthaltungen und der persönlichen Betroffenheit beeinflusst wird. Verständlich werden die einzelnen

Konflikte mit Wildtieren?

Konflikte entstehen dann, wenn Einzelpersonen oder ganze Gruppen unterschiedliche Ziele oder Interessen verfolgen. Die Ergebnisse sind vielfach Ärger und Wut, vor allem aber Aktivitäten, die der Durchsetzung der eigenen Position zu Lasten einer anderen Partei dienen (Redpath et al. 2015). Umgangssprachlich ist es üblich, in diesem Zusammenhang auch von Wildtier-, Wolfs- oder Luchskonflikten zu sprechen (engl: „Human-wildlife-conflict" oder „Human-carnivore-conflict"). Diese Perspektive unterstellt, dass auch Tiere „in die Schlacht ziehen", um ihre Interessen durchzusetzen. Aus sozialwissenschaftlicher Sicht ist das ein seltsamer Gedanke. Stehen sich doch bei den meisten Problemen, denen man im Kontext der großen Beutegreifer begegnet, nicht Mensch und Tier gegenüber, sondern Menschen, die über das Tier und den Umgang mit ihm strittige Ansichten haben. Tiere können allenfalls Gegenstand von Konflikten sein, nicht Partei (Peterson et al. 2010). Diese Klarstellung ist keine Wortklauberei. Sie hat Relevanz. Die Vorstellung, dass es Mensch-Wildtier-Konflikte gibt, verleitet – Sprache ist ja oft verräterisch – dazu, bei der Planung von Maßnahmen vor allem beim Tier und/oder einer menschlichen Konfliktpartei anzusetzen. Meist stehen dann die unmittelbaren Opfer von Schadensfällen im Fokus: Es werden technische Maßnahmen ergriffen, um Beutegreifer abzuwehren oder mit Geld und Informationen wird versucht, bei Betroffenen „Akzeptanz" aufzubauen. Dies ist ein Ansatz, der schon von seiner Anlage her zum Scheitern verurteilt ist, blendet er doch die Wolfsadvokaten und deren Rolle im laufenden Konflikt völlig aus. Aus Sicht der Skeptiker sind sie wenigstens Teil des Problems.

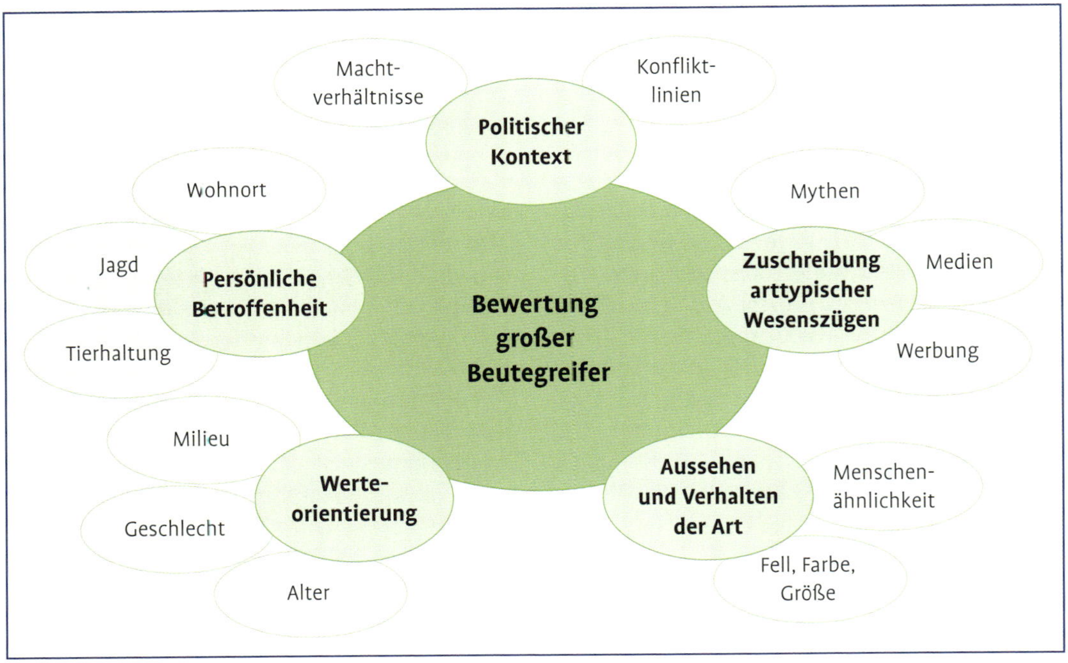

Abb. 7-1 Wichtige Faktoren für die unterschiedliche Bewertung von großen Beutegreifern durch verschiedene Akteure.

Studienergebnisse aber erst dann, wenn sie in einen weiteren gesellschaftspolitischen Kontext eingeordnet werden. In dieser Perspektive wird deutlich, dass der einzelne Beutegreifer vielfach gar nicht wegen seiner biologischen Rolle als Wildtier in der Landschaft beurteilt wird, sondern wegen des symbolischen Gehaltes, der ihm in den Debatten zwischen seinen Befürwortern und seinen Gegnern beigemessen wird (vgl. Abb. 7-1). An die Analyse schließen sich einige Empfehlungen an, wie ein modernes Wildtiermanagement, das den Menschen im Fokus hat, auf diese Erkenntnisse reagieren kann.

7.1 Der sozio-kulturelle Rucksack der Arten

Vor allem die Menschenähnlichkeit von Tierarten gilt als erklärungskräftiger Faktor, der die Attraktivität von Tierarten positiv beeinflusst. Behaarte Tiere mit eher flachem Gesicht, erkennbarer Mimik und einer aufrechten Körperhaltung werden von den meisten Menschen als sympathischer wahrgenommen (Jacobs 2009, Rolston 1987, Gunnthorsdottir 2001, Lišková und Frynta 2013, Tisdell et al. 2006). Aber selbst die Farbe des Fells beeinflusst die Wirkung; warme Farbtöne werden von vielen Menschen präferiert (Prokop und Fancovicová 2012, Stokes 2007). Darüber hinaus können natürlich auch Risikofaktoren wie Schäden an Haustieren, die unmittelbare Bedrohung von Menschen oder die Übertragung von Krankheiten die Beliebtheit beeinflussen. Es ist somit plausibel, dass Tierarten, die bei den Betrachtern negative Gefühle wie z. B. Angst auslösen, schlechter bewertet werden (Johansson und Karlsson 2011, Knight 2008, Prokop und Fancovicová 2012, Roskaft et al. 2007).

Die Bewertung von Wildtieren findet somit in einem biologischen, aber auch einem sozio-kulturellen Umfeld statt. Die Arten wirken auf uns nicht nur durch ihr Aussehen und ihr Verhalten, sie tragen, bildlich gesprochen, auch einen „sozio-kulturellen Rucksack“ mit sich herum. Gemeint ist, dass Wildtiere zum einen rein quantitativ betrachtet eine sehr unterschiedliche Präsenz in Märchen, Sagen, der Religion, Literatur, Spielfilmen, Liedern, Medien und der darstellenden Kunst erfahren, ihnen dort zum anderen aber auch ganz unterschiedliche Rollen und Charakterzüge zugewiesen werden (Bowen-Jones und Entwistle 2002, Lorimer 2007). Bemerkenswert ist, dass diese Zuschreibungen bei einigen Arten bis in die Antike zurück gehen und bisweilen große Kontinuität aufweisen, bei anderen sich aber vielfältig verändert haben und bisweilen nicht mehr eindeutig sind.

7.1.1 Wolf

Kaum eine Tierart hat in der europäischen Kulturgeschichte, aber auch in unserem Alltagsleben so viele Spuren hinterlassen wie der Wolf. Auch nach seiner Ausrottung in Mitteleuropa blieb er in Fabeln, Märchen, darstellender Kunst sowie in Personen-, Pflanzen- und Ortsnamen präsent. Viele Gehege und Zoos ermöglichen seine Besichtigung. Wer mit offenen Augen durch die Landschaft und das Leben geht, trifft auf Personen, die Wolf oder Wolfgang heißen, besucht Städte wie Wolfsburg, Wolfach oder Wolfenbüttel, bestaunt Wolfsgruben oder die Burg Wolfstein und erfreut sich an den vielen Wolfsmilchgewächsen in der Natur. Auch neben den meist als Zeugen aufgerufenen Gebrüdern Grimm machen bis heute viele Autoren, Filmemacher und Marketingexperten aus ihrer Begeisterung für das Motiv Wolf keinen Hehl. Der Wolf findet sich als Protagonist in Comics und klassischen Kindergeschichten ebenso wie im Kanon der Schullektüren, in populären amerikanischen Erzählungen und deren Verfilmungen, als Leitmotiv in Politikerreden oder den Predigttexten von Pfarrern sowie in Ratgebern von Schamanen und Unternehmensberatern. Der Wolf weist seit der Antike eine breite und durchgängige Präsenz in den verschiedensten Werken der Hoch- und Alltagskultur auf. Sie ist in ihrer Ausgestaltung so umfangreich und so ambivalent, dass hier lediglich einige „Wolfsbilder“ herausgearbeitet werden können, die in der aktuellen Debatte um die Rückkehr des Wolfes regelmäßig aufgegriffen werden.

Zum ewigen Heulen verdammt. Wolfsdarstellung vor einem Tiergehege.

Bruder Wolf: Ein Leben mit der Natur ist möglich

In der Mythologie vieler Völker tauchen Wölfe als göttliche und verehrte Lebewesen auf (Bächtold-Stäubli und Hoffmann-Krayer 2005). Insbesondere nomadisch lebenden Völkern aus der vorchristlichen Zeit wird zugesprochen, dass sie ein besonders ehrfürchtiges oder respektvolles Verhältnis zu Wölfen gehabt haben. Der Begriff „Bruder Wolf“ soll dies verdeutlichen. Häufig wird er in Verbindung zu den amerikanischen Ureinwohnern gestellt und in seiner Funktion als Totemtier präsentiert (Feest 1998). Ein Totem soll die Nähe oder die mythische Beziehung zwischen einer Gruppe von Menschen und einer bestimmten Naturerscheinung verdeutlichen. Dabei wird unterstellt, dass es zwischen den Menschen und dem Totem, also etwa

Kein scheues Tier. Jedes Jahr machen in Deutschland Menschen Bilder von weitgehend vertrauten Wölfen.

dem Wolf, Übereinstimmungen in besonderen Eigenschaften gibt (Weisheit, Mut, Mitgefühl). In welchem Umfang diese den „Naturvölkern" zugeschriebene Bedeutung des Totems historisch auch von diesen so gesehen wurde oder vor allem Hinweise auf die Deutungsmuster einer vom europäischen Denken dominierten Ethnologie gibt, ist in der Disziplin selbst seit Jahrzehnten umstritten (Lévi-Strauss 1968). Schließlich fehlen just von jenen Phasen der menschlichen Entwicklung bzw. von den Völkern, in denen es diese Beziehung von Mensch und Wolf gegeben haben soll, schriftliche Überlieferungen.

Unabhängig davon werden diese Vorbilder aber inzwischen in der westlichen Kultur rege aufgegriffen und der Wolf wird zu einem populären Totem-, Helfer- oder Krafttier gekürt. Zahlreiche Anbieter von esoterischer Literatur und einschlägigen Dienstleistungen haben hier ein Wirkungsfeld und einen Markt gefunden. Die symbolisch aufgeladenen Eigenschaften des Wolfes werden dabei i. d. R. nicht konsequent einer überseeischen Stammesreligion entnommen, sondern speisen sich auch aus diversen abendländischen Überlieferungen (Ruland 2004). Der Wolf inspiriert darüber auch Menschen, die vermutlich nie ein lebendes Exemplar in der Natur sehen werden, ihm aber durch die Vermittlung von Büchern, Amuletten, Kraftsteinen, Schamanen, Traumdeutern und diversen Kursangeboten aus dem Internet nahe sind.

Der böse Wolf: Inbegriff von Gefahr und Grausamkeit

Die etymologischen Spuren des Wortes „Wolf" führen zurück zu den indogermanischen Sprachen und dort zu Wortbedeutungen, die mit ritzen, reißen, rauben und töten verbunden werden. Der Wortstamm steht in Verbindung zur Wallküre, jener Botin Wotans, die die gefallenen Krieger nach Wallhall begleitet. Die Assoziationen mit Tod und Gewalt, die die spätere christliche Überlieferung geprägt haben, finden also bereits sehr früh einen Ursprung (Mangelsdorf 2007). Der Wolf repräsentiert somit lange vor den Grimm'schen Märchen unkontrollierte Natur und Gefahr. Ganz so wie dies auch der Staatsrechtslehrer Hobbes mit seiner berühmten Analogie „homo homini lupus" (der Mensch ist dem Menschen ein Wolf) vorgab: Der Naturzustand des Menschen ist der Krieg aller gegen alle. Der Wolf bietet dafür die passende Metapher. Wölfe stehen von Karl dem Großen bis hin zu Napoleon für das, was es in uns und außerhalb von uns zu bekämpfen gilt (Mangelsdorf 2007). Im Handwörterbuch des deutschen Aberglaubens wird dementsprechend das Wesen des Wolfs als wild, mordlustig und grausam bezeichnet (Bächtold-Stäubli und Hoffmann-Krayer 2005). Es ist ein Bild, das bis heute für die verschiedensten Zielgruppen aufgegriffen wird. Das Spektrum reicht vom Kinderfilm, wie den „Drei kleinen Schweinchen", über Harry Potter bis zum Horrorgenre („American Werwolf").

Es ist plausibel, dass das Bild vom grausamen Wolf nicht am Leben gehalten wurde, um bei der Abendlektüre kleinen Kindern ein wohliges Gruseln zu ermöglichen. Wolfsbildern kommt nicht nur im Werk von Thomas Hobbes – in dem es hilft, einen starken Staat zu begründen – eine soziale und oftmals auch politische Funktion zu. Wolfsbilder erlauben es, Menschen und Institutionen besser einzuordnen: Je grausamer der Wolf, desto größer der Schrecken, der von jenen ausgeht, die in seiner Tradition stehen. Je grausamer der Wolf, desto größer aber auch der Ruhm für jene, die ihn überwinden.

Im ersten Fall eifern Menschen dem Wolf und seinen Eigenschaften nach. Sie wollen so wahrgenommen werden wie der Wolf. Dafür transportieren sie Vorstellungen vom einsamen (männlichen) Wolf, der von Aggression, Durchsetzungskraft, Unberechenbarkeit und Freiheitsstreben getrieben ist, sich aber auch als starker Anführer seines Rudels erweist. Damit sind Wolfsbilder angesprochen, in deren Tradition sich Repräsentanten des Dritten Reiches stellten, als sie sich wie Hitler (Codename Wolf) in eine „Wolfsschanze" zurückzogen, um „Wolfsrudel" bzw. „Werwölfe" – gemeint waren U-Boote bzw. Partisanentrupps – gegen den Feind zu schicken.

Im zweiten Fall dient der Wolf aber auch dazu, dass sich Personen und Institutionen öffentlich inszenieren und profilieren, indem sie den Wolf in die Schranken verweisen und damit den Schwachen und Schutzlosen beistehen. Es ist ein uralter Topos, der seine Wirkmächtigkeit bis heute daraus bezieht, dass er an das vertraute Bild vom guten Hirten anknüpft. Der hütet seine Schafe nicht nur, sondern bekämpft auch deren Bedrohung durch das Raubtier (vgl. 23. Psaml, Matth. 7,15). Das Versprechen von Jesus Christus, für seine Schafe einzustehen, wurde regelmäßig von Vertretern staatlicher Macht aufgegriffen. So ist es beim Jäger, dem Großmutter und Rotkäppchen ihr Leben verdanken, aber auch den vielen Fürsten, die über Jahrhunderte hinweg in groß angelegten Wolfsjagden ihre Fürsorge für das Land demonstrierten. Das Bekämpfen des „bösen Wolfes" ist ein Topos, den heute Historiker, Psychologen und Genderforschung ähnlich deuten. Es dient der Legitimation und Inszenierung staatlicher Institutionen und männlicher Dominanz. Es wäre mehr als überraschend, wenn zeitgenössische Lobbyisten und Politiker auf dieses Motiv verzichten würden.

Die Urmutter: Wölfinnen als Quelle großer Taten und neuer Erfahrungen

Wie keine andere Art hat der Wolf bzw. seine Rezeption in Literatur und Film auch die Debatte um Geschlechterzuschreibungen und Geschlechterrollen angeregt. Viele traditionelle Wolfsbilder umfassen mütterliche Eigenschaften. Insbesondere die aus vorchristlicher Zeit stammende Gründungslegende Roms weist darauf hin. Fürsorge und Aufopferungsbereitschaft einer Wölfin schenkten demnach Remus und Romulus ihr Leben und führten zu einer bis heute andauernden Verehrung dieser Eigenschaften in Form einer Wölfin (Okamara und Langwald 2002). Eine ähnliche Überlieferung aus Indien griff Kipling 1894 für sein Dschungelbuch auf, es wurde durch den gleichnamigen Film aus den Disney Studios weltweit bekannt. Aber auch Dschingis Khan führte der Legende nach seine Herkunft auf eine säugende Wölfin zurück (Zimen 1990). Große Männer, Städtegründer und Kriegsherren leiten ihre herausgehobenen Eigenschaften von einer Kindheit ab, die von mütterlicher Fürsorge einerseits, aber eben auch der Abstammung von einem wilden Tier begleitet war. Ihre moderne Entsprechung finden diese Legenden in Deutungen, wie sie etwa die Autorin Clarissa Pinkola Estes (1997) in ihrem feministischen Klassiker „Die Wolfsfrau" vorstellt. Sie geht davon aus, dass „eine Frau nur stark, gesund, kreativ und glücklich sein kann,

Ein seltener Anblick. Wolfsdarstellung als Familie.

wenn sie zu den Wurzeln ihrer instinktiven Natur zurückfindet und zur ‚Wolfsfrau', der wilden, ungezähmten Urfrau in ihr" wird.

Parallel zu diesen esoterischen Auseinandersetzungen mit dem Wolfsmotiv haben sich aber auch sozial- und geisteswissenschaftliche Disziplinen unter dem Forschungsschwerpunkt „Human-Animal-Studies" gefunden, um die Mensch-Tier-Verbindung zu erkunden. Die Beziehung von Menschen und Wölfen stellt einen Interessenschwerpunkt dar. Am Beispiel Wolf werden feministische und emanzipatorische Forschungsperspektiven entwickelt, die den „Wolf als Indikator für das Verhältnis des Menschen zur (wilden) Natur schlechthin" heranziehen (Mangelsdorf 2007).

Hybridwesen Wolf: Wanderer zwischen den Welten

Blickt man auf die drei bislang präsentierten Wolfsbilder zurück, wird deutlich: Wölfe stehen in vielerlei Hinsicht für Grenzüberschreitungen. Sie stellen vor allem die Eindeutigkeit von Natur-Kultur-Gegensätzen in Frage (Mangelsdorf 2007). Sie tun dies entweder als Mensch-Tier-Gestalten oder als Begleitung des Menschen.

Im ersten Fall tragen Menschen diesen Zwiespalt in sich und werden regelrecht zu Zwitterwesen. Dies gilt für den von Hermann Hesse im Steppenwolf beschriebenen Einzelgänger Harry Haller ebenso, wie für das vielfach abgewandelte Motiv des Werwolfes (Mann-Wolf). Menschen erleben als Werwölfe eine Transformation von der zivilisierten Menschengestalt zur wilden Bestie (Lykanthropie). Was im Vorbild der griechischen Sage noch als Gottesstrafe für ein Verbrechen verhängt wurde, die Verwandlung eines Menschen in einen Wolf, wurde in der Neuzeit zunehmend als Werk von Hexen und Teufeln gedeutet. Die Angst vor dem Werwolf erreichte vom 16. bis 18. Jahrhundert ihren Höhepunkt (König 2010). Zunehmend wurden demnach Wolf und Werwolf gleichgesetzt. Die Gestalt des realen Tieres und die Vorstellungen von einem menschenfressenden Wesen verschmolzen miteinander. Viele Historiker gehen heute davon aus, dass die entstehende Hysterie, die sich in Hexenverbrennungen ebenso wie in großangelegten Wolfsjagden niederschlug, nicht nur vom

Abb. 7-2 Assoziationen von Einheimischen und Besuchern der Nationalparkregion Bayerischer Wald mit dem Wolf (Kuppe und Schraml 2012, 1000 Befragte; TFG steht für das Tierfreigelände des Nationalparks, in dem viele Befragte die großen Beutegreifer gesehen haben und sich daran positiv erinnern).

Aberglauben der einfachen Leute getragen war. Die gesellschaftlichen Umbrüche dieser Zeit, Seuchen und Missernten verunsicherten die Menschen und forderten staatliche wie kirchliche Institutionen heraus. Die Dämonisierung des Wolfes war demnach auch politisch motiviert, half sie dem Adel und der Kirche doch Erklärungen für an sich unerklärliches Leid zu liefern und sich selbst in der Rolle des Wächters und Retters zu präsentieren (Rheinheimer 1995, Zipes 1985).

Dem Gestaltwandel eines einzelnen Menschen zum Werwolf steht mit der Domestikation des Wolfes eine andere, umfassende Transformation zur Seite: Die Haustierwerdung des Wolfes. Eine lange gemeinsame Entwicklung mit dem Wolf bescherte den Menschen eines der populärsten und – landläufiger Überzeugung zufolge – treusten Haustiere, den Hund. Die Überlegungen, dass die Haustierwerdung nicht nur in eine Richtung verlaufen kann, hat viele Autoren und Filmemacher beschäftigt. Wölfe und Menschen, die den Wölfen verbunden sind, werden im wahrsten Sinne des Wortes zu Wanderern zwischen den Welten. Sie ringen um ihre Rolle zwischen Kultur und Natur. Das ist ein Motiv, das nicht nur in den bekannten Geschichten Jack Londons zum Tragen kommt, sondern vielfach beschrieben und verfilmt wurde (Ruf der Wildnis, Wolfsblut, Der mit dem Wolf tanzt).

Inzwischen knüpfen zahlreiche Anbieter von Bildungsangeboten, Führungskräfteschulungen und Selbstfindungskursen an diese Vorstellungen an und holen gestresste Städter zum Zweck des Perspektivwechsels auf Wolfspfaden zurück in die Natur (Fuhr 2016, S. 177 ff.). Dass die Lockwirkung des sprichwörtlichen Rufs der Wildnis, den die Wölfe transportieren, inzwischen auch zum Marketinginstrument avanciert ist, ist vor dem Hintergrund eines vitalen und omnipräsenten Wildnismotivs Wolf wenig verwunderlich. Die Spur des Wolfes führt heute über die Outdoor-Kleidung mit Wolfsemblem aus der Großstadt direkt hinaus in den Wald (Abb. 7-2).

7.1.2 Luchs

Luchse haben Dank Stummelschwanz, Pinselohren und Fleckenmuster auch für Laien einen hohen Wiedererkennungswert. In Befragungen

Charakterart. Alleinstellungsmerkmale des Luchses, erklärt im Tierfreigelände des Nationalparks Bayerischer Wald.

wird deutlich, dass das Bild, das sich Menschen vom Luchs machen, sehr stark von diesem Habitus geprägt ist. Der Luchs gilt den meisten Menschen als schön. Außerdem wird er regelmäßig über seinen sprichwörtlich guten Gesichtssinn und seine Klugheit beschrieben (Kuppe und Schraml 2012). Ein alter Aberglauben besagt, dass seine Augen geeignet seien, um mit ihnen sogar durch Wände zu sehen. Gängige Redewendungen zielen auf diese Eigenschaften ab, wenn über eine Person gesagt wird, sie habe Augen oder Ohren wie ein Luchs, würde aufpassen wie ein Luchs oder könne jemandem etwas abluchsen (Bächtold-Stäubli und Hoffmann-Krayer 2005, Röhrich 2000).

Im Gegensatz zu Wolf oder Bär weisen die einschlägigen Archive und Sammlungen in Mitteleuropa aber nur wenige Märchen, Lieder oder Mythen aus, in denen Luchsen eine prominente Rolle zukäme (Wallner 1998). In der christlichen Ikonographie wird er zwar bisweilen dem Reich des Teufels zugeordnet, in manchen Werken gar als Bastard zwischen Wolf und Fuchs beschrieben oder ihm Grausamkeit gegenüber anderen Tieren unterstellt (Bächtold-Stäubli 2006, Kobell 1859). Eine breite Resonanz finden diese Beispiele aber in der Gegenwart nicht. Im Vergleich zu anderen Arten schreiben auch heute nur wenige (Drehbuch-)Autoren Geschichten, in denen Luchse eine prominente Rolle spielen. Insofern fehlen dem Luchs also jene weithin geteilten Zuschreibungen, wie sie andere Arten charakterisieren.

In den letzten Jahren führten jedoch öffentliche Diskussionen um die Rückkehr des Luchses zu einer gewissen Präsenz in den Medien der jeweiligen Regionen. Insofern waren es vor allem die Themen natürliche Zuwanderung, Wiederansiedelung, Ausbrüche aus Gehegen oder

Abb. 7-3 Assoziationen von Einheimischen und Besuchern der Nationalparkregion Bayerischer Wald mit dem Luchs (Kuppe und Schraml 2012, 1000 Befragte; TFG steht für das Tierfreigelände des Nationalparks, in dem viele Befragte die großen Beutegreifer gesehen haben und sich daran positiv erinnern).

illegale Tötungen, die in mehreren Mittelgebirgen oder den Alpen die öffentliche Debatte bestimmten. Das Fehlen negativer Stereotype aus der Kulturgeschichte bietet das große Potenzial, dass Luchse Zuschreibungen erfahren, die auf aktuellen Erkenntnissen der Wissenschaft und des Monitorings beruhen (Abb. 7-3).

7.1.3 Braunbär

Braunbären sind auch für Laien gut zu erkennen. Sie entsprechen in vielen Merkmalen dem sogenannten Kindchenschema und werden, vor allem da sie häufig mit einem aufrechten Gang dargestellt werden, als menschenähnlich erlebt. Dies findet seine Grundlage in vielen Mythen, in denen die Menschenähnlichkeit der Art thematisiert und auf eine Abstammung von Menschen geschlossen wird (Ranke und Brednich 1977/2015). Aus prähistorischer Zeit sind viele Darstellungen überliefert, die auch im Sinne einer Verehrung als Totemtier gedeutet werden. In der griechischen Mythologie wird der Bär in Zusammenhang mit Artemis, der Göttin der Jagd und des Waldes, gestellt. In den christlichen Legenden mehrerer Heiliger (Korbinian, Gallus) wird am Beispiel des Bären die Macht des christlichen Glaubens über die Natur demonstriert. Der (wilde) Bär wird jeweils in seine Schranken verwiesen und übernimmt eine dienende Rolle für den Kirchenmann.

In ganz Mitteleuropa finden sich somit bis in die Gegenwart vielfältige Bärenmotive, die sich in einem reichen Fundus an Kunstwerken ebenso ausdrücken wie in gelebtem Brauchtum wie den Fasnachtsmasken, die Bärenköpfen nachempfunden sind (Treff et al. 1995).

Dass Bären so einfach der menschlichen Gestalt nachgebildet werden können, ist ein Grund dafür, dass diese Tiere auch als Spielzeug und Süßigkeit besondere Beachtung finden und vielen Menschen als „Teddy-“ oder „Gummibär“ von Kindesbeinen an vertraut sind. Neben seiner Präsenz in Kinderzimmern kommt der Braunbär aber auch in Märchen und Sagen prominent vor. Hier wird „Meister Petz“ meist als stark und gutmütig dargestellt. Aufgrund seiner liebenswerten Eigenschaften verkörpert er in den Geschichten oft das Opfer seines gerissenen Begleiters des Fuchses (Röhrich 2000). Geläufige Redensarten, die darauf Bezug nehmen, sind Vergleiche wie „ein Kerl wie ein Bär“, „tollpatschig wie ein Bär“ oder „jemandem einen Bären aufbinden“. Diese Charakterzuschreibungen erklären auch die regelmäßige Verwendung in der politischen und wirtschaftlichen Kommunikation. Der Bär wird, wie im Falle Russlands, als Nationalallegorie verwandt, aber auch von vielen Städten und Regionen als traditionelles Wappentier und moderner Sympathieträger eingesetzt (vgl. die „Berner Bären“, das Wappen von St Gallen, den „Berliner Bären“ oder den bei der Berlinale als Preis verliehenen „Goldenen Bären“).

So nah und doch so fern – ein Braunbär hinter Gittern.

Auch in der zeitgenössischen Literatur, in Filmen und der Werbung ist der Braunbär als Protagonist regelmäßig präsent. Hierzu zählen Baloo der Bär aus dem Dschungelbuch, Pu der Bär (Winnie the Pooh), der Bär aus Janoschs Geschichten, Disneys „die Bärenbrüder“. Bärenmarke und Haribo nutzen den Bären mit seinen zugesprochenen (positiven) Eigenschaften für ihre Marketingstrategie (Treff et al. 1995).

Eine besondere umweltpolitische Dimension erhielt das Bärenbild in Deutschland vor allem über den „Problembären“ Bruno und dessen Abschuss im Jahr 2006. Die Verballhornung einer unglücklichen Äußerung eines bayerischen Politikers erreichte eine umfassende Rezeption in di-

Abb. 7-4 Assoziationen von Einheimischen und Besuchern der Nationalparkregion Bayerischer Wald mit dem Braunbär (Kuppe und Schraml 2012, 1000 Befragte; TFG steht für das Tierfreigelände des Nationalparks, in dem viele Befragte die großen Beutegreifer gesehen haben und sich daran positiv erinnern).

versen Medien und letztlich Kultstatus. In aktuellen Befragungen in Deutschland wird deutlich, dass „Bruno" zum Synonym für Braunbär geworden ist (Kuppe und Schraml 2012 und Abb. 7-4).

7.2 Einstellungen gegenüber großen Beutegreifern

Wildtiere erfahren Zuneigung und Ablehnung. Werden bewertende Reaktionen auf Wildtiere systematisch erfasst, spricht man in der Sozial-Psychologie von Einstellungen. Sie können sich in Glaubenssätzen ebenso ausdrücken („wo der Wolf jagt, wächst der Wald"), wie in Gefühlen (Angst vor der Begegnung mit dem Wolf) oder bestimmten Verhaltensweisen (Spendenbereitschaft, Abschuss). Wissenschaftliche Untersuchungen haben daher mehrere methodische Ansatzpunkte, um die Bewertung von großen Beutegreifern zu erfassen und zu erklären.

7.2.1 Unterschiede in der Bewertung

Wer im deutschsprachigen Raum Befragungen zu Wolf, Luchs und Bär durchführt, wird immer wieder auf ähnliche Befunde stoßen: Eine Mehrheit der Befragten lässt gegenüber den großen Beutegreifern positive Reaktionen erkennen (Hunziker et al. 2001, Kuppe und Schraml 2012). Die Bewertung lässt sich zwar differenziert zwischen den Arten und nach verschiedenen Kriterien darstellen (vgl. Abb. 7-5), aber im Wesentlichen ist festzuhalten, dass Befragungen ein überwiegend positives Bild der Interviewpartner von den Tierarten zeigen. Einige andere Arten, vor allem Vögel, sind den Befragten zwar nochmals sympathischer oder werden weniger problematisiert, aber dennoch gilt vor allem Deutschland im internationalen Vergleich als „Spitzenreiter in Sachen Wolfsakzeptanz". Zumindest war dies einer entsprechenden Übersicht europäischer Studien zufolge vor rund 10 Jahren so (Kaczensky 2006): Damals wählten die in Deutschland in mehreren Regionen befragten Menschen auf einer fünfstufigen Skala im Durchschnitt meist die Antwortkategorien „neutral" und „positiv" (Mittelwert von 3,5 bzw. 3,8), während in Studien in Frankreich und Österreich öfter „neutrale" Bewertungen (Mittelwerte von 3,2 bzw. 3,1) abgegeben wurden. In Kroatien wurde demnach häufiger die Antwortmöglichkeit „negativ" (Mittelwerte von 2,3 bis 2,8) genutzt.

Einstellung oder Akzeptanz – nur ein Begriff?

Umgangssprachlich werden die Begriffe Einstellung und Akzeptanz oftmals synonym verwandt. Dies ist für den wissenschaftlichen Gebrauch wenig überzeugend, schließlich weist Akzeptanz ausschließlich auf positive Bewertungen hin, im Sinne von Zustimmung oder Befürwortung. Der Akzeptanz eines Objektes wird daher bisweilen in wissenschaftlichen Studien die Aversion gegenübergestellt, ggf. ergänzt um einen Bereich von indifferenten Haltungen (Beckmann 2003, Sieberath 2007).

Die Karriere des Akzeptanzbegriffes setzt erst in den 1980er-Jahren ein, vorher war er selbst dem Brockhaus unbekannt (Lucke 1995). Seither bedienen sich insbesondere die Technikfolgenabschätzung sowie die angewandte Naturschutzforschung des Begriffes (Renn 1986, Gloede 1988, Stoll 1999). Den Grund für die gestiegene Popularität von Akzeptanzstudien sehen Soziologen in einem Legitimationsdefizit, dem sich Unternehmen, Verwaltungen oder politische Entscheidungsträger zunehmend ausgesetzt sehen. Die Berufung auf die wissenschaftlich ermittelte „Akzeptanz in der Bevölkerung" soll diese Defizite heilen. Fehlende Mitwirkungsmöglichkeiten können demnach formelhaft durch Mehrheiten in Befragungen ersetzt werden (Lucke und Hasse 1998).

Will man in Untersuchungen über die Bewertung von Wildtieren sowohl konzeptionelle Klimmzüge (Akzeptanz-Indifferenz-Aversion) vermeiden wie auch verhindern, dass bei den Befragten der Eindruck entsteht, die positive Bewertung eines Wildtiers sei der angenommene Normalfall und alles andere deute auf abweichendes Verhalten hin, macht es Sinn, mit dem Einstellungsbegriff zu arbeiten. Mit Einstellungen bezeichnet man in der Sozialpsychologie die Neigung einer Person, in charakteristischer Weise auf Objekte, andere Menschen oder Situationen mit einer Bewertung zu reagieren (Vaske 2008).

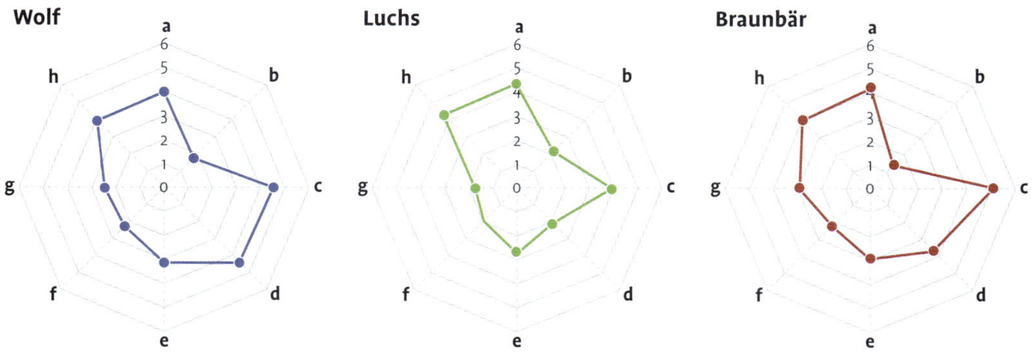

Skala 0–6: Zustimmung gering bis hoch

- **a** Sympathiewert
- **b** Vorkommen in der NLP-Region
- **c** Bestandsbedrohung in der NLP-Region
- **d** Vorkommen in Märchen
- **e** Vorkommen in modernen Medien
- **f** Schadensverursachung
- **g** Gefahr für Menschen
- **h** Wirkung auf die Region

Abb. 7-5 Bewertung großer Beutegreifer (Wolf, Luchs, Braunbär) nach verschiedenen Kriterien im Vergleich (Skala 0 – 6: gering bis hoch) (verändert nach Kuppe und Schraml 2012, Befragung von 1000 Anwohnern und Besuchern der Nationalparkregion Bayerischer Wald).

7.2.2 Faktoren der Bewertung

Freilich zeigen die Studien auch, wie wenig relevant Durchschnittswerte auf nationaler Ebene für Managemententscheidungen sind. Viele Autoren weisen darauf hin, wie stark Einstellungen zu großen Beutegreifern in der Gesellschaft streuen. Man stößt regelmäßig auf die gleichen Faktoren: Die drei Tierarten werden vor allem dann kritisch wahrgenommen, wenn die Befragten eher älter sind, weiblich und einen geringeren Bildungsstand haben (Kellert 1985, Bath 1989, Bjerke et al. 1998, Hunziker et al. 2001, Williams et al. 2002, Naughton-Treves et al. 2003, Kleiven et al. 2004). Auch Religiosität spielt demzufolge eine Rolle. In Deutschland wurde gezeigt, dass 48 % der Nicht-Religiösen eine Ausbreitung des Wolfes gut finden, aber nur 41 % der Religiösen. Unter den Katholiken ist die Skepsis etwas größer als unter den Protestanten (BfN 2016).

Vor allem aber dokumentieren viele Autoren räumliche Unterschiede der Bewertungen. Studien aus Skandinavien, der Schweiz oder Deutschland kommen alle zum gleichen Ergebnis: Die Bewertung von Wölfen wird mit zunehmender Entfernung zu den Wolfsterritorien positiver (Karlsson und Sjölström 2007, Ericsson und Heberlein 2003, Zimmermann et al. 2001, Hunziker et al. 2001), sie fällt in Regionen ohne Wolf positiver aus als in Regionen mit Wolf. In Städten ist sie positiver als im ländlichen Raum (Hunziker et al. 2001, Kaczensky 2006). Erklärt wird dieses räumliche Muster mit drei Annahmen: Erstens gehen Wissenschaftler davon aus, dass regionale Erfahrungen das Wolfsbild des einzelnen Bewohners trüben, unabhängig davon, ob diese persönlich gemacht wurden oder über die Presse, Erzählungen usw. verbreitet werden. Erfahrungsgemäß ist der Tiefpunkt der Bewertung häufig zum Beginn

Die Gesellschaft will den Wolf! Welchen Wert haben Befragungen über große Beutegreifer?

Mit der Frage „Freuen Sie sich über die Rückkehr des Wolfs nach Deutschland?“ beauftrage 2014 eine Naturschutzorganisation eine repräsentative Befragung. Erzielt wurde damit eine zwei Drittel Zustimmung für den Wolf in der deutschen Bevölkerung. In der zugehörigen Pressemitteilung war zu lesen: „Über 70 Prozent der Deutschen freuen sich über Wolfs-Rückkehr“ (WWF 2014). Die etwa zur gleichen Zeit durchgeführte Naturbewusstseinsstudie des deutschen Bundesamtes für Naturschutz (BfN) erzielt bei der Frage nach dem Wolf dahingegen sehr differenzierte Reaktionen. Die Bundesbehörde kommt zu dem Ergebnis: „Der Wolf polarisiert“ (BMUB 2014, S. 32). Das BfN hatte nicht allgemein nach der Rückkehr fragen lassen, sondern: „Wie finden Sie es, wenn sich folgende Tiere in Deutschland verbreiten?“ Dass sich der Wolf in Deutschland verbreitet, stieß nur bei 44 % der Befragten auf Zustimmung. Ein deutlich schlechterer Wert also im Vergleich zur Studie des WWF, schlechter auch im Vergleich zum Luchs, dessen Verbreitung von 64 % der Befragten begrüßt worden war.

Der offensichtliche Grund für die Abweichung zwischen den Befragungen ist methodischer Natur. Die Menschen reagieren bei Befragungen zu Themen, die mit ihrem täglichen Leben nichts zu tun haben, bereits auf kleine Veränderungen in den Fragen, die ihnen vorgelegt werden (Rückkehr vs. Verbreitung). Insofern ist es nicht verwunderlich, wenn das grundsätzliche Willkommen für den Wolf in Deutschland positiver ausfällt als die Perspektive bei einer Verbreitung des Wolfes im Land persönlich betroffen zu sein.

Befragungen zu Themen ohne alltagsweltliche Relevanz für die Interviewpartner haben generell geringe Chancen, valide Ergebnisse zu liefern. Viele Befragte äußern sich dann unentschieden oder folgen Tendenzen sozialer Erwünschtheit (BfN 2016). Für das Management von Wildtieren sind „Akzeptanz-Studien“ mit allgemeinen Fragen zu großen Beutegreifern, die keinen lokalen Bezug haben, unbrauchbar (Decker et al. 2012).

einer Neubesiedlung festzustellen, wenn das mediale Interesse besonders hoch ist. Zweitens ist aber auch anzunehmen, dass innerhalb des Stadt-Land-Kontinuums weiterhin unterschiedliche Werthaltungen vorzufinden sind, die sich auf die Bewertung von großen Beutegreifern auswirken. Drittens zeichnen viele Befragungen in Gebieten ohne Wolf offensichtlich auch, methodisch bedingt, ein zu positives Bild (vgl. den Kasten „Die Gesellschaft will den Wolf").

7.2.3 Werte und Einstellungen

Viele Einzelergebnisse weisen auf einen Faktor hin, der sowohl erklärungskräftig als auch von hoher Relevanz für das Management ist. Offensichtlich haben vor allem generelle Wertorientierungen gegenüber Natur und Tieren großen Einfluss auf die Einstellung gegenüber diesen Arten und ihrer Rückkehr (Vaske und Manfredo 2012).

In aktuellen Untersuchungen wird daher häufig neben der sozialen Lage die Grundorientierung der Menschen als Merkmal für eine Einordnung in Teilgruppen herangezogen und erst dann mit den Einstellungen zu Wildtieren in Verbindung gesetzt. So gehen in die sogenannten SINUS-Milieus grundlegende Wertorientierungen ebenso ein wie Alltagseinstellungen zu Arbeit, Familie, Freizeit, Medien, Bildung, Geld und Konsum. „Milieus" fassen also Menschen, die sich in ihrer Lebensauffassung und Lebensweise ähneln, unter einem griffigen Motto zusammen. Nutzt man diese Perspektive, so wird deutlich, dass vor allem das traditionelle (14 % der Bevölkerung) und das prekäre Milieu (9 %) überdurchschnittlich viele Skeptiker beinhalten, während das sozialökologische (7 %) und das liberal-intellektuelle Milieu (7 %) sowie die sogenannten Expeditiven (7 %) etwa der zunehmenden Verbreitung von Wölfen positiv gegenüberstehen (BMUB 2014, BfN 2016). Damit bestätigt auch dieser differenzierte Ansatz vor allem den Befund, dass eine positive Sicht auf den Wolf eher mit größerem Einkommen, höherem formalem Bildungsgrad, gehobener beruflicher Stellung sowie einer im soziokulturellen Sinne modernen Grundorientierung verbunden ist, und umgekehrt.

Werthaltungen gegenüber Wildtieren

Werte liefern die grundlegenden Orientierungen für eine Bewertung von Wildtieren. Dabei werden in einem groben Raster häufig Orientierungen, die Menschen grundsätzlich in einer überlegenen Rolle sehen, solchen Haltungen gegenübergestellt, die auf eine Gleichwertigkeit von Mensch und Wildtier abheben (Vaske und Manfredo 2012). Kellert (1980) hat die Maßstäbe, nach denen Wildtiere bewertet werden, in insgesamt neun Bereiche unterteilt und entsprechende Skalen zu deren Messung vorgeschlagen. Damit legte er die Grundlage für einen Vergleich verschiedener Gruppen und Regionen. Für Deutschland konnte damit gezeigt werden, dass im internationalen Vergleich moralistische, aber auch humanistische Werthaltungen besonders wichtig sind, während z. B. utilitaristische Haltungen wenig bedeutsam erscheinen (Schulz 1985, Kellert 1993). Das heißt, dass hierzulande einerseits jene Orientierungen besonders relevant sind, die auf einen ethisch angemessenen Umgang mit Wildtieren abzielen, sowie andererseits Werthaltungen, die von einer großen Identifikation mit Tieren getragen sind, die als ästhetisch besonders ansprechend empfunden werden. Die materielle Bedeutung bzw. der physische Nutzen von Tieren spielt in Deutschland – im Durchschnitt der Bevölkerung – für deren Bewertung eine untergeordnete Rolle. Die Menschen zeigen hier vielmehr eine ausgeprägte Bereitschaft, Tieren bestimmte Rechte zuzugestehen, auch wenn dies zu Lasten menschlicher Nutzungsmöglichkeiten geht (Köhler 2005, Bethmann und Schraml 2017).

7.2.4 Persönliche Betroffenheit

Aus vielen Untersuchungen lässt sich auf einen flüchtigen Blick hin ableiten, dass Menschen, deren räumliche und wirtschaftliche Betroffenheit besonders hoch ist, grundsätzlich ablehnend auf große Beutegreifer reagieren (Llewellyn 1978, Bath 1989, Karlsson und Sjöström 2007, Williams et al. 2002). Gemeinhin wird dies für Landwirte und Jäger so angenommen und rückt sie in den Mittelpunkt des

Interesses (Ericsson und Heberlein 2003, Zeiler et al. 1999, Naughton-Treves et al 2003, Ericsson et al. 2004, Karlsson und Sjöström 2007, Bisi et al. 2010). Tatsächlich gibt es aber keine guten Begründungen dafür, dass in erster Linie der Mehraufwand zum Schutz von Tieren bzw. schlichte Konkurrenz um Beutetiere die Bewertung von Bär, Wolf oder Luchs durch Landwirte und Jäger beeinflusst. Kellert (1985) zeigt dies am Beispiel des Wolfs auf: Menschen aus Alaska sind dem Wolf gegenüber positiver eingestellt als viele Vergleichsgruppen ohne ähnliche Betroffenheit. Gerade mit Blick auf die Jäger ergibt sich hier ein buntes Bild. Neben der in manchen Verbandspapieren dokumentierten Ablehnung großer Beutegreifer gibt es viele Jäger, die diese Arten positiver bewerten als Menschen, die nicht zur Jagd gehen (Bjerke et al. 1998, Williams et al. 2002, Ericsson und Heberlein 2003, Kaczensky et al. 2004, Bath et al. 2008).

Von der Betroffenheit allein lässt sich somit nicht grundsätzlich auf negative Haltungen gegenüber großen Beutegreifern schließen. Die vorliegenden Studien verdeutlichen vielmehr auch bei Jägern und Landwirten den engen Zusammenhang zwischen den Wertorientierungen von Protagonisten und Skeptikern mit deren jeweiliger Einstellung zu großen Beutegreifern. Kaltenborn und Bjerke (2002) beschreiben es so: Menschen, die großen Beutegreifern eher kritisch gegenüberstehen, zeigen auch ein hohes Sicherheitsbedürfnis für sich selbst und die Familie sowie großen Respekt für die Leistung früherer Generationen und deren Tradition. Außerdem sehen sie sich angewiesen auf den eigenen wirtschaftlichen Erfolg. Menschen, die positive Einstellungen zu Beutegreifern zeigen, werden eher durch ökozentrische Wertorientierungen charakterisiert, aber auch durch Werte, die mit Neugierde, Exaltiertheit und Freude an der Vielfalt in der Lebensführung beschrieben werden. Neben den trennenden gibt es aber auch einige Wertorientierungen, die beide Gruppen gleichermaßen teilen. Dabei geht es um Werte, die eine grundsätzlich positive Einstellung zu Natur und deren Bedeutung für den Menschen erwarten lassen. Dies kann eine tragfähige Basis für einen Dialog sein.

7.3 Große Beutegreifer als Symbol

Die Debatte um große Beutegreifer ist nur vor ihrem gesellschaftlichen Hintergrund verständlich zu machen. Wildtiere dienen als Projektionsfläche diverser Erwartungen und Befürchtungen, sowohl auf individueller Ebene als auch in den öffentlichen Debatten. Vor allem Arten wie der Wolf, die einen vollgepackten sozio-kulturellen Rucksack mit sich tragen, liefern höchst unterschiedliche, aber wirkmächtige Bilder und Symbole (vgl. Abschnitt 7.1.1). Erst die

Die Zoologisierung der Politik

Wildtiere sind nicht nur biologische Wesen, in vielen Fällen sind sie auch wirkmächtige Symbole, die für die menschliche Entwicklung und Kommunikation von Bedeutung sind (Kellert 2002, Euchner 2001). In Fabeln, Märchen und Legenden übernehmen Wildtiere diese Funktion und transportieren generationsübergreifend Botschaften. In vielen Fällen charakterisieren sie Eigenschaften von Menschen, bisweilen aber auch den Politikbetrieb (vgl. Georg Orwells Animal Farm).
In der politischen Kommunikation werden Tiere vielfach als „Flaggschiffarten" genutzt, um auf Umweltprobleme zu verweisen, etwa den Klimawandel (Eisbär), Tropenwaldzerstörung (Orang-Utan) oder Meeresverschmutzung (Robbe). Wolf und Luchs werden gewöhnlich präsentiert, um den wilden Charakter einer Landschaft, eines Schutzgebietes oder eines Produktes zu unterstreichen. Sie gelten aber auch als Ausdruck eines „ökologischen Gleichgewichts" (BfN 2016).
Die Verständlichkeit dieser Symbole beruht auf geteilten Erfahrungen, Kenntnissen und kulturgeschichtlichen Gemeinsamkeiten. In der Praxis ist die vermittelte Botschaft aber nicht in allen Fällen eindeutig, verschiedene Interessengruppen legen das Symbol Wildtier regelmäßig unterschiedlich aus (multi-vocality von Tierarten).
Wenn das gemeinsame Verständnis von Symbolen aber fehlt, liegt darin eine Ursache missglückter Kommunikation und der Ausgangspunkt von Konflikten.

dadurch angestoßenen Gefühlswelten schaffen, gemeinsam mit der bereits traditionell gestörten Kommunikation zwischen Landwirten, Jägern und Naturschutzakteuren, den Nährboden für ganz unterschiedliche Bewertungen von großen Beutegreifern und heftigen Konflikten über den Umgang mit ihnen (Wallner und Hunziker 2001).

Vor allem in den jüngeren Studien, die sich mit Wildtierkonflikten befassen, rücken daher zunehmend die Kommunikation zwischen den Konfliktparteien sowie deren politischer Kontext in den Mittelpunkt (Lüchtrath 2011, von Essen et al. 2015). Gerade den großen Beutegreifern wird in den gesellschaftlichen Debatten um Natur, Wildnis und ländlichen Raum eine symbolische Funktion zugewiesen. Sie hat offensichtlich eine hohe Erklärungskraft für die Dynamik, die diese Debatten aufnehmen. Insofern wird im Folgenden zunächst dem weiteren sozio-politischen Umfeld Augenmerk zu schenken sein, bevor dann nochmals die Bewertung großer Beutegreifer durch Landwirte und Jäger detaillierter zur Sprache kommt.

7.3.1 Land im Umbruch

Zu den Merkmalen der modernen Gesellschaft gehört, dass nur mehr wenige Menschen auf die Bewirtschaftung von Natur angewiesen sind, um ihren Lebensunterhalt zu bestreiten. Allein zwischen den Jahren 2000 und 2009 ging in der EU die Beschäftigung in der Landwirtschaft um 25 % zurück. In Deutschland waren es 22 % und in Österreich immerhin 14 % (Eurostat 2010). 2015 waren in der EU-28 noch 10 Millionen Menschen in der Landwirtschaft beschäftigt, das sind 4,4 % aller Beschäftigten; in Deutschland sind es z. B. nur noch 1,4 % (Eurostat 2017). Landwirte stellen somit in den meisten europäischen Ländern eine Minderheit dar und fühlen sich in vielen Fällen auch so. Ihre Wochenarbeitszeit ist hoch, viele Entscheidungen sind durch agrarpolitische Maßnahmen der Europäischen Union vorbestimmt, das Einkommen aus der Landnutzung ist in vielen Fällen gering und der wirtschaftliche Selektionsprozess hält an. Neben diesen Alltagserfahrungen haben aber insbesondere die öffentlichen Debatten um Landschaftsveränderung (Stichwort „Vermaisung“), das Tierwohl oder den Einsatz von Pflanzenschutzmitteln zu einer Polarisierung geführt. Empirische Studien machen bereits seit Jahren deutlich, dass die Wirtschaftsweise von Landwirten, z. T. aber auch die Tätigkeit von Waldbesitzern oder Jägern auf breite gesellschaftliche Kritik stößt (BMUB 2016, Botsch et al. 2014, Wippermann und Wippermann 2010, Zander et al. 2013). Dem Modell der Kulturlandschaft,

Zwischen Fantasie und Wissenschaft – Nature Writing bietet einen neuen Zugang zu Wildtieren

Bücher über „Geheimnisse von Bäumen“ oder das „Seelenleben von Tieren“ erfahren derzeit eine breite mediale Rezeption und erreichen ein Millionenpublikum (Wohlleben 2015, Wohlleben 2016). Sie zeigen die Suche ihrer Autoren nach Resten einer ungezähmten und unverstandenen Natur, die den Menschen aber hilft, die eigene Identität besser zu verstehen. Tieren kommt darin regelmäßig eine prominente Rolle zu (Foster 2017, Macdonald 2016). Während in der Kulturlandschaft die industrielle Landwirtschaft die „totalitäre Kontrolle über die Tiere erlangt“ (Purdy 2017), geben ihnen die Autoren des „Nature Writing“ Individualität, Persönlichkeit und Freiheit zurück. Natur fungiert in den modernen Werken wie bereits in der Romantik „als Projektionsfläche für Ideen vom guten und richtigen Leben oder als positive Gegenwelt zu einer kritisch gesehenen Kultur“ (Kirchhoff 2016). In den populärsten Büchern dominieren folgerichtig Deutungen der Natur als ein System, das überwiegend von kooperativen Beziehungen zwischen den Lebewesen geprägt ist. Das Leben von Pflanzen und Tieren wird zur Sozialutopie. Die Leser freuen sich an einem Bild des Waldes, das im offensichtlichen Gegensatz zu den auf Konkurrenz und wirtschaftlicher Nutzung gegründeten Denkmodellen steht, an denen sich Land- und Forstwirtschaft, aber auch die Jägerschaft für gewöhnlich orientieren (Schraml 2016).

die von wirtschaftenden Menschen gestaltet ist, werden zunehmend Vorstellungen einer Verwilderung zur Seite gestellt, in denen Bauern und Jäger keine Rolle mehr spielen (EU-Parlament 2009, BMBU o.J.).

Die in der Landnutzung tätigen Menschen leiden unter dem anhaltenden Verlust von wirtschaftlicher Autonomie und gesellschaftlicher Wertschätzung. Selbst in dörflichen Strukturen stellt die Agrarsoziologie seit Jahrzehnten eine voranschreitende Exklusion von Landwirtsfamilien aus den lokalen Netzwerken und der politischen Teilhabe fest (Oberbeck und Oppermann 1994, Pongratz 1987).

Parallel zur Kritik an der professionellen Landnutzung stoßen ländliche Lebensstile sowie neue literarische Zugänge zur Natur bei vielen Menschen auf ein wachsendes Interesse. Zeitschriften propagieren die Lust am Land, die Zahl der Naturaktiven steigt gemeinsam mit diversen neuen Outdoor-Aktivitäten an (Peters et al. 2016). Natur wird in den verschiedensten Milieus, Bildungs- und Altersgruppen als beliebter Erholungsraum und zentrale Gesundheitsressource beschrieben (BMUB 2016, SDW 2017).

Dieses Bild einer homogenen, naturverliebten Gesellschaft ändert sich erst, wenn die Frage nach der Akzeptanz von Wildnis aufgeworfen wird. Diese führt auch in der Breite der Bevölkerung zu differenzierten Reaktionen (BMUB 2016, S. 62; Ensinger et al. 2014). Grund dafür ist auch das tatsächliche oder vermutete Vorkommen von Wildtieren in dieser wilden Natur. Wildtiere sind die wichtigsten Assoziationen, die Menschen mit Wildnis und Wald verbinden (Ehrhardt und Schraml 2014; BMUB 2014, S. 25). Sie sind wichtige wertbestimmende Elemente, wenn Laien aufgefordert sind, ihre Idealwälder zu beschreiben (Peters und Schraml 2015). Vor allem die großen Beutegreifer werden darin als Ausdruck von natürlichem Gleichgewicht und von Prozessen verstanden, die ohne menschliches Zutun funktionieren. „Tiere sind ein lebendiges Sinnbild der Fremdheit von Natur, indem sie für Menschen unverfügbar und unberechenbar sind. Sie sind besonders geeignet, das Eigenleben der Gegenwelt Wald zu verkörpern" (Bethmann und Schraml 2017, S. 12). Damit faszinieren sie die einen ebenso, wie sie andere als Bedrohung ihrer Lebensweise abschrecken.

7.3.2 Flaggschiffe des Naturschutzes

Große Beutegreifer sind die perfekten Flaggschiffarten. Sie sind groß, charismatisch, haben ein Fell und eröffnen aufgrund ihres „sozio-kulturellen Rucksacks" Identifikationsmöglichkeiten mit Botschaften des Naturschutzes (Simberloff 1998, Home et al. 2009). Vor allem der Wolf, aber auch der Luchs werden für zahlreiche Kampagnen von Ministerien, NGOs und Schutzgebietsverwaltungen herangezogen. Das deutsche Umweltministerium verweist im Kontext der großen Beutegreifer beispielsweise auf Themen wie das „ökologische Gleichgewicht", die „Wildnis" oder die „Suche nach unberührter Natur" (BMUB 2014, S. 31).

Ausgewählt werden Flaggschiffarten vor allem mit Blick auf den Erfolg von PR-Maßnahmen und das Fundraising. Die Arten generieren Aufmerksamkeit für ein Thema, sie brauchen streng genommen, „nur populär zu sein, nicht ökologisch bedeutsam" (Caro und Doherty 1999). Vor allem im internationalen Kontext ist jedoch oft darauf verwiesen worden, dass die Reaktion auf die gewählten Arten sehr differenziert ausfallen kann. Das Bewerben von afrikani-

Wolf ist Wildnis. Impressionen aus dem Andenkenladen eines deutschen Nationalparks (in dem es zum Zeitpunkt der Fotografie keine Wölfe gab).

schen oder asiatischen Schutzgebieten mit Elefant, Tiger oder Löwe begeistert gemeinhin die Gäste aus den Ländern des globalen Nordens, es bleibt für die lokale Bevölkerung, deren Vieh gefressen und deren Felder zertrampelt werden, aber regelmäßig unverständlich (Walpole und Leader-Williams 2002, Bowen-Jones und Entwistle 2002). Marketingmaßnahmen, die überregional Zielgruppen im Blick haben, können somit auf lokaler Ebene das Gegenteil, also die Ablehnung von Schutzvorhaben bewirken.

Große Beutegreifer als PR-Instrument – Chancen und Risiko

Dass große Beutegreifer zwischen Konfliktparteien geraten, kann auch daran liegen, dass sie im Rahmen von PR-Aktivitäten gezielt oder unbeabsichtigt in den Mittelpunkt dieser Debatten gerückt werden. Ein gut dokumentiertes Beispiel aus dem Bayerischen Wald verdeutlicht dies (Schraml und Heurich 2016).
Die für den Nationalpark Verantwortlichen nutzen das positive Image des Luchses im Rahmen der Umweltkommunikation, um für den Schutz der Natur, die Arbeit der Schutzgebietsverwaltung und den Aufenthalt in der Region zu werben.
Im Ergebnis werden die Luchse im Bayerischen Wald von Anwohnern wie Besuchern eng mit der Entwicklung des Nationalparks verbunden. Bei den Urlaubern/Nationalparkbesuchern werden diese Ziele vollständig erreicht. Die „Luchsregion" ist ein attraktives Urlaubsziel. Dass darin auch Risiken stecken, machen Befragungen deutlich. Die kritische Haltung zum Luchs besteht parallel zur kritischen Haltung mancher Anrainer zum Nationalpark. Sie ist jeweils dort am höchsten, wo Debatten um den Nationalpark am heftigsten sind. Die Nationalparkkritiker erleben vor Ort die politische Debatte um das Schutzgebiet und sehen die Rolle, die die Luchse darin zugewiesen bekommen: Der Luchs wird als das Maskottchen jener politischen Kräfte erlebt, die im Ringen um die Dominanz im ländlichen Raum die Nase vorne zu haben scheinen. Wer ihn angreift (verbal oder physisch), trifft letztlich auch die Protagonisten des Nationalparks.

Katzen begeistern. Der Luchs als Sympathieträger in der Öffentlichkeitsarbeit des Artenschutzes.

Dass diese Mechanismen auch in Europa wirken, konnten Lüchtrath et al. (2012) mit Blick auf den Luchskonflikt in Baden-Württemberg deutlich machen. Sie zeigen mit ihren Interviews, dass die damalige Begründung einer bereits vor Jahren gescheiterten Wiedereinbürgerungsinitiative dem Luchs bis heute anhängt. Der Antrag auf Wiedereinbürgerung war vor allem von Forstleuten getragen und u.a. mit der nötigen Absenkung der Rehwildbestände begründet worden. Der Luchs sollte den ungenügend ausgefüllten Job der Jäger übernehmen. Im jagdlichen Milieu wird die Art bis heute mit den damaligen Advokaten verbunden und gilt als „Förster-Tier".

7.3.3 Stellvertreterkriege im ländlichen Raum

Die zitierten Beispiele deuten erneut darauf hin, dass es neben den handwerklichen und betriebswirtschaftlichen Herausforderungen, die mit dem täglichen Zusammenleben mit Beutegreifen verbunden sind, wichtige Faktoren gibt, die die Haltung von Landnutzern beeinflussen. Jäger, Landwirte und Naturschützer ordnen die Debatte um die Rückkehr oder Wiederansiedlung von Wolf, Bär und Luchs in die größeren Diskussionen um die Entwicklung von ländlichen Räumen und deren Nutzungsmöglichkeiten ein. Vor allem der „Wolfskonflikt“ ist, so lassen sich die vielen internationalen Untersuchungen zusammenfassen, im Kern ein komplexer Naturschutzkonflikt (Redpath et al. 2015, S. 5). Er wird daher nur als sozio-kulturelles Phänomen verständlich, das wesentlich von der persönlichen Bindung an Orte und der Bedeutung von Eigentum beeinflusst ist (Sjölander-Lindqvist 2008).

Zuwanderung oder Einbürgerung – ein Unterschied?

Viele Jäger/innen argumentieren, große Beutegreifer, vor allem der Luchs, seien dann willkommen, wenn sie von selbst einwandern, nicht aber, wenn sie eingebürgert werden. Was erklärt diese Haltung? Schließlich scheint es zunächst unwichtig zu sein, wie der mögliche Konkurrent ins Jagdrevier gekommen ist. Die Risiken einer Prädation von Beutetieren bzw. die Folgen für den Wildbestand und dessen Verhalten sind doch offensichtlich die gleichen.
Untersuchungen aus der Schweiz und aus Süddeutschland machen jedoch übereinstimmend deutlich, dass diese Einschätzung von Jägern oftmals nicht geteilt wird (Wallner und Hunziker 2001, Lüchtrath und Schraml 2015). Sie sehen hinter den wiedereingebürgerten Tieren auch jene Akteure, die sich dafür stark machen und sich im Zuge des Einbürgerungsprojektes durchgesetzt haben. Sie sehen auch, in welchen Debatten die jagdliche Seite „ihre“ Arten gegen andere Nutzungsinteressen nicht durchsetzen kann. Insbesondere in jenen Regionen, in denen z. B. Rotwild oder Muffelwild nicht toleriert wird, ist dies ein zentrales Argument von Jägern und ihren Interessenvertretern. Wiedereinbürgerung ist immer auch ein Indikator für die Machtverhältnisse in einer Region.

Bereits der berühmte Yellowstone-Konflikt um die Wiedereinbürgerung des Wolfes wird in der modernen Literatur als Ausschnitt eines größeren, grundsätzlichen Konflikts zwischen der Naturschutzbewegung und den Landnutzern gedeutet (Wilson 1997, Nie 2001). In dieser Debatte geht es um den Zugang zu Machtressourcen, die unterschiedlichen Vorstellungen über Privateigentum und Naturschutz sowie ländliche Kultur. Die An- oder Abwesenheit des Wolfes steht vor allem symbolisch dafür, welche Interessengruppe ihre Vorstellung von Landnutzung durchzusetzen vermag.

Dies passt zu Befunden aus der Schweiz, wo die Autoren im Rahmen einer Typologie drei Bezeichnungen gefunden haben, um den Zusammenhang von persönlicher Lage und Wolfsbildern deutlich zu machen (Caluori und Hunziker 2001). Die Autoren unterscheiden für die Schweiz den „traditionalen Wolfsgegner“, den „postmodernen Wolfsfreund“ und den „ambivalenten Wolfsfreund“. Die traditionsorientierten Gegner sehen im Wolf einen Eindringling, dessen Lebensgrundlagen längst verschwunden sind. Als wildes Raubtier ist er ein Element, das fortschritts- und wirtschaftshemmend wirkt und die bäuerliche Existenz bedroht. In den Wolfsfreunden erkennen die Wolfsgegner politisch eher links orientierte Menschen aus der Stadt. Die postmodernen Wolfsfreunde hingegen sind fortschritts- und gesellschaftskritisch. Sie denken, dass die Natur nicht weiter gezähmt werden sollte. Im Wolf wird ein Rebell gegen die Zivilisation verehrt. Der ambivalente Wolfsfreund ist dem Wolf gegenüber grundsätzlich positiv eingestellt. Er hinterfragt traditionelle Werte, misstraut aber auch den neuen. Bei Befragungen spricht sich eine Mehrheit der ambivalenten Befürworter für eine Rückkehr aus, doch sobald eine Krise eintritt und Medien über Wolfsrisse berichten, fallen diese Leute in das traditionelle Wertesystem zurück (Ruchti 2014).

Auch in anderen europäischen Ländern finden sich diese Muster. Neben der grundsätzlichen Skepsis gegenüber Raubtieren belastet vor allem ein großes Misstrauen der Landbevölkerung gegenüber staatlichem Handeln die Neubesiedlung dieser Regionen mit großen Beutegreifern. So ist die negative Bewertung des Luchses, die finnische Jäger heute zeigen, eng mit der Ablehnung der EU-Artenschutzpolitik bzw. der damit verbundenen Einschränkun-

„Die Wölfe kommen mit dem Lastwagen." Warum erfreuen sich Verschwörungstheorien unter Wolfsgegnern großer Beliebtheit?

Viele im Wolfs- oder Luchsmanagement Tätige werden ratlos, wenn sie miterleben, dass im Lager der Skeptiker vermeintliche Experten auftreten, die hanebüchene Geschichten über Beutegreifer und vor allem deren Herkunft erzählen und dafür in der zugehörigen Teilöffentlichkeit nicht abgestraft, sondern im Gegenteil diese Geschichten intensiv rezipiert werden. Die Behauptung, Wölfe und Luchse würden reihenweise mit dem LKW verbracht und illegal ausgesetzt, zählt zu den populärsten unter diesen modernen Märchen. Studien erklären die Karriere von entsprechenden Gerüchten mit symbolischer Macht und kulturellem Widerstand. Demnach sind die Wolfs-Advokaten mit ihren Deutungen des Wolfes (Luchses), seiner Zuwanderung sowie den angeblich leicht zu vermeidenden Übergriffen auf Weidetiere in der öffentlichen Debatte regelmäßig überlegen. Sie können sich auf Aussagen staatlicher Institutionen und der Wissenschaft stützen und genießen in den Medien große Glaubwürdigkeit. Die Wolfs-Advokaten dominieren somit in der Debatte über die Wolfsgegner und erhalten dadurch eine symbolische Machtstellung, die nur schwer anzugreifen ist. Das Streuen von Zweifeln an der Glaubwürdigkeit der Wolfs-Advokaten durch das Verbreiten von schlecht überprüfbaren Gerüchten ist vor diesem Hintergrund eine rhetorische Waffe der Wolfsgegner. Sie ist Zeichen ihres kulturellen Widerstandes, mit der sie sich gegen die symbolische Macht der Wolfs-Advokaten zur Wehr setzen (Skogen et al. 2008).

gen des Jagdrechts verknüpft (Liukkonen et al. 2009). In Polen wurde zwar eine überwiegend positive Einstellung der Jäger zum Luchs festgestellt; eine Ausnahme bildet jedoch jene Region, in der Luchse wiederangesiedelt wurden, ohne die Jägerschaft bei dem Wiederansiedlungsprojekt zu beteiligen. Die Forscher sehen hier einen unmittelbaren Zusammenhang (Bath et al. 2008).

Die Ablehnung von Beutegreifern hilft dabei, so auch die Hinweise aus Norwegen, die Ablehnung von urbanen Einflüssen auf die Lebenswelt der Menschen auf dem Land deutlich zu machen (Skogen 2001): In den Wolfsdebatten treffen demnach die „Schaffer" auf die „Theoretiker". Die einen sind einfache Leute mit starken Wurzeln im ländlichen, traditionellen Leben, die anderen stammen aus der Mittelschicht und sind eher urban orientiert. Letztere setzen sich mit ihren Argumenten regelmäßig durch. Grund dafür ist, dass sie die Wissenschaft auf ihrer Seite wissen, während erstere nur mit ihren persönlichen Erfahrungen argumentieren können. Somit haben sie sowohl in öffentlichen Debatten als auch in der Politik einen wesentlichen Nachteil. Erst das Zusammenrücken „gegen den Wolf" hilft ländlichen Gemeinden, ihre Abwehr gegen verschiedenste Einflüsse, die als Gefahr für tradierte Lebensweisen angesehen werden, zu formulieren und zu formieren (Skogen 2003, Skogen et al. 2008, Skogen und Krange 2003).

7.3.4 Demonstrative Tötung von Beutegreifern

„Schießen, schaufeln, schweigen" ist ein populärer Spruch unter Jägern, wenn es um den illegalen Abschuss von Wildtieren geht. Allerdings geschieht die illegale Tötung von großen Beutegreifern nicht immer im Verborgenen. Manchen Tätern ist es vielmehr geradezu ein Anliegen, dass ihre Opfer oder Teile davon gefunden werden. Ganze Kadaver, abgeschnittene Pfoten usw. werden so ausgelegt oder versandt, dass sie identifiziert werden können und es zur öffentlichen Berichterstattung kommt.

Die Dokumentations- und Beratungsstelle des Bundes zum Thema Wolf hat in Deutschland von 1991 bis 2018 insgesamt 32 illegal getötete Wölfe gezählt (DBBW 2018). Neben dem mutmaßlichen Ziel der Täter, durch eine Entnahme des Raubtiers bisherige Praktiken in der Landnutzung fortsetzen zu können, wird auch die Legitimität der einschlägigen Schutzbestimmungen herausgefordert sowie öffentliche Aufmerksamkeit auf das Thema gelenkt. Die

Straftat wird darüber auch zu einem Akt des Protestes.

Interpretieren lässt sich dieses Verhalten als Ergebnis eines Radikalisierungsprozesses, der in mehreren Stufen abläuft (von Essen et al. 2014). Die Ausgangssituation wurde häufig beschrieben: In vielen europäischen Ländern steht die Jägerschaft als Subkultur einer Mehrheitsgesellschaft gegenüber, die deren Tun mit Skepsis verfolgt und mit diversen Regeln den Handlungsspielraum der Jägerschaft einschränkt (Schraml 1998, Schraml 2000). Insbesondere das europäische Naturschutzrecht und seine Durchsetzung durch nationale und regionale Institutionen werden von vielen Jägern als Bedrohungsszenario für die eigene Identität wahrgenommen. Die Rückkehr großer Raubtiere gibt in dieser Deutung der Welt dem ansonsten schwer fassbaren Hegemoniestreben von EU, Naturschutz, Städtern und Bürokraten ein Gesicht (Lüchtrath 2013). Bei vielen Vertretern dieser sozialen Gruppe führt dies dazu, eine Gegenöffentlichkeit („counterpublic") aufzubauen und sich innerhalb der etablierten politischen Foren und Prozesse zu wehren. Dies verhindert aber nicht, dass einige wenige Gruppenmitglieder diese Kommunikation schließlich abbrechen, sich auf ein persönliches Netzwerk zurückziehen und eigene Regeln machen. Entsprechend gelten der „Grad der normativen Abweichung", den eine Gruppe, der sich Jäger zugehörig fühlen, zeigt und die Kompetenz, die Jäger dem Gesetzgeber zubilligen, als wichtige Faktoren, die die Bereitschaft zum illegalen Abschuss erklären (Herdtfelder und Schraml 2013).

Auch die Besiedlungsgeschichte der großen Beutegreifer in der Schweiz macht dies deutlich: „Es gibt keinen sichtbaren Zusammenhang zwischen Schäden an Schafherden und illegal getöteten Luchsen. In den drei Regionen Jura, Wallis und Nordwestalpen werden die ersten Luchse schon kurz nach Beginn der Wiederansiedlung getötet. Der Luchsbestand ist zu diesem Zeitpunkt mit Sicherheit gering. Die Fälle treten auf, bevor Luchse überhaupt Schäden an Schafherden verursachen. Die These, illegale Tötungen seien eine Folge hoher Luchsbestände

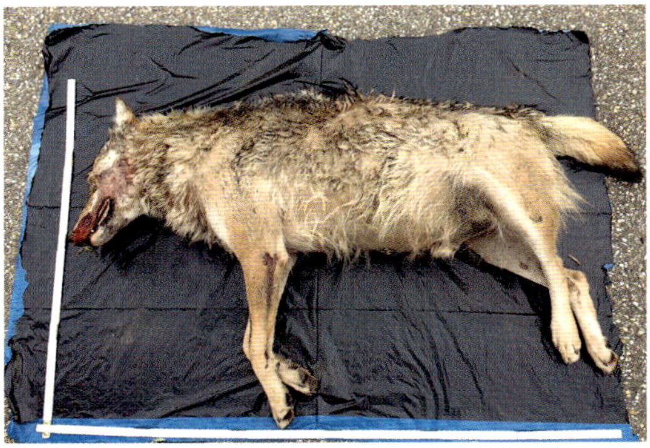

Unfall, Krankheit oder Schuss? Tote Wölfe werden routinemäßig von Wildbiologen und Tierärzten auf ihre Todesursache hin untersucht.

und hoher Schäden, ist nicht stichhaltig" (Pro Natura 2001, S. 12).

Es ist wenig verwunderlich, dass diese Taten zu höchst unterschiedlichen Reaktionen führen: Einer heftigen Ablehnung in weiten Teilen der Öffentlichkeit steht unverhohlene Unterstützung auf Seiten einiger Sympathisanten gegenüber. Die Ablehnung der Taten ist in gesellschaftlichen Gruppen, in denen kaum utilitaristische Werthaltungen gegenüber Wildtieren gezeigt werden, naturgemäß besonders groß. Hier führen selbst die behördlich angeordneten „letalen Entnahmen" von Einzeltieren zu Konflikten. Auch sie widersprechen eklatant grundlegenden Orientierungen vieler Menschen (Vaske und Manfredo 2012). Entsprechend heftig sind die Reaktionen in der Öffentlichkeit, wie spätestens die Debatte über den Problembären JJ1 alias „Bruno" gelehrt hat.

Auf der anderen Seite genießen Wilderer in vielen Ländern Sympathie. Schon Kinder freuen sich, wenn Robin Hood dem ungeliebten Sheriff ein Schnäppchen schlägt und einen Hirsch wildert. Gerade im Alpenraum hat das Motiv des Wilderns als Ausdruck von „sozialem Widerstand" große Tradition (Girtler 1988, Schindler 2001). Man schießt den Hirsch, lindert damit die eigene Not, aber mindestens ebenso wichtig ist, man trifft damit auch den weit entfernt regierenden Fürsten, dessen ungerechte jagdliche Vorrechte als Last über dem Land liegen.

Presseecho auf den Abschuss des Braunbären JJ1 alias „Bruno" im Jahr 2006.

Was für Wolfs- oder Luchs-Advokaten eine unangemessene Übertragung sein mag, ist in einigen Regionen Europas inzwischen Realität: Das illegale Töten von großen Beutegreifern stößt in Teilöffentlichkeiten auf unverhohlene Zustimmung und wird den historischen Vorbildern vom „noblen Banditen" folgend romantisiert (Pohja-Mykrä 2016).

7.4 Wildtiermanagement als Management von Konflikten

In vielen Debatten um das Management von großen Beutegreifern wird um drei Ansätze gerungen (Treves und Karanth 2003): Man kann versuchen, sie lokal auszurotten („Wolfsfreie Zonen"), sie flächig kontrolliert bejagen („Wolf scheu halten") oder unter Totalschutz stellen („Günstiger Erhaltungszustand"). Im Einzelfall mögen diese Instrumente alle sinnvoll sein. Es bleibt aber festzuhalten, dass keine dieser Varianten, die ja alle am Wildtier ansetzen, den bestehenden Konflikten zwischen Menschen abhilft. Entsprechende Maßnahmen sind bestenfalls die Begleitung oder das Ergebnis anderer, sozialer Prozesse, die die an großen Beutegreifern interessierten Personen und Gruppen ins Zentrum stellen. Wildtiermanagement, das den Anspruch verfolgt, auch Konfliktmanagement zu sein, muss sich mit den materiellen Folgen von Wolf, Luchs und Braunbär auseinandersetzen, aber auch die Werthaltungen der beteiligten Akteure im Blick haben und nach den Beziehungen zwischen diesen Akteuren fragen (Abb. 7-6).

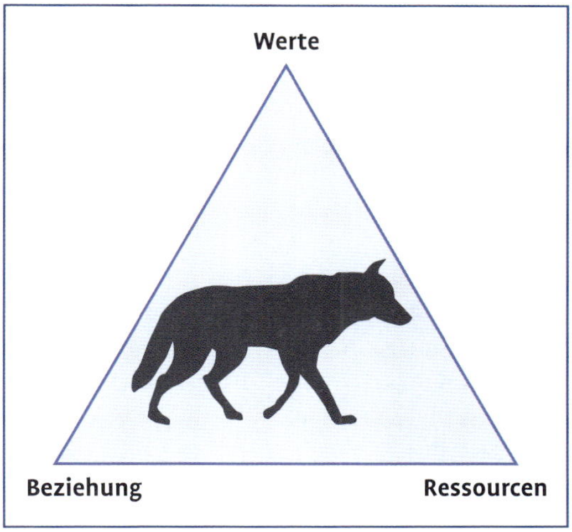

Abb. 7-6 Drei Dimension von Konflikten über große Beutegreifer.

7.4.1 Konflikte verstehen und Maßnahmen wählen

Insofern gehört es zu den wichtigsten Qualifikationen der im Wildtiermanagement Tätigen, zu erkennen, was die jeweiligen Konfliktursachen sind, wer daran beteiligt ist, wie weit die Eskalation fortgeschritten ist und in welchem Kontext sie verhandelt werden (Redpath et al. 2013). Sind diese Kompetenzen nicht vorhanden, sollten entsprechende Vertreter/innen der angewandten Sozialwissenschaft zugezogen werden. Schließlich ist das richtige Verständnis des Konfliktes und der daran Beteiligten die Grundlage für eine wesentliche Entscheidung: Welches Maßnahmenbündel ist geeignet, nicht nur Schäden durch Beutegreifer zu begrenzen, sondern auch das weitere Zusammenleben der Akteure mit dem Wildtier und den Mitmenschen zu ermöglichen. Gelingt dies nicht, sind überall auf der Welt illegale Eingriffe in die Population der Beutegreifer eine regelmäßig festzustellende Konsequenz (Decker et al. 2002).

Abb. 7-7 illustriert verschiedene Formate des Wildtiermanagements, die sich vor allem dadurch unterscheiden, dass der relative Anteil, den die Betroffenen an den relevanten Entscheidungen und ggf. auch der Umsetzung haben, unterschiedlich groß ist. Somit stehen sich an den Polen zwei Ansätze gegenüber, die sich auf der einen Seite durch expertengestütztes Verwaltungshandeln auszeichnen und auf der anderen Seite durch die Delegation wesentlicher Befugnisse an private Akteure und örtliche Gemeinden charakterisiert sind (Co-Management).

Expertenbasiertes Verwaltungshandeln ist dann angebracht, wenn die Konflikte über große Beutegreifer wenig ausgeprägt sind und die beteiligten Behörden bei den Betroffenen großes Vertrauen genießen. Vor allem in Regionen, in denen sporadisch Einzeltiere durchwandern, kann diese Situation gegeben sein. Dann lässt sich über Beratung, Bildungsmaßnahmen, Öffentlichkeitsarbeit und Kompensationszahlungen ein Klima herstellen, in dem eine konstruktive Zusammenarbeit der verschiedenen Gruppen möglich ist.

Sobald Kontroversen über große Beutegreifer auftreten, sollten die für das Wildtiermanagement zuständigen Stellen ihre Angebote für Austausch und Dialog erhöhen. Dazu können Befragungen und Gruppendiskussionen zählen, um ein besseres Verständnis der betroffenen Akteure zu erzielen, aber auch Veranstaltungen, bei denen die Möglichkeit geschaffen wird, Kritik und Sorgen unmittelbar vorzutragen. Diese Formate haben weniger die Funktion, „Dampf abzulassen", vielmehr sollen sie dazu beitragen, Vertrauen zwischen den Handelnden aufzubauen. Dazu ist es nötig, die Kontrolle über Entscheidungen ein Stück weit abzugeben, um das Verwaltungshandeln besser an den Bedürfnissen der Betroffenen auszurichten. Bereits dadurch

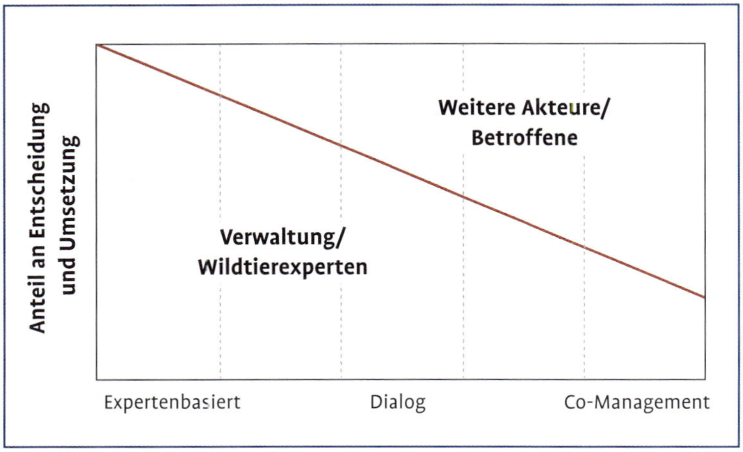

Abb. 7-7 Umgang mit Konflikten im Wildtiermanagement: Vom Experteneinsatz zum Co-Management (verändert nach Decker et al. 2002).

wird Gestaltungsmacht im Rahmen des Wildtiermanagements verlagert bzw. geteilt. Dies gilt als Voraussetzung effektiver Dialoge und Planungsprozesse in Konfliktsituationen (Redpath et al. 2015). Die Abstimmung von Öffentlichkeitsarbeit, die Definition des Forschungsbedarfs, die Formulierung von Vorschlägen zur Gestaltung von Herdenschutz- oder Kompensationsmechanismen sowie die Mitwirkung am Monitoring sind praktische Beispiele für den Inhalt und die Ergebnisse solcher Dialoge.

Spätestens wenn eine Eskalation von Konflikten zu verzeichnen ist, die ja i. d. R. auch mit einer völligen Überforderung von Behörden einhergeht, sollten den Betroffenen weitreichende Mitbestimmungs- und Mitgestaltungsmöglichkeiten in Form eines Co-Managements eingeräumt werden. Gemeint ist damit, dass Regierungsvertreter, Verbände, örtliche Gemeinden und Landnutzer im Rahmen des Wildtiermanagements Entscheidungsgewalt und Verantwortlichkeit teilen (Berkes 2007). Dazu sind formal eingerichtete Foren und Arbeitsgruppen sinnvoll, die das ganze Spektrum der Managementaktivitäten von der Entscheidung über bestandesstützende Maßnahmen bis hin zu Monitoring und der Identifikation von Problemtieren, die entnommen werden sollen, behandeln können. Insofern darf die Beschreibung der Kompetenzen nicht zu eng ausfallen. Die Foren müssen ihre Agenda und die verwendeten Instrumente regelmäßig an die aktuellen Probleme der Beteiligten anpassen können (adaptives Co-Management).

Die folgenden Abschnitte skizzieren diese Varianten im Umgang mit Konflikten mit Hilfe der jeweils charakteristischen Instrumente im Umgang mit den verschiedenen Interessengruppen.

7.4.2 Expertenbasierte Ansätze

Wesentliche Elemente expertenbasierter Managementansätze bestehen in verschiedenen Formen der Kommunikation, die sich dadurch auszeichnen, dass von Seiten der Experten in Richtung verschiedener Zielgruppen Botschaften übermittelt werden. Die Deutsche Bundesregierung hatte sich schon 2007 vorgenommen, „Akzeptanz für große Beutegreifer wie Braunbär, Wolf, Luchs und Geier bis 2015 durch gezielte und zielgruppenspezifische Kommunikation und Information" herzustellen (BMUB 2015). Seither sind durch die Länder, den Bund aber auch durch viele private Initiativen zahlreiche Maßnahmen umgesetzt worden.

„Akzeptanzfördernde" Maßnahmen

Jüngste Untersuchungen verdeutlichen, dass das „Akzeptanzmanagement" beim Luchs in der Breite der Bevölkerung eine vergleichsweise kleine Herausforderung ist. Das Tier stößt selbst im Kontext von laufenden Einbürgerungsvorhaben auf breite Sympathie in der Bevölkerung

Tier mit Kuschelfaktor. Luchse als Elemente einer emotional hoch wirksamen Öffentlichkeitsarbeit.

(Schraml und Heurich 2016, Landeszeitung Rheinland-Pfalz 2016). Gerade die Telemetrie von Einzeltieren und deren Personalisierung bergen die Chance, moderne Luchsgeschichten zu erzählen, die auf großes Medieninteresse stoßen.

Aber auch jenseits der Imagebroschüren und der Poster für das Kinderzimmer sind große Beutegreifer ein wichtiger Gegenstand der Umweltkommunikation. Der Wolf und der Braunbär eignen sich beispielsweise gerade wegen ihrer Konflikthaftigkeit sehr gut für eine Thematisierung im Rahmen der Bildung für Nachhaltige Entwicklung (Kohler und Lude 2012).

Wer also vor allem daran interessiert ist, mit seinen Botschaften junge und formal gebildete Menschen zu erreichen, wird mit Bildungsangeboten, aber auch mit klassischer Öffentlichkeitsarbeit für große Beutegreifer viel erreichen können (detailliert in BfN 2016). In einigen für das Management besonders relevanten Regionen und Zielgruppen wirken diese Methoden jedoch offensichtlich nicht im gewünschten Sinne. Vor allem Landwirte und Jäger, aber auch andere Menschen, die sich am gesellschaftlichen Rand sehen oder sich abgehängt fühlen, lehnen unabhängig von den diversen Kampagnen vor allem den Wolf regelmäßig ab (BMUB 2015). Es gibt Hinweise, dass die demonstrative „Willkommenskultur", die zuwandernde Beutegreifer empfängt, bei einigen Zielgruppen ganz im Gegenteil Reaktanz auslöst, die sich gegen die Wildtiere, aber insbesondere gegen die Träger dieser Kampagnen richtet (Lüchtrath 2011, Schraml und Heurich 2016).

Dies macht drei Dinge deutlich: Erstens wird erkennbar, dass Kommunikation, die auf die großen Beutegreifer als Einheit abzielt, keinen Sinn macht. Jede Anstrengung muss artenspezifisch erfolgen. Zweitens besteht ein häufig begangener Denkfehler darin, dass versucht wird, auch bei Landnutzern die „Akzeptanz für ein Tier" zu verbessern. Das ist bei einigen Adressaten in etwa so zielführend, wie Kampagnen für den Hagel oder einen Gewittersturm durchzuführen. Wer Schäden durch Wölfe erleidet und dessen Wertesystem einer Begeisterung für den Wolf im Wege steht, wird schwerlich zum Wolfsfreund zu bekehren sein. Ziel entsprechender Maßnahmen kann es allenfalls sein, auf eine gewisse Toleranz gegenüber Schäden bzw. dem Risiko, solche Schäden zu erleiden, hinzuwirken (Decker et al. 2002). Dazu kann Information über die Lebensweise des Tieres, die Entwicklung von Schadensfällen sowie ein Austausch mit anderen Geschädigten, die diese Situation gemeistert haben, beitragen. Dies hilft ggf. auch, die Wahrnehmung zu beeinflussen, wie wahrscheinlich es ist, Opfer eines Übergriffes auf Weidetiere oder Menschen zu werden. Beides wird von potenziellen Opfern regelmäßig deutlich überschätzt (Decker et al. 2002, Mishra et al. 2003).

Drittens bestätigt sich erneut, dass Wissen ein eher nachrangiger Faktor für die Wahrnehmung von Wildtieren ist. Die überdurchschnittliche Kenntnis der Jäger über Beutegreifer drückt sich eben nicht automatisch in großer Zustimmung für die Arten aus.

Wenn die Einstellungen gegenüber Wildtieren von vergleichsweise stabilen Wertorientierungen beeinflusst werden, sind sie mit den klassischen Instrumenten von Verwaltungen (Information, Beratung) kaum zu verändern. Wie gezeigt wurde, bestehen zumindest für Wolf und Bär umfassende Charakterzuschreibungen im kollektiven Gedächtnis der Bevölkerung, die über eine rein kognitive Ansprache nur sehr langfristig zu überwinden wären. Deutlich wird dies vor allem bei der Angst, die Wolf und Bär bei vielen Menschen auslösen (Johansson 2012). Diesen auch von den Betroffenen nur schwer zu fassenden Gefühlen mit Statistiken zu begegnen ist naturgemäß ein untaugliches Mittel. Wer Flugangst hat, dem wird auch mit Blick auf Unfallzahlen nicht geholfen, sondern vielleicht eher mit dem Blick in das Wartungsheft oder einem Gespräch mit den Piloten.

Berichterstattung über Monitoring- und Managementergebnisse

Insofern besteht die Aufgabe der Berichterstattung über Management und Monitoring weniger darin, Skeptiker durch neue Fakten zu überzeugen, sondern sie hat vor allem die Funktion,

Personalisierte Geschichten über große Beutegreifer liefert das Wildtiermonitoring, insbesondere die Telemetrie.

Sympathisanten zu informieren und bei Skeptikern Vertrauen aufzubauen. Dazu rückt neben dem vermittelten Wissen selbst der gewählte Prozess der Informationsgewinnung und -verbreitung in den Fokus. Regelmäßige Berichterstattung baut den üblichen Wissensvorsprung der Experten ab und schafft erst die Basis für einen Dialog auf Augenhöhe. Im Idealfall bietet die Präsentation von Monitoringergebnissen einen Anlass, zu dem sich Konfliktparteien persönlich treffen und austauschen. Vor allem aber wird wissenschaftliches Wissen mit dem Erfahrungswissen der Betroffenen konfrontiert und ermöglicht es, dass wechselseitig neue Perspektiven eingenommen werden.

In diesem Sinne soll die Berichterstattung wissenschaftlich fundiert, qualitätsgesichert, zeitnah, transparent und verständlich erfolgen sowie alle betroffenen Akteure gleichermaßen erreichen (vgl. Abb. 7-8). Das mit diesen Forderungen aufgebaute Spannungsverhältnis zwingt zu Kompromissen, die am besten mit den Adressaten der Berichterstattung besprochen und entschieden werden.

Es hat sich bewährt, die angebotene Information in einem einheitlichen Format darzustellen und sich eher auf wenige wesentliche Inhalte zu beschränken, die den Interessenbereichen der Adressaten entsprechen. Die Berichterstattung soll regelmäßig in einheitlichen Intervallen erfolgen, so dass einerseits die Verlässlichkeit des Angebots dokumentiert wird und andererseits alle Zielgruppen die Ergebnisse schnell und routiniert auffassen können. Eine Rückverfolgbarkeit der Aussagen zu den Autoren bzw. den berichtenden Institutionen ist vor dem Hintergrund des angestrebten Vertrauensaufbaus sinnvoll. Sie ist um Neutralität bemüht und umfasst Erfolge und Misserfolge des Managements gleichermaßen. Sie unterscheidet sich somit deutlich von klassischer PR-Arbeit oder

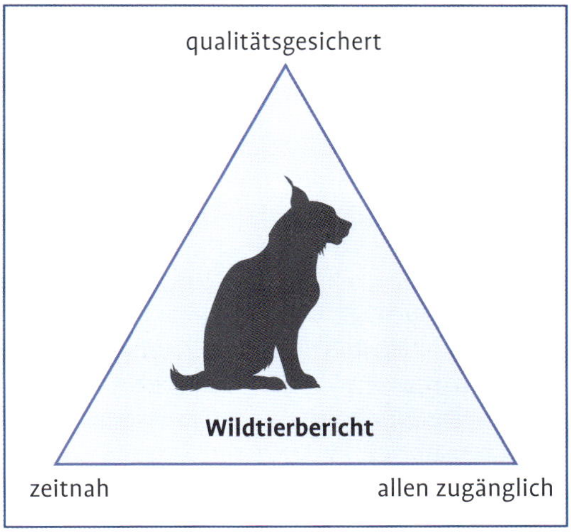

Abb. 7-8 Das magische Dreieck für die Berichterstattung aus dem Wildtiermanagement und -monitoring.

den vielen Werbekampagnen für die Arten, die überwiegend positiv bewertete Ereignisse und Bilder aufgreifen.

Für die Umsetzung dieser Standards können einerseits internetgestützte Formen des Datenangebots hilfreich sein, wie sie KORA in der Schweiz (http://www.kora.ch) oder die Beratungs- und Dokumentationsstelle des Bundes in Deutschland zum Thema Wolf anbieten (https://www.dbb-wolf.de/). Andererseits ermöglichen strukturierte Veranstaltungsformate für Fachleute oder Interessenvertreter eine detaillierte, zielgruppenangepasste Präsentation und vor allem Rückfragen und Feedback. Beides ist für die Qualitätssicherung und die Ausrichtung der Angebote an den Bedürfnissen der Interessierten von hohem Wert (Lüchtrath et al 2012).

Auf die Frage, welcher Genauigkeitsgrad der Informationen angemessen ist, dürfte es keine einheitliche Antwort geben. Das Informationsbedürfnis der Öffentlichkeit konkurriert mit dem Schutzbedürfnis der Tiere, ggf. aber auch mit dem von Managementbeteiligten oder Meldern. Auch sie können in den Fokus von Medien oder Aktivisten jeder Art gelangen und müssen geschützt werden. Insofern bietet sich ein mehrstufiges Verfahren an: Unmittelbar Betroffene wie Schafhalter oder Jagdpächter sowie die am Management mitwirkenden Personen werden detaillierter über das Vorkommen von großen Beutegreifern, deren Entnahme oder Schadensfälle informiert als die Öffentlichkeit. Die Einbindung von institutionellen Partnern aus dem Bereich der Interessenvertreter als Multiplikatoren senkt den staatlichen Ressourcenbedarf und erhöht die Glaubwürdigkeit der Berichterstattung.

Kompensationszahlungen als Zeichen eines fairen Lastenausgleichs

Förderprogramme und Kompensationszahlungen für Nutztierrisse dokumentieren das Bemühen um einen gewissen Lastenausgleich zwischen Akteuren, die auf der einen Seite das Vorkommen großer Beutegreifer als Ausdruck ihres Wertesystems begrüßen, und jenen, die auf der anderen Seite die Last dafür zu tragen haben. Über Kompensationen kann also Vertrauen in funktionierende Managementsysteme und die Verlässlichkeit von staatlichen Institutionen aufgebaut werden. Sie führen jedoch weder zu einer verbesserten „Akzeptanz" der relevanten Arten noch erhöhen sie maßgeblich die Toleranz gegenüber Angriffen auf Weidetiere oder Jagdhunde (Kaczenky 1996, Kaltenborn et al. 1998, Inskip und Zimmermann 2009). Im Gegenteil nehmen manche Autoren sogar perverse Anreize an, wenn durch die in Aussicht gestellten Kompensationen andere Verlustursachen von Weidetieren vermehrt den Beutegreifern zugeschrieben und darüber sozusagen deren Ruf belastet wird (Persson et al. 2015).

Neuere konzeptionelle Überlegungen zu wirkungsvollen Finanzierungsmodellen gehen daher eher in die Richtung, mit verschiedenen Maßnahmen den Netto-Nutzen großer Beutegreifer für die Adressaten zu erhöhen (Decker et al. 2002, S. 7). Ansatzpunkt ist dann z. B. nicht mehr nur der erlittene Schaden in der Landwirtschaft, sondern der entstandene Nutzen für den Artenschutz. Nach dieser Logik werden in einigen Regionen der Welt inzwischen Zahlungen an Grundeigentümer oder Bewirtschafter an das Vorkommen von Arten bzw. deren nachgewiesene Reproduktion geknüpft. So sollen positive Anreize für die Bewertung der Arten und insbesondere auch die Mitwirkung am Monitoring geschaffen werden (Nelson 2009, Newsome et al. 2015).

Im Ergebnis bleibt also auch mit Blick auf den Einsatz von finanziellen Instrumenten für das Wildtiermanagement festzuhalten: Konflikte haben i. d. R. komplexe Ursachen, Konfliktmanagement sollte daher nicht nur eine Konfliktdimension – den Verlust von Weidetieren – adressieren. Neben der Vermeidung von Schäden und deren Kompensation im Rahmen einer fairen Lastenteilung kommt vor allem sozialen Aspekten des Konfliktmanagements eine zentrale Rolle zu (Mishra et al. 2003).

7.4.3 Dialog und Co-Management

Einem Austausch unterschiedlicher Interessen kommt auf allen Ebenen des politischen Systems

Jäger, Naturschützer und Bauern hinter einem Logo. Die AG Luchs Baden-Württemberg in ihrer Gründungsphase.

Bedeutung zu. Für Konflikte um große Beutegreifer gilt dies wegen der heterogenen Wertorientierungen der Beteiligten ganz besonders. Was sich auf Ebene der Staaten, Länder und Kantone vielfach im engen Austausch von Verwaltung und Verbänden niederschlägt, hat bislang vor allem auf der regionalen Ebene keine Entsprechung gefunden. Dabei lassen sich nur vor Ort die von großen Beutegreifern unmittelbar Betroffenen sinnvoll an Managemententscheidungen und deren Umsetzung beteiligen. Selbst innerhalb Europas hat sich diesbezüglich inzwischen eine große Vielfalt an praktizierten Formaten herausgebildet.

Struktur und Prozess des Co-Managements

Strukturen eines partizipativen Wildtiermanagements sollten auf mehreren Ebenen etabliert und miteinander koordiniert sein. Gefordert ist ein Zusammenspiel aus lokalen Ansprechpartnern mit Expertise über große Beutegreifer (Risskontrolle, Beratung zum Herdenschutz, Information zu Förderprogrammen), regionalen Foren etwa auf der Ebene von Landkreisen oder Bezirken für die sich besonders betroffen fühlenden Bürger/innen sowie ein überregionales Dialogangebot an institutionelle Akteure aus dem Bereich der Behörden und Verbände auf der Ebene der Länder oder Kantone (Lüchtrath et al. 2012, von Essen und Hansen 2015).

Die verschiedenen Dialogforen dienen der gemeinsamen Ausarbeitung einer Agenda und der gemeinsamen Suche nach Lösungen für die von den Betroffenen wahrgenommenen Probleme. Wildtiermanagement eröffnet z. B. im Bereich der Ausgestaltung von Förderprogrammen und Kompensationszahlungen, des Monitorings oder der Öffentlichkeitsarbeit eine ganze Reihe von Aktionsfeldern, bei denen Erwartungen aufgenommen und umgesetzt werden können.

Die Einbeziehung privater Akteure ist dabei nicht nur für die Qualitätssicherung von Managementmaßnahmen notwendig. Im Wesentlichen setzt die Mitwirkung auch „ein wichtiges Signal auf der Beziehungsebene, im Sinne von Wertschätzung und Respekt vor der Lebensrealität der Betroffenen“ (Lüchtrath 2011). Vertrauensaufbau gelingt nur über eine Integration der Betroffenen und deren Perspektiven in Entscheidungen des Wildtiermanagements. Eine wesentliche Folge von regelmäßigen Arbeitstreffen ist der routinemäßige Austausch. Dieser wirkt sich positiv auf die Beziehung zwischen den Gruppen aus und trägt dazu bei, wechselseitige Vorurteile abzubauen (Lüchtrath et al 2012).

Dies verlangt nach einem geschützten Raum ohne Beisein der Medien sowie nach einem Rhythmus der Treffen, der nicht von Krisensituationen bestimmt ist. Der Dialog soll nach Möglichkeit vor einer Eskalation einsetzen, auf Dauer angelegt sein und gerade in vergleichsweise ruhigen Zeiten Routinearbeiten ermöglichen.

Obwohl es mit Blick auf eine ähnliche Akteurslandschaft naheliegend zu sein scheint, diese Foren den großen Beutegreifern insgesamt zu widmen, sei mit Blick auf die bisherigen Ausführungen davor gewarnt. Zu unterschiedlich sind die Wahrnehmung der einzelnen Arten und i. d. R. auch das Konfliktniveau. Die Diskussionen über die einzelnen Arten sollten daher ebenso getrennt voneinander geführt werden wie die Instrumente des Managements differenziert auszugestalten sind.

Überwinden von Verwaltungsegoismen

Was sich unter dem Begriff „Co-Management“ in der internationalen Naturschutz- und Entwick-

Wer Beteiligung anbieten will, muss die Akteurslandschaft kennen. „Stakeholdermapping" für das Wolfsmanagement in Europa.

lungszusammenarbeit zunehmend als Standardempfehlung für die Bewahrung von Arten und von Schutzgebieten etabliert hat, trifft zu Hause im alten Mitteleuropa weiterhin auf viele Bedenkenträger (Treves et al. 2006, Berkes 2007). Staatliche Institutionen sind häufig selbst bei Fragen, die weder Haushalts- noch Artenschutzrecht betreffen, nicht bereit, Entscheidungsmacht abzugeben und Kompetenzen zu teilen (Stoll-Kleemann und Welp 2008). Dabei spielen sowohl strategische Überlegungen eine Rolle, den Status der „federführenden Behörde" nicht zu gefährden, aber auch die Sorge um eine verminderte Zielerreichung, wenn über Belange des Artenschutzes mit Betroffenen „verhandelt" wird. Diesbezüglich unterliegt etwa das norwegische Modell des Co-Managements von Wölfen einer besonders ambivalenten Bewertung. Wegen seiner weitreichenden Delegation von Kompetenzen auf dezentrale, repräsentativ zusammengesetzte Institutionen greift es wesentliche Leitsätze eines modernen Co-Managements auf, wird wegen der dort vereinbarten Begrenzung der Wolfspopulation von Naturschutzakteuren aber auch kritisch begleitet (Sandström et al. 2009).

Diese Haltung steht freilich im Widerspruch zu den vielen Untersuchungen, die verdeutlichen, dass der Widerstand gegen Entscheidungen von Naturschutzbehörden geringer werden kann, wenn lokale Akteursgruppen am Entscheidungsfindungsprozess teilhaben (Stoll-Kleemann 2001, Gerner und Schraml 2013). Voraussetzung sind freilich Prozesse, die sicherstellen, dass tatsächlich Mitspracherecht eingeräumt wird. Die Mitwirkenden dürfen nicht in Diskussionsrunden gebunden werden, um unkoordinierten Aktivitäten vorzubeugen, sondern müssen tatsächlich „ermächtigt" werden. Sonst verlieren neu geschaffene Foren und AGs schon nach kurzer Zeit die Dynamik, die sie in der Anfangsphase von Wolfs- und Luchsdebatten automatisch gewinnen (Lüchtrath et al. 2012).

Monitoring als Gemeinschaftsprojekt

Die Basis eines effektiven Wildtiermonitorings sind Netzwerke aus gut ausgebildeten Beobachtern und Berichterstattern. Im Idealfall sind sie als Wildhüter oder Forstleute bereits entsprechend qualifiziert. Sie müssen dennoch regelmäßig geschult und über Feedback und Information für ihr Engagement motiviert werden.

Parallel dazu sind die für das Monitoring verantwortlichen Akteure jedoch regelmäßig auch auf die Mitwirkung von interessierten Laien bzw. der Öffentlichkeit angewiesen. Ein wesentlicher Teil der Meldungen, die im Monitoring verarbeitet werden, sind Zufallsbeobachtungen durch Jäger, Landwirte oder andere Naturfreunde.

Gemeldet werden Beobachtungen i. d. R. nur dann, wenn es Vertrauen zu den zuständigen Institutionen gibt. Insofern besteht ein enger Zusammenhang dieser Freiwilligenarbeit bzw. dem Engagement der Öffentlichkeit mit der erfolgreichen Etablierung einer systematischen Berichterstattung über das Management und Monitoring. Monitoringverantwortliche dürfen daher auch nicht als Partei wahrgenommen werden, sondern sollen neutrale Sachwalter von Belangen der Wildtiere, Naturschützer und Landnutzer sein. Nur dann sind effektive Ko-

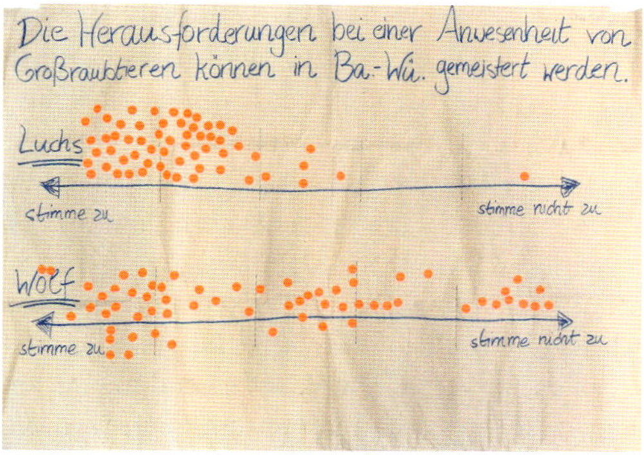

Zum Monitoring zählt auch die Beobachtung der Bewertung von Beutegreifern. Ergebnis eines regionalen Workshops im Rahmen des Luchsmonitorings in Baden-Württemberg.

operationen mit Freiwilligen unterschiedlicher „Couleur“ denkbar.

Das Engagement von Freiwilligen kann, bei entsprechender Anleitung als „Bürgerwissenschaft“ (Citizen Science) systematisch ausgebaut und genutzt werden (Meek und Zimmermann 2016). Entsprechende Modelle sind gewöhnlich allein schon aus Ressourcengründen erstrebenswert. Die Kooperation von Fachleuten mit ehrenamtlichen Naturschützern, Jägern und Landwirten hat aber auch weitere Vorteile: Das Vertrauen in die erhobenen Daten bzw. deren Glaubwürdigkeit ist höher und die Chance auf eine Umsetzung der damit einhergehenden Managemententscheidungen somit größer. Kooperationsmodelle erhöhen somit sowohl die Effizienz und die Effektivität des Monitorings als auch die von Managemententscheidungen. Sie dienen damit dem Artenschutz ebenso wie dem Konfliktmanagement.

Der Umgang mit illegalen Tötungen

Illegale Abschüsse von großen Beutegreifern zu verhindern und der oben beschriebenen Radikalisierung einiger Vertreter einer jagdlichen Subkultur vorzubeugen, sind wesentliche Ziele eines effektiven Managements von großen Beutegreifern. Insofern liegt der Schwerpunkt der Tätigkeiten des Wildtiermanagements in der Prävention und nicht in der Verfolgung bereits begangener Taten. Es ist im Gegenteil sinnvoll, die Verfolgung von strafrechtlich relevanten Taten von den Aufgaben des Wildtiermanagements personell und inhaltlich ganz klar zu trennen. Wildkörper, die den Verdacht einer illegalen Tötung nahelegen, sollten daher von Dritten auf ihre Todesursachen hin untersucht werden. Das Mitwirken von Monitoringverantwortlichen an der Strafverfolgung oder das Aussetzen von Prämien für sachdienliche Hinweise durch Wolfs-Advokaten fördern die Polarisierung und rücken den „Widerstandsakt“ eher noch stärker ins Licht. Wenn selbst Wissenschaftler an der Aufklärung mitwirken und ein Preis auf den Kopf des „noblen Banditen“ ausgesetzt wird, erhöhen sich der symbolische Wert der Tat und ihr Nachrichtenwert noch weiter. Das Kalkül eines um öffentliche Wirkung und Demonstration bemühten Täters geht damit auf.

Das Gleiche gilt letztlich auch für die Forderung nach einer Verschärfung des Umweltstrafrechts (z. B. Pro Natura 2001). Hohe Sanktionsbewährung und harte Strafen schrecken ab, so die Logik. Aus den vorliegenden sozialwissenschaftlichen Studien zu den Radikalisierungsprozessen, die den illegalen Tötungen vorangehen, lassen sich eher gegenteilige Folgerungen ziehen (Herdtfelder und Schraml 2013, von Essen et al. 2014). Zunächst gilt es, das Band zwischen der Subkultur der Jäger und der Mehrheitsgesellschaft nicht abreißen zu lassen. Eine Stigmatisierung der ganzen Gruppe, wie sie von einigen Wolfs-Advokaten betrieben wird (Bloch und Radinger 2017), fördert die Radikalisierung, da in der Gruppe deutlich wird, dass Ziele der Jägerschaft auf den formalen, legalen Wegen tendenziell nicht erreichbar sind. Es muss deutlich werden, dass jagdliche Interessen grundsätzlich legitim sind und in Managemententscheidungen genauso wie jene der Nutztierhalter oder der Artenschützer eine Rolle spielen.

In der Gegenwart fällt es staatlichen Akteuren ebenso wie Naturschutzverbänden leichter an das etablierte Bild des guten Hirten anzuknüpfen und Präventionsmaßnahmen für Weidetiere auf den Weg zu bringen als sich für Nutzungsinteressen von Jägern stark zu machen und diese ins Co-Management zu integrieren. Das Wildtiermanagement hat hier daher eine besondere Verantwortung. Die oben beschriebenen technischen, informationellen und politischen Maßnahmen sollten gerade auch die Jäger adressieren. Sie dienen dem Zweck, das Vertrauen in staatliche und wissenschaftliche Akteure zurückzugewinnen, die Verhärtung von Überzeugungen und Sprache zu vermeiden und letztlich illegalen Handlungen vorzubeugen. Gelingen wird dies (meistens), wenn es genügend legale und legitimierte Mitwirkungsmöglichkeit gibt.

Inwieweit dabei auch eine begrenzte Legalisierung von Abschüssen hilfreich sein kann, ist umstritten. Der entsprechenden Empfehlung der IUCN (2013) stehen theoretische und empirische Vorbehalte von Wissenschaftlern gegenüber, die im Einzelfall keinen Rückgang der Wilderei feststellen konnten (Chapron und Treves 2016). Es ist aber überzeugend, dass insbesondere die Entnahme von verhaltensauffälligen Tieren „Druck aus dem Kessel nimmt", da sie ein Zugeständnis an Landnutzungsinteressen dokumentiert. Natürlich ist nicht zu erwarten, dass darüber grundsätzliche Einstellungen gegenüber Beutegreifern beeinflusst werden. Die Maßnahme dient vielmehr dazu, Vertrauen gegenüber staatlichen Institutionen aufzubauen und das theoretisch überzeugende Modell vom Co-Management auch praktisch mit Leben zu füllen.

Fazit für die Praxis

- Wildtiere sind nicht nur Elemente von Ökosystemen, sie sind vor allem auch Symbole, die in der menschlichen Kommunikation genutzt werden und vielfach etwas über die Beziehung verschiedener sozialer Gruppen verraten. Sie drücken beispielsweise Machtverhältnisse aus.
- Die Art und Weise, wie gerade auch die großen Beutegreifer in der Vergangenheit sehr spezifisch für kulturelle oder politische Zwecke eingesetzt wurden, beeinflusst auch heute noch unser Denken und Reden über diese Arten.
- Die Ambivalenz der Zuschreibungen, die die Arten durch verschiedene Gruppen erfahren, ist ein wesentlicher Grund für das Entstehen von Konflikten.
- Wildtiermanagement, das Konflikte verhindern oder mindern will, muss daher vor allem auch die symbolische Bedeutung von Wildtieren im Blick haben. Klassische technische Managementmaßnahmen wie das Entnehmen von Tieren, der Herdenschutz oder die Kompensation von Schäden können daher auch immer nur begleitende Maßnahmen einer Verbesserung der Kommunikation und der Veränderung von Machtbeziehungen sein.
- Inzwischen gibt es international eine ganze Reihe guter Beispiele, wie durch das Co-Management von großen Beutegreifern dieser Anspruch erfüllt wird.

Literatur

Bächtold-Stäubli, H., Hoffmann-Krayer, E. (Hrsg.) (2005): Handwörterbuch des deutschen Aberglaubens. de Gruyter, Berlin. 8584 S.

Bath, A. J. (1989): The Public and Wolf Reintroduction in Yellowstone National Park. Society and Natural Resources 2, 297–306.

Baur, H., Hunziker, M. (2001): Welche Rolle spielen die „Luchsadvokaten" im „Luchskonflikt"? Ergebnisse einer sozialwissenschaftlichen Pilotstudie. Infoblatt Forschungsbereich Landschaft. 50, 4–6.

Beckmann, O. (2003): Die Akzeptanz des Nationalparks Niedersächsisches Wattenmeer bei der einheimischen Bevölkerung. Europäische Hochschulschriften IV/23. Frankfurt am Main.

Bjerke, T., Reitan O., Kellert, S. R. (1998): Attitudes toward wolves in southeastern Norway. Society and Natural Resources 11, 169–178.

Berkes, F. (2007): Adaptive Co-Management and Complexity: Exploring the Many Faces of Co-Management. In: Armitage, D., Berkes, F., Doubleday, N. (Hrsg.): Adaptive Co-Management. UBC Press, Vancouver, Toronto, 19–37.

Bethmann, S., Schraml, U. (2017): Wildtiere: Sinnbilder eines lebendigen Waldes und Helfer in der Besucherlenkung. FVA einblick, 3/2017, S. 10–14. http://www.fva-bw.de/publikationen/einblick/einblick201703.pdf, zuletzt besucht am 15. 01. 2018.

Bloch, G., Radinger, E. (2017): Der Wolf kehrt zurück: Mensch und Wolf in Koexistenz? Kosmos, Stuttgart. 144 S.

Bonacker, T. (2005): Sozialwissenschaftliche Konflikttheorien. Eine Einführung. VS Verlag, Opladen. 538 S.

Bowen-Jones, E., Entwistle, A. (2002): Identifying appropriate flagship species: The importance of culture and local contexts. Oryx 36 (2), 189–195.

Botsch, K., Wurster, M., Ensinger, K., Selter, A., Bethmann S. (2014): Metaphorische Repräsentationen des Waldes. Allgemeine Forst- und Jagdzeitung (9/10), 187–202.

Bowen-Jones, E., Entwistle, A. (2002): Identifying appropriate flagship species: the importance of culture and local contexts. Oryx 36 (2), 189–195.

Bundesamt für Naturschutz (BfN) (Hrsg.) (2015): Naturbewusstsein 2013. Wissenschaftlicher Vertiefungsbericht. https://www.bfn.de/fileadmin/BfN/gesellschaft/Dokumente/Naturbew2013_WissVertiefungsbericht_komp-bf.pdf, zuletzt besucht am 15. 02. 2018.

Bundesministerium für Umwelt, Naturschutz, Bau und Reaktorsicherheit (BMUB) (2015): Nationale Strategie zur biologischen Vielfalt. Kabinettsbeschluss vom 7. November 2007. Broschüre. http://www.biologische-vielfalt.de/fileadmin/NBS/documents/broschuere_biolog_vielfalt_strategie_bf.pdf, zuletzt besucht am 15. 02. 2018.

Bundesministerium für Umwelt, Naturschutz, Bau und Reaktorsicherheit (BMUB) (2014): Naturbewusstsein 2013. Bevölkerungsumfrage zu Natur und biologischer Vielfalt. https://www.bfn.de/fileadmin/MDB/documents/themen/gesellschaft/Naturbewusstsein/Naturbewusst sein_2013.pdf, zuletzt besucht am 15. 01. 2018.

Bundesministerium für Umwelt, Naturschutz, Bau und Reaktorsicherheit (BMUB) (2016): Naturbewusstsein 2015. Bevölkerungsumfrage zu Natur und biologischer Vielfalt. https://www.bfn.de/fileadmin/BfN/gesellschaft/Dokumente/Naturbewusstsein-2015_barrierefrei.pdf, zuletzt besucht am 15. 02. 2018.

Caluori, U., Hunziker, M. (2001): The wolf: A threat or a blessing? Attitude patterns among the Swiss. Forest Snow and Landscape Research 76, 169–190.

Caro, T. M., O'Doherty, G. (1999): On the Use of Surrogate Species in Conservation Biology. Conservation Biology 13 (4), 805–814.

Chapron, G., Treves, A. (2016): Blood does not buy goodwill: allowing culling increases poaching of a large carnivore. Proceedings of the Royal Society B 283, http://dx.doi.org/10.1098/rspb.2015.2939, zuletzt besucht am 15. 02. 2018.

DBBW, Dokumentations- und Beratungsstelle des Bundes zum Thema Wolf, 2018): Totfunde von Wölfen – Statistik der Todesursachen. Abfrage der DBBW-Datenbank am 15. 02. 2018 um 09:02:39, https://www.dbb-wolf.de/totfunde/statistik-der-todesursachen

Decker, D., Lauber, T. B., Siemer, W. F. (2002): Human-Wildlife Conflict Management. A practitioners' guide. Human Dimensions Research Unit Cornell University Ithaca, New York, http://wildlifecontrol.info/wp-content/uploads/2016/04/H-W-Conflicts-Guide.pdf, zuletzt besucht am 15. 02. 2018.

Decker, D., Riley, S., Siemer, W. (2012): Human Dimensions of Wildlife Management. John Hopkins University Press, Baltimore. 286 S.

Ensinger, K., Bethmann, S., Wurster, M. Selter, A., Botsch K. (2014): „Und wenn's 'ne tote Wühlmaus ist" – Zyklische und lineare Zeitkonzepte in den Wahrnehmungen von Wald und in der Nationalparkdebatte Nordschwarzwald. Allgemeine Forst- und Jagdzeitung (9/10), 203–219.

Ericsson, G., Heberlein, T. A. (2003): Attitudes of hunters, locals, and the general public in Sweden now that the wolves are back. Biological Conservation 111, 149–159.

Essen, v. E., Hansen, H. P. (2015): How Stakeholder Co-management Reproduces Conservation Conflicts: Revealing Rationality Problems in Swedish Wolf Conservation. Conservation and Society 13 (4), 332–344.

Essen, v. E., T. (2014): The radicalisation of rural resistance: How hunting counterpublics in the Nordic countries contribute to illegal hunting. Journal of Rural Studies 39, 199–209.

Estés, C. P. (1997): Die Wolfsfrau – Die Kraft der weiblichen Urinstinkte. Heyne, München.

Euchner, W. (2001): Politische Tiere – tierische Politik. Tradition und Wiederkehr der Zoologisierung des Politischen als biopolitics. Leviathan 29 (3), 371–410.
Europäisches Parlament (2009): Resolution des Europäischen Parlaments vom 3. Februar 2009 über Wildnis in Europa (2008/2210(INI)); Referenz P6_TA(2009)0034.
Eurostat (2010): Agriculture in the EU27. Employment in the agriculture sector down by 25% between 2000 and 2009. http://ec.europa.eu/eurostat/documents/2995521/5050706/5-07052010-AP-EN.PDF/5055cd01-7d45-4857-a4ab-758105496f58, zuletzt besucht am 15. 02. 2018.
Eurostat (2017): Farmers in the EU – statistics. http://ec.europa.eu/eurostat/statistics-explained/index.php/Farmers_in_the_EU_-_statistics#Socio-demographic_characteristicsq, zuletzt besucht am 15. 02. 2018.
Feest, C. F. (1998): Beseelte Welten. Die Religionen der Indianer Nordamerikas. In: Kleine Bibliothek der Religionen. Band 9, Herder, Freiburg, Basel, Wien. 215 S.
Foster, C. (2017): Der Geschmack von Laub und Erde: Wie ich versuchte, als Tier zu leben. Malik. Kiel. 288 S.
Fuhr, E. (2016): Rückkehr der Wölfe. Wie ein Heimkehrer unser Leben verändert. Goldmann.
Gerner, J., Schraml, U. (2013): Die Rolle von Netzwerken und Schlüsselakteuren bei der Einrichtung des Biosphärengebiets Schwäbische Alb. Allgemeine Forst- und Jagdzeitung 7/8, 142–153.
Girtler, R. (1988): Wilderer. Soziale Rebellen im Konflikt mit den Jagdherrn. Landes Verlag. Wels. 311 S.
Gloede, F. (1988): Autonome Technik oder Technik als soziales Projekt: Technikbilder und Technikbewertung in der Bevölkerung. In: Hoffmann-Nowotny, H.-J. (Hrsg.): Deutsche Gesellschaft für Soziologie (DGS) (Hrsg.): Kultur und Gesellschaft: gemeinsamer Kongreß der Deutschen, der Österreichischen und der Schweizerischen Gesellschaft für Soziologie. Seismo, Zürich, 509–511.
Gunnthorsdottir, A. (2001): Physical attractiveness of an animal species as a decision factor for its preservation. Anthrozoos: A Multidisciplinary Journal of the Interactions of People & Animals 14 (4), 204–215.
Herdtfelder, M., Schraml, U. (2013): Die Bereitschaft zu illegalen Abschüssen von Luchsen – ein Erklärungsmodell. Allgemeine Forst- und Jagdzeitung 7/8, 154–166.
Home, R., Keller, C., Nagel, P. Bauer, N. (2009): Selection criteria for flagship species by conservation organizations. Environmental Conservation 36 (2), 139–148.
Hunziker, M., Hoffmann, C. W., Wild-Eck, S. (2001): Die Akzeptanz von Wolf, Luchs und „Stadtfuchs“ – Ergebnisse einer gesamtschweizerisch-repräsentativen Umfrage. Forest Snow and Landscape Research. 76 (1/2), 301–326.
Inskip, C., Zimmermann, A. (2009): Human-felid conflict: a review of patterns and priorities worldwide. Flora & Fauna International, Oryx 43 (1), 18–34.
Johansson, M., Karlsson, J. (2011): Subjective Experience of Fear and the Cognitive Interpretation of Large Carnivores. Human Dimensions of Wildlife 16 (1), 15–29.
IUCN (2013): A manifesto for large carnivore conservation in Europe. Gland, Switzerland: Species Survival Commission, IUCN.
Jacobs, M. H. (2009): Why do we like or dislike animals? Human Dimensions of Wildlife 14 (1), 1–11.
Johansson, M., Karlsson, J., Pedersen, E., Flykt, A. (2012): Factors Governing Human Fear of Brown Bear and Wolf. Human Dimensions of Wildlife 17 (1), 58–74.
Kaczensky, P. (1996): Large carnivore-livestock conflicts in Europe. Norrsk Institutt for Naturforskning and Wildbiologische Gesellschaft: München, Trondheim.
Kaczensky, P. (2006): Werkvertrag „Medienpräsenz- und Akzeptanzstudie Wölfe in Deutschland“. Report: 1–88. Arbeitsbereich Wildtierökologie und Wildtiermanagement, Forstzoologisches Institut, Fakultät für Forst- und Umweltwissenschaften, Universität Freiburg. http://www.kora.ch/malme/05_library/5_1_publications/K/Kaczensky_2006_Akzeptanzstudie_Woelfe_in_Deutschland.pdf, zuletzt aufgerufen am 15. 01. 2018
Kaczensky, P. (o. J.): Was denken die Deutschen über den Wolf? Vortragsfolien. http://www.bmub.bund.de/fileadmin/bmu-import/files/pdfs/allgemein/application/pdf/wolf_kaczensky.pdf, zuletzt aufgerufen am 15. 01. 2018.
Kaltenborn, B. P., Bjerke, T., Strumse, E. (1998): Diverging attitudes towards predators: Do environmental beliefs play a part? Human Ecology Review 5 (2): 1–9.
Kaltenborn, B., Bjerke, T. (2002): The Relationship of General Life Values to Attitudes Toward Large

Carnivores. Human Ecology Review 9 (1), 2002, 55 – 61.

Karlsson, K., Sjostrom, M. (2007): Human attitudes towards wolves, a matter of distance. Biological Conservation 137, 610 – 616

Kellert, S. R. (1980): American attitudes toward and knowledge of animals: An update. International Journal for the Study of Animal Problems 1 (2), 87 – 119.

Kellert, S. R. (1984): Urban American perceptions of animals and the natural environment. Urban Ecology Vol. 8, 209 – 228.

Kellert, S. R. (1985): Public perceptions of predators, particularly the wolf and coyote. Biological Conservation 31 (2), 167 – 189.

Kellert, S. R. (1993): Attitudes, Knowledge, and Behavior Toward Wildlife Among the Industrial Superpowers: United States, Japan, and Germany. Journal of Social Issues 49 (1), 53 – 69.

Kellert, S. R. (2002): Experiencing nature: affective, cognitive, and evaluative development in children. In: Kahn, P. H. Jr., Kellert, S. R. (2002): Children and nature – psychological, sociocultural, and evolutionary investigations. MIT Press, Cambridge Massachusetts, 117 – 151.

Kirchhoff, T. (2016): Unsere Sehnsucht nach Natur liegt in unserer Kultur. In: Impulse 4/2016, 3 – 4.

Kleiven, J., Bjerke, T., Kaltenborn, B. P. (2004): Factors influencing the social acceptability of large carnivore behaviours. Biodiversity and Conservation 13: 1647 – 1658.

Knight, A. J. (2008): “Bats, snakes and spiders, Oh my!” How aesthetic and negativistic attitudes, and other concepts predict support for species protection. Journal of Environmental Psychology 28: 94 – 103.

Kobell, Franz von (1859): Wildanger. Skizzen aus dem Gebiet der Jagd und ihrer Geschichte mit besonderer Rücksicht auf Bayern. J. G. Cotta'scher Verlag, Tübingen. 552 S.

Kohler, B., Lude, A. (2012): Nachhaltigkeit erleben. Praxisentwürfe für die Bildungsarbeit in Wald und Schule. Oekom, München. 218 S.

Köhler, M. (2005): Wohlbefinden landwirtschaftlicher Nutztiere: nutztierwissenschaftliche Erkenntnisse und gesellschaftliche Einstellungen. Dissertation Universität Kiel. https://macau.uni-kiel.de/servlets/MCRFileNodeServlet/dissertation_derivate_00001545/d1545.pdf, zuletzt aufgerufen am 15. 01. 2018.

König, B. (2010): Die Darstellung des Wolfsbildes im Kontext geschichtlicher Entwicklungsprozesse – eine wissenschaftliche Analyse am Beispiel ausgewählter Printmedien seit 1873. Dissertation, Universität Freiburg. https://freidok.uni-freiburg.de/data/7633, zuletzt aufgerufen am 15. 01. 2018.

Kuppe, S., Schraml, U. (2012): Wildtiere in Umweltkommunikation und Regionalmarketing. Untersuchungen zur Initiative „Tierisch Wild“ in der Nationalparkregion Bayerischer Wald. Arbeitsbericht der Professur für Forst- und Umweltpolitik, 01/2012.

Landeszeitung Rheinland-Pfalz (2016): Menschen im Pfälzerwald freuen sich auf den Luchs. 24. 06. 2016. http://www.landeszeitung-rlp.de/2016/06/24/menschen-im-pfaelzer-wald-freuen-sich-auf-den-luchs/, zuletzt besucht am 01. 03. 2018.

Lévi-Strauss, C. (1968): Das wilde Denken. Suhrkamp, Frankfurt am Main. 352 S.

Lišková, S., Frynta, D. (2013): What Determines Bird Beauty in Human Eyes? Anthrozoos: A Multidisciplinary Journal of The Interactions of People & Animals 26 (1), 27 – 41.

Lüchtrath, A., Liebmann, S., Schraml, U. (2012): Vom Gerichtssaal zu gemeinsamen Strategien: Entwicklung des Luchskonflikts in Baden-Württemberg aus Sicht der beteiligten Akteure. Natur und Landschaft 87 (3), 114 – 119.

Lorimer, J. (2007): Nonhuman charisma. Environment & Planning D: Society & Space 25 (5), 911 – 932.

Lüchtrath, A. (2011): Bewertung von Bestrebungen zum Schutz großer Beutegreifer durch betroffene Bevölkerungsgruppen am Beispiel des Luchses. Diss. Albert-Ludwigs-Universität Freiburg. https://freidok.uni-freiburg.de/dnb/download/8347, zuletzt aufgerufen am 15. 01. 2018.

Lüchtrath, A., Liebmann, S., Schraml, U. (2012): Vom Gerichtssaal zu gemeinsamen Strategien: Entwicklung des Luchskonflikts in Baden-Württemberg aus Sicht der beteiligten Akteure. Natur und Landschaft 87 (3), 114 – 119.

Lüchtrath, L., Schraml, U. (2015): The missing lynx – understanding hunters' opposition to large carnivores. Wildlife Biology 21 (2),110 – 119.

Lucke, D. (1995): Akzeptanz. Legitimität in der „Abstimmungsgesellschaft“. Springer, Berlin. 456 S.

Lucke, D., Hasse, M. (Hrsg.) (1998): Annahme verweigert. Beiträge zur soziologischen Akzeptanzforschung. Springer Fachmedien Wiesbaden GmbH. 216 S.

Macdonald, H. (2016): H wie Habicht. Ullstein, Berlin. 416 S.

Mangelsdorf, M. (2007): Wolfsprojektionen: Wer säugt wen? Von der Ankunft der Wölfe in der Technoscience. transcript, Bielefeld. 314 S.

Meek, P., Zimmermann, F. (2016): Chapter 11: Camera traps and public engagement. In: Rovero, F., Zimmermann, F. (Hrsg.): Camera Trapping for Wildlife Research: 219 – 236. Pelagic Publishing, Exeter.

Mishra, C., Allen, P., McCarthy, T., Madhusudan, M. D., Bayarjagal, A., Prins, H. H. (2003): The role of incentive programmes in conserving the snow leopard. Conservation Biology 17, 1512 – 1520.

NABU (2015): Die Koexistenz von Mensch und Wolf in Deutschland. Schriftliche Stellungnahme zum öffentlichen Fachgespräch „Wolf – Artenschutz und Management" des Ausschuss für Umwelt, Naturschutz, Bau und Reaktorsicherheit am 4. November 2015. https://www.bundestag.de/blob/393688/050b7a04a6dc2f1e5a17a3b1c57ef4bd/stellungnahme_nabu-data.pdf, zuletzt aufgerufen am 15. 01. 2018.

Naughton-Treves, L., Grossberg, R., Treves, A. (2003): Paying for tolerance? The impact of livestock depredation and compensation payments on rural citizens' attitudes toward wolves. Conservation Biology 17 (6), 1500 – 1511.

Nelson, F. (2009): Developing payments for ecosystem services approaches to carnivoreconservation. Human Dimensions of Wildlife. 14, 381 – 392.

Newsome,T. M., Dellinger, J. A., Pavey, C. R., Ripple, W. J., Shores, C. R., Wirsing, A. J., Dickman, C. R. (2015): The ecological effects of providing resource subsidies to predators. Glob. Ecol. Biogeogr. 24, 1 – 11.

Nie, M. A. (2001): The Sociopolitical Dimension of Wolf Management and Restoration in the United States. Human Ecology Review 8 (1), 1 – 12.

Oberbeck, H., Oppermann, R. (1994): Agrarwirtschaft und Dörfer am Scheideweg: Erfahrungen von Landwirten mit dem Wandel gesellschaftlicher Akzeptanz der landwirtschaftlichen Intensivproduktion. Soziale Welt 45 (3), 259 – 278.

Okamara, H., Langwald, D. (2002): Der Wolf – Ökologie, Verhalten, Schutz. Berlin, Parey.

Persson, J., Rauset, G. R., Chapron, G. (2015): Paying for an Endangered Predator Leads to Population Recovery 8 (5), 345 – 350.

Peters, D. M., Schraml, U. (2015): Kognitive Karten zur Nachhaltigkeit im Wald oder Der Igel versteckt sich vor dem Harvester. Allgemeine Forst- und Jagdzeitung (7/8), 125 – 136.

Peters, D., Köppl, S., Schraml, U. (2016): Generation Waldlust – Motive für die Selbstwerbung von Brennholz. Allgemeine Forst- und Jagdzeitung 11/12, 229 – 237.

Peterson, M. N., Birckhead, J. L., Keong, K., Peterson, M. J., Peterson, T. R. (2010): Rearticulating the myth of human–wildlife conflict. Conservation Letters 3(2), 74 – 82.

Pohja-Mykrä, M. (2016): Felony or act of justice? – Illegal killing of large carnivores as defiance of authorities. Journal of Rural Studies 44 (4), 46 – 54.

Pongratz, H. (1987): Bauern — am Rande der Gesellschaft? Eine theoretische und empirische Analyse zum gesellschaftlichen Bewußtsein von Bauern. Soziale Welt 38 (4), 522 – 544.

Prokop, P., Fancovicová, J. (2013): Does colour matter? The influence of animal warning coloration on human emotions and willingness to protect them. Animal Conservation 16 (4), 458 – 466.

Pro Natura (2001): Wer tötet den Luchs? Tatsachen, Hintergründe und Indizien zu illegalen Luchstötungen in der Schweiz. Beiträge zum Naturschutz in der Schweiz, Nr. 25/2001.

Purdy, J. S. (2017): Thinking like a mountain. In: n+1, Heft 29 https://nplusonemag.com/issue-29/reviews/thinking-like-a-mountain/, zuletzt aufgerufen am 15. 01. 2018

Ranke, K. [Begründer], Brednich, R. (1977 – 2015): Enzyklopädie des Märchens. Handwörterbuch zur historischen und vergleichenden Erzählforschung. 15 Bände. De Gruyter, Berlin.

Redpath, S. M., Young, J., Evely, A., Adams, W. A., Sutherland, W., Whitehouse, A., Amar, A., Lambert, A. R., Linnell, J., Watt, A. (2013): Understanding and managing conservation conflicts. Trends in Ecology and Evolution 28 (2), 100 – 109.

Redpath, S. M., Gutierrez, R. J., Wood, K. A., Sidway, R., Young, J. C. (2015): An introduction to conservation conflicts. In: Redpath, S. M., Gutierrez, R. J., Wood, K. A., Sidway, R., Young, J. C. (Hrsg.) (2015): Conflicts in Conservation. Navigating Towards Solutions. Cambridge University Press, Cambridge, 3 – 18.

Renn, O. (1986): Akzeptanzforschung: Technik in der gesellschaftlichen Auseinandersetzung. Chemie in unserer Zeit 20 (2), 44 – 52.

Rheinheimer, M. (1995): Die Angst vor dem Wolf – Werwolfglaube, Wolfssagen und Ausrottung der Wölfe in Schleswig-Holstein. Zeitschrift für Erzählforschung 36 (1/2), 25 – 78.

Röhrich, L. (2000): Lexikon der sprichwörtlichen Redensarten. Herder, Freiburg. 1910
Rolston, H. (1987): Beauty and the beast: Aesthetic experiences of wildlife. In: Decker, D., Goff, G. (Hrsg.): Valuing wildlife: Economic and social perspectives. Westview Boulder Press, Boulder, 187–196.
Ronnenberg, K., Habbe, B., Gräber, R., Strauß, E., Siebert, U. (2017): Coexistence of wolves and humans in a densely populated region (Lower Saxony, Germany). Basic and Applied Ecology. 10.1016/j.baae.2017.08.006.
Røskaft, E., Bjerke, T., Kaltenborn, B. P., Linnell, J., Andersen, R. (2003): Patterns of self-reported fear towards large carnivores among the Norwegian public. Evolution and Human Behavior 24, 184–198.
Ruchti, B. (2014): Wer hat Angst vor dem Wolf? Beobachter. https://www.beobachter.ch/burgerverwaltung/wildtiere-wer-hat-angst-vor-dem-wolf, letzter Zugriff am 13. 02. 2018.
Ruland, J. (2004): Krafttiere begleiten dein Leben. Schirner, Darmstadt.
Sandström, C., Pellikka, J., Ratamäki, O., Sande, A. (2009): Management of Large Carnivores in Fennoscandia: New Patterns of Regional Participation. Human Dimensions of Wildlife 14 (1), 37–50.
Schindler, N. (2001): Wilderer im Zeitalter der Französischen Revolution. Ein Kapitel alpiner Sozialgeschichte, C.H. Beck, München. 442 S.
Schraml, U. (1998): Die Normen der Jäger. Soziale Grundlagen des jagdlichen Handelns. RIWA Verlag, Augsburg. 280 S.
Schraml, U. (2000): Waidgerechtigkeit als Norm für jagdliches Handeln. In: Eisfeld, D., Huss, J., Oesten, G., Uerpmann, B., Volz, K.-R. (Hrsg.): Wald und Schalenwild: Neue Forschungsergebnisse zu einem alten Konfliktfeld. Freiburg: Berichte Freiburger Forstlicher Forschung 17, 145–158.
Schraml, U. (2016): Peter und der Wald oder: Woher kommt die Begeisterung für die Geheimnisse von Bäumen? Holz-Zentralblatt, Nr. 17, 437.
Schraml, U., Heurich, M. (2016): Frisst der Erfolg seine Kinder? Allgemeine Forstzeitschrift DerWald 2016, 22–24.
Schulz, W. (1985): Einstellung zur Natur: eine empirische Untersuchung. Diss. Universität München. 146 S.
SDW, Schutzgemeinschaft Deutscher Wald (Hrsg.) (2017): Zentrale Ergebnisse der Studie „Fokus Naturbildung“, http://www.sdw.de/cms/upload/Waldpaedagogik/Fokus_Naturbildung/170377_Broschure_Fokus_Naturbildung-Web150dpi.pdf, letzter Zugriff am 15. 02. 2018.
Sieberath, J. (2007): Die Akzeptanz des Nationalparks Eifel bei der lokalen Bevölkerung. BfN-Skripten 206. http://www.nationalpark-eifel.de/data/inhalt/Akzeptanz_NLP_Eifel_1693_1425300566_1425306258.pdf, letzter Zugriff am 15. 02. 2018.
Simberloff, D. (1998): Flagships, umbrellas, and keystones: Is single-species management passé in the landscape era? Biological Conservation 83 (3), 247–257.
Sjölander-Lindqvist, A. 2008. Local Identity, Science and Politics Indivisible: the Swedish Wolf Controversy Deconstructed. Journal of Environmental Policy and Planning 10 (1), 71–94.
Skogen, K. (2001): Who's afraid of the big, bad wolf? Young people's responses to the conflicts over large carnivores in eastern Norway. Rural Sociology 66 (2), 203–226.
Skogen, K. (2003): Adapting adaptive management to a cultural understanding of land use conflicts. Society and Natural Resources 16, 435–450.
Skogen, K., Krange, O. (2003): A Wolf at the Gate: The Anti-Carnivore Alliance and the Symbolic Construction of Community. Sociologia Ruralis 43, 309–325.
Skogen, K., Mauz, I., Krange, O. (2008): Cry Wolf!: Narratives of Wolf Recovery in France and Norway. Rural Sociology 73 (1), 105–133.
Stoll, S. (1999): Akzeptanzprobleme bei der Ausweisung von Großschutzgebieten: Ursachenanalyse und Ansätze zu Handlungsstrategien. Europäische Hochschulschriften 24. Frankfurt am Main. 268 S.
Stoll-Kleemann, S. (2001): Barriers to nature conservation in Germany: a model explaining opposition to protected areas. Journal of Environmental Psychology 21, 369–385.
Stokes, D. L. (2007): Things We Like: Human Preferences among Similar Organisms and Implications for Conservation. Human Ecology 35, 361–369.
Tisdell, C., Wilson, C., Nanthaa, H. S. (2006): Public choice of species for the ‚Ark‘: Phylogenetic similarity and preferred wildlife species for survival. Journal for Nature Conservation 14, 97–105.
Treff, H.-A. (Hrsg.) (1995): Bärenstark. Natur- und Kulturgeschichte der Bären. (Ausstellungskatalog Museum Mensch und Natur in München). Verlag Dr. F. Pfeil, München. 192 S.
Treves, A., Wallace, R. B., Naughton-Treves, N., Morales, A. (2006): Co-Managing Human-Wild-

life Conflicts: A Review. Human Dimensions of Wildlife 11 (6).

Treves, A., Karanth, K. U. (2003): Human-carnivore conflict and perspectives on carnivore management worldwide. Conservation Biology 17, 1491 – 1499.

Vaske, J. (2008): Survey Research and Analysis: Applications in Parks, Recreation and Human Dimensions. Venture, State College, Pennsylvania. 635 S.

Vaske, J., Manfredo, M. (2012): Social psychological considerations in wildlife management. In: Decker, D., Riley, S., Siemer, W. (2012): Human Dimensions of Wildlife Management. John Hopkins University Press, Baltimore, 43 – 57.

Wallner, A. (1998): Die Bedeutung der Raubtiere in der Mythologie: Ergebnisse einer Literaturstudie. Infoblatt Forschungsbereich Landschaftsökologie 39, 4 – 5.

Wallner, A., Hunziker, M. (2001): Die Kontroverse um den Wolf – Experteninterviews zur gesellschaftlichen Akzeptanz des Wolfes in der Schweiz. Forest Snow and Landscape Researches 76 (1/2), 191 – 212.

Walpole, M., Leader-Williams, N. (2002): Tourism and flagship species in conservation. Biodiversity & Conservation 11 (3), 543 – 547.

Williams, C. K., Ericsson, G., Heberlein, T. A. (2002): A quantitative summary of attitudes toward wolves and their reintroduction. Wildlife Society Bulletin 30 (2), 575 – 584.

Wilson, M. A. (1997): The wolf in Yellowstone: science, symbol, or politics? Deconstructing the conflict between environmentalism and wise use. Society and Natural Resources 10, 453 – 468.

Wippermann, C., Wippermann, K. (2010): Mensch und Wald: Einstellungen der Deutschen zum Wald und zur nachhaltigen Waldwirtschaft. W. Bertelsmann Verlag, Bielefeld. 182 S.

Wohlleben, P. (2015): Das geheime Leben der Bäume: Was sie fühlen, wie sie kommunizieren – die Entdeckung einer verborgenen Welt. Ludwig. Kiel. 224 S.

Wohlleben, P. (2016): Das Seelenleben der Tiere: Liebe, Trauer, Mitgefühl – erstaunliche Einblicke in eine verborgene Welt. Ludwig. Kiel. 240 S.

WWF 2014. WWF-Umfrage: Mehrheit ist „Pro Wolf". Pressemitteilung vom 10. Februar 2014, http://www.wwf.de/2014/februar/wwf-umfrage-mehrheit-ist-pro-wolf/, zuletzt aufgerufen am 15. 01. 2018.

Zander, K. et al. (2013): Erwartungen der Gesellschaft an die Landwirtschaft. Abschlussbericht. Thünen-Institut, Braunschweig. https://www.thuenen.de/media/institute/ma/Downloads/SWL_Zander_etal_2013.pdf, zuletzt aufgerufen am 15. 01. 2018.

Zimen, E. (1990): Der Wolf – Verhalten, Ökologie und Mythos. Knesebeck und Schuler, München. 512 S.

Zimmermann, B., Wabakken, P., Dötterer M. (2001): Human-carnivore interactions in Norway: How does the reappearance of large carnivores affect people's attitude and level of fear? Forest Snow and Landscape Research, 76 (1), 1 – 17.

Zipes, J. (1985): Rotkäppchens Lust und Leid. Ullstein, Berlin. 217.

8 Rechtlicher Schutz von Wolf, Luchs und Bär

JOCHEN SCHUMACHER

Wölfe, Luchse und Bären sind in Europa durch das „Übereinkommen über die Erhaltung der europäischen wildlebenden Pflanzen und Tiere und ihrer natürlichen Lebensräume" (Berner Konvention) und im Bereich der Europäischen Union zusätzlich durch die „Richtlinie 92/43/EWG zur Erhaltung der natürlichen Lebensräume sowie der wildlebenden Tiere und Pflanzen" (Fauna-Flora-Habitat-Richtlinie) geschützt. Die Berner Konvention stellt Wolf und Bär unter strengen Schutz, während der Luchs einen niedrigeren Schutzstatus („geschützte Tierart") inne hat. Nach der FFH-Richtlinie unterliegen diese Tierarten einheitlich einem strengen Schutz.

8.1 Berner Konvention

8.1.1 Einleitung

Die internationale Berner Konvention (BK 1979) zählt zu den bedeutendsten Übereinkommen zum Schutz der europäischen Flora und Fauna (Lasén Diaz 2010), sie wurde u.a. von der Schweiz, Deutschland, Österreich und der Europäischen Union ratifiziert und ist geltendes nationales Recht. Von der Europäischen Union wurde die Berner Konvention 1992 mit der Fauna-Flora-Habitat-Richtlinie (Kokott 2011) in europäisches Recht umgesetzt.

8.1.2 Ziel der Berner Konvention

Die Berner Konvention (BK) verfolgt das Ziel, die wildlebenden Pflanzen und Tiere sowie ihre natürlichen Lebensräume zu erhalten. Dies gilt insbesondere für Arten und Lebensräume, deren Erhaltung die Zusammenarbeit mehrerer Staaten erforderlich macht (Art. 1 Abs. 1 BK, vgl. dazu auch die Präambel der BK). Die besondere Aufmerksamkeit der Konvention gilt den gefährdeten und den empfindlichen Arten einschließlich der gefährdeten und der empfindlichen wandernden Arten (Art. 1 Abs. 2 BK). Unterteilt nach dem jeweiligen Gefährdungsgrad sind in drei Anhängen streng geschützte Pflanzen (Anhang I) und Tiere (Anhang II) sowie allgemein geschützte Tierarten (Anhang III) gelistet. Die Karnivoren Bär (*Ursus arctos*) und Wolf (*Canis lupus*) zählen zu den in Anhang II gelisteten „streng geschützten Tierarten", der in Anhang III gelistete Luchs (*Lynx lynx*) zu den „geschützten Tierarten".

Damit das Konventionsziel erreicht werden kann, haben die Vertragsstaaten „die erforderlichen Maßnahmen zu ergreifen, um die Population der wildlebenden Pflanzen und Tiere auf einem Stand zu erhalten oder auf einen Stand zu bringen, der insbesondere den ökologischen, wissenschaftlichen und kulturellen Erfordernissen entspricht", Art. 2 BK. Mit solchen Maßnahmen soll die Erhaltung gefährdeter natürlicher Lebensräume wildlebender Pflanzen- und Tierarten, vor allem der in den Anhängen I und II genannten Arten, sowie die Erhaltung gefährdeter natürlicher Lebensräume sichergestellt werden, Art. 4 Abs. 1 BK. Zu diesen Maßnahmen zählt insbesondere die Ausweisung von Schutzgebieten, sofern dies für den Erhalt der Arten und Lebensräume notwendig ist. Für die in den Anhängen II und III genannten wandernden Arten verpflichtet die Berner Konvention zudem zum Schutz derjenigen Gebiete, die als Überwinterungs-, Sammel-, Futter-, Brut- oder Mauserplätze im Verhältnis zu den Wanderrouten günstig gelegen sind, Art. 4 Abs. 3 BK.

Neben dem Schutz der Lebensräume stellen die Regelungen zum Artenschutz die zweite Säule der Berner Konvention dar. Regelungen zum Schutz der in Anhang I aufgelisteten streng geschützten Pflanzenarten enthält Art. 5 BK. Für Wolf, Bär und die übrigen nach Anhang II streng geschützten Tierarten sieht Art. 6 BK vor, dass die Vertragsparteien die geeigneten und erforderlichen Gesetze erlassen und die entsprechenden Verwaltungsmaßnahmen ergreifen, um den besonderen Schutz zu gewährleisten. Die Konvention sieht hierfür in Art. 6 Satz 2 lit. a bis e eine beispielhafte und nicht abschließende Aufzählung von Verboten vor. Konkret bedeutet dies, dass noch weitere Verbote hinzukommen können, sofern sie für das Ziel der Erhaltung der wildlebenden Tiere sowie ihrer natürlichen Lebensräume erforderlich sind.

Verboten ist das absichtliche Fangen, Halten oder Töten der in Anhang II aufgeführten Tierarten sowie das mutwillige Beschädigen oder Zerstören ihrer Brut- oder Raststätten. Absicht erfordert dabei nicht, dass die Beeinträchtigung das Ziel einer Handlung ist. Es reicht aus, dass die Beeinträchtigung erkannt und in Kauf genommen wird (Standing Committee 1989; Schumacher 2016). Wird z. B. ein Vorhaben zugelassen, obwohl mit der Genehmigung die Möglichkeit einer Schädigung von geschützten Tieren und Pflanzen oder von Nist-, Brut-, Wohn- und Zufluchtstätten besteht, geschieht dies unter Inkaufnahme der Folgen und somit absichtlich. Auch die mutwillige Beunruhigung wildlebender Tiere ist – vor allem während der Zeit des Brütens, der Aufzucht der Jungen und des Überwinterns – verboten, wenn dies Auswirkungen in Bezug auf die Ziele der Konvention hat. Des Weiteren sind Besitz und Handel mit diesen Tieren (einschließlich ausgestopfter Tiere, Teile dieser Tiere oder Erzeugnisse aus diesen Tieren) verboten. Ausnahmen von diesen Verboten dürfen nur nach Maßgabe von Art. 9 BK zugelassen werden.

Art. 7 BK regelt den Schutz der in Anhang III aufgeführten wildlebenden Tierarten (z. B. Luchs). Art. 7 Abs. 1 BK verpflichtet jede Vertragspartei dazu, die geeigneten und erforderlichen gesetzgeberischen und Verwaltungsmaßnahmen zu treffen, um den Schutz der aufgeführten Arten sicherzustellen. Jegliche Nutzung der Tiere ist so zu regeln, dass die Populationen in ihrem Bestand nicht gefährdet werden, Art. 7 Abs. 2 BK. Dieser Schutz umfasst auch die lokalen Unterarten, Varietäten und Formen.

Mit diesen Verbotsregelungen soll das Konventionsziel – der langfristige Erhalt der in den Anhängen I bis III gelisteten Arten und ihrer Lebensräume – sichergestellt werden.

8.1.3 Ausnahmeregelungen nach Art. 9 Berner Konvention

Nach Art. 9 Abs. 1 können die Vertragsstaaten Ausnahmen von den Art. 4 bis 7 und vom Verbot der Verwendung der in Art. 8 bezeichneten Mittel (verbotene Mittel und Methoden des Tötens, Fangens und anderer Formen der Nutzung) dann zulassen, wenn es

- keine andere befriedigende Lösung gibt,
- die Ausnahme dem Bestand der betreffenden Population nicht schadet und
- mindestens ein Rechtfertigungsgrund nach Art. 9 Abs. 1 Spiegelstrich 1 bis 5 vorliegt.

Diese Voraussetzungen müssen kumulativ, also gemeinsam vorliegen. Die beiden erstgenannten Voraussetzungen stellen zwei allgemeine, dem detaillierten Ausnahmekatalog übergeordnete Anforderungen dar, mit denen die zentralen Zielsetzungen der Konvention erreicht werden sollen. Diese lassen sich wie folgt beschreiben:

- Die Vermeidung von Beeinträchtigungen der geschützten Naturgüter hat Vorrang vor der Zulassung einer Ausnahme. Auch wenn eine geplante Tätigkeit einen der fünf in Art. 9 Abs. 1 genannten Ausnahmefälle bildet, muss man nach einer die Schutzgüter der Konvention weniger beeinträchtigenden Alternative suchen. Sofern es eine andere befriedigende Lösung gibt, um den Zweck einer voraussichtlich mit negativen Auswirkungen auf die Schutzgüter der Konvention verbundenen Tätigkeit zu erreichen, muss die stärker beeinträchtigende Variante unterlassen werden.
- Die zweite Voraussetzung bildet ein zwingendes Korrektiv, eine Sperre. Auch wenn die geplante Tätigkeit unter eine der fünf in Art. 9 Abs. 1 genannten Ausnahmen fällt und es keine andere befriedigende Lösung gibt, darf die Ausnahme nicht zur Folge haben, dass die Population Schaden nimmt, vgl. den Abschnitt „Ausnahmegründe". Das bedeutet,

dass die Integrität des geschützten Naturgutes Vorrang hat.

- Zulässig ist eine Ausnahme also dann, wenn die beiden übergeordneten Anforderungen beachtet werden und einer der Gründe aus Art. 9 Abs. 1 Spiegelstrich 1 bis 5 vorliegt:
  - zum Schutz der Pflanzen- und Tierwelt;
  - zur Verhütung ernster Schäden an Kulturen, Viehbeständen, Wäldern, Fischgründen, Gewässern und anderem Eigentum;
  - im Interesse der öffentlichen Gesundheit und Sicherheit oder anderer vorrangiger öffentlicher Belange;
  - für Zwecke der Forschung, der Bestandsauffrischung, der Wiederansiedlung und der Aufzucht,
  - um unter streng überwachten Bedingungen selektiv und in begrenztem Umfang das Fangen, das Halten oder eine andere vernünftige Nutzung bestimmter wildlebender Tiere und Pflanzen in geringen Mengen zu gestatten.

Diesen Katalog von Ausnahmen hält die Konvention für angemessen und ausreichend, um einen vernünftigen Ausgleich zwischen den Zielen der Konvention und anderen Interessen herbeizuführen. Die Konvention würdigt dabei öffentliche und private Interessen, z. B. an der Verhütung von Schäden am Eigentum. Bezüglich der öffentlichen Interessen enthält sie in Spiegelstrich 3 eine Generalklausel. Diese ermöglicht es ganz allgemein, eine Ausnahme im Interesse vorrangiger öffentlicher Belange zu machen. Als Leitlinie für die Bewertung der mit der Konvention verfolgten Interessen sind die Zielsetzung der Konvention nach Art. 1 und die in der Präambel genannten Gründe heranzuziehen.

Prüfung von Alternativlösungen

Art. 9 Abs. 1 nennt als eine der Voraussetzungen für eine Ausnahme, dass es „keine andere befriedigende Lösung" gibt. Diese Voraussetzung impliziert, dass noch andere Lösungen in Betracht gezogen wurden und nur quasi als Ultima Ratio eine Ausnahme erfolgen soll. Ist eine andere befriedigende Lösung möglich, die eine Ausnahme von den Artikeln 4 bis 8 nicht erfordert, so ist diese zu wählen.

Die Alternativlösungen sind im Zusammenhang mit den Konventionszielen zu betrachten. Je nach betroffener Art und den vorliegenden Ausnahmegründen können sehr unterschiedliche Alternativlösungen in Betracht kommen. Zur Abwehr wirtschaftlicher Schäden zählen dazu beispielsweise das Einzäunen von Viehweiden und der Einsatz von Herdenschutzhunden zum Schutz gegen Wölfe oder der Schutz von Bienenstöcken gegen Bären mittels Elektrozaun. Ebenso kann die Bestandsförderung von Beutetieren zu einem größeren „natürlichen" Nahrungsangebot für Großraubtiere und damit zu einem geringeren Schadensausmaß bei Nutztieren führen. Für die Schadensminimierung gibt es dabei auch eine Mitwirkungspflicht des betroffenen Eigentümers. Eine Alternativlösung kann – insbesondere in Kombination mit schadensvorbeugenden Maßnahmen – auch in einem Ausgleich des entstandenen Schadens liegen, sei es durch (staatliche) Entschädigungszahlungen oder durch entsprechende Versicherungssysteme.

Auswirkungen auf den Bestand der betreffenden Population

Art. 9 nennt als Voraussetzung für eine Ausnahme von den Artikeln 4 bis 7 und vom Verbot der Verwendung der in Art. 8 bezeichneten Mittel, dass die Ausnahme dem Bestand der betreffenden Population nicht schadet. Der aktuelle Bestand muss der Behörde dabei bekannt sein. Unter „Population" ist „eine Gruppe von Individuen einer Art, die in einem abgegrenzten Gebiet eine potenzielle Fortpflanzungsgemeinschaft bilden" (Smith und Smith 2009), zu verstehen. Innerhalb einer Population besteht ein gemeinsamer Genpool (darunter wird die Gesamtheit der Gene aller Individuen einer Population zu einem bestimmten Zeitpunkt verstanden – Smith und Smith 2009, S. 34), der sich i. d. R. vom Genpool anderer Populationen unterscheidet.

Die Berner Konvention verfolgt als Generalziel die Erhaltung wildlebender Pflanzen und

Tiere sowie die ihrer natürlichen Lebensräume, insbesondere der Arten und Lebensräume, deren Erhaltung die Zusammenarbeit mehrerer Staaten erfordert. Dieses Ziel kann nur erreicht werden, wenn sich die Bestände der wildlebenden Pflanzen und Tiere in einem überlebensfähigen Zustand befinden. Dies wird sowohl in der Präambel als auch in Art. 1 BK deutlich.

Gerade bei gefährdeten Arten kann häufig bereits die Beeinträchtigung einer Population oder sogar einzelner Individuen zu einer Verschlechterung der Bestandssituation führen. Folgerichtig lässt Art. 9 Abs. 1 BK eine Ausnahme nur dann zu, wenn dies dem Bestand der „betreffenden Population" – also der durch die Ausnahme betroffenen Population – nicht schadet. Eine Bewertung der Gesamtsituation der Art in ihrem natürlichen Verbreitungsgebiet sieht die Berner Konvention (im Gegensatz zur FFH-Richtlinie) nicht vor. Jede Population der durch die Berner Konvention geschützten Pflanzen- und Tierarten trägt zur Verwirklichung der Schutzziele der Konvention bei und ist daher – auch bei Inanspruchnahme einer Ausnahmegenehmigung nach Art. 9 – in ihrem Bestand zu bewahren. Infolge einer Ausnahme darf daher der Bestand der betreffenden Population(en) keinen Schaden erleiden. Sind durch die Ausnahme die Populationen mehrerer durch die Anhänge I bis III geschützter Arten betroffen, so gilt dies selbstverständlich für alle betroffenen Arten.

Ausnahmegründe

Schutz der Pflanzen- und Tierwelt

Nach Art. 9 Absatz 1 Spiegelstrich 1 BK kann eine Ausnahme „zum Schutz der Pflanzen- und Tierwelt" zugelassen werden. Diese Formulierung ist allgemein gehalten und bezieht sich auf alle wildlebenden Pflanzen und Tiere, die eine entsprechende Schutzbedürftigkeit aufweisen. Schutzbedürftig sind insbesondere gefährdete und empfindliche Arten. Einen Hinweis auf die Gefährdung einer Art gibt z. B. die Auflistung in den entsprechenden Anhängen der Berner Konvention, der FFH-Richtlinie, dem Washingtoner Artenschutzübereinkommen (CITES) oder die Nennung als Rote-Liste-Art. Für eine Gefährdung reicht eine regionale Bedrohung des Bestandes der zu schützenden Art aus. Richten z. B. Wolf, Luchs oder Bär Schäden an, die für die betreffenden Pflanzen- und Tierarten nicht bestandsbedrohend sind, rechtfertigt dies keine Ausnahme vom strengen Artenschutz. Das Gleiche gilt für Schäden an weit verbreiteten Arten.

Verhütung ernster Schäden an Kulturen, Viehbeständen, Wäldern, Fischgründen, Gewässern und anderem Eigentum

Eine Inanspruchnahme der Ausnahmeregelung ist auch möglich, um „ernste" Schäden zu verhüten, die an Kulturen, Viehbeständen, Wäldern, Fischgründen, Gewässern und anderem Eigentum entstehen können. Die Ausnahme zielt somit auf die Vermeidung von erheblichen wirtschaftlichen Schäden ab. Für die Frage, ab wann ein „ernster Schaden" i. S. der Berner Konvention eintritt, sind die Intensität und die Dauer der schädlichen Einwirkung sowie das Maß der verursachten Zerstörung oder Schädigung entscheidend (Standing Committee 1993). Erst das Vorliegen oder die Gefahr einer erheblichen Schädigung kann eine Ausnahme rechtfertigen. Es ist nicht erforderlich, dass der Schaden bereits eingetreten ist. Vielmehr reicht es aus, dass ein ernster Schaden mit hoher Wahrscheinlichkeit eintreten wird. Vereinzelte Schadensereignisse und geringe Schäden rechtfertigen dagegen keine Ausnahmen von den Art. 4, 5, 6, 7 und vom Verbot der Verwendung der in Art. 8 bezeichneten Mittel.

Interesse der öffentlichen Gesundheit und Sicherheit oder anderer vorrangiger öffentlicher Belange

Eine Rechtfertigung von Ausnahmen von den Art. 4 bis 7 und vom Verbot der Verwendung der in Art. 8 bezeichneten Mittel kann im Interesse der öffentlichen Gesundheit und Sicherheit oder anderer vorrangiger öffentlicher Belange erfolgen. Auswirkungen auf die öffentliche Gesundheit und Sicherheit können z. B. Angriffe von Tieren auf Menschen oder etwa Tierseuchen haben.

Der Schutz der Tier- und Pflanzenarten und der natürlichen Lebensräume kann mit wichtigen öffentlich-rechtlichen Gütern kollidieren. In diesen Fällen kann der umfassende Schutz der Art. 4 bis 8 ausnahmsweise hinter die öffentlichen Belange zurücktreten. Die Ausnahmegründe sind dabei aber eng auszulegen. Nur erhebliche Gründe des öffentlichen Interesses können eine erhebliche Beeinträchtigung eines Lebensraums oder einer Art rechtfertigen. Dabei kann es sich z. B. um Maßnahmen zur Entschärfung bestehender Unfallschwerpunkte handeln, die helfen können, Unfälle mit Todes- oder Verletzungsfolgen zu vermeiden. Rein private Interessen sowie nicht vorrangige öffentliche Interessen rechtfertigen hingegen keine Ausnahme nach Art. 9 BK.

8.1.4 Vorbehalt

Nach Art. 22 BK kann jeder Staat bei der Unterzeichnung oder bei der Hinterlegung seiner Ratifikations-, Annahme-, Genehmigungs- oder Beitrittsurkunde einen oder mehrere Vorbehalte in Bezug auf bestimmte, in den Anhängen I bis III aufgeführten Arten und/oder für bestimmte, in den Vorbehalten genannte Arten in Bezug auf bestimmte, in Anhang IV aufgeführte Mittel oder Methoden des Tötens, Fangens oder der sonstigen Nutzung machen. Verschiedene Staaten haben vor ihrem Beitritt zur Berner Konvention von einem solchen Vorbehalt Gebrauch gemacht, vor allem deshalb, weil sich die Bestandssituation der betreffenden Tierart in einem ausgewogenen Zustand befand und daher keinem besonderen Schutz unterworfen werden musste. Sowohl Deutschland als auch Österreich und die Schweiz haben von dieser Möglichkeit keinen Gebrauch gemacht. Einen nachträglichen Vorbehalt – wie es von verschiedenen Seiten in der Schweiz verlangt wurde – sieht die Berner Konvention nicht vor; ein solcher würde auch den Regelungen der Wiener Vertragsrechtskonvention widersprechen. Eine Bestimmung, die jedem Vertragsstaat erlauben würde, nach Vertragsabschluss einseitig Vorbehalte zu sämtlichen Vertragsinhalten anzubringen, würde das Vertragswerk als solches infrage stellen.

8.2 Fauna-Flora-Habitat-(FFH)-Richtlinie

8.2.1 Schutzgebietsnetz „Natura 2000“

Die FFH-Richtlinie (FFH-RL) dient der Bewahrung des europäischen Naturerbes. Ihr Ziel ist die Erhaltung oder Wiederherstellung eines günstigen Erhaltungszustandes der Lebensräume und Arten von gemeinschaftlichem Interesse (Art. 2 Abs. 2 FFH-RL). Um dies zu erreichen, wird das kohärente ökologische Netz besonderer Schutzgebiete („Natura 2000“) für die in Anhang I bezeichneten natürlichen Lebensraumtypen und für die Habitate der in Anhang II bezeichneten Arten eingerichtet (Art. 3 FFH-RL). Zu diesen Arten gehören Wolf[1], Luchs[2] und Bär.[3]

Bei Wolf und Bär handelt es sich um sogenannte prioritäre Arten, d. h. um bedrohte Arten, für deren Erhaltung der Gemeinschaft eine besondere Verantwortung zukommt, Art. 1 lit. a FFH-RL; deshalb sind für diese Arten anhand der in der FFH-RL in Anhang III (Phase 1, Abschnitt B) aufgeführten Kriterien, geeignete Flächen auszuwählen und auf diesen Schutzgebiete einzurichten. Bei Tierarten, die große Lebensräume beanspruchen, entsprechen die zu meldenden Gebiete nach Art. 4 Abs. 1 Satz 2 FFH-RL den Orten im natürlichen Verbreitungsgebiet dieser Arten, welche die für ihr Leben und ihre Fortpflanzung ausschlaggebenden physischen und biologischen Elemente aufweisen (Schumacher und Fischer-Hüftle 2010).

8.2.2 Vernetzungsfunktion nach Art. 10 FFH-RL

Die FFH-RL greift in Art. 3 Abs. 3 und Art. 10 den Vernetzungsgedanken auf. Danach bemühen sich die Mitgliedstaaten um den Erhalt und

---

1 Ausgenommen hiervon sind die estnische Population sowie lettische, litauische und finnische Populationen; griechische Populationen: nur die Populationen südlich des 39. Breitengrades.

2 Ausgenommen die estnischen, lettischen und finnischen Populationen.

3 Ausgenommen die estnischen, finnischen und schwedischen Populationen.

die Pflege von Landschaftselementen, die von ausschlaggebender Bedeutung für wildlebende Tiere und Pflanzen sind, insbesondere wenn sie dies für die Verbesserung der ökologischen Kohärenz von Natura 2000 für erforderlich halten. Das Natura-2000-Netzwerk muss den Fortbestand oder gegebenenfalls die Wiederherstellung eines günstigen Erhaltungszustandes der Habitate der Arten (Anhang II) in ihren natürlichen Verbreitungsgebieten gewährleisten. Vernetzungsmaßnahmen können erforderlich sein, um einen günstigen Erhaltungszustand dieser Arten zu erreichen oder zu erhalten. Von Bedeutung ist dies z.B. für den Luchs, der sich aktuell in Deutschland in einem ungünstigen Erhaltungszustand befindet. So besteht das Vorkommen der bayerisch-tschechisch-österreichischen Luchspopulation zwar aus 60 bis 80 selbstständigen Tieren, sie ist jedoch räumlich isoliert und droht genetisch zu verarmen (Bull et al. 2016, Müller et al. 2014). Zu den notwendigen Maßnahmen für die Wiederherstellung eines günstigen Erhaltungszustandes gehört es deshalb auch, die geeigneten Lebensräume zu verbinden.

Derartige Maßnahmen können auch notwendig sein, um dem Verschlechterungsverbot von Art. 6 Abs. 2 FFH-RL gerecht zu werden, wonach eine Verschlechterung der geschützten Lebensräume, Habitate oder Populationen in den Schutzgebieten nicht zulässig ist. Art. 10 FFH-RL kann somit auch als Ergänzung von Art. 6 Abs. 2 FFH-RL verstanden werden, weil er den Mitgliedstaaten Maßnahmen vorgibt, um in den besonderen Schutzgebieten die Verschlechterung der natürlichen Lebensräume und der Habitate der Arten sowie Störungen von Arten, für die die Gebiete ausgewiesen sind oder Störungen die sich im Hinblick auf die Ziele der FFH-RL erheblich auswirken können, zu vermeiden.

8.2.3 Artenschutz nach Art. 12 ff. FFH-RL

Die FFH-RL enthält in den Art. 12 ff. einen eigenen Abschnitt über den Artenschutz, der unabhängig von den Gebietsschutzvorschriften für Arten konzipiert ist. Der Schutz greift im gesamten Verbreitungsareal einer Art und gilt für die in Anhang IV der Richtlinie aufgeführten Arten. Wolf[4], Luchs[5] und Bär gehören zudem zu den in Anhang IV lit. a FFH-RL aufgeführten streng zu schützenden Tierarten. Für sie haben die Mitgliedstaaten nach Art. 12 FFH-RL auch außerhalb der besonderen Schutzgebiete einen strengen Schutz zu gewährleisten. Neben den in Art. 12 Abs. 1 und 2 formulierten Verboten beinhaltet dies auch eine Überwachung des unbeabsichtigten Fangs oder Tötens der streng geschützten Tierarten. Des Weiteren ist durch entsprechende Maßnahmen sicherzustellen, dass der unbeabsichtigte Fang oder das unbeabsichtigte Töten keine signifikanten negativen Auswirkungen auf die betreffenden Arten haben.

Art. 12 FFH-RL enthält folgende Verbotstatbestände für die in Anhang IV lit. a genannten Tierarten: Verboten sind danach u. a.

- alle absichtlichen Formen des Fangs oder der Tötung von aus der Natur entnommenen Exemplaren (Abs. 1),
- jede absichtliche Störung dieser Arten, insbesondere während der Fortpflanzungs-, Aufzucht-, Überwinterungs- und Wanderungszeiten (Abs. 1),
- Besitz, Transport, Handel oder Austausch und Angebot zum Verkauf oder Austausch von aus der Natur entnommenen Exemplaren (Abs. 2).

Nach der Rechtsprechung des Europäischen Gerichtshofs zählen zu den absichtlichen Zugriffsformen alle Handlungen, die eine Tötung wissentlich in Kauf nehmen (EuGH, Urt. v. 10.1.2006 – C-98/03, NuR 2006, 166, Rdnr. 55).

---

[4] Ausgenommen die griechischen Populationen nördlich des 39. Breitengrades; die estnischen Populationen, die spanischen Populationen nördlich des Duero; die bulgarischen, lettischen, litauischen, polnischen, slowakischen Populationen und die finnischen Populationen innerhalb des Rentierhaltungsareals im Sinne von Paragraf 2 des finnischen Gesetzes Nr. 848/90 vom 14. September 1990 über die Rentierhaltung.

[5] Ausgenommen die estnische Population.

Von diesem strengen Schutz nach Art. 12 FFH-RL kann in den Grenzen von Art. 16 FFH-RL (EuGH, Urt. vom 14.6.2007 – C-342/05, NuR 2007, 477, Rdnr. 28) abgewichen werden. Voraussetzung dafür ist, dass es keine Alternativen gibt, die Populationen der betreffenden Art in ihrem natürlichen Verbreitungsgebiet in einem günstigen Erhaltungszustand verweilen und einer der Ausnahmegründe nach Art. 16 Abs. 1 lit. a) bis e) vorliegt.

Erste Voraussetzung für eine Ausnahme nach Art. 16 FFH-RL ist, dass es keine andere zufriedenstellende Lösung gibt. Kommen also zumutbare Standort- oder Ausführungsalternativen in Betracht, gilt es die Zugriffsverbote strikt einzuhalten, eine Ausnahme ist daher nicht mehr möglich. Des Weiteren müssen die Populationen der betroffenen Art in ihrem natürlichen Verbreitungsgebiet, trotz der Ausnahmeregelung, ohne Beeinträchtigung in einem günstigen Erhaltungszustand bestehen können. Dabei ist auf den Zustand in der jeweiligen biogeographischen Region des jeweiligen Mitgliedstaates abzustellen (EuGH, Urt. v. 14. 6. 2007 – C-342/05, NuR 2007, 477, Rdnr. 26 und 45).

Der Erhaltungszustand einer Art wird nach Art. 1 lit. i) FFH-RL als günstig betrachtet, wenn aufgrund der Populationsdynamik der Art anzunehmen ist, dass diese Art ein lebensfähiges Element des natürlichen Lebensraumes, dem sie angehört, bildet und langfristig weiter bilden wird, das natürliche Verbreitungsgebiet dieser Art weder abnimmt noch in absehbarer Zeit vermutlich abnehmen wird und ein genügend großer Lebensraum vorhanden ist und wahrscheinlich weiterhin vorhanden sein wird, um langfristig ein Überleben der Population dieser Art zu sichern.

Bei einem ungünstigen Erhaltungszustand sind zwar Abweichungen vom strengen Schutz grundsätzlich ausgeschlossen, der EuGH sieht allerdings bei Vorliegen von „außergewöhnlichen Umständen“ auch im Falle eines ungünstigen Erhaltungszustandes Zulassungsmöglichkeiten. Diese Umstände für eine Ausnahme können nach der Entscheidung des EuGH (Finnischer Wolf) dann vorliegen, wenn hinreichend nachgewiesen ist, dass die Ausnahme nicht geeignet ist, den ungünstigen Erhaltungszustand der betroffenen Populationen zu verschlechtern oder die Wiederherstellung eines günstigen Erhaltungszustands zu behindern. (EuGH, Urt. v. 14. 6. 2007 – C-342/05, NuR 2007, 477, Rdnr. 29, Steeck 2010). In diesen Fällen wären die Auswirkungen der Ausnahmeregelung auf den Erhaltungszustand der betroffenen Art in ihrem Verbreitungsgebiet neutral (EuGH, Urt. v. 14. 6. 2007 – C-342/05, NuR 2007, 477, Rdnr. 29). Der EuGH lässt daher bei einem ungünstigen Erhaltungszustand nur dann Ausnahmen zu, wenn sie allenfalls zu marginalen Beeinträchtigungen der bereits geschädigten Population führen. In diesen Fällen wäre es unverhältnismäßig, auf dem strengen Schutz der Zugriffsverbote zu bestehen.

Im Weiteren setzt Art. 16 FFH-RL voraus, dass die Zulassung einer Abweichung nur erfolgen darf, wenn einer der folgenden Gründe gegeben ist:

- Schutz der wildlebenden Tiere und Pflanzen und Erhaltung der natürlichen Lebensräume;
- Verhütung ernster Schäden insbesondere an Kulturen und in der Tierhaltung sowie an Wäldern, Fischgründen und Gewässern und an sonstigen Formen von Eigentum;
- im Interesse der Volksgesundheit und der öffentlichen Sicherheit oder aus anderen zwingenden Gründen des überwiegenden öffentlichen Interesses, einschließlich solcher sozialer und wirtschaftlicher Art;
- zu Zwecken der Forschung und des Unterrichts, der Bestandsauffüllung und Wiederansiedelung;
- um unter strenger Kontrolle, selektiv und in beschränktem Ausmaß die Entnahme oder Haltung einer begrenzten und spezifizierten Anzahl von Exemplaren zu erlauben.

Alle 2 Jahre haben die Mitgliedstaaten gemäß Art. 16 Abs. 2 FFH-RL der Europäischen Kommission einen Bericht über die genehmigten Ausnahmen vorzulegen, welcher u. a. auch über den Grund der Ausnahme, gegebenenfalls verworfene Alternativlösungen, die benutzten wissenschaftlichen Daten sowie über die zeitlichen und örtlichen Umstände der Ausnahmegenehmigungen Auskunft geben muss, Art. 16 Abs. 3 FFH-RL.

8.3 Deutschland

Deutschland ist sowohl an das internationale Recht (Berner Konvention) als auch an das europäische Recht gebunden (zur Normenhierarchie in Bezug auf die großen Beutegreifer in Deutschland und Österreich sowie abweichend davon in der Schweiz s. Abb. 8-1). Die Umsetzung dieser Vorgaben erfolgt im Bundesnaturschutzgesetz (BNatSchG). Die Aufnahme des Wolfes in die Liste jagdbarer Tiere wie in Sachsen (vgl. § 3 Sächsische Jagdverordnung) erscheint aus kompetenzrechtlichen Gründen falsch. Das Recht des Artenschutzes gehört zu den Kernkompetenzen des Bundesgesetzgebers und ist im BNatSchG abschließend geregelt. Die Länder haben keine Abweichungskompetenz für eine eigenständige Lösung. Sie können Artenschutzregelungen auch nicht auf den sogenannten „jagdrechtlichen Artenschutz" und damit auf die Gesetzgebungskompetenz für das Jagdwesen stützen, weil der jagdliche „Artenschutz" als Hegeverpflichtung für das auch unter Artenschutzgesichtspunkten grundsätzlich jagdbare Wild etwas anderes ist als eine Artenschutzregelung (Köck, in Möckel/Köck, Naturschutz- und Jagdrecht nach der Föderalismusreform, Bonn, 2015, S. 80 ff.; vgl. hierzu auch Brenner DÖV 2014, 235 f.).

8.3.1 Schutzgebiete

Die §§ 32 ff. BNatSchG enthalten die Regelungen zum europäischen Schutzgebietsnetz „Natura 2000" und bilden damit die nationale Grundlage für die Ausweisung von Schutzgebieten für Beutegreifer. Da Wolf, Luchs und Bär zu den „Anhang-II-Arten" der FFH-RL gehö-

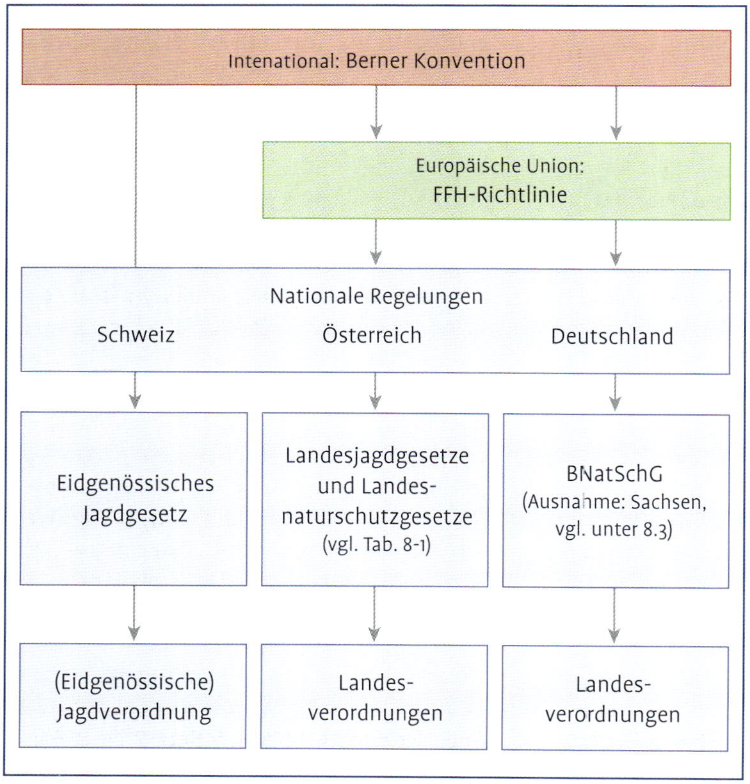

Abb. 8-1 Normenhierarchie in Bezug auf die großen Beutegreifer in Deutschland, Österreich und der Schweiz.

ren, besteht für sie die Verpflichtung, Schutzgebiete einzurichten, wenn es – wie bei Wolf und Luchs – Vorkommen in Deutschland gibt. Liegen die Vorkommen in schon bestehenden Natura-2000-Gebieten, so sind ggf. die Meldeunterlagen (sogenannte Standard-Datenbogen) zu aktualisieren und die vorkommende Art in den gebietsspezifischen Managementplan aufzunehmen. Bei der Durchführung von Plänen und Projekten sind die Arten und Habitate entsprechend zu berücksichtigen.

8.3.2 Artenschutz

Die nach § 7 Abs. 2 Nr. 14 BNatSchG streng geschützten Arten sind in Anhang IV der FFH-RL gelistet, hierzu zählen auch Wolf, Luchs und Bär. Im BNatSchG wurden die europäischen (Artenschutz-)Vorschriften der FFH-RL in den §§ 44 ff. BNatSchG umgesetzt. Diese Vorschriften zum besonderen Artenschutz enthalten Zugriffs-, Besitz- und Vermarktungsverbote, Ausnahmeregelungen sowie Vorschriften über die Nachweispflicht und die Einziehung.

Zugriffsverbote

Zugriffsverbote des besonderen Artenschutzes sind diejenigen Vorschriften, die bei der Abwehr von Beeinträchtigungen der Artenvielfalt in der Bundesrepublik in den letzten Jahren in der öffentlichen Wahrnehmung eine zentrale Rolle gespielt haben. Mit den beschriebenen Tätigkeiten wie Tötung, erhebliche Störung oder Beschädigung/Zerstörung von Fortpflanzungs- oder Ruhestätten wird nur der unmittelbare Zugriff, also derjenige, der einem konkreten Verursacher zugerechnet werden kann, erfasst.

Nach § 44 Abs. 1 Nr. 1 BNatSchG ist es verboten, wildlebenden Tieren der besonders geschützten Arten nachzustellen, sie zu fangen, zu verletzen oder zu töten oder ihre Entwicklungsformen aus der Natur zu entnehmen, zu beschädigen oder zu zerstören. Die Vorschrift gilt individuenbezogen, also auch für das einzelne Tier.

Nach § 44 Abs. 1 Nr. 2 BNatSchG dürfen wildlebende Tiere der streng geschützten Arten während der Fortpflanzungs-, Mauser-, Überwinterungs- und Wanderzeiten nicht erheblich gestört werden. In der FFH-Richtlinie und der Vogelschutzrichtlinie (VRL) ist allerdings eine Einschränkung auf diese Zeiträume nicht vorgesehen, so dass die Zeitangaben in § 44 Abs. 1 Nr. 2 europarechtskonform ebenfalls nur als Beispiele für einen zeitlich unbeschränkten Schutz interpretiert werden müssen. Eine erhebliche Störung liegt nach § 44 Abs. 1 Nr. 2, 2 Hs. BNatSchG vor, wenn sich durch die Störung der Erhaltungszustand der lokalen Population einer Art verschlechtert. Dies ist insbesondere dann anzunehmen, wenn die Überlebenschancen, der Bruterfolg oder die Reproduktionsfähigkeit der jeweiligen Population vermindert werden.

Nach § 44 Abs. 1 Nr. 3 BNatSchG dürfen Fortpflanzungs- oder Ruhestätten der wildlebenden Tiere der besonders geschützten Arten weder der Natur entnommen noch beschädigt oder zerstört werden. Diese artenschutzrechtlichen Verbote sind auch in Planfeststellungs- und sonstigen Zulassungsverfahren relevant; § 44 Abs. 5 S. 2 BNatSchG regelt u. a. für die in Anhang IV der FFH-RL aufgeführten streng geschützten Arten wie Bären, Wölfe und Luchse, unter welchen Voraussetzungen die Verbote als eingehalten gelten.

So greift das individuenbezogene Verbot des § 44 Abs. 1 Nr. 1 in diesem Fall erst, wenn das Tötungs- und Verletzungsrisiko für Exemplare der betroffenen Arten signifikant erhöht ist. Dies soll der Tatsache Rechnung tragen, dass sich kaum vollständig ausschließen lässt, dass einzelne Individuen, z. B. als Kollisionsopfer im Straßenverkehr, zu Schaden kommen können. Erst wenn es mit hoher Wahrscheinlichkeit zu gehäuften Opfern kommt, liegt Signifikanz vor und der Verbotstatbestand ist erfüllt. Zur Vermeidung der Tötung oder Verletzung von Individuen sieht § 44 Abs. 5 Satz 2 Nr. 1 BNatSchG ausdrücklich auch die „Anwendung der gebotenen, fachlich anerkannten Schutzmaßnahmen“ vor; als Querungshilfen an Straßen können z. B. Grünbrücken, Leiteinrichtungen und Durchlässe erforderlich sein, um ein signifikant erhöhtes Tötungs- und Verletzungsrisiko auszuschließen.

Auch ist nach § 44 Abs. 5 Satz 2 Nr. 3 BNatSchG die Entnahme, Beschädigung oder Zerstörung von Fortpflanzungs- und Ruhestätten im Rahmen von Eingriffen oder Vorhaben vom Zugriffsverbot des § 44 Abs. 1 Nr. 3 BNatSchG freigestellt, wenn sichergestellt ist, dass trotz der Beeinträchtigung oder des Wegfalls einzelner Nester, Bruthöhlen, Felsgruppen, Laichplätze etc. die ökologische Funktion der betroffenen Fortpflanzungs- oder Ruhestätten im räumlichen Zusammenhang weiterhin gewährleistet ist (Schumacher und Fischer-Hüftle 2010). Werden Tiere oder ihre Entwicklungsstadien zuvor gefangen, um sie vor Tötung oder Verletzung zu schützen, fallen die dabei entstehenden unvermeidbaren Beeinträchtigungen ebenfalls nicht unter das Zugriffsverbot.

Ausnahmen (§ 45 Abs. 7 BNatSchG)

Die Zugriffsverbote des Artenschutzes können keine absolute Geltung beanspruchen. Sie müssen hinter entsprechend gewichtigen anderen Interessen zurücktreten. Die Regelung für Ausnahmen durch die zuständigen Behörden von allen Verboten des § 44 BNatSchG findet sich in § 45 Abs. 7 BNatSchG. Von dieser Regelung werden alle Ausnahmen erfasst, die von den Verboten des § 44 BNatSchG im öffentlichen Interesse erteilt werden können. Die Ausnahme muss zu den in Absatz 7 Nr. 1–5 aufgeführten Zielen „erforderlich" sein. Daran fehlt es regelmäßig, wenn zumutbare Alternativen vorhanden sind, die die besonders geschützten Arten nicht oder in weniger gravierendem Umfang beeinträchtigen. Das Fehlen anderer zufriedenstellender Lösungen ist auch nach Art. 16 FFH-RL ausdrückliche Voraussetzung für Ausnahmen vom strengen Schutz der in Anhang IV der FFH-RL benannten Arten.

Für die von der Berner Konvention erfassten Arten ist die Ausnahmeregelung nach § 45 Abs. 7 BNatSchG eine Umsetzung des Art. 9 BK; bei den Anhang-IV-Arten der FFH-Richtlinie ist Art. 16 FFH-RL zu beachten. Danach ist Voraussetzung für eine Ausnahme, dass sich der Erhaltungszustand der Population der betroffenen Art in ihrem natürlichen Verbreitungsgebiet trotz der Ausnahmeregelung nicht verschlechtert.

Nach § 45 Abs. 7 BNatSchG können u. a. folgende Ausnahmen von den Verboten des § 44 BNatSchG zugelassen werden:

- zur Abwendung erheblicher land-, forst-, fischerei-, wasser- oder sonstiger erheblicher wirtschaftlicher Schäden (Nr. 1),
- zum Schutz der natürlich vorkommenden Tier- und Pflanzenwelt (Nr. 2);
  diese Ausnahme erlaubt unter den allgemeinen Voraussetzungen den Zugriff auf besonders geschützte Tiere oder Pflanzen zur Sicherstellung anderer, höher gewichteter Artenschutzbelange. Nicht ausreichend ist, dass andere Tierarten zeitweilig verdrängt werden, solange sie nicht nennenswert in ihrem Bestand gefährdet sind. Eine regionale Bedrohung des Bestandes der zu schützenden Art ist ausreichend. Voraussetzung einer Ausnahme ist, dass die Zugriffsmaßnahme (z. B. ein Vergrämungsabschuss) erforderlich ist, d. h. kein milderes Mittel zur Anwendung kommen kann, und die Maßnahme geeignet ist, das Ziel der Sicherstellung der anderen Artenschutzbelange zu erreichen. Nicht durch § 45 Abs. 7 Satz 1 Nr. 2 BNatSchG geschützt sind z. B. Arten, die bewusst durch den Menschen künstlich angesiedelt wurden und für die sich die Lebensbedingungen in dem jeweiligen Gebiet als ungeeignet erweisen. So ist etwa der Abschuss eines sich seinen angestammten Lebensraum zurückerobernden Wolfpaares zum Schutz des lokalen (künstlich angesiedelten) Muffelwildbestandes unzulässig, selbst wenn letzterer durch die Wölfe unstreitig reduziert wird. § 45 Abs. 7 Satz 1 Nr. 2 BNatSchG bezweckt den Schutz der natürlich vorkommenden Tier- und Pflanzenwelt, die Norm dient insofern ausschließlich öffentlichen Interessen. Für den Einzelnen bedeutet dies, dass er sich nicht auf den Schutzzweck der Vorschrift berufen kann. Die Geltendmachung eines Anspruchs auf Erteilung einer Ausnahme nach § 45 Abs. 7 Satz 1 Nr. 2 BNatSchG bzw. auf fehlerfreie Ausübung des Erteilungsermessens ist insoweit ausgeschlossen (Kratsch, in Schumacher/Fischer-Hüftle, BNatSchG, 3. Aufl. 2018, § 45, Nr. II 8 c).

- Im Interesse der Gesundheit des Menschen, der öffentlichen Sicherheit, einschließlich der Verteidigung und des Schutzes der Zivilbevölkerung oder der maßgeblich günstigen Auswirkungen auf die Umwelt (Nr. 4) oder
- aus anderen zwingenden Gründen des überwiegenden öffentlichen Interesses einschließlich solcher sozialer oder wirtschaftlicher Art (Nr. 5).

Soweit Art. 16 Absatz 1 der FFH-RL weitergehende Anforderungen enthält, sind diese zu beachten. Daraus folgt, dass für streng geschützte Arten nach Anhang IV der FFH-RL eine Ausnahme nur dann erteilt werden darf, wenn die Art trotz dieser Ausnahme in einem „günstigen Erhaltungszustand“ verbleibt. Für Arten in einem ungünstigen Erhaltungszustand sind Ausnahmen nach Art. 16 FFH-RL nach der Rechtsprechung des Europäischen Gerichtshofs nur bei Vorliegen von „außergewöhnlichen Umständen“ zulässig. Gleichfalls muss sichergestellt werden, dass sich der Zustand der lokalen Population nicht verschlechtert oder mit an Sicherheit grenzender Wahrscheinlichkeit feststeht, dass sich die betreffende Art trotz der erteilten Ausnahme in absehbarer Zeit in einen günstigen Erhaltungszustand befinden wird (EuGH, Urt. v. 14.6.2007 – C-342/05, Rdnr. 30; vgl. BVerwG, Urt. v. 14.4.2010 – 9 A 5.08, NuR 2010, S. 558/572). In Deutschland befinden sich zur Zeit weder Wölfe noch Luchse in einem günstigen Erhaltungszustand, weshalb Ausnahmen tatsächlich nur bei Vorliegen außergewöhnlicher Umstände infrage kommen. Daher besteht auch keine rechtliche Grundlage für die Ausweisung sogenannter „wolfsfreier Zonen“.

Zulassung von Ausnahmen (Brandenburg)

Als erstes Bundesland hat Brandenburg Ende 2017 mit der Verordnung über die Zulassung von Ausnahmen von den Schutzvorschriften für den Wolf (BbgWolfV) den Versuch unternommen, Einzelfallentscheidungen zu auffälligen Wölfen rechtlich und organisatorisch besser abzusichern. Die Verordnung basiert auf § 45 Abs. 7 Satz 4 i. V. mit Satz 1 Nr. 1, 2, 4 und 5 BNatSchG. Sie bestimmt, unter welchen Voraussetzungen Ausnahmen für Maßnahmen gegen Wölfe getroffen werden können. Als mildestes Mittel wählt die Verordnung das Verscheuchen von Wölfen (§ 1). Dies ist dann erlaubt, wenn der Wolf sich den Menschen oder Weidetieren annähert, in geschlossenen Ortslagen von Dörfern und Städten eingedrungen ist oder sich in deren unmittelbaren Nähe aufhält. Durch das Verscheuchen darf der Wolf jedoch nicht verletzt werden.

Im Interesse der menschlichen Gesundheit können berechtigte Personen (§ 2) Wölfen mit auffälligem Verhalten nachstellen und sie vergrämen. § 2 Satz 2 enthält eine enumerative, also abschließende Aufzählung von zur Vergrämung zugelassenen Methoden und Geräten. Auch hier gilt, dass die Wölfe durch die Handlung der berechtigten Personen nicht verletzt werden dürfen. Für die Zulässigkeit der Maßnahme bedarf es vorweg einer Bestätigung des Landesamts für Umwelt, dass bei dem betreffenden Wolf ein auffälliges Verhalten vorliegt. Ein auffälliges Verhalten liegt dann vor, wenn sich ein Wolf wiederholt Menschen außerhalb von Fahrzeugen bis auf eine Entfernung von wenigen Metern aktiv annähert und es sich nicht um einen Welpen handelt (Abs. 2 Nr. 1), oder wenn sich ein Wolf tagsüber wiederholt in geschlossenen Ortslagen von Dörfern und Städten (Abs. 2 Nr. 2) oder über mehrere Tage hintereinander in der unmittelbaren Nähe von Siedlungsbereichen aufhält (Abs. 2 Nr. 3). Als Korrektiv verlangt Absatz 2 noch, dass sich der Wolf nicht nach einer nach § 1 zulässigen Maßnahme verscheuchen lässt. § 2 Abs. 3 enthält die Voraussetzungen, damit Wölfe von Personen i. S. von § 7 gefangen und betäubt oder mittels Betäubung der Natur entnommen werden können, um sie zu kennzeichnen und anschließend bei oder nach ihrer Wiederfreilassung gezielt zu vergrämen.

Nach § 3 Abs. 1 können im Interesse der menschlichen Gesundheit Wölfe mit für den Menschen problematischem Verhalten auch getötet werden. Voraussetzung dafür ist aber, dass eine Vergrämung erfolglos bleibt. Nach Absatz 3 dürfen Wölfe auch im Interesse der menschlichen Gesundheit getötet werden, wenn sie sich Menschen gegenüber aggressiv verhalten haben.

Ist ein Wolf mehrfach in Weidetierbestände eingedrungen, die durch geeignete Maßnahmen geschützt waren (Vorgaben hierzu enthält die Anlage zur BbgWolfV) und hat er dort Nutztiere gerissen oder verletzt, so erlaubt § 4 zur Abwehr erheblicher landwirtschaftlicher Schäden auch die Tötung des betreffenden Wolfes. § 6 enthält Einschränkungen für die Entnahme oder Tötung von Wölfen oder Wolfshybriden.

Die Wertung, ob ein Wolf ein problematisches oder agressives Verhalten aufweist, obliegt dem brandenburgischen Landesamt für Umwelt. Dieses muss anhand der in der Verordnung enthaltenen Kriterien eine entsprechende Einordnung vornehmen. Die Praxis wird zeigen, ob der Verordnungsgeber entsprechend nachsteuern muss, um eine gesetzeskonforme Anwendung sicherzustellen.

8.4 Österreich

Österreich ist sowohl an das internationale Recht (Berner Konvention) als auch an das europäische Recht (FFH-Richtlinie) gebunden. Beide Regelungen bedürfen zu ihrer Umsetzung erst nationaler Regelungen. Naturschutzbelange fallen in Österreich in die Gesetzgebungskompetenz der Bundesländer, die Umsetzung der FFH-RL erfolgt hier aus kompetenzrechtlichen Gründen in den Landesnaturschutz- und Landesjagdgesetzen.

Für die durch Anhang II FFH-RL geschützten Arten Wolf, Luchs und Bär besteht die Verpflichtung, ihre Lebensräume als Schutzgebiete auszuweisen, sofern dies für den Fortbestand oder gegebenenfalls die Wiederherstellung eines günstigen Erhaltungszustandes dieser Arten erforderlich ist. Die Naturschutzgesetze der österreichischen Bundesländer enthalten hierzu die Kategorie der „Europaschutzgebiete" (Tirol: „Natura-2000-Gebiete"); im Burgenland ist auch eine Ausweisung als „Geschützter Lebensraum" möglich.

Der rechtliche Status von wildlebenden Tierarten in Österreich wird in den Ländern unterschiedlich geregelt und kann der Aufstellung in Tab. 8-1 entnommen werden.

Das Bundesland Wien stellt eine Ausnahme dar, da hier Bär, Wolf und Luchs nicht als Wild gelten und sie somit ausschließlich dem Naturschutzgesetz unterliegen. Bär, Wolf und Luchs sind in allen anderen Bundesländern nicht jagdbar bzw. ganzjährig geschont. Dies bedeutet im Wesentlichen ein Tötungsverbot, verbunden mit einem generellen Jagd- und Fangverbot. Das nach europäischem Recht geforderte besondere Schutzsystem wurde in den meisten Bundesländern entweder in den Naturschutzgesetzen oder in den Jagdgesetzen geregelt.

Da der Schutzstatus der drei großen Beutegreifer in den einzelnen Bundesländern unterschiedlich geregelt ist (Schon- bzw. Artenschutzvorschriften), sind auch die Ausnahmen davon (z. B. Verminderung, Abschussauftrag) bei den „Ausnahmen von den Schonvorschriften" bzw. den „Ausnahmen vom besonderen Tierartenschutz" in den Landes-JG einerseits und bei den „Ausnahmen vom besonderen Tierartenschutz" der Landes-NschG andererseits zu finden. Die Regelungskompetenz für die drei Großbeutegreifer liegt entweder ausschließlich bei einem Gesetz oder es liegt eine parallele Regelung vor, bei der die Vorschriften des JG und des NschG gleichermaßen zu beachten sind.

Braunbär, Luchs und Wolf sind in Österreich ganzjährig geschont, in begründeten Fällen besteht aber die Möglichkeit die Schonzeit aufzuheben bzw. einen Abschussauftrag zu erteilen. In allen Fällen hat die Behörde jedoch im Wege einer sorgfältigen Interessensabwägung den Bedrohungszustand durch diese Tiere zu berücksichtigen, womit die Genehmigung einer derartigen Ausnahme stets nur die ultima ratio darstellen kann. Die von den Ländern gewählten Regelungen müssen sich in jedem Fall an den europäischen Vorgaben aus Art. 12 und 16 FFH-RL orientieren und diese auch einhalten.

8.5 Schweiz

Die Schweiz ist wie alle anderen europäischen Länder durch die Ratifizierung der Berner Kon-

Tab. 8-1 Rechtlicher Status wildlebender Tierarten in Österreich.

Bundesland	Stellung im Landesjagdgesetz u. a. Landesgesetzen	Ganzjährig geschont?	Besonderer Schutzstatus (i. S. v. Art. 12 FFH-RL)
Burgenland	Wild (Haarwild/Raubwild), jagdbare Tiere: § 3 lit. a	Ganzjährig: § 2 Abs. 1 Nr. 1 lit. b Bgld Wildstandregulierungsverordnung i. V. m. § 82 Abs. 3 Bgld JG	–
Kärnten	Wild (Haarwild/Raubwild): § 4 lit. a	Ganzjährig: § 51 Abs. 1	–
Niederösterreich	Wild (Haarwild/Raubwild): § 3 Abs. 1 Nr. 1	Nicht jagdbar, daher auch keine Schonzeitregelung: § 3 Abs. 2; Verbote nach § 3 Abs. 4 NÖ Jagdgesetz	§ 3 Abs. 4
Oberösterreich	Wild (Haarwild/Raubwild), jagdbare Tiere: § 3 Abs. 1 i. V. m. Anlage lit. a	Ganzjährig: § 1 Abs. 1 Oö SchonzVO	–
Salzburg	Wild (Haarwild/Raubwild): § 4 Z 1 lit. b	Ganzjährig: § 54 Abs. 3 i. V. m. § 54 Abs. 1	§ 103 Abs. 1
Steiermark	Wild: § 2 Abs. 1 lit. d	Ganzjährig: da keine Jagdzeiten festgesetzt sind: § 49 Stmk. JagdG; § 2 Stmk. Jagdzeiten VO	§ 17 StNSchG
Tirol	Jagdbare Tiere (Haarwild/Beutegreifer): § 2 Abs. 1 i. V. m. Anlage 1	Luchs, Wolf und Bär ganzjährig: (1 Abs. 3 2 DVO Tr. JG) i. V. m. § 36 Abs. 1	§ 24 TNSchG
Vorarlberg	Wild (Haarwild/Raubwild): § 4 Abs. 1 lit. a Vbg JG i. V. m. § 1 lit. a Vbg JVO	Ganzjährig: § 26 lit. b Vbg JVO	§ 6 Naturschutzverordnung Vbg.
Wien	Nur Luchs zählt zum Wild, § 3 Abs. 1 lit. a	Ganzjährig: Luchs, § 3 Z 34 Wr SchonzeitenVO	§ 10 Abs. 3 Wr NschG i. V. m. § 4 Abs. 1 i. V. m. Anlage NSchVO

vention an diese gebunden. Wolf, Luchs und Bär sind durch das eidgenössische Jagdgesetz (JSG) als einheimische Tierart geschützt und nicht jagdbar (Art. 2 lit. b i. V. m. Art. 5 und Art. 7 Abs. 1 JSG). Ergänzt wird das JSG durch Regelungen in der „Verordnung über die Jagd und den Schutz wildlebender Säugetiere und Vögel" (JSV).

Der Bund und die Kantone schaffen die Voraussetzungen zur Verhütung von Schäden, die Luchse, Bären und Wölfe an Nutztieren anrichten (Art. 12 Abs. 1 JSG, Art. 10 Abs. 4 JSV, Art. 10ter und Art. 10quater JSV). Art. 4 JSV enthält Regelungen bzgl. der Regulierung von Beständen geschützter Arten, hierunter fallen sowohl der Luchs als auch der Bär. Nach dieser Regelung können die Kantone, mit vorheriger Zustimmung des Bundesamtes für Umwelt (BAFU), befristete Maßnahmen zur Regulierung von Beständen geschützter Tierarten treffen, wenn Tiere einer bestimmten Art trotz zumutbarer Maßnahmen zur Schadenverhütung:

a. ihren Lebensraum beeinträchtigen;
b. die Artenvielfalt gefährden;
c. große Schäden an Wald, landwirtschaftlichen Kulturen oder Nutztierbeständen verursachen;
d. Menschen erheblich gefährden;
e. Tierseuchen verbreiten;
f. Siedlungen oder im öffentlichen Interesse stehende Bauten und Anlagen erheblich gefährden;

g. hohe Einbußen bei der Nutzung der Jagdregale durch die Kantone verursachen.
h. Das Ergreifen von Maßnahmen gegen einzelne, schadenstiftende Wölfe sowie die Regulierung von regional hohen Wolfsbeständen wird in Art. 4 bis und Art. 9 bis JSV der eidgenössischen Jagdverordnung geregelt. Diese Regelung bezieht sich nicht auf andere Beutegreifer wie den Luchs.

Die Anordnung von Maßnahmen zur Verringerung des Bestandes setzt einen „zu hohen Bestand" (Art. 12 Abs. 4 JSG) der geschützten Tierart voraus. Nach Art. 4bis Abs. 1 JSV ist ein Abschuss aus einem Wolfsrudel nur zulässig, wenn es sich im Jahr, in dem die Regulierung erfolgt, erfolgreich fortgepflanzt hat. Dabei dürfen maximal nur halb so viele Wölfe abgeschossen werden, wie in dem betreffenden Jahr geboren werden; die Elterntiere sind zu schonen. Die Verordnungsbestimmung umschreibt nicht einen zu hohen Bestand, sondern die zahlenmäßigen Voraussetzungen, die bei einem Wolfsrudel für die Anordnung eines Abschusses erfüllt sein müssen, sowie die Abschussquote. Ob der Bestand zu hoch im Sinn von Art. 12 Abs. 4 JSG ist, misst sich daran, ob die Population eine oder mehrere der in Art. 4 Abs. 1 lit. a-g JSV genannten Auswirkungen hat.

Für den Wolf wird der unbestimmte Rechtsbegriff der „erheblichen Gefährdung" nach Art. 12 Abs. 4 JSG in Art. 4bis Abs. 3 JSV konkretisiert. Danach ist eine Regulierung infolge erheblicher Gefährdung von Menschen zulässig, wenn sich Wölfe aus einem Rudel regelmäßig innerhalb oder in unmittelbarer Nähe von Siedlungen aufhalten und sich dabei gegenüber Menschen zu wenig scheu oder aggressiv zeigen.

Die Verordnung selbst enthält keine Ausführungen dazu, wann der Aufenthalt in Siedlungen oder in Siedlungsnähe auf den „eigenen Antrieb" des Wolfes zurückzuführen ist. Jedenfalls dürfte dies dann der Fall sein, wenn sein Aufenthalt durch menschliche Verhaltensweisen ausgelöst wurde (Anlocken). Konsequenterweise geht die Verordnung davon aus, dass im Streifgebiet in Siedlungsnähe jedes Anlocken von Wölfen durch Futterquellen zu verhindern sei (Art. 4 Abs. 1 JSV). Mit anderen Worten: Der Antrieb kann dann nicht mehr dem Wolf zugerechnet werden, wenn sein Verhalten durch ein menschliches Verhalten ausgelöst wurde.

Für die Auslegung und Anwendung des unbestimmten Rechtsbegriffs der „erheblichen Gefährdung" ist der Zweck der Bestimmung von Bedeutung.

Art. 4 bis Abs. 3 JSV verlangt den Nachweis einer bestehenden Gefährdung des Menschen durch Wölfe. Bei der Beurteilung einzelner Ereignisse wird zwischen problemlosem und problematischem Wolfsverhalten unterschieden. Problematisches Wolfsverhalten in diesem Sinn liegt vor, wenn die in Erscheinung tretenden Wölfe ein auf den Menschen oder dessen Haushunde gerichtetes Verhalten zeigen. Dabei weichen sie dem Menschen oder dessen Begleithunden nicht mehr aus, sie nähern sich allenfalls sogar weiter an, möglicherweise lassen sie sich auch nur schwer vertreiben. Solch fehlende Scheu gilt als Beginn einer ungünstigen Entwicklung, obwohl noch nicht abschließend klar ist, ob und wenn ja, wann ein solches Verhalten zu einer direkten Gefährdung des Menschen oder seiner Hunde führen wird. Die Vollzugshilfe des Bundesamtes für Umwelt zum Wolfsmanagement in der Schweiz 2016 kategorisiert das Wolfsverhalten in vier Stufen, wobei die vierte Stufe als „problematisches Verhalten mit dem Potenzial zur Gefährdung von Menschen" bezeichnet wird. Dabei werden wiederum sieben Tatbestände mit ansteigendem Hinweis auf die damit verbundene Gefahr für den Menschen unterschieden, nämlich

4.1 Wolf taucht mehr als zweimal während der Aktivitätszeit des Menschen in Siedlung auf,
4.2 Wolf folgt Mensch trotz dessen Vertreibungsversuchen,
4.3 Wolf nähert sich während der Aktivitätszeit des Menschen in offenem Gelände Menschen an und bleibt längere Zeit (mehrere Minuten) in dessen Nähe (< 50 m),
4.4 Wolf nähert sich während der Aktivitätszeit des Menschen in Siedlung Menschen an und kann nur schwer vertrieben werden,

4.5 Wolf nähert sich Menschen mit Hunden an und reagiert dabei mit Drohverhalten oder Angriff auf die Hunde,
4.6 Wolf tötet Haushund in Siedlung,
4.7 Wolf reagiert unprovoziert aggressiv (mit Drohgebärden oder Angriff) auf Menschen.

Art. 10 JSV enthält eine Entschädigungsregelung für Wildschäden u. a. von Luchsen, Bären und Wölfen (Satz 1 lit. a) und die Förderung von Schadenverhütungsmaßnahmen durch Luchse, Bären und Wölfe (Satz 4). Die Art. 10ter und 10quater enthalten Maßnahmen zur Verhütung von Schäden durch Großraubtiere.

Der Wolf ist nach schweizerischem Recht im Jagdgesetz als einheimische Tierart geschützt und nicht jagdbar. Eine Ergänzung findet diese Regelung in der Jagdverordnung. Im Hinblick auf Beutegreifer ist die Rechtslage in der Schweiz – auch was die Judiaktur anbelangt (vgl. hierzu den Entscheid des VG St. Gallen vom 20.1.2017) differenziert und dürfte in der Praxis handhabbarer sein als die Wolfsverordnung aus Brandenburg.

Fazit für die Praxis

- Wolf, Luchs und Bär stehen nach internationalem Recht im Rahmen der Berner Konvention und nach europäischem Recht nach der FFH-Richtlinie unter Schutz.
- Ausnahmen von der strengen Regelung enthält Art. 9 BK und Art. 16 FFH-Richtlinie.
- In Deutschland zählen die Beutegreifer zu den streng geschützten Arten nach § 7 Abs. 2 Nr. 14 BNatSchG, ihr Schutz richtet sich nach den §§ 44 BNatSchG.
- Ausnahmen von dem artenschutzrechtlichen Zugriffsverbot finden sich in § 45 Abs. 7 BNatSchG.
- Für die Zulassung von Ausnahmen hat Brandenburg eine entsprechende Verordnung erlassen.
- Der rechtliche Status von wildlebenden Tierarten in Österreich wird in den Ländern unterschiedlich geregelt (vgl. Tab. 8-1).
- In der Schweiz erfolgt die nationale Regelung im eidgenössischen Jagdgesetz sowie ergänzend durch die „Verordnung über die Jagd und den Schutz wildlebender Säugetiere und Vögel". Diese Verordnung enthält auch eine Konkretisierung der gesetzlichen Vorgaben und deren Ausnahmen.

Literatur

Gesetze

Übereinkommen über die Erhaltung der europäischen wildlebenden Pflanzen und Tiere und ihrer natürlichen Lebensräume (Berner Konvention – BK), vom 19.9.1979, in Kraft getreten am 1.6.1982.

Bundesgesetz über die Jagd und den Schutz wildlebender Säugetiere und Vögel (Jagdgesetz, JSG) vom 20. Juni 1986 (Schweiz).

Richtlinie 92/43/EWG zur Erhaltung der natürlichen Lebensräume sowie der wildlebenden Tiere und Pflanzen vom 21. Mai 1992 (ABl. EG Nr. L 206, S. 7).

Sächsische Jagdverordnung vom 27. August 2012 (SächsGVBl. 2012, 518).

Verordnung über die Zulassung von Ausnahmen von den Schutzvorschriften für den Wolf (Brandenburgische Wolfsverordnung – BbgWolfV), vom 26. Januar 2018, GVBl. II S. 1.

Verordnung über die Jagd und den Schutz wildlebender Säugetiere und Vögel" (JSV), vom 29. Februar 1988 (Schweiz).

Literatur

Bull, J. K., Heurich, M., Saveljev, A. P., Schmidt, K., Fickel, J., Förster, D. W. (2016): The effect of reintroductions on the genetic variability in Eurasian lynx populations: the cases of Bohemian-Bavarian and Vosges-Palatinian populations. Conservation Genetics, 17 (5), 1229–1234.

Kokott, J. (2011): Schlussantrag vom 20.1.2011 – Rechtssprechung. C-383/09, Rdnr. 5 ff.

Lasén Diaz, C. (2010): The Bern Convention: 30 Years of Nature Conservation in Europe. Review of European Community and International Environmental Law 19 (2), 185–196.

Möckel, S., Köck, W. (2015): Naturschutz- und Jagdrecht nach der Föderalismusreform. Reihe Naturschutz und biologische Vielfalt, Heft 143, BfN, Bonn. 156 S.

Müller, J., Wölfl, M., Wölfl, S., Müller, D. W., Hothorn, T., Heurich, M. (2014): Protected areas shape the spatial distribution of a European lynx population more than 20 years after reintroduction. Biological Conservation 177, 210–217.

Smith, T. M., Smith, R. L. (2009): Ökologie. S. 7. 6. Aufl., Pearson Studium, Halbergmoos. 1008 S.

Standing Committee (1989): Resolution No. 1 (1989) on the provisions relating to the conservation of habitats.

Standing Committee (1993): Resolution No. 2 (1993) on the scope of articles 8 and 9 of the Bern convention. Nr. 16.

Steeck, S. (2010): Wer hat Angst vor dem finnischen Wolf? Die artenschutzrechtliche Ausnahmegenehmigung bei Arten im ungünstigen Erhaltungszustand. Natur und Recht 32 (1), 4–9.

Schumacher, J. (2016): Das Berner Übereinkommen über die Erhaltung der europäischen wildlebenden Pflanzen und Tiere, und ihrer natürlichen Lebensräume und Natura 2000, Archiv des Völkerrechts 54 (4), 543–560.

Schumacher, J., Fischer-Hüftle, P. (Hrsg.) (2010): Bundesnaturschutzgesetz – Kommentar. 2. Aufl., Verlag W. Kohlhammer, Stuttgart.

Wölfl, M., Adelmann, W. (2017): Der Luchs in Bayern – Eine charismatische Art mit ungewisser Zukunft. ANLiegen Natur 39 (2): online preview, 6 S., www.anl.bayern.de/publikationen.

9 Monitoring von großen Beutegreifern

FRIDOLIN ZIMMERMANN

9.1 Einleitung

Für die Erhaltung großer Beutegreifer und für deren Management ist Monitoring von zentraler Bedeutung. Monitoring ist erforderlich, um den Erhaltungszustand einer Art oder Population zu überwachen und darauf basierend Entscheidungen über das Wildtiermanagement zu treffen, zwischen konkurrierenden Alternativen zu entscheiden und um den gesetzlichen Anforderungen (z. B. den Habitatdirektiven für EU-Länder) gerecht zu werden.

Die Überwachung von Populationen großer Beutegreifer und ihrer Trends stellt Wildtierbiologen und -manager vor verschiedene Schwierigkeiten. Als Spitzenprädatoren haben diese Raubtiere einen großen Raumbedarf, daher erreichen sie in ihren Verbreitungsgebieten nur geringe Dichten (in der gemäßigten Zone zwischen 1 und 30 Individuen pro 1000 km^2; Linnell et al. 1998). Sie sind nachtaktiv, heimlich, kommen größtenteils in Lebensräumen mit dichter Vegetation vor und können sehr schnell große Distanzen zurücklegen. Zusätzlich können direkte Verfolgung sowie die Zerstörung ihrer Habitate die Populationen auf ein niedrigeres Niveau senken oder ihre Fragmentierung/Aufsplitterung bewirken. Erschwerend kommt hinzu, dass große Beutegreifer oft sehr geringe Zuwachsraten haben, was es schwierig macht, reale Rückgänge der Populationsdichte rechtzeitig zu erkennen (Linnell et al. 1998).

Aus diesen Gründen werden viele unterschiedliche Methoden eingesetzt, um die Bestände von großen Beutegreifern zu schätzen und ihre Verbreitung und Entwicklung in den verschiedensten Habitaten zu überwachen (Linnell et al. 1998).

Dieses Kapitel beginnt mit einer theoretischen Einführung in die Grundlagen und Prinzipien des Monitorings. Dann folgt eine Beschreibung der passiven und aktiven Methoden, die für die Überwachung der drei großen Beutegreifer eingesetzt werden. Dabei liegt der Schwerpunkt auf bereits bewährten oder vielversprechenden Methoden. Außerdem wird auf die Zusammenstellung der Monitoring-Daten und deren Analyse eingegangen, beides sind sehr wichtige Aspekte eines wirkungsvollen Monitoringprogramms. Am Schluss wird für jede der drei Großraubtierarten ein Monitoring-Konzept mit den zurzeit besten Methoden vorgestellt.

9.2 Grundlagen des Monitorings

Bevor man ein Monitoringprogramm für eine bestimmte Art konzipiert, müssen fünf Fragen beantwortet werden: Warum?, Was?, Wann?, Wie? (Yoccoz et al. 2001) und Wer?.

Die Parameter, die gemessen, und die Methoden, die angewendet werden, sowie der Rhythmus der Datenerhebung im Feld hängen von der genauen Zielsetzung, dem Zeitplan, um diese zu erreichen, und darüber hinaus von den vorhandenen Ressourcen, der erforderlichen Genauigkeit, den Umweltbedingungen, der Tierart und der Größe und Verbreitung der Population ab.

Einer der wichtigsten Aspekte des Monitorings ist, dass Aktivitäten über längere Zeit in gleicher Weise wiederholt werden. Dies impliziert, dass das Monitoringprogramm von Beginn an sorgfältig geplant werden muss, weil nachträgliche Änderungen Vergleiche zwischen den Jahren erschweren.

9.2.1 Warum brauchen wir ein Monitoring?

Monitoring wird definiert als eine kontinuierliche Überwachung von Vorgängen anhand von Parametern (z. B. Populationsgröße, Lebensraumbedingungen, Bedrohungen, Akzeptanz), die Informationen über den Status des Systems und dessen zeitliche Veränderung liefern. Es gibt verschiedene Gründe, um ein Monitoringprogramm zu erstellen. Nach der Klassifikation von Jones et al. (2011) liegen sie in einem Spektrum, dass sich von *wissensorientierten* bis hin zu *handlungsorientierten* Programmen spannt:

1. **Etwas lernen vom System:** Monitoring über eine Änderungsphase hinweg kann ein wichtiger Weg sein, um unsere Kenntnisse über komplexe Interaktionen in natürlichen Systemen zu verbessern.
2. **Unerwartete Änderungen erkennen:** Langfristiges Monitoring kann auch auf nicht voraussehbare Weise hilfreich sein. So hat das Dachs-Monitoring in England über einen Zeitraum von mehr als 25 Jahren dazu beigetragen, Folgen des Klimawandels auf die Populationen zu verstehen (Macdonald et al. 2010).
3. **Öffentliches Interesse wecken und Bewusstsein bei politischen Entscheidungsträgern schaffen:** Monitoringdaten sind von großer Bedeutung, um den Stellenwert des Naturschutzes in der Öffentlichkeit und bei Politikern zu verbessern.
4. **Die Wirksamkeit von Managementmaßnahmen überprüfen:** Mithilfe der Monitoringresultate wird überprüft, ob die implementierten Schutz- und Managementmaßnahmen zum Ziel führen.
5. **Entscheidungshilfen für das Management liefern:** Dies ist das häufigste Ziel von Monitoringprogrammen. Kenntnisse über den Status des Systems sind oft Voraussetzung, um eine bestimmte Managementmaßnahme auszulösen oder Informationen zu generieren, die helfen, zwischen Alternativen zu entscheiden.

Fundiertes Monitoring ist also in vieler Hinsicht wertvoll, es kann aber auch sehr teuer sein, und

Günstiger Erhaltungszustand

Eine Population ist in einem günstigen Erhaltungszustand (*Favorable Conservation Status – FCS*), wenn alle folgenden acht Bedingungen erfüllt sind:

- Sie ist stabil oder nimmt zu;
- sie hat genügend geeigneten Lebensraum zur Verfügung;
- die Qualität des Lebensraums wird beibehalten;
- die Größe der günstigen Referenzpopulation (*Favorable Reference Population – FRP*) ist erreicht [in Anlehnung an die Rote-Liste-Kriterien D (> 1000 adulte Tiere) oder E (Aussterbewahrscheinlichkeit < 10 % innerhalb von 100 Jahren) der *International Union for Conservation of Nature – IUCN*];
- die Population ist so groß wie oder größer als zu dem Zeitpunkt, als die Direktive in Kraft trat;
- das günstige Referenzgebiet (*Favorable Reference Range – FRR*) ist besetzt;
- ein Austausch von Individuen innerhalb der Population bzw. zwischen Populationen erfolgt oder wird gefördert (mind. ein genetisch effizienter Migrant pro Generation);
- ein effizientes und robustes Monitoring ist etabliert, um den Status der Populationen zu überwachen.

Das günstige Referenzgebiet entspricht dem Verbreitungsgebiet, das von der Population benötigt wird, um FCS zu erreichen (in km², möglichst mit GIS-Karte). Ein FRR hat folgende Kriterien zu erfüllen. Es muss:

- größer sein als das Mindestareal zur Erhaltung der Referenzpopulation (da innerhalb des FRR nicht alle Gebiete gleich gut geeignet sind);
- eine zusammenhängende Verbreitung der Population sicherstellen;
- eine Vernetzung mit anderen Populationen gewährleisten.

Um festzustellen, ob das Ziel der Habitatdirektive, nämlich der günstige Erhaltungszustand, erreicht ist, sind Daten über die *Verbreitung* der Population (eingenommene Fläche und Verbindungen zu anderen Populationen), über ihre *Größe* und ihren *Trend*, ferner über die Verfügbarkeit und Qualität von geeignetem *Habitat* sowie über die *Gefährdung* der Population notwendig.

in einer Welt mit begrenzten Ressourcen müssen Naturschutzbiologen abwägen, ob sie die zur Verfügung stehenden Mittel ins Monitoring oder in andere Bereichen investieren. Dabei müssen neben den Kosten des Monitorings auch dessen Wert für die verbesserte Entscheidungsfindung berücksichtigt werden. Nur in den seltensten Fällen ist die beste Verwendung von Ressourcen für den Arterhalt, überhaupt kein Monitoring durchzuführen. Dies gilt vor allem dann, wenn die Kosten für das Monitoring besonders hoch sind und ebenso die Risiken von fehlerhaften Rückschlüssen über einen Trend, ferner wenn kostengünstige Managementoptionen existieren, die ohne Informationen aus dem Monitoring umgesetzt werden können.

Bei jedem Monitoringprogramm sind von Anfang an klare, messbare und abgestimmte Zielsetzungen wichtig, um Entscheidungsprozesse zu leiten und den Fortschritt des Wildtiermanagements zu messen (Williams und Brown 2012; siehe auch Kapitel 5 „Was ist Wildtiermanagement“).

Die Fauna-Flora-Habitat-Richtlinie (FFH-RL) hat die Erhaltung der biologischen Vielfalt auf dem Gebiet der Europäischen Union zum Ziel. Dazu soll ein günstiger Erhaltungszustand (Favourable Conservation Status – FCS) der Arten mit den ihnen entsprechenden Lebensraumtypen wiederhergestellt oder bewahrt werden. Um festzustellen, ob dieses Ziel im Einzelfall erreicht ist, sollen die Mitgliedsstaaten den Erhaltungszustand der natürlichen Lebensräume und der in Anhang II und IV Art. 2 aufgeführten Arten überwachen, mit besonderer Berücksichtigung prioritärer Lebensräume und prioritärer Arten (Art. 11, FFH-RL). Nachdem Wolf, Luchs und Bär in Deutschland und Österreich in Anhang II und IV FFH-RL gelistet sind, ist das Monitoring des Erhaltungszustands eine Verpflichtung, die direkt aus Art. 11 der Habitatrichtlinie folgt. In den Leitlinien für Managementpläne für Großraubtiere sind die Bedingungen aufgeführt, die sämtlich erfüllt sein müssen, damit einer Population ein günstiger Erhaltungszustand zugeschrieben werden kann (siehe den Kasten „Günstiger Erhaltungszustand“; Linnell et al. 2008).

9.2.2 Was überwachen?

Die Effizienz von Management- und Schutzmaßnahmen wird häufig mittels Parametern evaluiert, die Informationen über den Status des Systems liefern (Nichols und Williams 2006). Je nach Zielsetzung können verschiedene Parameter überwacht werden; im Rahmen des Artenschutzmonitorings sind es meistens folgende:

Verbreitung: Die Räumliche Ausdehnung der Population ist die wichtigste Grundinformation, um den Status einer Art zu ermitteln. Bei großen Beutegreifern wandern i. d. R. Männchen große Distanzen ab und ihre Streifgebiete bleiben unstabil, bis sie sich endgültig in einem Gebiet niederlassen. So können Individuen gelegentlich auf großen Flächen vorkommen, auf denen keine Reproduktion stattfindet. Deshalb ist es besonders wichtig, bei großen Beutegreifern zwischen permanent besiedelten Gebieten mit oder ohne Reproduktion und sporadisch besiedelten Gebieten zu unterscheiden.

Populationsgröße: Ein verlässliches Maß für die Anzahl der Individuen in einem Bestand zu erhalten ist sehr anspruchsvoll. Mögliche Maße beinhalten Populationsindizes, wie die relative Abundanz und Dichte, die Ermittlung des Mindestbestandes oder eine robuste Schätzung der Abundanz und Dichte mittels Fang-Wiederfang-Methode (Anzahl Individuen pro Fläche; z. B. Zimmermann und Foresti 2016; siehe den Kasten „Fang-Wiederfang-Methode“ S. 177).

Im Prinzip sollten gute *Populationsindizes* die reale Dichte widerspiegeln. Jedoch ist der Zusammenhang zwischen Index und realer Dichte meist unbekannt und könnte vom Habitat, dem Klima, der Nachweisbarkeit von Spuren und anderen Feldzeichen, der Jahreszeit sowie von weiteren Faktoren abhängen. Wenn diese Faktoren nicht berücksichtigt werden, kann ein zeitlicher und geografischer Vergleich solcher Indizes teilweise zu falschen Schlussfolgerungen führen.

Bei der Bestimmung des *Mindestbestandes* von nicht individuell erkennbaren Tieren wird versucht, Individuen zu zählen, z. B. durch direkte Beobachtungen oder indem man ihre Position mittels Spuren eingrenzt. Unter Berücksichtigung von verschiedenen Entscheidungsregeln, die verhindern sollen, dass ein Individuum mehrfach gezählt wird, wird die minimale Anzahl der Individuen innerhalb des Untersuchungsgebietes ermittelt. Wenn Tiere anhand von natürlichen oder künstlichen oder genetischen Markern identifiziert werden können, ist der Mindestbestand ermittelbar (Linnell et al. 1998). Im Gegensatz zu den Fang-Wiederfang-Methoden ist es bei minimalen Zählungen nicht möglich, zu schätzen, wie viele Individuen, die während der Zählung anwesend waren, nicht erfasst wurden, und es lässt sich auch kein Maß für die Genauigkeit (z. B. 95 % Konfidenzintervall) der Schätzung ermitteln.

Demografie: Neben der Überwachung der Populationsgröße sind Informationen zu Reproduktion, Altersstruktur und Geschlechterverhältnis wünschenswert. Demografische Parameter wie z. B. Zuwachsrate, Überlebensrate und Rekrutierung können mittels Fang-Wiederfang-Modellen geschätzt werden.

Populationstrend: Hierunter versteht man zeitliche Änderungen von Parametern wie der Verbreitung, der Populationsindizes, der Abundanz oder der Dichte. Den korrekten Schluss über einen Trend zu ziehen ist eine grundlegende Voraussetzung des Monitorings. Sind einige vorläufige Daten vorhanden, ist die Durchführung einer Poweranalyse entscheidend, um die Empfindlichkeit der Methode zu beurteilen (Steidl et al. 1997).

Gesundheit und Genetik: Virale und bakterielle Krankheiten sowie Parasiten können einen erheblichen Einfluss auf Populationen von Großraubtieren haben. Besonders kleine und daher gefährdete Populationen erleiden so bisweilen kritische Verluste. Bei kleinen Populationen und solchen, die historisch einen genetischen Flaschenhals durchlaufen haben, sollte deshalb der genetische Zustand (Inzuchtgrad und die vorhandene genetische Diversität; siehe das Unterkapitel „Genetisches Monitoring") überwacht werden. Es ist auch wichtig, parallel mögliche Parameter einer Inzuchtdepression zu suchen, wie etwa erhöhte Anfälligkeit für Infektionskrankheiten (z. B. Katzenleukämie oder Feline Immunschwäche – FIV), Missbildungen (z. B. Knickschwanz, Fellwirbel, Herzveränderungen, Kryptorchismus, als eine Lageanomalie des Hodens) und histologische Schädigungen (Nieren). Solche Daten können bei tot aufgefundenen oder erlegten Tieren oder bei der Untersuchung von Tieren während Fängen gesammelt werden. Genetische Untersuchungen können auch mit nicht-invasiven Proben durchgeführt werden.

9.2.3 Wie überwachen? – Prinzipien des Monitorings großer Beutegreifer

Passives Monitoring

Das passive Monitoring besteht im Sammeln, Auswerten und Analysieren von Informationen, die nicht in einem systematischen Monitoring der Art oder Population gesammelt wurden, sondern zufällig anfallen, wie z. B. Totfunde, Schäden an Nutztieren oder Zufallsbeobachtungen, bei bejagten Populationen auch Abschussdaten. Die Datenerhebung erfolgt dabei nicht nach einem Versuchsdesign, sondern zufällig. In diesem Fall ist die Probenahme nicht quantitativ kontrolliert und der Suchaufwand für die Beobachtung nicht bekannt. Die Interpretation solcher sogenannten unstrukturierten Daten muss mit großer Vorsicht erfolgen. So ist im Fall des Todfundmonitorings die Fundwahrscheinlichkeit für manche Mortalitätsursachen (z. B. Verkehrsverluste) höher als für andere (illegale Abschüsse, Krankheiten; z. B. Schmidt-Posthaus et al. 2002), was bei der Interpretation dieser Daten zu berücksichtigen ist. Die Frequenz von direkten Nachweisen (Sichtbeobachtungen von großen Beutegreifern) oder indirekten Nachweisen (z. B. Spuren, Risse, Kot, Haare) sollte nur bedingt als relatives Maß für die Entwicklung der Population benutzt werden (Populationsindizes), weil viele unkontrollierte oder unkontrollierbare Faktoren (z. B. unterschiedliche Beobachterdichte oder Motivation der Beobachter über die Jahre) Einfluss auf die Meldungen durch Dritte haben können. Die räumliche Organisation der Stichprobenerhebung kann jedoch in gewissem Maße kontrolliert werden, indem die geschulten Mitglieder eines Monitoringnetzwerks möglichst gleichmäßig über das Untersuchungsgebiet verteilt sind (siehe z. B. Duchamp et al. 2012).

Aktives Monitoring

Das aktive Monitoring ist das gezielte Sammeln von Daten, um die im Monitoringprogramm definierten Ziele zu erreichen (Breitenmoser et al. 2006). Dies schließt periodische Erhebungen mittels Fragebogen und Feldarbeit ein. Beim aktiven Monitoring werden die Daten z. T. opportunistisch gesammelt, das heißt dort, wo man sie einfach erheben kann (z. B. beim opportunistischen Fotofallenmonitoring). Oder die Datensammlung geschieht nach einem standardisierten Stichprobendesign (z. B. beim deterministischen Fotofallenmonitoring). Das opportunistische Monitoring generiert unstrukturierte Daten, das Monitoring mit einer standardisierten Stichprobenerhebung hingegen liefert sogenannte strukturierte Daten, bei denen der Suchaufwand bekannt ist. Eine zufällige und opportunistische Datenerhebung erfüllt die grundlegenden Prinzipien von Stichprobenerhebungen wie Randomisierung und Replikation nicht und kann deshalb keine repräsentativen Ergebnisse mit fehlerfreien Parametern für die untersuchten Populationen liefern (Williams et al. 2002).

Lohnt sich dann überhaupt der Aufwand für das zufällige und opportunistische Monitoring? Diese Frage ist mit einem klaren Ja zu beantworten, denn das zufällige und opportunistische Monitoring liefert wichtige Informationen, die Ergebnisse aus dem Monitoring mit einem standardisierten Stichprobedesign räumlich und zeitlich erweitern können. Neue statistische Verfahren erlauben es, beide Datentypen gemeinsam auszuwerten und dadurch eine höhere Schätzgenauigkeit zu erreichen (siehe den Kasten „Integrierte Populationsmodelle"). Weitere Informationen, die man dem zufälligen und opportunistischen Monitoring entnehmen kann, sind im Unterkapitel „Monitoring von großen Beutegreifern" beschrieben.

Integrierte Populationsmodelle

Neueste statistische Verfahren, die sogenannten integrierten Populationsmodelle (IPMs; Besbeas et al. 2002; Schaub und Abadi 2010), eignen sich besonders gut, um unstrukturierte Daten (zufällige oder opportunistische Daten) parallel zu den Daten, die strukturiert erhoben wurden (räumlicher Fang-Wiederfang oder Spurentransekte im Schnee), in die Analysen zu integrieren. So haben z. B. Tenan et al. (2017) gezeigt, dass sich unstrukturierte Daten ganz natürlich in das Gefüge der räumlich expliziten Fang-Wiederfang-Modelle integrieren lassen. Die Einbeziehung von unstrukturierten Daten hat zu einem Genauigkeitsgewinn bei der Schätzung der Raumnutzung sowie der Populationsgröße geführt. Das ist besonders bei Untersuchungen von seltenen und heimlichen Arten wie Großraubtieren von Bedeutung, bei denen die Anzahl von Nachweisen gering ist und jede zusätzliche Beobachtung wertvoll ist.

Stratifizierung des Monitorings

Die meist riesigen Verbreitungsgebiete der großen Beutegreifer gestatten nicht, alle Flächen mit derselben Intensität oder denselben (robusten) Methoden zu überwachen. Eine räumliche und zeitliche Stratifizierung des Monitorings ist oft der einzige Weg, ein zielführendes, praktikables und bezahlbares langfristiges Monitoring zu gewährleisten.

Das Prinzip des stratifizierten Monitorings beinhaltet ein räumliches System mit verschiedenen Ebenen unterschiedlicher räumlicher Auflösung (Abb. 9-1; Breitenmoser et al. 2006). Auf jeder Ebene werden unterschiedliche Fragestellungen bearbeitet. Auf der höchsten Ebene, z. B. Europa, sind die eingesetzten Methoden relativ einfach (z. B. Fragebogen); auf der untersten Ebene, dem Referenzgebiet (siehe das Schema in Abb. 9-1) werden wissenschaftlich Methoden angewendet, die robuste Daten liefern (z. B. die fotografische Fang-Wiederfang-Methode bei individuell erkennbaren Tieren wie etwa dem Luchs). Insgesamt nehmen Robustheit, Kosten

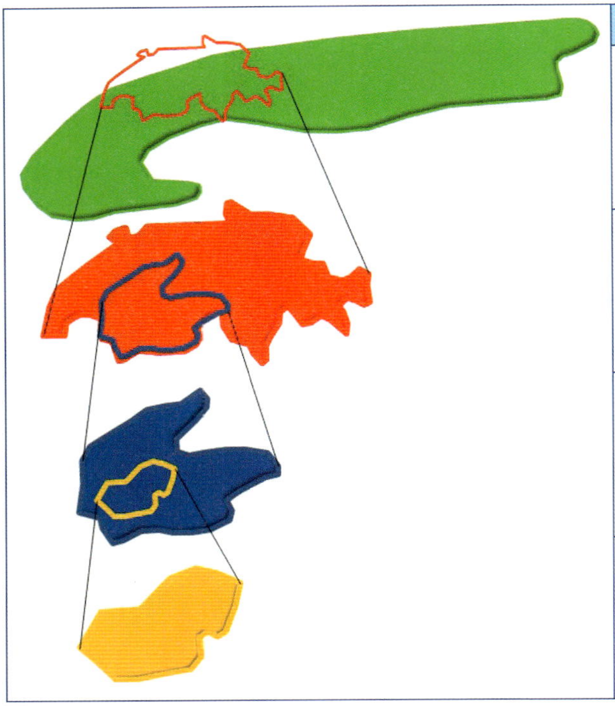

Gebiet	Fragen
Ebene I: Alpen; gesamte Population in einem einheitlichen Ökosystem	• Verbreitung, Expansion, • Relative Abundanz, Gesundheit, Genetik, Trend
Ebene II: Land; nationaler und administrativer Teil der gesamten Population	• Verbreitung, Abundanz (hochgerechnet), • Gesundheit, Genetik, Schäden, Trend
Ebene III: Kompartiment; Subpopulation in geografisch einheitlichem Raum	• Verbreitung, Abundanz (hochgerechnet), • Gesundheit, Genetik, Trend
Ebene IV: Referenz- oder Untersuchungsgebiet; repräsentativer Populationsteil	• Robuste Schätzung der Abundanz und Dichte, • Trend, Demografie, Ökologie

Abb. 9-1 Modell für eine räumliche und zeitliche Stratifizierung des Monitorings. Die weite Verbreitung der Großraubtiere gestattet es nicht, alle Gebiete mit derselben Intensität oder mit denselben (robusten) Methoden zu überwachen. Auf Ebene I werden mit relativ einfachen Methoden Informationen über die Verbreitung und deren Trend gesammelt. Auf den darunter liegenden Ebenen nimmt die Robustheit und Aussagekraft der gesammelten Daten zu, aber die Fläche, für die diese Aussagen gemacht werden können, ist erheblich kleiner.

und Logistik der Methoden sowie die Komplexität der Fragestellungen i. d. R. von der höchsten zur untersten Ebene zu und die Intensität des Monitorings auf der zeitlichen Ebene ab.

Unter bestimmten Annahmen können präzise und robuste Informationen wie z. B. die geschätzte Abundanz, die auf einer niedrigen Ebene erfasst wurden, auf höhere Ebenen hochskaliert werden. Eine Voraussetzung dafür ist, dass die weniger aufwendig zu erhebenden, aber auch weniger aussagekräftigen Daten überall gesammelt werden. Denn man benötigt sie, um bestimmte Parameter (z. B. die Verbreitung) für die darüber liegende Ebene zu generieren.

9.3 Monitoringmethoden

Es gibt keine artspezifische Monitoringmethode, die überall in Europa in gleicher Weise angewandt werden kann, und auch keine, die sämtliche Fragen beantwortet, sondern es müssen die unter den jeweiligen Umständen besten Methoden ausgewählt werden. In den meisten Fällen wird dies eine Kombination mehrerer Methoden sein. Zudem werden bestehende Methoden laufend verbessert und immer wieder neue entwickelt (z. B. Überwachung mittels Akustiksensoren). Da immer öfter mehrere Arten großer Beutegreifer in den gleichen Gebieten leben (sympatrisches Vorkommen), sollten auch Methoden entwickelt werden, die man gleichzeitig für mehrere Arten im selben Gebiet einsetzen kann. Dementsprechend sollten neue Methoden für die jeweilige Art auf ihre Praxistauglichkeit, ihre Aussagekraft und auf das Verhältnis von Aufwand zu Ertrag (von der Erhebung im Feld bis zur quantitativen Schätzung) evaluiert werden. Dabei sollte man sie mit Methoden vergleichen, die denselben Zweck erfüllen. Oft stehen bei methodischen Forschungen die statistischen Leistungen der jeweiligen Methode im Vordergrund. Allerdings können logistische, aber auch kulturelle Hindernisse einer erfolgreichen Umsetzung im Wege stehen. Deshalb müssen auch solche Aspekte bei der Methodenwahl beachtet werden.

9.3.1 Bewertung des Lebensraums durch Habitatmodelle

Habitatmodelle werden eingesetzt, um die Eignung eines Untersuchungsgebiets als Lebensraum oder Habitat für eine oder auch mehrere Zieltierarten zu bewerten. Grundsätzlich gibt es zwei Arten von Modellen, erstens empirische bzw. statistische Habitatmodelle, die auf Feldstudien zur tatsächlichen Verbreitung der Art beruhen, und zweitens nicht-quantitative Expertenmodelle. Bei empirischen Habitatanalysen wird ein statistisches Modell anhand von z.B. Präsenz- und Absenzdaten der untersuchten Art und mittels verschiedener Prädiktoren (z.B. Topografie, Landnutzung, Straßendichte etc.) berechnet (Manly et al. 1993). Die Ergebnisse können dann zur Vorhersage der Habitateignung für die jeweilige Art dienen. Reichen die Verbreitungsdaten für das zu untersuchende Gebiet nicht aus, wird das Habitatmodell mithilfe von Literaturangaben, mittels Freilanddaten aus vergleichbaren Gebieten oder über Expertenbefragung erstellt (Guisan und Zimmermann 2000).

Habitatmodelle liefern wichtige Informationen über die ökologischen Ansprüche der Arten. In Gebieten, in denen die Zieltierart bereits präsent ist, werden sie eingesetzt, um die Verbreitung dieser Art zu bestimmen oder auch, um, kombiniert mit anderen Ansätzen, ihre Abundanz zu schätzen. Mithilfe der Modelle kann auch für Gebiete, in denen die Zieltierart noch nicht vorkommt, die potenzielle Verbreitung der Art bestimmt werden. Die Ergebnisse aus solchen Extrapolationen sind jedoch mit Vorsicht zu interpretieren, besonders in Gebieten mit Habitateigenschaften, die stark von denen im Erhebungsgebiet der Daten abweichen. Habitatmodelle sind eine wichtige Grundlage zur Planung des Monitorings, als Hilfsmittel, um Populationen zu definieren oder um aktive Monitoringmethoden gezielter auf den bevorzugten Lebensraum der Zieltierart auszurichten. Der geeignete Lebensraum, definiert durch ein Habitatmodell, wird oft auch als Bezugsfläche für die Berechnung von Großraubtierdichten verwendet (z.B. Zimmermann et al. 2007). Weitere Information über Habitatmodelle und ihre Anwendung in der Ökologie finden sich in Guisan et al. (2017).

9.3.2 Methoden des passiven Monitorings

Totfundmonitoring

Für die Überwachung von Tierpopulationen sind tot aufgefundene Tiere von großer Bedeutung. Sie gehören zur Kategorie 1 der SCALP-Kriterien und die so gewonnene Information geht weit über das einfache Verbreitungsmonitoring hinaus (zu den SCALP-Kriterien siehe den Kasten auf S. 173). Neben den Todesursachen können aus ihnen Informationen über die Altersstruktur, das Geschlechtsverhältnis und den gesundheits- und genetischen Status der untersuchten Populationen gewonnen werden. Sie liefern auch Ausgangsmaterial für morphologische Studien (Skelett, Schädel, Fell).

Die Entwicklung der Totfundzahlen kann jedoch nur bedingt als Maß für den Populationstrend verwendet werden, da die Auffinde-Wahrscheinlichkeit der Totfunde von verschiedenen Faktoren abhängen kann, u.a. vom Habitat oder von der Anzahl der Beobachter. In großen Populationen mit starkem Wachstum sind die Chancen, Tiere tot aufzufinden, höher als in kleinen Populationen mit geringem Wachstum. Wenn aber Populationen abnehmen, etwa weil sie von einer Epidemie betroffen sind oder das Töten von Großraubtieren zur öffentlichen Demonstration von Wilderei wird, kann unter Umständen die Zahl der tot aufgefundenen Tiere auch bei kleineren Populationen hoch sein.

Deshalb müssen Totfundzahlen vorsichtig und immer im Abgleich mit anderen Datensätzen interpretiert werden.

Alle toten Tiere, sowohl komplette Kadaver als auch Körperteile, sollten über das ganze Verbreitungsgebiet der Zielarten kontinuierlich eingesammelt und untersucht werden. In nicht bejagten Populationen fallen diese Daten zufällig an, so dass es keine Stichprobenstrategie gibt. Es ist wichtig, alle Institutionen (Jagd- und Forstverwaltungen, Tierärzte, Polizei, Straßeninspektorat und -verwaltung, Jäger, sowie alle Mitglieder des Monitoringnetzwerkes), deren Mitglieder tote Tiere finden könnten, über folgende Punkte zu informieren:

- Kühlung des Todfundes: Für pathologische Untersuchungen sollten alle Kadaver sofort gekühlt werden und so rasch wie möglich zum zuständigen pathologischen Institut gebracht werden (Tiefkühlung ist nur dann notwendig, wenn der Fund mehrere Tage oder Wochen gelagert werden muss).
- Standardisierte Datenerhebung: i. d. R. liegt ein standardisiertes Protokoll vor, in dem beschrieben wird, welche Daten zu erheben sind (siehe z. B. das „Luchsformular" im Online-Material zu diesem Buch, Webcode NuL 4059 auf www.nul-online.de).
- Zuständiges Institut: Angaben zur Institution, an die Kadaver und Protokolle zu senden sind.

Idealerweise sollten über das gesamte Verbreitungsgebiet der jeweiligen Art, also auch über Ländergrenzen hinweg, dieselben Protokolle und Untersuchungen Verwendung finden. Für genetische Analysen sollte Gewebe in Alkohol aufbewahrt oder den lebenden Tieren Blut entnommen werden. Bei Luchsen, die individuell anhand ihres Fellmusters erkennbar sind, sollten unbedingt beide Flanken sauber fotografiert werden, am besten aus verschiedenen Winkeln auch leicht schräg vom Rücken her, weil bei liegenden Luchsen das Fellmuster im Bereich des Bauches nach oben verschoben wird. Dadurch kann man feststellen, ob es sich bei dem toten Tier um einen durch Fotofallenmonitoring bekannten Luchs handelt.

Schäden

Alle drei Großraubtiere können Schäden an Nutztieren (einschließlich Bienenstöcken) verursachen. Zudem können Bären Schäden an landwirtschaftlichen Kulturen und Obstbäumen sowie Sachschäden (z. B. Rapsölkanister, Futterkrippen) anrichten. In vielen europäischen Ländern werden Schäden von Großraubtieren vom Staat entschädigt und es besteht ein Netzwerk von geschulten Personen, um gemeldete Schadensfälle zu überprüfen und zu bestätigen. Weil die Untersuchung und Berichterstattung Voraussetzungen dafür sind, eine Entschädigung zu erhalten, sind die Registrierungsraten bei Schäden hoch.

Bei der Interpretation ist jedoch zu beachten, dass die Anzahl der Schadensfälle nicht direkt mit den Zahlen von Wolf, Luchs und Bär oder mit der Verfügbarkeit der Nutztiere zusammenhängt. Wichtigere Faktoren sind beispielsweise die Häufigkeit wilder Beutetiere, die Landschaftselemente und Strukturen der Weiden, die Art der Viehhaltung, der Implementierungsgrad von Herdenschutzmaßnahmen in Gebieten, in denen Großraubtiere erst seit Kurzem auftreten, und auch die Verhaltensmuster einzelner Individuen. Weil keine Schäden an Nutztieren auftreten können, wo es keine Nutztiere gibt, und weil Schäden an Nutztieren nicht zwangsläufig auftreten müssen, wo Großraubtiere vorkommen, sollten zur Erstellung von Verbreitungskarten, neben den Schäden an Nutztieren, immer auch weitere Datenquellen mit einbezogen werden.

Die Anzahl gerissener Nutztiere ist i. d. R. eine wichtige Grundlage für die Entscheidung, schadenstiftende Beutegreifer zu entnehmen, regulierende Eingriffe in deren Populationen durchzuführen oder den Herdenschutz zu verbessern. Deshalb wird sie als Managementkriterium in den nationalen Managementplänen aufgeführt.

Sammeln von Zufallsbeobachtungen

Das Sammeln von Zufallsbeobachtungen (Zufallsbilder, gerissene Wildtiere, Spuren, Direktbeobachtungen, Rufe, Haare, Kot; siehe das Merkblatt „Risse und Feldzeichen" zum Bestimmen und Ansprechen der Feldzeichen von

SCALP-Kriterien

Im Rahmen des Luchsmonitorings im Alpenraum haben sich die Verantwortlichen für das Monitoring in allen sieben Alpenstaaten auf eine gemeinsame Darstellung und Interpretation der erhobenen Luchs-Beobachtungen geeinigt, die sogenannten SCALP-Kriterien (Status and Conservation of the Alpine Lynx Population, SCALP; Molinari-Jobin et al. 2003). Diese Standardisierung erlaubt einen Vergleich der Monitoringdaten im ganzen Alpenraum und eine Betrachtung der Luchsverbreitung auf der Populationsebene. Die Beobachtungen werden nach ihrer Aussagekraft und Überprüfbarkeit in drei Kategorien eingeteilt (Abb. 9-2):

- Kategorie 1: „Hard facts" wie tot gefundene Luchse, Fotos und Videos von Luchsen, eingefangene (Jung-)Tiere und genetische Nachweise.
- Kategorie 2: Von geschulten Personen bestätigte Meldungen wie Risse (Nutz- und Wildtiere) und Spuren.
- Kategorie 3: Nicht überprüfte Wildtierriss- und Spurenfunde sowie alle nicht überprüfbaren Hinweise wie Lautäußerungen, Kotfunde und Sichtbeobachtungen.

Die ursprünglichen SCALP-Kriterien des Luchsmonitorings wurden auch von Deutschland und Österreich übernommen und z. T. leicht auf die dortigen Verhältnisse angepasst (z. B. Reinhardt et al. 2015) sowie auf die anderen Großraubtierarten Wolf und Bär übertragen. Eine detaillierte Beschreibung, wie Hinweise auf Großraubtiere zu bewerten sind, liefert der Bericht „Monitoring von Wolf, Luchs und Bär" von Reinhardt et al. (2015).

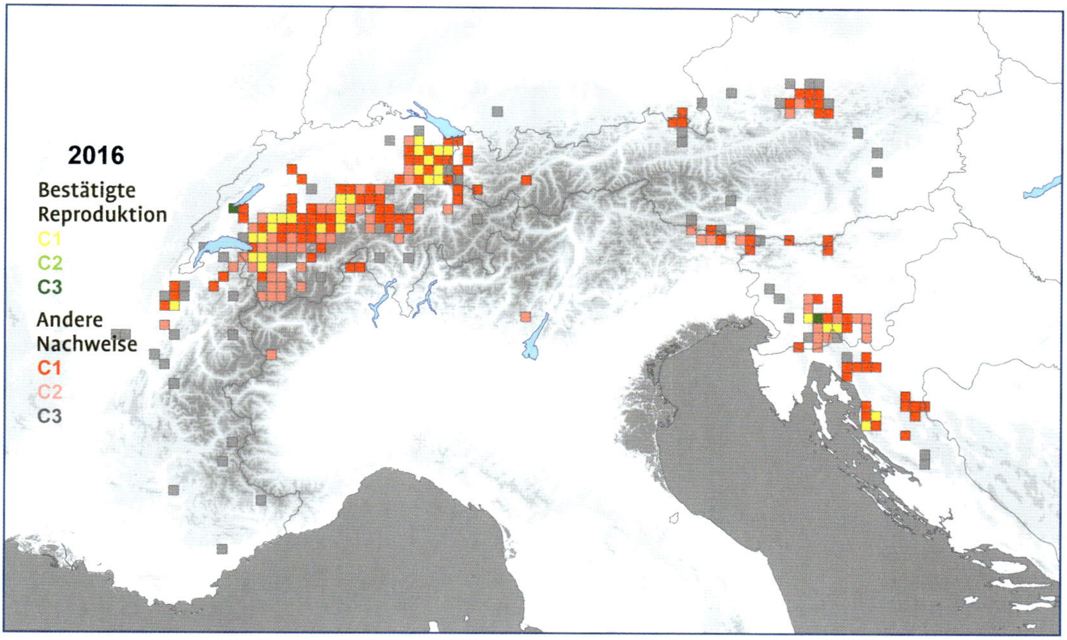

Abb. 9-2 Luchs-Verbreitung in den Alpen und im nördlichen Dinarischen Gebirge im Jahr 2016, basierend auf einem 10 × 10-km-Raster: gelbe bzw. rote Zellen = C1, Zellen mit „Hard-facts"-Reproduktion bzw. anderen „Hard-facts"-Nachweisen; hellgrün bzw. rosa Zellen = C2, Zellen mit bestätigter Reproduktion bzw. bestätigten anderen Nachweisen; dunkelgrüne bzw. graue Zellen = C3, Zellen mit unbestätigter Reproduktion bzw. unbestätigten anderen Nachweisen. Quelle: SCALP-Status and Conservation of the Alpine Lynx Population.

Großraubtieren im Onlinematerial zu diesem Buch, Webcode NuL 4059 auf www.nul-online.de) ist eine wichtige, aber auch schwierige Aufgabe bei der Überwachung von Großraubtier-Populationen. Wichtig, weil Zufallsbeobachtungen sehr oft als Anhaltspunkt dienen, um daran anschließend anspruchsvollere und robustere, aber i.d.R. auch arbeitsintensivere Methoden einzusetzen. Schwierig, weil Zufallsbeobachtungen nicht nach einem standardisierten Stichprobendesign erhoben werden. Eine Beobachtung und ihre Meldung hängen von der Anwesenheit und der Meldedisziplin des Beobachters ab, der i.d.R. kein Mitglied eines Monitoringnetzwerks ist. Dies führt zu Verzerrungen in der räumlichen Verbreitung der Meldungen und zur Minderung ihrer Zuverlässigkeit. Deshalb sollten feste Kriterien eingesetzt werden, um die Zufallsbeobachtungen zu evaluieren (z.B. SCALP-Kriterien, siehe den entsprechenden Kasten Seite 173). Potenzielle Melder, wie Jäger, Förster, Ornithologen etc., sollten über die Bedeutung der Meldungen von Zufallsbeobachtungen und deren Meldeweg informiert sein. Weil sich Großraubtiere zurzeit noch ausbreiten, sollen Zufallsbeobachtungen in einem größeren Gebiet als dem vermuteten Verbreitungsgebiet gesammelt werden.

9.3.3 Methoden des aktiven Monitorings

Fragebögen oder strukturierte Suche nach Expertenmeinung

Eine Felddatenerfassung bei großen Beutegreifern auf Landschaftsebene ist teuer und schwer auszuführen. Überwachungen mittels Fragebögen oder eine strukturierte Suche nach Experteneinschätzung sind ein schnelles, einfaches und effizientes Mittel, um Daten über Populationen großer Beutegreifern großflächig zu

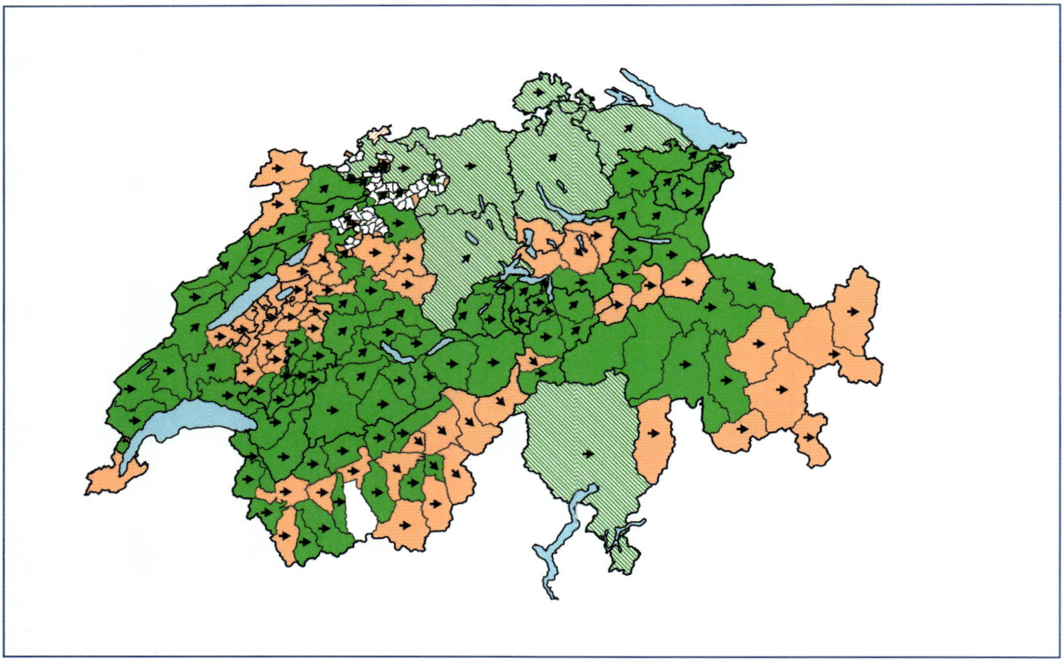

Abb. 9-3 Ergebnis der Umfrage bei der Schweizer Wildhut von 2015. Die grünen Flächen stellen Gebiete mit Luchshinweisen dar, orange Flächen blieben ohne Hinweise. Grün schraffiert sind Kantone mit einer pauschalen Beurteilung für das ganze Gebiet. Die Pfeile zeigen die Entwicklungstendenz in den Wildhutgebieten und Revieren (Kanton Solothurn) entsprechend der Beurteilung der Wildhut beziehungsweise Jäger. Weiß sind Regionen eingefärbt, aus welchen keine Rückmeldung erfolgte.

sammeln. Ein Netzwerk mit einer guten räumlichen Verteilung der Mitglieder (Wildhüter, Förster, Jäger, Naturschützer) kann genutzt werden, um Fragebögen auszusenden. Damit die Rücklaufquoten hoch sind, müssen die Fragebögen möglichst einfach und überschaubar gestaltet sein, damit man sie schnell ausfüllen kann. Oft handelt es sich um qualitative Fragen, etwa ob es Nachweise von einem großen Beutegreifer gab, die Art dieser Nachweise und den Trend der Population im jeweiligen Aufsichtsgebiet. Diese Art von Fragebögen ermöglicht jedes Jahr eine standardisierte Übersicht über ein Untersuchungsgebiet (z. B. Land) und erlaubt es, Lücken und Mängel in der stärker differenzierten Sammlung von Zufallsbeobachtungen festzustellen (z. B. Umfrage Luchs bei den Wildhütern in der Schweiz; Abb. 9-3).

Beim Monitoring auf Basis solcher Fragebögen besteht das Problem, dass manche Arten nicht erfasst werden, obwohl sie an manchen Orten vorhanden sind. Daher werden die besetzten Gebiete unterschätzt. Daten von mehreren Befragten, die den Nachweis oder Nicht-Nachweis einer Art in einer Stichprobeneinheit melden, können mittels „Occupancy“-Methode analysiert werden. Diese Methode berücksichtigt, wenn die Auffindewahrscheinlichkeit einer Art kleiner ist als eins. Damit kann die Schätzung der belegten Fläche entsprechend korrigiert werden. Dies gestattet eine unverzerrte Schätzung des Anteils der belegten Fläche. Umfragen mit diesem Ansatz wurden bereits erfolgreich eingesetzt, um z. B. das Vorkommensmuster von großen Säugetieren in Indien zu untersuchen (Karanth et al. 2009).

Suche nach Anwesenheitshinweisen

Bei der gebräuchlichsten Methode zur Bestätigung von Wölfen werden Transekte (z. B. entlang von Forststraßen, Geländelinien) oder vorher ausgewählte Gebiete auf Wolfshinweise (Spuren, Kot) abgesucht. Dadurch werden Daten zur Anwesenheit/Abwesenheit von Wölfen generiert. Da Wölfe gerne (Forst-)Straßen, Wanderwege und Pfade nutzen und dort auch Kot absetzen, sollten diese wiederholt zu Fuß oder mit dem Fahrrad abgesucht werden. Die Methode ist einfach, aber arbeitsaufwendig (Reinhardt et al. 2015).

Dieser Ansatz wurde auch angewendet, um Hinweise auf Bären (Kot, Haare) zu sammeln, allerdings mit mäßigem Erfolg (De Barba et al. 2010).

Zukünftig könnte der Einsatz von „Detection dogs“ diese Arbeit erleichtern (siehe den Kasten „Detection dogs“).

Detection dogs

Da die Schneeverhältnisse immer seltener den Anforderungen für Spurentransekte genügen und Großraubtiere sich mehr und mehr in schneearmen Gebieten niederlassen, muss nach alternativen Methoden gesucht werden. Sogenannte „Detection dogs“ sind Hunde, die für das Anzeigen von Hinweisen (z. B. Kot) bestimmter Tierarten ausgebildet werden (z. B. Long et al. 2007). Sie könnten eine gute Alternative zu den Spurentransekten im Schnee darstellen, da man sie auch in schneereichen Gebieten außerhalb der Wintersaison einsetzen kann. Diese Methode wurde bereits erfolgreich im Rahmen eines systematischen genetischen Luchsmonitorings im Bayerischen Nationalpark angewendet (Hollerbach et al. 2018). Ein Testen dieser Methode im Rahmen des Wolfsmonitorings in Gebieten mit permanenter Wolfpräsenz ebenso wie in Gebieten mit vermuteter Neuetablierung ist zu empfehlen (Reinhardt et al. 2015).

Spurentransekte im Schnee

Spurentransekte können sowohl für das Wolfs- (Duchamp et al. 2012) als auch für das Luchsmonitoring eingesetzt werden (Andren et al. 2002). Da Spurentransekte für den Luchs nicht so robuste und präzise Schätzungen wie das deterministische Fotofallenmonitoring liefern und die Schneeverhältnisse immer seltener den Anforderungen für Spurentransekte genügen, wird hier nicht weiter darauf eingegangen und für eine detailliertere Beschreibung der Methode und der verwendeten Analysemethoden auf

Andren et al. (2002) sowie Linnell et al. (2007) verwiesen.

Für das Wolfsmonitoring werden Spurentransekte in Gebieten mit permanenter Wolfspräsenz (Wölfe werden mindestens in zwei aufeinanderfolgenden Wintern nachgewiesen und/oder es gibt Hinweise auf Reproduktion) durchgeführt (Duchamp et al. 2012). Das Ziel der zwischen Oktober und März (danach wandern vermehrt subadulte Tiere aus dem Rudel ab, was zu Doppelzählungen führen könnte) durchgeführten Spurentransekte ist es, die minimale Rudelgröße sowie die Rudelzusammensetzung (basierend auf nicht-invasiven genetischen Analysen der Proben, die entlang der Transekte gesammelt werden) zu erfassen. Die Spurentransekte werden möglichst 48 Stunden nach dem letzten Schneefall mit Tourenski, Schneeschuhen oder zu Fuß abgegangen. Jeder Transekt wird von zwei Personen bearbeitet, hauptsächlich aus Gründen der Sicherheit. In nicht alpinen Gebieten, wo es kaum gefährliche Situationen gibt, könnte sich die Zweiergruppe beim Finden einer Wolfsfährte aufteilen. Dies optimiert die Aufzeichnung von möglichst vielen zusätzlichen Informationen. In einem Winter werden die Transekte 2- bis 6-Mal begangen. Die besonderen Bedingungen (Witterung, Verfügbarkeit von Personal etc.), welche für die Durchführung von Spurentransekten benötigt werden, verlangen, dass eine größere Anzahl Personen kurzfristig für einen Feldeinsatz verfügbar sein muss. Zusätzlich genügen die Schneeverhältnisse immer seltener den Anforderungen. Deshalb ist man von der Bedingung abgekommen, alle Transekte möglichst synchron abzugehen. Bei der Durchführung ist jedoch zu beachten, dass der Feldaufwand pro erwartetem Wolfsterritorium möglichst gleich ist.

Wenn Wölfe im Rudel unterwegs sind, insbesondere bei tiefem Schnee, kommt erschwerend hinzu, dass die Tiere hintereinander herlaufen und oftmals in die Trittsiegel des Vordertieres treten, so dass meist nur eine einzige Spur erkennbar ist. Um eine daraus resultierende Unterschätzungen der Rudelgröße zu vermeiden, sollten nach Liberg et al. (2012) die Spuren wenn möglich mindestens über eine Distanz von 3 km abgelaufen werden, um die Chancen zu erhöhen, dass eine Stelle erreicht wird, an der sich die Gruppe aufgefächert hat, siehe hierzu auch das Merkblatt „Spurentransekte im Schnee" im Onlinematerial zu diesem Buch (Webcode NuL 4059 auf www.nul-online.de).

Im Flachland reicht die Schneedecke für systematische Spurentransekte i. d. R. nicht aus. Falls sich hier jedoch gute Schneebedingungen bieten, sollten diese möglichst unverzüglich genutzt werden. Bei mäßigem Schnee eignet sich das Abfahren von Forststraßen mit einem Geländefahrzeug. In jedem Fahrzeug sollten sich mindestens zwei erfahrene Personen befinden. Während der langsamen Fahrt wird zu beiden Seiten bei offenem Fenster nach Spuren Ausschau gehalten. Wolfsspuren sind zur deren Bestätigung mindestens 500 m zu verfolgen (Reinhardt et al. 2015).

Genetisches Monitoring

Die genetischen Methoden greifen auf zwei verschiedene DNA-Typen zurück, die sich in den Mitochondrien (im Zellplasma befindliche Organellen, die für die Energieversorgung der Zellen zuständig sind) und im Zellkern befinden. Zunächst erfolgt die Artbestimmung mittels Analyse der mitochondrialen DNA. Durch die Analyse von einzelnen Abschnitten der Kern-DNA (sogenannten Mikrosatelliten) kann in weiteren Schritten ein individuelles genetisches Profil erstellt werden. Die Beschreibung genetischer Abschnitte auf dem X- und Y-Chromosom erlaubt zudem die Bestimmung des Geschlechts. Da große Beutegreifer über sehr große Streifgebiete verfügen und deshalb oft administrative Grenzen überschreiten, ist es für ein effizientes genetisches Monitoring notwendig, dass die individuellen genetischen Fingerabdrücke zwischen Ländern kompatibel sind. Dies bedingt die gemeinsame Anwendung von standardisierten Methoden sowie kompatible und zugängliche Datenbanken, in denen die genetischen Profile der erfassten Individuen gespeichert sind. Um dies zu erreichen ist eine länderübergreifende Kooperation unerlässlich.

Das genetische Monitoring der Großraubtiere Wolf, Luchs und Bär verfolgt jeweils die nachfolgend aufgeführten Ziele: 1) Individuen identifizieren; 2) Informationen über den Verwandtschafts- und den Inzuchtgrad in den Populationen sammeln; 3) die Entwicklung der genetischen Diversität in den Populationen überwachen; 4) den genetischen Austausch zwischen benachbarten Populationen feststellen; und 5) Informationen über die Herkunft von Individuen liefern, die außerhalb des Verbreitungsgebietes auftauchen. Beim Wolf kommt noch ein weiteres Ziel hinzu, nämlich das Erkennen von Wolf-Hund-Hybriden.

Da sich Luchse aufgrund ihres Fleckenmusters auch anhand von Fotos individuell identifizieren lassen, ist die Fotofallenmethode im Moment effektiver und billiger als ein genetisches Monitoring, um die Populationsgröße zu schätzen. Beim Luchs basiert das genetische Monitoring hauptsächlich auf invasiven Proben, wie Gewebe bei Totfunden und Blut bei Fängen. Dies liegt u. a. daran, dass Luchskot schwer zu finden und der Aufwand für den Betrieb von Haarfallen sehr hoch ist. Zusätzlich sind sehr gute Vorkenntnisse der Markierstellen von Luchsen erforderlich, weil Luchse Haarfallen nur dann aufsuchen, wenn sie weniger als 1–3 m von bekannten Markierstellen entfernt sind (Schmidt und Kowalczyk 2006).

Die Ergebnisse aus den genetischen Analysen liefern Informationen zu minimaler Individuenzahl, Geschlechtsverhältnis, „Verschwinderate" (Abwanderung oder Tod) und durch Einbeziehung der Ergebnisse von Verwandtschaftsanalysen auch zur Reproduktion. Auf Basis der genetischen Daten kann zudem eine robuste Schätzung der Abundanz und der demografischen Parameter mittels Fang-Wiederfang-Modellen erfolgen (siehe den Kasten „Fang-Wiederfang-Methode"). Beim Wolf erhält man zusätzlich Informationen zur Rudelzusammensetzung, die der Abgrenzung benachbarter Territorien dient. Daraus kann dann die minimale Rudelgröße und die Rudelanzahl abgeleitet werden.

Fang-Wiederfang-Methode

Wenn Tiere anhand natürlicher oder künstlicher äußerlicher Merkmale (z. B. Markierung mit Halsband) oder genetischer Marker identifizierbar und von anderen Individuen unterscheidbar sind, kann man mithilfe der Fang-Wiederfang-Methode ihre Anzahl, ihre Fangwahrscheinlichkeit und den statistischen Fehler schätzen (Karanth 1995, De Barba et al. 2010). Dies erlaubt eine bestmögliche Annäherung an die tatsächliche Populationsgröße der untersuchten Tierart und die Beurteilung der Genauigkeit der Schätzung. Die Daten werden nach einem standardisierten Stichprobendesign gesammelt. Befinden sich jedoch im Untersuchungsgebiet weniger als 20 Tiere, wird die Schätzung, insbesondere, wenn die Wiederfangwahrscheinlichkeit klein ist, sehr ungenau. In diesem Fall ist der Einsatz eines systematischen Monitorings nicht sinnvoll. Dann sollte die Datenerhebung nur opportunistisch erfolgen, wenngleich diese Methode als Ergebnis nur die Mindestanzahl der im Gebiet lebenden Tiere liefert, da nicht alle anwesenden Individuen jedes Jahr erfasst werden.

Für diese Zwecke werden nicht-invasive Proben wie Kot, Speichel, Ausgewürgtes oder Haare und in seltenen Fällen auch Urin und Bluttropfen im Schnee, aber auch invasive Proben, meistens Gewebe (Totfunde) und gelegentlich auch Proben wie Blut (Fänge) gesammelt. Ein Beispiel einer Checkliste für eine sorgfältige und standardisierte Probenentnahme findet sich im Onlinematerial zu diesem Buch (Webcode NuL 4059 auf www.nul-online.de).

Man unterscheidet zwei Verfahren des genetischen Monitorings: Beim **opportunistischen genetischen Monitoring** werden die genetischen Proben opportunistisch gesammelt, wenn sich eine gute Gelegenheit ergibt, z. B. ein Kadaver, eine Rissmeldung oder wenn man zufällig eine Großraubtierspur im Schnee und beim Ausgehen der Spur dann Kot, Urin, Haare oder Bluttropfen findet.

Beim **standardisierten Sammeln von genetischen Proben zwecks Fang-Wiederfang-Monitoring** werden die genetischen Proben nach einer standardisierten Stichprobenerhebung gesammelt, z. B. mit Spurentransekten beim Wolf oder mit Haarfallen beim Bären.

Akustisches Monitoring von Wölfen

Wölfe sind akustisch auffällige Tiere. Sie benutzen ihre Stimme, um mit ihren Artgenossen zu kommunizieren, sowohl innerhalb des Rudels als auch mit anderen Individuen. Über größere Distanzen geschieht dies durch Heulen. Einerseits heulen Wölfe spontan (von sich aus), andererseits können sie durch das Simulieren von Wolfsgeheul zum Heulen animiert werden. Für das Monitoring kann sowohl spontanes Heulen als auch provoziertes Heulen (auch Heulanimation genannt) verwendet werden.

Das spontane Heulen sowie die Antworten auf die Heulanimationen sind nicht gleichmäßig über das Jahr verteilt (Novak et al. 2007). Ein wesentlicher Teil (knapp 60 %) der spontanen Geheule findet von Juli bis Oktober statt. In einem etwas kürzeren Zeitfenster wurde auch die höchste Antwortrate auf Heulanimationen festgestellt. Auch das tägliche Muster der spontanen Heulaktivitäten der Wölfe zeigt einen deutlichen Schwerpunkt. Novak et al. (2007) beobachten einen einzelnen Höhepunkt zwischen 18 und 24 Uhr und die Wölfe heulten praktisch nie spontan am Tag zwischen 8 und 16 Uhr. In einer Studie mit „Songmeter“ in Italien erfolgte ebenfalls der größte Teil der Heulaufnahmen zwischen 19 und 23 Uhr, mit einem Höhepunkt zwischen 20 und 21 Uhr (Suter et al. 2016). Es wurde jedoch noch ein zweiter Höhepunkt am frühen Morgen zwischen 4 und 5 Uhr beobachtet. Heulanimationen als Monitoringmethode wurden bereits in Nordamerika Ende der 1970er-Jahre eingesetzt, um Wolfsrudel zu zählen (Harrington und Mech 1982). Das Erfassen von spontanem Heulen ist erst mit der Entwicklung von erschwinglichen Akustiksensoren (z. B. Songmeter; www.wildlifeacoustics.com) möglich geworden und dementsprechend als Methode noch relativ neu (z. B. Passilongo et al. 2015).

Aktives Heulen oder Heulanimationen

Hauptziel der im Sommer zwischen August und Mitte September durchgeführten Heulanimationen ist es, Reproduktionsnachweise in den Gebieten mit permanenter Wolfpräsenz zu sammeln. Zusätzlich dienen die Ergebnisse zur Abgrenzung von benachbarten Territorien, um so die Anzahl der Rudel zu bestimmen. Sie erlauben es auch, die Rendezvousplätze zu lokalisieren, um nachträglich den Kot der Welpen zu sammeln. Dies wiederum kann in Kombination mit genetischen Analysen altersbezogene Überlebensanalysen stark verbessern oder helfen, das Abwanderungsmuster der Jährlinge zu dokumentieren. Außerdem können auch Informationen zur minimalen Rudelgröße und über die minimale Anzahl von Wölfen im Untersuchungsgebiet gesammelt werden. Die Wahl der Untersuchungsperiode entspricht dem Zeitpunkt an dem 1) die Vokalisierungen der Welpen, die als Japsen beschrieben werden, von jenen der Adulten unterscheidbar sind (Novak et al. 2007), und 2) die Welpen sich an Rendezvousplätzen aufhalten, bevor sie sich später mit anderen Rudelmitgliedern bewegen (Gazzola et al. 2002).

Die Heulanimationen werden an verschiedenen, über die Territorien der Rudel verteilten Standorten durchgeführt. Dabei wird die Antwort von Wölfen durch eigenes Heulen von verschiedenen Punkten oder durch Abspielen eines Tonträgers aus provoziert. Eine detaillierte Anleitung zur Durchführung der Heulanimationen ist dem Merkblatt „Ablauf einer Heulanimation-Session“ im Onlinematerial zu diesem Buch zu entnehmen (Webcode NuL 4059 auf www.nul-online.de).

Oft reagieren Welpen eifriger als adulte Wölfe und können aufgrund ihrer hohen Stimmen als Jungtiere identifiziert werden. Im Allgemeinen ist die Erfolgsrate jedoch gering (selbst zur besten Jahreszeit im August antworteten Wölfe nur in 39,4 % der Heulanimationen in Polen; Novak et al. 2007) und variierten in ihrer Antworthäufigkeit stark, selbst in ein und derselben Region. Bei der Interpretation der Ergebnisse der Heulanimationen ist deshalb Vorsicht geboten. Keine Antwort muss nicht fehlende Reproduktion

Das Geheul wird mit menschlicher Stimme simuliert. Zur Vergrößerung der Reichweite kann z. B. ein Verkehrskegel verwendet werden.

bedeuten. Bei einer positiven Antwort ist auch zu berücksichtigen, dass Frequenzmodulationen bei den erwachsenen Tieren nicht selten sind. Palacios et al. (2017) haben eine Studie durchgeführt, die zeigt, dass die Zuhörer in 98 % der Fälle das Japsen der Welpen identifizieren konnten, wenn sie tatsächlich am Geheul teilnahmen. Jedoch haben die Zuhörer auch das Japsen der Welpen in 71 % der Fälle identifiziert, als diese gar nicht mitheulten. Für das menschliche Gehör ist es auch schwierig (bzw. unmöglich), die genaue Zahl der Tiere zu erfassen. Entsprechend wurde in dieser Studie die korrekte Anzahl Wölfe nur in 32 % der Tests richtig bestimmt, dabei konnten auch erfahrene Zuhörer keine besseren Ergebnisse erzielen. Deshalb muss das Heulen unbedingt aufgezeichnet und anschließend mittels Spektrogramm-Analysen am Computer ausgewertet werden. Mit dieser Technik konnte in 92 % der Fälle die korrekte Anzahl der Tiere ermittelt werden (Passilongo et al. 2015). Mittels Analysen der Schallenergie haben Palacio et al. (2016), die 71 % Wolfschöre in welchen die Zuhörer fälschlicherweise das Japsen der Welpen erkannt hatten, auf 3,9 – 6,5 % reduziert.

Wie jede Feldaufnahme sind Heulanimationen recht zeitaufwendig. Jedes Team besteht aus zwei bis drei Personen, und je nach Situation kann jedes Team mehr als einen Standort pro Nacht bearbeiten. Aufgrund von Heulanimationen, die von 2003 (76 Standorte) bis 2009 (411 Standorte) in den französischen Alpen durchgeführt wurden, haben Duchamp et al. (2012) einen durchschnittlichen Aufwand von 12,9 (Standardabweichung = 10,8) Standorten pro Session und Wolfsrudel berechnet. Die große Variabilität des Aufwandes je Wolfsrudel kann vor allem auf die Anzahl der Wiederholungen (maximal sechs pro Rudel) zurückgeführt werden, die notwendig sind, um Jungtiere nachzuweisen.

Spontanes Heulen: Überwachung mittels Akustiksensoren

Die Überwachung mittels Akustiksensoren verfolgt dieselben Ziele, wie die Heulanimationen. Sie wird jedoch über eine längere Periode durchgeführt (Juli bis Oktober). Standorte für die Akustiksensoren sollten so gewählt werden, dass es in ihrer Umgebung nur wenige Hindernisse gibt, die die Tonausbreitung verhindern. Nach Suter et al. (2016) ist es möglich, simuliertes Wolfsheulen mit einer ausreichenden Qualität über eine Distanz von 3 km aufzunehmen. So könnte theoretisch ein Akustiksensor einen kreisförmigen Bereich von 28 km^2 abdecken. Im alpinen Gebiet sind ideale Standorte, bei denen diese Reichweite in alle Richtungen erreicht werden kann, jedoch selten. Die Standorte sollten insgesamt die Verbreitung der zu untersuchenden Wolfsrudel möglichst lückenlos mit so wenig Redundanz wie möglich abdecken.

Diese Methode generiert eine riesige Menge an Audiodaten, die auszuwerten sind. So müssen die stundenlangen Aufnahmen von spontanem Heulen zuerst nach Wolfsgeheul durchsucht werden. Für diesen Zweck sind verschiedene Softwareprodukte (z. B. Raven Lite) erhältlich (für eine Übersicht siehe Browning et al. 2017). Mit dieser Software können die Aufnahmen nicht nur angehört, sondern auch als Spektrogramm betrachtet werden. Das Spektrogramm visualisiert aufgenommene Geräusche als Wellenlinien entsprechend ihrer Frequenz und Dauer. Die visuelle Auswertung ist deutlich schneller und wird verwendet, um allfällige Sequenzen von heulenden Wölfen zu identifizieren.

Eine visuelle Auswertung für eine große Menge an Daten durchzuführen ist immer noch sehr

Im Rahmen des Wolfmonitorings eingesetzter Akustiksensor. Bei der Standortwahl versucht man, die Abdeckung zu maximieren, wobei man mögliche Windstörungen berücksichtigen muss (Meidung der oberen Bereiche der Bergkämme).

arbeitsintensiv und die Genauigkeit der Arbeit kann durch die Erfahrung des Analytikers beeinflusst werden (Heinicke et al. 2015). Dank Innovationen in der Signalverarbeitung und maschinellen Lernen werden die Ergebnisse automatisierter Auswertungen mit Softwaretools immer besser (Stowell und Plumbley 2014). Allerdings sind automatisierte Auswertungen für Wolfsgeheul noch nicht erhältlich.

Es wurden auch Ansätze zur individuellen Erkennung von Wölfen anhand ihres Heulens entwickelt (z. B. Palacios et al. 2007, Root-Gutteridge et al. 2013). Root-Gutteridge et al. (2013) haben 67 Einzel-Geheule von 10 wilden Wölfen von guter Qualität und 112 Wolfschöre von weiteren 109 Individuen, die auch Heulaufnahmen von schlechter Qualität mit Hintergrundgeräuschen beinhalten, analysiert. Mit ihrem statistischen Verfahren konnten sie 100 % der Einzel-Geheule dem richtigen Individuum zuweisen und eine Genauigkeit von 97,4 % für die Wolfschöre erzielen. Falls in Zukunft die automatisierte Bestimmung der einzelnen Individuen über ihre Stimme zuverlässig möglich wäre, könnte sich diese Methode zur Standardmethode entwickeln, da sie zusammen mit der Genetik die einzige wäre, die die individuelle Erkennung eines Wolfes ermöglicht.

Fotofallenmonitoring

Opportunistisches Fotofallenmonitoring

i. d. R. kommt das opportunistische Fotofallenmonitoring erst zum Einsatz, wenn es in einem Gebiet aufgrund von Zufallsbeobachtungen Hinweise für die Anwesenheit von großen Beutegreifern gibt. Das opportunistische Fotofallenmonitoring wird durch Geschulte Personen praktisch das ganze Jahr aufrechterhalten, außer beim Bären. Die Fotofallen werden dabei an gerissenen Wild- und Nutztieren oder auf möglichen Wechseln aufgestellt.

Bei allen drei Beutegreifern erlaubt das opportunistische Fotofallenmonitoring mit verhältnismäßig geringem Aufwand handfeste Informationen (SCALP-Kategorie 1) über die Anwesenheit, die Reproduktion und die Verursacher von Nutztierrissen zu sammeln.

Deterministisches Fotofallenmonitoring

Das deterministische Fotofallenmonitoring ist ein robustes Monitoring zur Berechnung der Abundanz und des Schätzfehlers mittels Fang-Wiederfang-Methodik. Wenn diese Erhebungen über mehrere Jahre durchgeführt werden, können über die Abundanz hinaus auch wichtige demografische Parameter geschätzt werden (z. B. Karanth et al. 2006).

Diese Methode wurde beim Luchs zuerst im Winter 1998 in der Schweiz getestet (Laass 1999) und während weiterer Durchgänge weiterentwickelt und optimiert (Zimmermann et al. 2013). Das deterministische Fotofallenmonitoring wurde anschließend aufgrund der positiven Erfahrungen in das nationale Monitoring des Luchses in der Schweiz integriert. Seither wurde es auch von anderen Ländern wie Deutschland

Seltener opportunistischer Fotofallenbildnachweis vom Calanda-Wolfsrudel im Kanton Graubünden. Aufgenommen am 19.01.2014.

(Reinhardt et al. 2015), Frankreich und Österreich aufgenommen und gehört seit mehreren Jahren zur Standardmethode für die Schätzung der Populationsgröße beim Luchs.

Zur Erfassung der Luchse kommen Xenon-Weißblitz-Fotofallen zum Einsatz, da dies zurzeit die einzigen Blitze sind, die eine genügend hohe Lichtintensität besitzen, um Bewegung auf den Bildern vollständig einzufrieren und relativ scharfe Bilder zu liefern. Dies ist notwendig, um später die Luchse eindeutig anhand ihres Fellmusters identifizieren zu können (Zimmermann und Foresti 2016; siehe Fotos S. 182). Die Kombination einer Infrarot-LED-Blitz-Fotofalle, die mehrere Bilder pro Auslösung oder ein Video aufnehmen kann, mit einer Weißblitz-Fotofalle hat sich als wirksames System erwiesen, um Bilder von genügender Qualität für die Bestimmung von Luchs-Individuen zu produzieren. Familiengruppen oder Individuen, die auf kurzer Distanz und Zeit aufeinander folgen, werden zudem miterfasst.

Weitere Informationen zur Planung und Durchführung eines deterministischen Fotofallendurchgangs einschließlich Stichprobenerhebung sowie optimalem Aufstellen und Einstellen der Fotofallen sind im Merkblatt „Deterministisches Fotofallenmonitoring beim Luchs" im Online-Material zu diesem Buch (Webcode NuL 4059 auf www.nul-online.de) zu finden.

Weißblitz-Fotofalle, die für die Erfassung von Luchsen eingesetzt wird. Winkeleisen mit einem Kugelkopf ermöglichen eine schnelle und einfache Montage und eine optimale Ausrichtung der Fotofalle. Die Intensität des Blitzes kann manuell mit einem Stück schwarzem Klebeband, das senkrecht über die Mitte des Blitzes geklebt ist, abgeschwächt werden.

Luchse haben wie alle gefleckten Katzenarten ein individuelles Fellmuster. Die Fotos zeigen zwei Individuen mit unterschiedlichem Fellmuster, die an verschiedenen Standorten fotografiert wurden.

Die Auswertung und Analyse der Daten mittels (räumlichen) Fang-Wiederfang-Modellen sind in Zimmermann und Foresti (2016) beschrieben.

Obwohl diese Methode primär auf den Luchs ausgerichtet ist, können parallel auch wichtige Informationen zur Wolfspräsenz (einschließlich der Rudel) sowie Hinweise zu anderen Säugetierarten gesammelt werden.

Telemetrie

Telemetrie ist eine wildbiologische Feldmethode, die vielfältige Anwendungsmöglichkeiten bietet, welche weit über das Monitoring hinausgehen. Sie liefert detaillierte Informationen zu Streifgebiets- und Territoriengrößen, zur Abwanderungen von Jungtieren, zur Nutzung des Habitats, zur Mortalität und zu weiteren demografischen Parametern, die mit anderen Methoden nicht gewonnen werden können. Daher werden Telemetriestudien häufig dazu verwendet, die Ergebnisse des Monitorings zu kalibrieren (Breitenmoser et al. 2006) und um Regeln zu definieren. Zum Beispiel lassen sich, ohne Kenntnisse über die Territoriumsgrößen in einem bestimmten Gebiet, benachbarte Individuen oder Familiengruppen, die beispielsweise bei Schnee festgestellt wurden, nur schwer voneinander unterscheiden. Die Telemetrie liefert zwar sehr genaue Daten, ist aber aufgrund des großen Aufwandes auf ausgewählte Flächen bzw. wenige Tiere begrenzt (Breitenmoser et al. 2006). Bei Wiederansiedlungs- und Translokationsaktionen oder bei der Wiederfreilassung von verwaisten Jungtieren ist Telemetrie unverzichtbar, um Erfolg oder Misserfolg der Maßnahme zu dokumentieren.

Unumgänglich ist die Telemetrie für das Monitoring von verhaltensauffälligen Tieren (siehe das Kapitel 12 „Welche Gefahren gehen von großen Beutegreifern wirklich aus?"), zur besseren Überwachung, zur Einschätzung ihrer Gefährlichkeit und zur gezielten Ausrichtung von Vergrämungsmaßnahmen. Dies trifft vor allem auf den Braunbären zu.

9.4 Zusammenstellung und Analyse von Monitoringdaten

9.4.1 Datenbanken und Archivierung

Sehr oft ist das Sammeln und das Management von Monitoringdaten ein adaptiver Prozess. Während am Beginn eines Monitoringprogramms i. d. R. nur wenig Daten anfallen, steigt die Datenmenge im Verlauf des Programms immer weiter an. Da es in der Anfangsphase weniger ein Problem ist, alles nachzuverfolgen, wird dann oft ein konsequentes Datenmanagement und eine Ablage der Information vernachlässigt. Es ist jedoch wichtig, frühzeitig ein klares System zu entwickeln und es immer wieder zu überprüfen. Besonders, wenn man mit Fotofallen arbeitet, kann sich die Bildmenge sehr rasch anhäufen und wird, wenn sie nicht konsequent gemanagt wird, schnell unübersichtlich. Bewährte Verfahren und mögliche Software für die Verwaltung und die gemeinsame Nutzung von Fotofallenbildern sind z. B. in Scotson et al. (2017) oder Ramachandran und Devarajan (2017) beschrieben. Ein wichtiges, aber oft vernachlässigtes Thema ist die Dokumentation und Archivierung. Daten, die heute während eines Monitorings gesammelt werden, können in Zukunft Fragen beantworten, die wir uns zurzeit noch gar nicht stellen. Daher ist es wichtig, alle Daten in sicheren Archiven zu speichern und die zugrunde liegenden Methoden gründlich zu dokumentieren. Für jeden Datensatz ist eine zentrale Datenbank mit einem zuständigen Datenbankmanager notwendig. Der Manger ist zuständig für die regelmäßige Aktualisierung, Kontrolle und Sicherung der Datenbank. Zu den Prinzipien der Sammlung und Speicherung von Daten siehe das Merkblatt „Datenbanken und Archivierung" im Onlinematerial zu diesem Buch (Webcode NuL 4059 auf www.nul-online.de).

9.4.2 Analyse, Darstellung und Interpretation

Im Folgenden werden einige Grundsätze der Datenanalyse zusammengefasst. Neben den Standardprogrammen für statistische Auswertungen und grafische Darstellungen bieten Datenbanken in Verbindung mit einem Geografischen Informationssystem (GIS) eines der wichtigsten Instrumente, um Monitoringdaten, die alle eine räumliche Komponente haben, darzustellen. Wenn ein Datenmanagementsystem für das Monitoringprogramm etabliert wird, müssen Datenbanken- und GIS-Spezialisten einbezogen werden. Das GIS erlaubt nicht nur, diverse (Verbreitungs-)Karten zu erstellen, es bietet zusammen mit anderen statistischen Verfahren wie der Habitatmodellierung auch ein wichtiges Instrument für die Beurteilung der Population sowie zur großräumigen Planung von Erhaltungsstrategien (z. B. Hebblewhite et al. 2012). Damit können z. B. Habitateignungsmodelle entwickelt werden, um potenziell geeignete Lebensräume, Barrieren und Korridore zu identifizieren (Abb. 9-4).

In den Unterkapiteln „Monitoringmethoden" und „Monitoring von großen Beutegreifern" wurden einige Beispiele für Auswertungen und Darstellungen vorgestellt. Weitere Beispiele sind in verschiedenen Monitoringberichten enthalten (z. B. Zimmermann et al. 2010).

Die Ergebnisse der Datenanalyse müssen interpretiert werden. Dabei ist zu berücksichtigen, dass nicht alle Erkenntnisse aus dem Monitoring einfach zu verstehen sind und nicht alle am Managementprozess beteiligten Personen die Grafiken und die Statistik problemlos lesen und verstehen können.

Wenn verschiedene, unabhängige Institutionen in ein Monitoringprogramm eingebunden sind, ist es wichtig, neben den anzuwendenden Methoden und Datenanalysen auch deren Bewertung sowie die Berichte aufeinander abzustimmen.

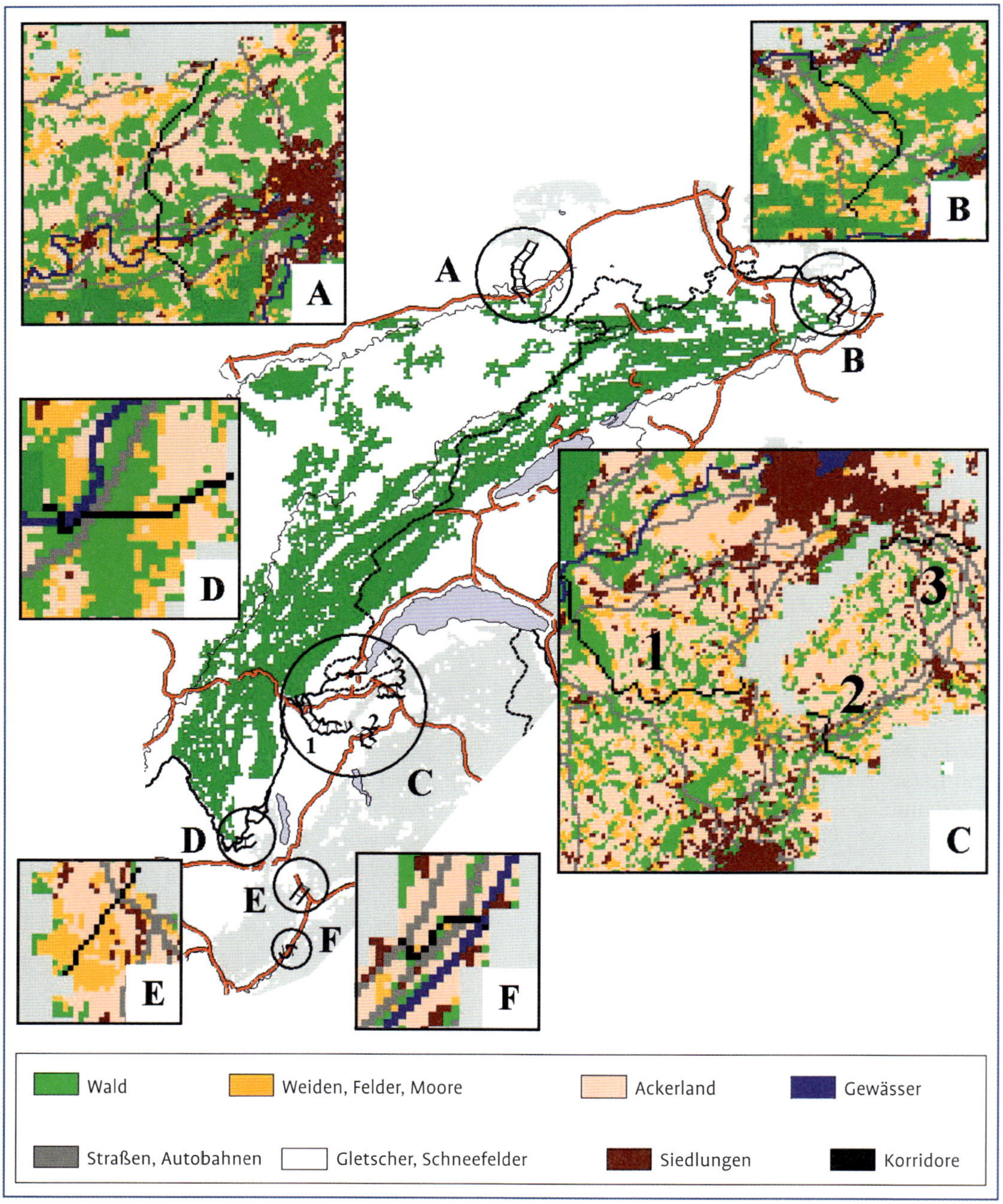

Abb. 9-4 Habitatmodell für den Luchs im Jura mit potenziellen Korridoren zu angrenzenden Gebieten (verändert nach Zimmermann und Breitenmoser 2007, Details dort).

Die Ergebnisse des Monitorings, adaptiver Management-Experimente und der Forschung müssen auf ihre Qualität hin überprüft und effektiv kommuniziert werden und spielen eine wichtige Rolle für die Akzeptanzarbeit (siehe das Kapitel 7 „Wildtiermanagement für Menschen“).

Um eine maximale Transparenz zu gewährleisten, sollten Daten zu den großen Beutegreifern sowohl den involvierten Interessensgruppen als auch den Entscheidungsträgern und der Öffentlichkeit jederzeit in aktualisierter Form zur Verfügung stehen. Dies findet am besten über eine Online-Informationsplattform statt. Für das Management von großen Beutegreifern bietet ein solches Instrument Entscheidungsträgern einen direkten und unmittelbaren Zugriff auf die Informationen zur Erstellung und Beurteilung von Abschussgesuchen und gibt Nichtregierungsorganisationen die Möglichkeit zu überprüfen, ob die Managementkriterien erfüllt sind oder nicht.

9.5 Monitoring von großen Beutegreifern

Für das Monitoring von Großraubtieren ist ein stratifiziertes Vorgehen notwendig (siehe das Unterkapitel „Stratifizierung des Monitorings“ und Abb. 9-1). Auf der Landesebene ist es das Ziel, neue Vorkommen nachzuweisen und die Entwicklung der Verbreitung und der verursachten Schäden sowie den genetischen Zustand und die Gesundheit der Populationen zu überwachen. Zu diesem Zweck werden Zufallsbeobachtungen, Totfunde und Schäden laufend erfasst (Tab. 9-1). Zusätzlich wird ein opportunistisches Sammeln von Fotofallenbildern (Wolf, Luchs und Bär) und genetischen Proben (Wolf und Bär) ausgeführt. Des Weiteren kann jährlich eine Umfrage mittels Fragebogen durchgeführt werden. Um die Verbreitung von Großraubtieren zu beschreiben, werden verschiedene Datensätze (Totfunde, Fotofallenbilder, genetische Nachweise, Zufallsbeobachtungen, Schäden) kombiniert. Dabei ist es wichtig, die Daten nach ihrer Aussagekraft und Überprüfbarkeit einzuteilen (siehe das Unterkapitel „SCALP-Kriterien“ und Abb. 9-2). Die Verbreitung kann in Form von Polygonen oder Rastern (z. B. Reinhardt et al. 2015) oder mittels statistischer Methoden wie der „Occupancy“-Modellierung ermittelt werden (z. B. Molinari-Jobin et al. 2018). Sobald es Hinweise gibt, dass die Art in einem Gebiet über mehrere aufeinanderfolgende (biologische) Jahre (z. B. zwei aufeinanderfolgende Winter; Duchamp et al. 2012) sesshaft geworden ist und/oder dass es im Gebiet (möglicherweise) Reproduktion gibt, wird das Monitoring intensiviert und es werden parallel robustere Methoden eingesetzt.

Auf der Ebene des Referenz- oder Untersuchungsgebiets, das einen repräsentativen Populationsteil umfassen soll, ist das Ziel, Informationen über Populationsgröße und Demografie zu gewinnen. Aufgrund von Einschränkungen, die hauptsächlich auf den unterschiedlichen Lebens- und Verhaltensweisen von Wolf, Luchs und Bär zurückzuführen sind, müssen artspezifische Monitoringmethoden eingesetzt werden, die in den folgenden Abschnitten dargestellt werden.

Für spezifische wissenschaftliche Fragenstellungen (z. B. Ermittlung von Streifgebietsgrößen) oder für das Management (z. B. von verhaltensauffälligen Tieren) werden Individuen mittels Telemetrie überwacht.

Monitoringmethoden sollten über das gesamte Gebiet einer Population koordiniert und standardisiert werden, um eine Beurteilung des Erhaltungszustandes zu erlauben. Dies verlangt häufig die Koordination des Monitorings über internationale Grenzen hinaus.

9.5.1 Monitoring Wolf („current practice“)

Für die Ermittlung von Parametern wie Populationsgröße, Abgrenzung von benachbarten Territorien, Rudelgröße und Reproduktion werden beim Wolf oft Informationen kombiniert, die mit verschiedenen Methoden gewonnen wurden (z. B. Reinhardt et al. 2015 und Tab. 9-1).

Das **opportunistische Fotofallenmonitoring** sollte ab Mitte Juni bis kurz vor den Monaten März und April, wenn vermehrt subadulte Tiere aus dem Rudel abwandern (Kojola et al.

Tab. 9-1 Verschiedene Ebenen beim Monitoring von großen Beutegreifern mit den anwendbaren Methoden für die jeweilige Tierart.

Um festzustellen, ob das Ziel der Habitatdirektive erreicht ist, werden folgende Daten benötigt:
Größe (MA, PG) und Trend der Population (T), Verbreitung (V; Fläche und Verbindungen zu anderen Populationen) sowie Verfügbarkeit von geeignetem Habitat und dessen Qualität und Gefährdung.

Ebene	Methode	Parameter/Information	Stichprobenerhebung
Land	Fragebogen oder strukturierte Suche nach Expertenmeinung	V, D (Reproduktion), T	Datenerhebung nach einem standardisierten Stichprobendesign erhoben, z. B. 10 × 10-km-Referenzraster der European Environment Agency **Rhythmus:** jährlich oder längere Zeitspanne
	Sammeln von Zufallsbeobachtungen	V, D (Reproduktion), T (aufgrund der Verbreitung)	Zufällig, daher wird der Aufwand nicht kontrolliert, eine räumliche Organisation ist empfehlenswert **Rhythmus:** laufend
	Totfundmonitoring	GG, D (Reproduktion, Altersstruktur und Geschlechtsverhältnis), T und V (nur in Kombination mit anderen Datensätzen), zusätzlich liefern Totfunde Ausgangsmaterial für morphologische Studien	Zufällig **Rhythmus:** laufend
	Schäden	Anzahl gerissene Nutztiere oft managementrelevant, V (nur in Kombination mit anderen Datensätzen), T (immer mit anderen Datensätzen parallel darstellen und evaluieren)	Zufällig **Rhythmus:** laufend
	Opportunistisches Fotofallenmonitoring	MA (beim Wolf zusätzlich min. Rudelgröße, min. Anzahl Wölfe und min. Anzahl Rudel/Paare/Einzelwölfe), D (Reproduktion), T, V (nur in Kombination mit anderen Datensätzen) zusätzlich handfester Nachweis (SCALP K1), Identifikation von Verursachern von Nutztierrissen	Keine standardisierte Stichprobenerhebung. Aufwand theoretisch schätzbar (Anzahl Fotofallen und Einsatzdauer im Feld, wird jedoch selten protokolliert) **Rhythmus:** laufend
	Opportunistisches genetisches Monitoring	MA (beim Wolf zusätzlich Rudelzusammensetzung, min. Rudelgröße, min Anzahl Wölfe und Anzahl Rudel/Paare/Einzelwolf), D (Reproduktion basierend auf räumlichen zeitlichen Angaben oder Verwandtschaftsanalysen), T, GG (Populationszusammensetzung, Verwandtschafts- und Inzuchtgrad, Gefährdung der genetischen Diversität, Herkunft von Individuen identifizieren), V (nur in Kombination mit anderen Methoden), zusätzlich handfester Nachweis (SCALP K1), Identifikation von Verursachern von Nutztierrissen	Keine standardisierte Stichprobenerhebung **Rhythmus:** laufend

Parameter, die gemessen werden können: V = Verbreitung, T = Trend (absolute oder relative Zahlen), MA = Mindestanzahl Individuen, PG = Schätzung der Populationsgröße, D = Demografie (Reproduktion, Altersstruktur, Geschlechtsverhältnis, demografische Parameter), GG = Gesundheit und Genetik.

Vorteile/Nachteile	Arten		
	Wolf	Luchs	Bär
Geringer Aufwand, Kontrolle der Rückmeldungen. Persönliche Beurteilung, geringe Auflösung, oft nur quantitative Daten; kein Nachweis heißt nicht unbedingt, dass die Art nicht anwesend ist ⇒ eine Stichprobenerhebung mit mehreren Befragten pro Stichprobeeinheit (z. B. 10 × 10-km-Raster) erlaubt, das Verbreitungsgebiet unter Berücksichtigung der imperfekten Detektion mittels „Occupancy“-Analysen zu schätzen.	X	X	X
Mittlerer Aufwand. Melder-Bias und Habitat-Bias	X	X	X
Wertvolle Basisdaten, grundsätzliche Erkenntnisse. Datengenerierung langsam, Untersuchungen sind aufwendig, Interpretation der Beobachtungen oft schwierig ⇒ unbedingt mit anderen Datensätzen vergleichen	X	X	X
Mittlerer Aufwand, Registrierungsraten hoch, managementrelevant. Immer andere Datenquelle für die Erstellung der Verbreitungskarten, nicht zwangsläufig ein gutes Maß für den Trend ⇒ Anzahl Nutztiere hängt von der Abundanz der natürlichen Beutetiere, den Landschaftselementen der Weiden, der Art der Viehhaltung und dem Verhalten der einzelnen Individuen ab	X	X	X
Partizipativ, attraktiv, dialogfördernd, mehrere Arten, individuelle Identifikation (Luchs), Referenzbilder von Individuen in Hinblick auf deterministische Durchgänge. Datenerhebung, Identifikation der Individuen (Luchs) und Unterhalt des Netzwerks aufwendig. Die MA hängt stark vom Aufwand ab ⇒ T kann verzerrt sein	X	X	X
Individuelle Identifikation (Wolf, Bär). Aufwendig, relativ teuer, Probenahme nicht quantitativ kontrolliert und Suchaufwand oft nicht bekannt, z. T. keine Abstimmung der Labors. Die MA hängt stark vom Aufwand ab. DNA-Abbau kann die individuelle Identifikation verhindern	X	o	X

Ein großes „X“ kennzeichnet den Vorrang der Methode gegenüber einer Methode mit kleinem „x“.
Ein „o“ weist auf prinzipiell für eine Art geeignete, aber nicht als optimal oder notwendig oder praktikabel angesehene Methode hin.

Fortsetzung **Tab. 9-1**

Ebene	Methode	Parameter/Information	Stichprobenerhebung
Referenz oder Untersuchungsgebiet	Aktives Heulen oder Heulanimationen	MA (Abgrenzung benachbarter Territorien ⇒ min. Anzahl Rudel/Paare, evtl. min. Rudelgröße und min. Anzahl Wölfe dank Analysen von Tonaufnahmen), D (Reproduktion in Wolfsrudeln nachweisen), T Zusätzlich Lokalisierung der Rendezvousplätze und der Kerngebiete der Rudel. V (nur in Kombination mit anderen Datensätzen)	Standardisierte Stichprobenerhebung (Standorte sollten möglichst eine große Reichweite abdecken, Berücksichtigung bekannter Informationen der Reviere der Wölfe, möglichst einfach erreichbar, möglichst wenig Redundanz zwischen den Standorten) **Rhythmus:** jährlich (August bis Mitte September)
	Spontanes Heulen: Überwachung mittels Akustiksensoren	MA (Abgrenzung benachbarter Territorien ⇒ min. Anzahl Rudel/Paare, evtl. min. Rudelgröße und min. Anzahl Wölfe dank Analysen von Tonaufnahmen), D (Reproduktion in Wolfsrudeln nachweisen), T Zusätzlich Lokalisierung der Rendezvousplätze und der Kerngebiete der Rudel. In Zukunft evtl. PG möglich	Standardisierte Stichprobenerhebung **Rhythmus:** jährlich (Juli bis Oktober)
	Suche nach Anwesenheitshinweisen	MA je nach Substrat (min. Rudelgröße und min. Anzahl Wölfe, min. Anzahl Rudel/Paare), D (Reproduktion) aufgrund der Spuren, T, zusätzlich konzentriertes und standardisiertes Sammeln von genetischen Proben für das genetische Monitoring	Standardisierte Stichprobenerhebung **Rhythmus:** jährlich (insbesondere im Sommerhalbjahr)
	Spurentransekte im Schnee	MA (min. Rudelgröße und min. Anzahl Wölfe, min. Anzahl Rudel/Paare), D (Reproduktion) aufgrund der Spuren, T, zusätzlich konzentriertes und standardisiertes Sammeln von genetischen Proben für das genetische Monitoring	Vordefinierte Transekte werden (möglichst) synchron von genügend geschultem Personal abgelaufen, der Aufwand kann geschätzt werden **Rhythmus:** jährlich (2 – 6-mal pro Winter)
	Deterministisches Fotofallenmonitoring zwecks fotografischer Fang-Wiederfang Analyse	PG, D (Reproduktion, falls wiederholt, auf mehrere Jahre, demografische Parameter wie z. B. Überlebensrate) und T	Standardisierte Stichprobenerhebung **Rhythmus:** mindestens jeden dritten Winter, Dauer: 60 – 80 Nächte
	Standardisiertes Sammeln von genetischen Proben zwecks Fang-Wiederfang-Analyse	PG, D (Reproduktion, falls wiederholt, auf mehrer Jahre demografische Parameter wie z. B. Überlebensrate) und T	Insbesondere für die Schätzung mittels räumlicher Fang-Wiederfang-Modelle sollten Proben nach standardisierter Stichprobeerhebung gesammelt werden, z. B. mit Spurentransekten (Wolf) oder mit Haarfallen (Bär). Es können durchaus Proben, die opportunistisch gesammelt wurden, in die räumlich expliziten Analysen integriert werden **Rhythmus:** jedes Jahr oder längere Zeitspanne im Winter (Wolf) oder von Ende Mai bis Mitte August (Bär)
	Telemetrie	MA, D, GG sowie ökologische und verhaltensbiologische Studien wie z. B. räumliche und zeitliche Nutzung des Lebensraums, intra- und extraspezifische Interaktionen, Abwanderungsverhalten, Prädation, individuelle Überwachung bei Schäden, Überwachung von Problemtieren	Die Peilfrequenz kann vom Nutzer jederzeit angepasst werden **Rhythmus:** laufend

Parameter, die gemessen werden können: V = Verbreitung, T = Trend (absolute oder relative Zahlen), MA = Mindestanzahl Individuen, PG = Schätzung der Populationsgröße, D = Demografie (Reproduktion, Altersstruktur, Geschlechtsverhältnis, demografische Parameter), GG = Gesundheit und Genetik.

Vorteile/Nachteile	Arten		
	Wolf	Luchs	Bär
Partizipativ, attraktiv, dialogfördernd. Sehr personalintensiv, Erfolgsraten jedoch gering, stark variabel. Vorsicht: Keine Antwort muss nicht fehlende Reproduktion bedeuten!	x	–	–
Pro Gerät kann im Vgl. zu Fotofallen eine große Fläche abgedeckt werden. Kosten beträchtlich (Geräte und Zubehör), Analyse Aufnahmen sehr zeitaufwendig, Automatisierung noch in der Entwicklungsphase	x	–	–
Sehr einfach, partizipativ, Dialog fördernd, mehrere Arten. Sehr personalintensiv und arbeitsaufwendig	X	–	o
Sehr einfach, partizipativ, Dialog fördernd, mehrere Arten. Sehr personalintensiv, ständig wechselnde Schneebedingungen, Topografie und Lawinengefahr erschweren die Durchführung und Arbeit, Repetitionen für robuste Analysen oft nicht möglich	X	o	–
Zuverlässigste Methode für die Schätzung der Abundanz und Dichte von Arten mit natürlichen Markierungen (räumliche Fang-Wiederfang-Methode), Beurteilung der Genauigkeit der Schätzung, partizipativ, attraktiv, Dialog fördernd, hohe Glaubwürdigkeit, Beifänge ⇒ Informationen zu anderen Arten. Aufwand und Kosten beträchtlich, Datenverwaltung und Bestimmung der Individuen aufwändig	–	X	–
Zuverlässigste Methode für die Schätzung der Abundanz und Dichte von Arten ohne natürliche Markierungen (räumliche Fang-Wiederfang-Methode), Beurteilung der Genauigkeit der Schätzung. Aufwendig und relativ teuer, DNA-Abbau kann die die individuelle Identifikation verhindern	X	o	X
Vielfältige Anwendungsmöglichkeiten, welche weit über das Monitoring hinausgehen. Aufwendig, teuer, erfordert den physischen Fang der Tiere (invasive Methode), kleine Stichproben	x	x	x

Ein großes „X“ kennzeichnet den Vorrang der Methode gegenüber einer Methode mit kleinem „x“.
Ein „o“ weist auf prinzipiell für eine Art geeignete, aber nicht als optimal oder notwendig oder praktikabel angesehene Methode hin.
Ein „–“ steht für Methoden, die für die Art ungeeignet sind.

Fotofallenbilder von Welpen unterschiedlichen Alters im Calanda- bzw. Morobbia-Rudel in der Schweiz. Obwohl die meisten Welpen im ersten Winter ein besonders flaumiges Fell ausbilden, wird es im weiteren Verlauf des Winters trotz guter Fotos immer schwieriger, sie von den über einjährigen Tieren zu unterscheiden.

A ca. zwei Monate alte Welpen
B ca. vier Monate alte Welpen
C ca. fünf Monate alter Welpe
D adulter Wolf (im Vordergrund) als Vergleich und ca. sechs Monate alter Welpe (im Hintergrund)
E ca. sechs Monate alter Welpe
F ca. zehn Monate alter Welpe

2006), eingesetzt werden, um Daten zur Reproduktion, zur Mindestrudelgröße und zur Abgrenzung benachbarter Territorien zu sammeln (Reinhardt et al. 2015). Mit zunehmendem Alter werden die Welpen im Verlauf des Sommers mobiler und die Chance, dass sie dieselben Wege wie die anderen Rudelmitglieder nutzen, wächst. Da manche Rudel im Laufe des Sommers z. T. mehrfach mit ihren Welpen umziehen, sollten die Fotofallenstandorte entsprechend angepasst werden, sofern es Hinweise gibt, dass sich die Aktivitätsschwerpunkte verschoben haben. Im Verlauf des Monitoringjahres wird es immer schwieriger, Welpen als solche zu erkennen, und dies erfordert viel Erfahrung. Ein Kennzeichen für die Welpen im ersten Winter ist ein besonders flaumiges Fell. Dennoch kann es im Spätwinter/Frühling bei einzelnen Tieren trotz guter Fotos schwierig sein, sie korrekt als Welpe (Wolf im ersten Lebensjahr) oder Jährling (Wolf in seinem zweiten Lebensjahr) anzusprechen (siehe Fotos S. 190).

Für einen erfolgreichen Einsatz sollten nach Reinhardt et al. (2015) Fotofallen an Wegen oder Wegkreuzungen platziert werden, an denen sich Wolfshinweise häufen und/oder Welpenspuren gefunden wurden (z. B. an Pfützen). Erfahrungen aus Berggebieten der Schweiz haben jedoch gezeigt, dass Wölfe einschließlich Welpen durch Fotofallen nachgewiesen werden, ohne dass vorher in der Nähe Feldzeichen gefunden wurden. Dies ist vermutlich auf die Bergkämme zurückzuführen, die Bewegungen großer Säugetiere stärker kanalisieren, sowie auf die Nutzung von Zwangswechseln. Es sollten unbedingt Infrarot-LED-Blitz-Fotofallen (am besten mit Schwarzblitz) im Serienbild-Modus eingesetzt werden. Informationen aus dem opportunistischen Fotofallenmonitoring können u. U. auch dazu dienen, Rendezvousplätze zu lokalisieren, um den Kot der Welpen zu sammeln, was eine frühzeitige genetische Erfassung der Welpen ermöglichen kann.

In Gebieten mit guten Schneeverhältnissen, wo es aus Zufallsbeobachtungen, aus dem opportunistischen Fotofallenmonitoring oder aus (Transekt-)Begehungen Hinweise auf eine Rudel- oder Paarsituation gibt, sollten **Spurentransekte im Schnee** begangen werden. Diese Methodik liefert wichtige Informationen über minimale Rudelgröße, Reproduktion sowie markierende Individuen und erlaubt nicht-invasive genetische Proben wie Urin und Kot nach einem standardisierten Stichprobendesign entlang der Transekte zu sammeln.

In schneearmen Gebieten bietet die **Suche nach Anwesenheitshinweisen** eine Alternative zu Spurentransekten im Schnee. Sie hat sich in Kombination mit dem Einsatz von Fotofallen insbesondere im Sommerhalbjahr zum Nachweis von Reproduktion als erfolgreich erwiesen (Reinhardt et al. 2015).

Die Analyse der standardisierten oder opportunistisch gesammelten Proben dient in erster Linie dazu, Informationen über Größe und Zusammensetzung von Rudeln und die Abgrenzung zu benachbarten Territorien zu sammeln. Außerdem dient sie zur Schätzung der Größe der Wolfspopulation sowie zur Ermittlung demografischer Parameter mittels (räumlicher) Fang-Wiederfang-Modelle. Die Rudelgröße wird meist im Spätherbst/Winter ermittelt. Dies ist in schneearmen Gebieten i. d. R. nur über ein intensives genetisches Monitoring zu erreichen (Reinhardt et al. 2015). Allerdings gibt es in den schneearmen Gebieten häufig gute Daten aus dem Sommerhalbjahr. Um eine Vergleichbarkeit zwischen Ländern und Regionen zu gewährleisten und robuste Korrekturfaktoren entwickeln zu können, wird empfohlen, wann immer möglich sowohl die Sommer- als auch die Winterrudelgröße zu ermitteln. In Gebieten mit flächendeckender Wolfsbesiedlung werden die genetischen Analysen immer wichtiger, um benachbarte Territorien voneinander zu unterscheiden.

Im Einzelfall können **Heulanimationen** sinnvoll sein, um Reproduktionsnachweise, die mit anderen methodischen Ansätzen gesammelt wurden, zu ergänzen. Sie könnten auch eingesetzt werden, um unter Berücksichtigung bestimmter Regeln benachbarte Rudel voneinander zu unterscheiden (z. B. Bassi et al. 2015).

Die Populationsgröße bei Wölfen (inkl. juveniler Tiere) kann mittels **Fang-Wiederfang-Statistik** unter Berücksichtigung einer heterogenen Nachweisbarkeit der Individuen und auf Basis genetischer Proben, die über das ganze Wolfs-Verbreitungsgebiet gesammelt wurden, geschätzt werden (Cubaynes et al. 2010). Die Gründe für diese heterogene Nachweisbarkeit der Individuen können auf methodologische (nicht-homogene Stichprobenerhebung, Fehler bei der Genotypisierung) oder biologische Aspekte (Sozialstatus, Markierverhalten) zurückzuführen sein. Falls diese heterogene Nachweisbarkeit in der Modellierung nicht berücksichtigt wird, kann sie zu starken Bias in der Schätzung der Populationsgröße führen. Marescot et al. (2011) haben einen Fang-Wiederfang-Ansatz gewählt der, unter Berücksichtigung einer heterogenen Nachweisbarkeit der Individuen, die Zuwachsrate der Population schätzt. Nach den Ergebnissen dieser Studie reagiert die Zuwachsrate weniger empfindlich auf die heterogene Nachweisbarkeit der Individuen als die Populationsgröße. Im Allgemeinen bietet die Schätzung der Zuwachsrate eine Ergänzung zur Populationsgröße und hilft, die Auswirkung von Managementstrategien auf die Populationsdynamik zu ermitteln.

Die Summe aller maximal erfassten Rudelgrößen (oder die minimale Anzahl nachgewiesener Individuen), die mittels Spurentransekten im Schnee erfasst werden, kann als Ersatz für den demografischen Trend herangezogen werden, ausgehend von der Tatsache, dass die mit diesem Ersatz berechnete jährliche Zuwachsrate gut mit den mittels Fang-Wiederfang-Modellen geschätzten Werten übereinstimmt (Marboutin und Duchamp 2005).

Da sich genaue Schätzungen der Populationsgröße von Wölfen nur schwer durchführen lassen, ist zu empfehlen, mit leichter zu ermittelnden Populationsindizes wie Anzahl der Rudel (Familien), Paare und residenten Einzelwölfe zu arbeiten (Wabakken et al. 2007). Zusätzlich kann die Anzahl geschlechtsreifer Individuen (einer der notwendigen Parameter um festzustellen, ob das Ziel der Habitatdirektive erreicht ist) von den Populationsindizes mit einer einfachen Regel (siehe den Kasten „Regeln zur Ermittlung der Anzahl geschlechtsreifer Individuen") abgeleitet werden, was mit den anderen Verfahren nicht möglich ist (Reinhardt et al. 2015).

Regeln zur Ermittlung der Anzahl geschlechtsreifer Individuen (nach Reinhardt et al. 2015)

„Da die Populationsgröße zum Ende des Monitoringjahres geschätzt wird, ist die Populationsgröße beim Wolf gleichbedeutend mit der Anzahl mindestens zweijähriger Individuen, die am 30. April noch leben. In der Regel bedeutet dies, die Anzahl der Rudel und Paare mit zwei zu multiplizieren und die Anzahl geschlechtsreifer, residenter Wölfe zu addieren. Ist im Einzelfall bekannt, dass mehr oder weniger als zwei geschlechtsreife Tiere in einem Rudel leben, bzw. ein Tier eines Paares erst im ersten Lebensjahr ist, sollte die Zahl entsprechend korrigiert werden. Für die Populationsgröße werden nur residente Tiere berücksichtigt, somit keine Tiere in der Abwanderungsphase oder ohne festes Territorium."

Die **Einzelwolf/Paar/Rudel-Beurteilung** wird aus verschiedenen Datenquellen ermittelt. In erster Linie dient dazu die Genetik. Informationen aus dem Fotofallenmonitoring, aus der Suche nach Hinweisen (Fokus auf Spuren) und (opportunistischen) Spurentransketen im Schnee, aus Zufallsbeobachtungen (Fokus auf Spuren und Bilder) eignen sich dazu ebenso. Trotz diverser Anstrengungen (Tab. 9-2) gibt es bis heute leider keine einheitlich in ganz Europa geltende Definition der einschlägigen Begriffe residenter Einzelwolf, Paar und Rudel. Eine solche einheitliche Definition ist weiterhin anzustreben. Neben der Anzahl geschlechtsreifer Individuen sollte auch die Anzahl bestätigter Reproduktionen jährlich erfasst werden. Weitere Details zur Schätzung der Populationsgröße können Reinhardt et al. (2015) entnommen werden.

Tab. 9-2 Definitionen der einschlägigen Begriffe residenter Einzelwolf, Paar und Rudel sowie Genauigkeit und Umfang der erforderlichen Daten nach Reinhardt et al. (2015) und Wolf Alpine Group (WAG 2018). Beide Definitionen beziehen sich auf das biologische Jahr (vom ersten Mai bis Ende April des folgenden Jahres).

	Nach Reinhardt et al. (2015)		Nach WAG (2018)	
	Definition	**Genauigkeit und Umfang der erforderlichen Daten**	**Definition**	**Genauigkeit und Umfang der erforderlichen Daten**
Residenter Einzelwolf	Einzelner Wolf, der mindestens 6 Monate in einem Gebiet lebt	Müssen mit mind. 6 Monaten Abstand wiederholt durch K1 oder mind. drei voneinander unabhängigen K2 bestätigt werden.	Einzelner Wolf, der ein Territorium mehr als ein biologisches Jahr besitzt.	Mindestens zwei genetische Nachweise (K1) vom selben Individuum, die mindestens innerhalb zweier aufeinanderfolgender biologischer Jahre gesammelt wurden.
Paar	Wolfsrüde und -fähe, die gemeinsam ihr Territorium markieren, aber (noch) keinen Nachwuchs haben. (Der Aufenthalt im gleichen Gebiet alleine ohne gemeinsames Markieren würde gelten, wenn er über mind. 4 Wochen mit K1 oder K2 bestätigt ist (Ilka Reinhardt, persönl. Mitteilung).	Muss markierend durch K1 oder zwei unabhängige K2-Hinweise bestätigt werden oder (ohne Markierung) durch mind. zwei K1 oder K2 im Abstand von mind. 4 Wochen. Im Falle einer mind. 2 km langen K2-Spur von 2 markierenden Wölfen reicht ein K2.	Ein Männchen und ein Weibchen, die ein Territorium besitzen und zusammen unterwegs sind, aber die sich (noch) nicht fortgepflanzt haben.	Bestätigung des Paars durch ein Bild oder ein Video (K1) oder mindestens 2 unabhängige K2-Nachweise (Spuren), die zeigen, dass das Paar zusammen unterwegs ist und beide Individuen bestätigt durch mindestens einen genetischen Nachweis (K1).
Rudel	Eine Gruppe von mehr als zwei Wölfen, die in einem Territorium leben (keine zeitliche Angabe)	Muss durch K1 oder zwei unabhängige K2-Hinweise bestätigt werden. Im Falle einer mind. 2 km langen K2-Spur von mehr als 2 Wölfen reicht ein K2.	Ein Rudel wird als reproduzierende Einheit definiert und entweder durch die Anwesenheit von Welpen ODER durch mindesten drei Individuen, die zusammen unterwegs sind und (mindestens) innerhalb zwei aufeinander folgende biologische Jahre ein Revier besitzen (d. h. eine potenzielle reproduzierende Einheit), identifiziert.	Reproduktion, die mit K1- oder K2-Nachweisen bestätigt ist ODER mindestens unabhängige K2-Nachweise (Spuren), die zeigen, dass das Rudel zusammen unterwegs ist, ODER mindestens drei Individuen die durch einen K1-Nachweis (Genetik, Bild oder Video) bestätigt sind.
Reproduzierende Wolfsfamilie	Mindestens ein geschlechtsreifer Wolf mit bestätigter Reproduktion	Mindestens ein Welpe muss mit K1 oder mind. zwei unabhängigen K2-Hinweisen bestätigt werden ODER eine laktierende Fähe wurde mit K1 bestätigt.		

9.5.2 Monitoring Luchs („current practice“)

Das **opportunistische Fotofallenmonitoring** erlaubt mit einem verhältnismäßig geringen Aufwand, Informationen über die Anwesenheit, sowie die Reproduktion und die Mindestanzahl von Luchsen zu gewinnen. Zusätzlich liefert es gute Referenzbilder beider Flanken der Individuen, insbesondere wenn Fotofallen an Rissen aufgestellt werden. Diese Referenzbilder können später im Rahmen von deterministischen Fotofallendurchgängen helfen, Individuen eindeutig zu identifizieren. Dies erhöht die Genauigkeit der Schätzung mittels der Fang-Wiederfang-Methode, falls während eines Durchgangs viele Individuen nur von einer Seite erfasst werden. Es dient auch dazu, Informationen zur Raumbelegung, zur Abwanderung (Dulex 2016) und zu schadenstiftenden Luchsen zu sammeln. Des

Weiteren dient diese Methode zur Bestimmung des Zeitraums der Präsenz eines Individuums oder zur Identifizierung seiner Mutter. Beide Informationen fließen in die Verwandtschaftsanalysen ein.

Zur Schätzung der Anzahl und Populationsdichte der Luchse in Gebieten mit einer vitalen Luchspopulation (Population mit Reproduktion) sollte in repräsentativen Referenzgebieten nach einem Rotationsprinzip (z. B. alle 2 oder 3 Jahre) ein **deterministisches Fotofallenmonitoring** durchgeführt werden (Abb. 9-5).

Die geschätzte Anzahl der Luchse entspricht der Zahl der selbstständigen Tiere. Es ist unmöglich, adulte von subadulten Luchsen aufgrund von Bildern zu unterscheiden. Diese werden unter dem Begriff „selbstständige Luchse" zusammengefasst – im Gegensatz zu juvenilen Tieren, die noch von ihrer Mutter abhängig sind (Zimmermann et al. 2007). Jungtiere, die noch der Mutter folgen, werden bei der Fang-Wiederfang-Statistik nicht berücksichtigt. Gründe dafür sind die geringere Erfassbarkeit und die hohe „Verschwinderate" (Abwanderung oder Tod) der Jungtiere. Die geringere Erfassbarkeit der Jungtiere ist auf den Einsatz von Fotofallen mit einem Xenon-Weißblitz zurückzuführen. Unter nächtlichen Bedingungen brauchen diese Blitze relativ lange, bis sie wieder geladen sind (zwischen 10 und 60 Sekunden je nach Modell). Erst danach ist die Fotofalle wieder auslösebereit. Deshalb wird meistens nur das erste Luchsfamilienmitglied erfasst, i. d. R. das Weibchen. Die Informationen über die Jungtiere dienen jedoch zur Ermittlung der Reproduktion. Dabei sollten auch die Informationen aus dem opportunistischen Fotofallenmonitoring berücksichtigt werden.

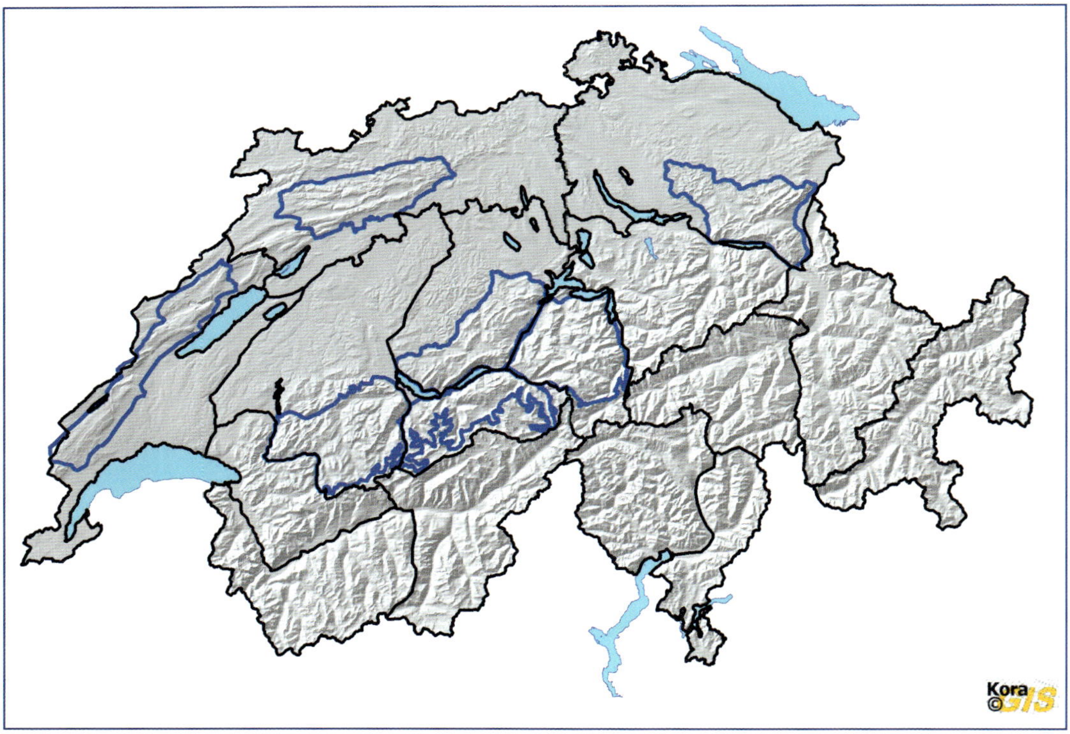

Abb. 9-5 Referenzgebiete für das deterministische Fotofallenmonitoring beim Luchs in der Schweiz; schwarze Linien: Kompartimente für das Luchsmanagement; blaue Linien: Referenzgebiete des deterministischen Fotofallenmonitorings.

Die „Dichte der selbstständigen Luchse“ gibt die Abundanz bezogen auf die Einheitsfläche von 100 km^2 an. Dabei wird die Dichte für zwei verschiedene Bezugsflächen berechnet: 1) für 100 km^2 Referenzgebiet und 2) für 100 km^2 „geeigneten Lebensraum“ für den Luchs innerhalb des Referenzgebiets, definiert durch ein Habitatmodell. Die Umrechnung der Dichte auf das geeignete Habitat ist notwendig, um die Luchsbestände verschiedener Referenzgebiete zu vergleichen, da sich der Anteil der vom Luchs kaum genutzten Flächen wie dicht besiedelte Talböden oder Hochgebirge von Gebiet zu Gebiet unterscheidet.

Im Rahmen des schweizerischen Luchs-Monitorings wird die Anzahl der Luchse innerhalb eines Luchs-Managementkompartiments (BAFU 2016) geschätzt. Dabei wird die Bestandesgröße anhand der Dichte im geeigneten Habitat innerhalb des Fotofallen-Referenzgebietes auf das geeignete Habitat innerhalb der permanent besiedelten Fläche des Kompartiments hochgerechnet: Anzahl Luchse = Fläche des geeigneten Habitats innerhalb der permanenten besiedelten 10×10-km-Zellen des Kompartiments × Luchs-Dichte im geeigneten Habitat innerhalb des Referenzgebiets. Dabei wird immer die Dichte des aktuellsten Fotofallendurchgangs berücksichtigt. In den Kompartimenten ohne Referenzgebiet beruht die Schätzung auf der Anzahl Luchse, die während des Jahres der Berichterstattung im Rahmen des opportunistischen Fotofallenmonitorings fotografiert wurden. Nach den Schweizer Monitoringprinzipien gilt eine 10×10-km-Zelle als „permanent besiedelt“, wenn für sie mindestens in 2 der letzten 3 Jahre Beobachtungen der SCALP-Kategorien K1 oder K2 vorliegen. Falls aus nur einem Jahr Beobachtungen der Kategorien K1 oder K2 existieren, gilt die Zelle als „sporadisch besiedelt“.

Die Integration von zuverlässigen, aber kostspieligen kleinräumigen Überwachungen, mit kostengünstigen, aber weniger zuverlässigen Daten, die großräumiger gesammelt wurden, ist weiterhin eine zentrale Herausforderung für die Ökologie. In diesem Zusammenhang wurde kürzlich ein Ansatz beschrieben, der auf der bayesschen Statistik beruht und eine robustere Schätzung der Anzahl Luchse in großräumigen Gebieten erlauben würde (Dey et al. 2017).

Zurzeit wird beim Luchs das **genetische Monitoring** nicht eingesetzt, um die Populationsgröße zu schätzen, weil die Fotofallenmethode im Moment effektiver und kostengünstiger ist. Es erfüllt jedoch andere wichtige Zwecke, die detailliert im Unterkapitel „Genetisches Monitoring“ beschrieben sind.

Im Sinne eines synergetischen Fotofallenmonitorings für Luchs und Wolf in Gebieten, in denen auch Wölfe vorkommen, sollten aufbauend auf der Arbeit von Zimmermann et al. (2015) weitere Untersuchungen stattfinden, um beurteilen zu können, ob ein deterministisches Fotofallenmonitoring zuverlässige Daten zur Rudelgröße im Winter und zur Zahl der Welpen des Jahres liefert.

9.5.3 Monitoring Bär („current practice“)

Beim Bär ist die bevorzugte Methode, die nichtinvasive genetische Probensammlung.

Für die Überwachung einer kleinen Bärenpopulation im Trentino im Alpenraum wurden drei verschiedene Ansätze gewählt und miteinander verglichen (De Barba et al. 2010): 1) eine standardisierte Sammlung mittels Haarfallen, die mit einem Lockmittel versehen sind; 2) eine standardisierte Sammlung von Kot und Haaren entlang von Transekten; und 3) opportunistisches Sammeln von Kot und Haaren im gesamten Verbreitungsgebiet (eine detaillierte Beschreibung der Methodik findet sich im Merkblatt „Genetisches Monitoring von Bärenpopulationen“ im Onlinematerial zu diesem Buch, Webcode NuL 4059 auf www.nul-online.de). Die Resultate dieser Studie haben gezeigt, dass die standardisierte Sammlung von Kot und Haaren entlang von Transekten im Vergleich zu den zwei anderen Methoden nicht effizient war. Ein Nachteil dieses Ansatzes ist, dass die langen Erhebungsintervalle von einem Monat zu einem DNA-Abbau führten, der geringe Erfolgsraten bei der Genotypisierung zur Folge hatte, was wiederum eine individuelle Identifikation verhinderte. Ein weiteres Ergebnis dieser Arbeit war, dass Wirksamkeit und Effizienz maximiert werden, wenn die standardisierte Stichprobenerhebung mittels Haarfallen mit dem opportunistischen Sammeln von genetischen Proben kombiniert wird. Beide Ansätze lieferten jeweils eine große Stichprobe und konnten so die größte Anzahl Bären nachweisen. Sie ermöglichten mehrfach Detektionen von Individuen und ergaben eine breite Überlappung der räumlichen Verbreitung sowie eine gute Übereinstimmung der nachgewiesenen Individuen. Darüber hinaus waren die Populationsgrößen, die mittels beider Ansätze geschätzt wurden, sehr ähnlich, hatten eine hohe Genauigkeit (95 % Konfidenzintervall) und lagen nahe an der Mindestanzahl aus der Kombination beider Datensätze. Zusätzlich haben beide Ansätze alle Altersklassen und Geschlechter erfasst, was eine adäquate Repräsentation der Populationsstruktur ermöglicht. Die Kombination beider Ansätze war besonders wichtig, um die Erfassung von Weibchen und Jungtieren zu verbessern und detaillierte Informationen über die Bewegungen der Individuen zu gewinnen.

Das standardisierte Sammeln von Haaren mittels Haarfallen ist eine logistische Herausforderung, die mit hohen Kosten verbunden ist. Diese Methode hat jedoch mehrere Vorteile im Vergleich zu den anderen Ansätzen. Die Qualität der DNA in den Proben war dann am höchsten, wenn gerupfte Haare in regelmäßigen Abständen (21-Tage-Rhythmus) gesammelt wurden. Dies stand im Gegensatz zu ausgeschiedenen Haaren und Kot, die opportunistisch oder auf Transekten im Rahmen der zwei anderen Ansätze gesammelt wurden. Der größte Vorteil des opportunistischen Sammelns von genetischen Proben liegt darin begründet, dass eine ähnliche Anzahl Bären zu niedrigeren Kosten und mit geringerem Aufwand als beim standardisierten Ansatz identifiziert werden konnte. Der Erfolg des opportunistischen Ansatzes liegt vermutlich darin begründet, dass im Bärengebiet viele Menschen wohnen, die aufgrund des sehr aktiven Bärenmanagements motiviert sind, über das ganze Jahr Proben zu sammeln.

Die gemeinsame Anwendung von opportunistischen und standardisierten Datenerhebungen bietet viele Vorteile und verhindert potenzielle Verzerrungen, die durch die Verwendung nur eines Verfahrens verursacht werden. Eine standardisierte Stichprobenerhebung erlaubt es, Schlüsse über die Vorkommenswahrscheinlichkeit, den Populationstrend und Parameter, welche die räumliche Verteilung steuern, zu ziehen. Dies wäre beim alleinigen Einsatz einer opportunistischen Datenerhebung aufgrund der ungleichen oder der bevorzugten Probenahme an einigen Standorten nicht möglich. Dagegen sind die opportunistisch gesammelten Proben wichtig für die Lösung von Konflikten (Identifizierung von verhaltensauffälligen Tieren) und können die Anwesenheit und die Bewegungen von Bären in Gebieten, die nicht durch die standardisierte Stichprobenerhebung abgedeckt sind, erfassen.

Aufgrund dieser Resultate wurde eine Strategie für eine nicht-invasive genetische Stichprobenerhebung etabliert (De Barba et al. 2010). Bei sehr kleinen Populationen sollen jährlich standardisierte Datenerhebungen und opportunistisches Sammeln von genetischen Proben gleichzeitig durchgeführt werden. Für das langfristige Monitoring von größeren Populationen wurde eine weniger intensive Probenahme vorgeschlagen: Einerseits soll dieses Regime ein jährliches opportunistisches Monitoring, das Informationen über die Reproduktion, Immigration, genetische Diversität, Mindestanzahl und eine Schätzung der Populationsgröße liefert, beinhalten. Andererseits soll periodisch (2 bis 5 Jahre) eine standardisierte Stichprobenerhebung, kombiniert mit einem opportunistischen Monitoring, durchgeführt werden, um die Populationsgröße zu schätzen und um Schlussfolgerungen über die Verbreitung und den Trend der Population ziehen zu können.

Für die Bestimmung der Populationsgröße (inkl. Jungtiere) können neben den Daten über die Genetik auch Informationen aus Fotos, Videos, Sichtbeobachtungen von Individuen bzw. Bärinnen mit Jungtieren, die anhand von natürlichen oder künstlichen (Ohrenmarken, Sender) Merkmalen erkennbar sind, dienen. Um mehrfache Zählungen von Individuen zu vermeiden, sind folgende Vorkehrungen zu treffen: 1) Fotos, Videos oder Beobachtungen von Jungtieren in Begleitung ihrer Mutter werden nur in der Auswertung berücksichtigt, wenn ihre Mutter dank äußerlicher Merkmale identifiziert wurde und der genetische Fingerabdruck ihrer Mutter bekannt ist; 2) Fotos, Videos oder Beobachtungen von unabhängigen Bären werden nur berücksichtigt, wenn die Individuen dank äußerlicher Merkmale identifiziert wurden und ihr genetischer Fingerabdruck bekannt ist.

Die Überwachung von Markierungsbäumen mittels Video ist geeignet, um gute Aufnahmen zur Bestimmung von Individuen mit natürlichen Merkmalen zu sammeln. Wenn die Markierungsbäume mit Haarfallen ausgerüstet werden, erlaubt dies auch, die Aufnahmen mit den genetischen Fingerabdrücken der Individuen zu verlinken (Claudio Groff, persönliche Mitteilung).

Fazit für die Praxis

- Für die Erhaltung und das Management von großen Beutegreifern sind wirksame Zähl- und Monitoringmethoden von zentraler Bedeutung, um darauf basierend Entscheidungen zu treffen.
- Bevor man ein Monitoringprogramm konzipiert, müssen fünf Fragen beantwortet werden: Warum brauchen wir ein Monitoring? Was kann überwacht werden? Wann? Wie? und Wer?
- Im Rahmen des Monitorings von großen Beutegreifern werden meistens folgende Parameter überwacht: Verbreitung, Populationsgröße, Demografie, Populationstrend, Gesundheit und Genetik.
- Eine räumliche und zeitliche Stratifizierung des Monitorings ist oft der einzige Weg, ein zielführendes, praktikables und bezahlbares, langfristiges Monitoring zu gewährleisten.
- Um eine hohe Datenqualität und eine langfristige Speicherung der Daten sicherzustellen und deren effiziente Auswertung und transparente Präsentation für die Öffentlichkeit zu ermöglichen, ist frühzeitig ein konsequentes Datenmanagement zu etablieren.
- Wissenschaftlich fundiert erhobene Daten sind nicht a priori akzeptiert! Die Integration der Akteure ins Monitoring einschließlich der Erarbeitung der Zielsetzung sowie eine effektive und transparente Kommunikation der Ergebnisse des Monitorings sind wichtige Teile eines effektiven Monitoringprogramms und können Akzeptanz erhöhen.

Literatur

Andren, H., Linnell, J. D. C., Liberg, O., Ahlqvist, P. et al. (2002): Estimating total lynx (*Lynx lynx*) population size from censuses of family groups. Wildlife Biology 8 (1), 299–306.

Bassi, E., Willis, S. G., Passilongo, D., Mattioli, L. et al. (2015): Predicting the Spatial Distribution of Wolf (*Canis lupus*) Breeding Areas in a Mountainous Region of Central Italy. PLoS ONE 10 (6): e0124698, https://doi.org/10.1371/journal.pone.0124698

BAFU (Bundesamt für Umwelt) (2016): Konzept Luchs Schweiz.

BAFU (Bundesamt für Umwelt) (2016): Konzept Wolf Schweiz.

Besbeas, P., Freeman, S. N., Morgan, B. J. T., Catchpole, E. A. (2002): Integrating mark-recapture-recovery and Census Data to Estimate Animal Abundance and Demographic Parameters. Biometrics 58 (3), 540–547, https://doi.org/10.1111/j.0006-341X.2002.00540.x PMID: 12229988

Breitenmoser, U., Breitenmoser-Würsten, C., von Arx, M., Zimmermann, F. et al. (2006): Guidelines for the Monitoring of Lynx. KORA Bericht Nr. 33e, Bern.

Browning, E., Gibb, R., Glover-Kapfer, P., Jones, K. E. (2017): Passive acoustic monitoring in ecology and conservation. WWF Conservation Technology Series 1(2). WWF-UK, Woking.

Cubaynes, S., Pradel, R., Choquet, R., Duchamp, C. et al. (2010): Importance of Accounting for Detection Heterogeneity When Estimating Abundance: the Case of French Wolves. Conservation Biology 24 (2), 621–626.

De Barba, M., Waits, L. P., Genovesi, P., Randi, E. et al. (2010): Comparing opportunistic and systematic sampling methods for non-invasive genetic monitoring of a small translocated brown bear population. Journal of Applied Ecology 47 (1), 172–181, doi: 10.1111/j.1365-2664.2009.01752.x

Dey, S., Delampady, M., Parameshwaran, R., Kumar, N. S. et al. (2017): Bayesian Methods for Estimating Animal Abundance at Large Spatial Scales Using Data from Multiple Sources. Journal of Agricultural, Biological and Environmental Statistics 22 (2), 111–139, https://doi.org/10.1007/s13253-017-0276-7

Duchamp, C., Boyer, J., Briaudet, P.-E., Leonard, Y. et al. (2012): A dual frame survey to assess time- and space-related changes of the colonizing wolf population in France. Hystrix, the Italian Journal of Mammalogy 23 (1), 14–28.

Dulex, N. (2016): Natal dispersal of Eurasian lynx in Switzerland: comparing camera trapping with telemetry. Master Thesis of Science in Behaviour. Evolution and Conservation, University of Lausanne.

Gazzola, A., Avanzinelli, E., Mauri, L., Scandura, M. et al. (2002): Temporal variation of howling in South European wolf pack. Italian Journal of Zoology 69 (2), 157–161.

Guisan, A., Zimmermann, N. E. (2000): Predictive habitat distribution models in ecology. Ecological Modelling 135 (2–3), 147–186.

Guisan, A., Thuiller, W., Zimmermann, N. E. (2017): Habitat Suitability and Distribution Models: With Applications in R. Verlag Cambridge University Press. Cambridge.

Harrington, F. H., Mech, L. D. (1982): An analysis of howling response parameters useful for wolf pack censusing. Journal of Wildlife Management 46 (3), 686–693.

Hebblewhite, M., Zimmermann, F., Li, Z., Miquelle, D. G. et al. (2012): Is there a future for Amur tigers in a restored tiger conservation landscape in Northeast China? Animal Conservation 15 (5), 79–592, doi: 10.1111/j.1469-1795.2012.00552.x

Heinicke, S., Kalan, A. K., Wagner, O. J. J., Mundry, R. et al. (2015): Assessing the performance of a semi-automated acoustic monitoring system for primates. Methods in Ecology and Evolution 6 (7), 753–763.

Hollerbach, L., Heurich, M., Reiners, T. E., Nowak, C. (2018): Detection dogs allow for systematic non-invasive collection of DNA samples from Eurasian lynx. Mammalian Biology 90, 42–46.

Jones, J. P. G., Collen, B., Atkinson, G., Baxter, P. W. J. et al. (2011): The why, what and how of global biodiversity indicators beyond the 2010 Target. Conservation Biology 25 (3), 450–457.

Karanth, K. U. (1995): Estimating tiger *Panthera tigris* populations from camera-trap data using capture-recapture models. Biological Conservation 71 (3), 333–338.

Karanth, K. U., Nichols, J. D., Kumar, N. S., Hines, J. E. (2006): Assessing tiger population dynamics using photographic capture–recapture sampling. Ecology 87 (11), 2925–2937.

Karanth, K. K., Nichols, J. D., Hines, J. E., Karanth, K. U. et al. (2009): Patterns and determinants of mammal species occurrence in India. Journal of Applied Ecology 46 (6), 1189–1200, doi: 10.1111/j.1365-2664.2009.01710.x

Kojola, I., Aspi, J., Hakala, A., Heikkinen, S. et al. (2006): Dispersal in an expanding wolf population in Finland. Journal of Mammalogy 87 (2), 281–286.

Laass, J. (1999): Evaluation von Photofallen für ein quantitatives Monitoring einer Luchspopulation in den Alpen. Diplomarbeit an der Naturwissenschaftlichen Fakultät der Universität Wien. 18 S.

Liberg, O., Aronson, Å., Sand, H., Wabakken, P. et al. (2012): Monitoring of wolves in Scandinavia. Hystrix 23 (1), 29–34.

Linnell, J. D. C., Swenson, J. E., Landa, A., Kvam, T. (1998): Methods for monitoring European large carnivores – A worldwide review of relevant experience. NINA Oppdragsmelding 549, 1–38.

Linnell, J. D. C., Fiske, P., Herfindal, I., Odden, J. et al. (2007): An evaluation of structured snowtrack surveys to monitor Eurasian lynx *Lynx lynx* populations. Wildlife Biology 13, 456–466.

Linnell, J., Salvatori, V., Boitani, L. (2008): Guidelines for population level management plans for large carnivores in Europe. A Large Carnivore Initiative for Europe report prepared for the European Commission (contract 070501/2005/424162/MAR/B2).

Long, R. A., Donovan, T. M., MacKay, P., Zielinski, W. J. et al. (2007): Comparing scat detection dogs, cameras, and hair snares for surveying carnivores. Journal of Wildlife Management 71 (6), 2018–2025.

Macdonald, D. W., Newman, C., Buesching, C. D., Nouvellet, P. M. (2010): Are badgers 'Under The Weather'? Direct and indirect impacts of climate variation on European badger (*Meles meles*) population dynamics. Global Change Biology 16 (11), 2913–2922.

Manly, B. F. J., McDonald, L. L., Thomas, D. L. (1993): Resource Selection by Animals: Statistical Design and Analysis for Field Studies. Verlag Chapman and Hall, London, United Kingdom. 222 S.

Marboutin, E., Duchamp, C. (2005): Adaptive management of the French wolf population: monitoring program and decision-making. In: ONCFS (Hrsg.): Scientific report 2005: 14–19.

Marescot, L., Pradel, R., Duchamp, C., Cubaynes, S. et al. (2011): Capture-recapture population growth rate as a robust tool against detection heterogeneity for population management. Ecological Applications 21 (8), 2898–2907.

Molinari-Jobin, A., Molinari, P., Breitenmoser-Würsten, C., Wölfl, M. et al. (2003): Pan-Alpine Conservation Strategy for the Lynx. Nature and environment No. 130. Council of Europe Publishing, Strasbourg.

Molinari-Jobin, A., Kéry, M., Marboutin, E., Marucco, F. et al. (2018): Mapping range dynamics from opportunistic data: spatiotemporal modelling of the lynx distribution in the Alps over 21 years. Animal Conservation 21 (2), 168–180, doi: 10.1111/acv.12369

Nichols, J. D., Williams, B. K. (2006): Monitoring for conservation. Trends in Ecology and Evolution 21 (12), 668–673.

Nowak, S., Jędrzejewski, W., Schmidt, K., Theuerkauf, J. et al. (2007): Howling activity of free-ranging wolves (*Canis lupus*) in the Białowieża Primeval Forest and the Western Beskidy Mountains (Poland). Journal of Ethology 25 (3), 231–237.

Palacios, V., Font, E., Márquez, R. (2007): Iberian wolf howls: acoustic structure, individual variation, and a comparison with North American populations. Journal of Mammalogy 88 (3), 606–613.

Palacios, V., López-Bao, J. V., Llaneza, L., Fernández, C. et al. (2016): Decoding group vocalizations: the acoustic energy distribution of chorus howls is useful to determine wolf reproduction. PLoS One 11 (5): e0153858. https://doi.org/10.1371/journal.pone.015385

Palacios, V., Font, E., García, E. J., Svensson, L. et al. (2017): Reliability of human estimates of the presence of pups and the number of wolves vocalizing in chorus howls: implications for decision-making processes European Journal of Wildlife Research 63, 59. https://doi.org/10.1007/s10344-017-1115-4

Passilongo, D., Mattioli, L., Bassi, E., Szabó, L. et al. (2015): Visualizing sound: counting wolves by using a spectral view of the chorus howling. Frontiers in Zoology 12, 22. https://doi.org/10.1186/s12983-015-0114-0

Ramachandran, P., Devarajan, K. (2017): ViXeN: An open-source package for managing multimedia data. Methods in Ecology and Evolution 9 (3), 785–792, https://doi.org/10.1111/2041-210X.12892

Reinhardt, I., Kaczensky, P., Knauer, F., Rauer, G. et al. (2015): Monitoring von Wolf, Luchs und Bär in Deutschland. 2., überarbeitete Version. BfN-Skripten.

Root-Gutteridge, H., Bencsik, M., Chebli, M., Gentle, L. K. et al. (2013): Improving individual identification in captive Eastern grey wolves (*Canis lupus lycaon*) using the time course of howl amplitudes. Bioacoustics 23, 55–66.

Schaub, M., Abadi, F. (2010): Integrated population models: a novel analysis framework for deeper insights into population dynamics. Journal of Ornithology 152 (1), 227–237, https://doi.org/10.1007/s10336-010-0632-7

Schmidt, K., Kowalczyk, R. (2006): Using scent-marking stations to collect hair samples to monitor Eurasian lynx populations. Wildlife Society Bulletin 34 (2), 462–466.

Schmidt-Posthaus, H., Breitenmoser-Würsten, C., Posthaus, H., Bacciarini, L. N. et al. (2002): Causes of mortality in reintroduced Eurasian lynx in Switzerland. Journal of Wildlife Diseases 38 (1), 84–92.

Scotson, L., Johnston, L. R., Iannarilli, F., Wearn, O. R. et al. (2017): Best practices and software for the management and sharing of camera trap data for small and large scales studies. Remote Sensing in Ecology and Conservation 3 (3), 158–172, doi: 10.1002/rse2.54

Steidl, R. J., Hayes, J. P., Schauber, E. (1997): Statistical power analysis in wildlife research. Journal of Wildlife Management 61 (2), 270–279.

Stowell, D., Plumbley, M. D. (2014): Automatic large-scale classification of bird sounds is strongly improved by unsupervised feature learning. PeerJ 2:e488 https://doi.org/10.7717/peerj.488

Suter, S., Giordano, M., Nietlispach, S., Apollonio, M. et al. (2016): Non-invasive acoustic detection of wolves. Bioacoustics 26 (3), 237–248.

Tenan, S., Pedrini, P., Bragalanti, N., Groff, C. et al. (2017): Data integration for inference about spatial processes: A model-based approach to test and account for data inconsistency. PLoS ONE 12(10): e0185588, https://doi.org/10.1371/journal.pone.0185588

Wabakken, P., Aronson, Å., Strømseth, T. H., Sand, H. et al. (2007): Ulv I Skandinavia. Høgskolen i Hedmark Oppdragsrapport nr. 6.

Wolf Alpine Group (WAG) (2018): Wolf population status in the Alps: pack distribution and trend up to 2016, with focus on year 2015–2016.

Williams, B. K., Nichols, J. D., Conroy, M. J. (2002): Analysis and Management of Animal Populations. Academic Press, New York.

Williams, B. K., Brown, E. D. (2012): Adaptive Management: The U.S. Department of the Interior Applications Guide. Adaptive Management Working Group, U.S. Department of the Interior, Washington, D.C.

Yoccoz, N. G., Nichols, J. D., Boulinier, T. (2001): Monitoring of biological diversity in space and time. Trends in Ecology & Evolution 16 (8), 446–453.

Zimmermann, F., Breitenmoser, U. (2007): Potential distribution and population size of the Eurasian lynx in the Jura Mountains and possible corridors to adjacent ranges. Wildlife Biology 13 (4), 406–416.

Zimmermann, F., Foresti, D. (2016): Chapter 7: Capture-recapture methods for density estimation. In: Rovero, F., Zimmermann, F. (Hrsg.): Camera Trapping for Wildlife Research. Verlag Pelagic Publishing, Exeter, 95–141.

Zimmermann, F., Fattebert, J., Breitenmoser-Würsten, C., Breitenmoser, U. (2007): Abundanz und Dichte des Luchses: Fang-Wiederfang-Schätzung mittels Fotofallen im nördlichen Schweizer Jura. KORA Bericht Nr. 37d, Bern.

Zimmermann, F., Weber, J.-M., Dirac, C., Ryser, A. et al. (2010): Monitoring der Raubtiere in der Schweiz 2009. KORA Bericht Nr. 53, Bern.

Zimmermann, F., Breitenmoser-Würsten, C., Molinari-Jobin, A., Breitenmoser, U. (2013): Optimizing the size of the area surveyed for monitoring a Eurasian lynx (*Lynx lynx*) population in the Swiss Alps by means of photographic capture-recapture. Integrative Zoology 8 (3), 232–243.

Zimmermann, F., Manz, R., Foresti, D., Fuchs, S. et al. (2015): Wolfsmonitoring mittels Fotofallen: Ergebnisse aus der Fotofallen-Test Pilotstudie im Calanda. KORA Bericht Nr. 68, Bern.

10 Jäger und große Beutegreifer – Konfliktfeld Jagd

ULRICH WOTSCHIKOWSKY

Jäger und große Beutegreifer – das ist eine komplizierte Beziehung seit der Frühzeit. Schon für die ersten Menschen waren große Beutegreifer Konkurrenten um fleischliche Nahrung. Gleichzeitig waren sie auch Jagdbeute und genossen in vielen Jägerkulturen einen hohen rituellen Status. Und nicht zuletzt ist der von vielen Jägern besonders gefürchtete Wolf auch noch der Stammvater ihrer tierischen Kumpane, der Jagdhunde.

Im Zuge der Ausrottung der großen Beutegreifer haben die Jäger nolens volens deren Rolle übernommen. Sicher nur z. T. und auch nur so weit, als sie in der Kulturlandschaft die Populationen des Schalenwildes zahlenmäßig in Schach halten. Aber die bekannte „Brüll'sche Pyramide" (benannt nach Heinz Brüll), an deren Spitze früher die Beutegreifer standen und heute der Jäger, haben sie tief verinnerlicht. Dies ist ihr Weltbild. Sie meinen, Wolf und Luchs passen da nicht mehr hinein (Abb. 10-1).

Jäger sorgen sich also um ihre eigenen Jagdgelegenheiten. Ist ihre Haltung zum omnivoren Bären noch eher indifferent, so befürchten sie doch Einbußen an eigener Jagdbeute durch die echten Karnivoren Luchs und Wolf. Dabei gab

Abb. 10-1 Die Brüll'sche Pyramide symbolisiert die Hierarchie in der Beziehung Beutetiere – Beutegreifer. Der Jäger hat die Position der großen Beutegreifer eingenommen.

Kritisch beäugt von den Jägern: die Rückkehr der großen Beutegreifer.

es niemals zuvor so viel Schalenwild in Mitteleuropa wie heute.

Aus jagdlicher Sicht befindet sich Europa gegenwärtig in einem Schalenwildzeitalter. In Mitteleuropa, namentlich in Slowenien, Südtirol (Italien), der Schweiz, Österreich, Deutschland, Polen, der Tschechischen Republik, der Slowakei und Ungarn, haben sich die Jagdstrecken von 1970–2014 beim Rehwild verdoppelt, beim Rotwild verdreifacht, beim Mufflon versiebenfacht und beim Schwarzwild verzwölffacht (Reimoser und Reimoser 2016). In Deutschland stiegen die Abschüsse noch in jüngster Zeit (von 2005–2015) beim Rehwild um 10 %, beim Damwild um 12,5 %, beim Muffelwild und Rotwild um 24 % und beim Schwarzwild um 28 %. Jäger erlegten in Deutschland im Jahr 2015 fast 1,2 Millionen Rehe, über 600 000 Wildschweine, etwa 78 600 Stück Rotwild und 65 000 Stück Damwild (DJV: https://www.jagdverband.de/jagdstatistik). Pro Jäger – etwa 360 000 – sind das etwa 5 Stück Schalenwild pro Jahr. Der jagdliche Ertrag pro 100 ha und Jahr liegt bei etwa 5,4 Stück. Damit nimmt Deutschland vor Österreich (4,6 Stück) und Tschechien (4,4 Stück) die Spitzenposition in Europa ein – und dies bei einer sehr hohen Bevölkerungsdichte (Abb. 10-2).

Dieser Aufschwung der Schalenwildpopulationen wird gerne mit dem Fehlen großer Beutegreifer in Verbindung gebracht. Die Erklärung liegt jedoch eher in der Art unserer Landnutzung. Sie ist auf hohe Produktivität ausgerichtet und umfasst alle flächenmäßig bedeutenden Landlebensräume, ausgenommen nur die alpinen Regionen oberhalb der Waldgrenze. Die landwirtschaftlichen Flächen, in Deutschland beispielsweise etwa 50 % der Landesfläche, werden intensiv gedüngt und mit Hochleistungssorten bestellt, und selbst nach der Ernte bleibt den Herbivoren viel Nahrung in Form von Ernterückständen und Wintersaaten. Die Wälder werden im Vergleich zur natürlichen Entwicklung in kurzen Umtriebszeiten bewirtschaftet, deshalb ist der Anteil von stark belichteten Jungwüchsen mit Bodenvegetation hoch, und das bedeutet ebenfalls viel Nahrung. Zudem haben häufige Stürme und starker Borkenkäferbefall den Anteil solch nahrungsreicher offener Flächen noch erhöht. Und schließlich erfährt ganz Europa seit Jahrzehnten einen übermäßig hohen Stickstoffeintrag aus der Luft. Winterliche Nahrungsengpässe haben dagegen an Zahl und Strenge abgenommen, die Winter sind kürzer, schneeärmer und wärmer als früher.

In den folgenden Ausführungen wird versucht zu erklären, wie groß der Einfluss der großen Beutegreifer auf die Schalenwildbestände und deren Vitalität ist – also quantitativ und qualitativ. Der Schwerpunkt liegt dabei auf dem Wolf, während der omnivore Bär nur eine Nebenrolle spielt. Wie große Beutegreifer Schalenwild erbeuten, wird in den jeweiligen Kapiteln zur Biologie von Luchs, Bär und Wolf beschrieben.

10.1 Wie viel Wild nehmen große Beutegreifer den Jägern weg?

Wie viel Wild – gemeint ist Schalenwild – werden die großen Beutegreifer den Jägern wegnehmen, wenn sie zurückkommen? **Für den Bären** fällt die Antwort leicht. Europäische Braunbären machen beim Schalenwild nur selten Beute. Wenige Tage alte Rehkitze oder Rotwildkälber, die abgelegt in Deckung liegen, können von einem Bären gefunden werden – wenn er Glück hat; denn die Jungtiere sind fast geruchlos und verströmen kaum Körperwitterung. In Schweden wird Bären ein spürbarer Eingriff in die Elchkälberdichte angelastet, doch werden diese Eingriffe wegen der Forderungen der Waldbesitzer nach einer Absenkung der sehr hohen Elchdichten hingenommen.

Der Luchs wird wesentlich kritischer gesehen. Bei mäßiger Dichte von etwa ein bis drei Tieren auf 100 km^2 (= 10 000 ha) ergibt sich ein Tribut von ein bis zwei Rehen, die die Jäger pro Quadratkilometer an den Luchs abgeben – unter der Voraussetzung, dass die Luchse dort (fast) nur von Rehen leben. In mitteleuropäischen Revieren des Flachlandes und der Mittelgebirge erlegen Jäger dagegen etwa vier bis sechs Rehe auf dieser Fläche. In Hochgebirgslagen oder in nördlichen Breiten mit geringer Rehdichte kann der Eingriff des Luchses jedoch die Größe des Nettozuwachses erreichen. Dort schränkt der Luchs die Jagdmöglichkeiten drastisch ein (z. B. Breitenmoser und Breitenmoser-Würsten 2008).

Wo andere Schalenwildarten vorkommen, z. B. Rotwild oder Gams, treten Rehe in der Wertschätzung als Beute für den Jäger zurück. Auch der Luchs ersetzt Rehe teilweise durch geringes Rotwild bzw. Gams. Daher wird in solchen Jagdrevieren (besonders in den Alpen) der Luchs weniger als Beutekonkurrent empfunden als dort, wo Rehe die bevorzugte Jagdwildart sind, wie z. B. in rotwildfreien Teilen des Bayerischen Waldes oder im nördlichen Skandinavien.

Beim Wolf sind solche Einschätzungen komplizierter. Zum einen umfasst seine Beute stets alle vorkommenden Schalenwildarten, zum anderen kann von größeren Beutetieren viel übrig bleiben. In einer Zusammenstellung von 18 Untersuchungen (Peterson und Ciucci in Mech und Boitani 2003) reicht der tägliche Beutebedarf eines Wolfes (available prey) von 2 bis 24 kg. Der Durchschnittswert beträgt 5,4 kg, ähnlich den 5,6 kg, die Jedrzejewski et al. (2002) in Białowieża ermittelten. Die hohen Werte wurden für große Beutetiere gefunden (Bison, Elch, Wapiti), die nur z. T. genutzt werden. Um satt zu werden, braucht ein Wolf nur etwa 2 kg reine Nahrung pro Tag (Karlsson, mdl.). Genaue Untersuchungen unter Freilandbedingungen liegen dazu allerdings nicht vor. Unterstellt man 3 kg lebende Beute pro Wolf und Tag, so stünde einem Wolf mehr Nahrung zur Verfügung, als er tatsächlich benötigt, um alle Lebensäußerungen wie Aufrechterhaltung der Körperwärme, Verdauung, Welpenaufzucht, Haarwechsel, längere Exkursionen, Jagen u. dgl. zu bestreiten. Die Annahme von 3 kg für mitteleuropäische Verhältnisse erscheint gerechtfertigt, weil nur selten Risse gefunden werden; denn Rehe, Rot- und Damwildkälber oder gar Frischlinge werden so gut wie vollständig konsumiert.

In den zusammengefassten Ergebnissen von 4136 Losungsanalysen aus der Lausitz (Wagner

Abb. 10-2 Nirgends auf der Welt erlegen Jäger mehr Schalenwild als in Deutschland. Das ist ein untrügliches Indiz für ein hohes Nahrungsangebot für große Beutegreifer (Grafik links: verändert nach Reimoser und Reimoser 2016).

Mit etwa 2 kg Fleisch pro Tag ist ein Wolf satt. Aber wie viel lebende Beute muss er dafür töten?

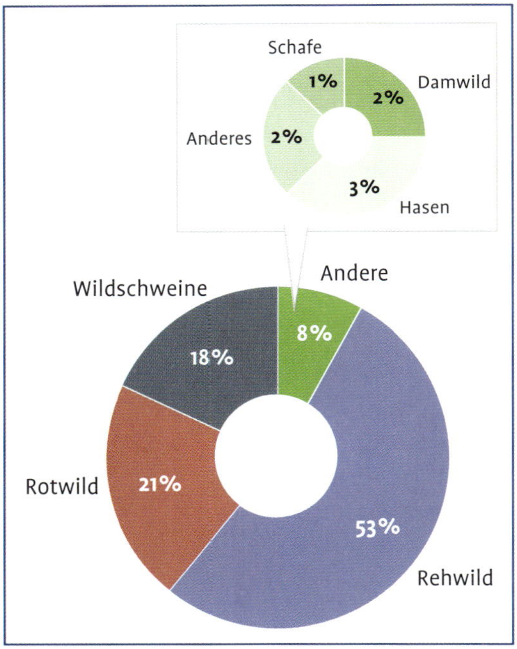

Abb. 10-3 Über 90 % der Wolfsnahrung in Deutschland besteht aus Schalenwild. Rehe bilden den größten Anteil, gefolgt von Rot- bzw. Damwild. Wildschweine schwanken mit dem Anteil von Frischlingen in der Population (verändert nach Wagner et al. 2012).

et al. 2012) betrugen die Anteile verzehrter Biomasse 53 % Reh, 21 % Rotwild, 18 % Schwarzwild, 2 % Damwild und 0,6 % Muffelwild, zusammen 94,6 % Schalenwild (Abb. 10-3). Naturgemäß spiegeln diese Stichproben jeweils das Beuteangebot vor Ort wider: In Damwildgebieten fehlt Rotwild und umgekehrt, und Mufflons fehlen, wo die Art nicht vorkommt. Mittelwerte machen da wenig Sinn. Ein weiteres Problem besteht darin, den Anteil der Jungtiere in der Beute zu quantifizieren.

Die jagdliche Planung operiert allerdings nicht mit Biomasse, sondern mit Individuenzahlen. In einem Versuch, den zahlenmäßigen Eingriff von Wölfen abzuschätzen, kommt Wotschikowsky (2017) für die deutschen Wolfsgebiete auf etwa 1,5 Rehe (75 % Kitze), 0,2 Stück Rotwild (67 % Kälber) und 0,4 Sauen (90 % Frischlinge) pro 100 ha und Jahr. Dabei sind sehr geringe Durchschnittsgewichte der Beutetiere unterstellt worden, weil anzunehmen ist, dass Jungtiere einen hohen Anteil in der Wolfsbeute einnehmen. Dadurch ergibt sich eine hohe Anzahl von erbeuteten Individuen. Übliche Jagdstrecken liegen dennoch beim Vielfachen dieser Werte.

In vielen europäischen Wolfsgebieten bildet nicht das Reh, sondern das Rotwild die bevorzugte Beute (z. B. Białowieża, Polen; Okarma et al. 1997). In Italien dagegen dominieren Wildschweine (Mattioli et al. 2011). In Deutschland stellen Rehe ungefähr drei Viertel der erbeuteten Tiere.

Sind die deutschen Wölfe also „Rehspezialisten?“ Wahrscheinlich nicht. Der hohe Rehanteil erklärt sich aus mehreren Gründen: Rehe sind häufig, sie sind überall, ihre Populationsdichte und ihre jagdliche Nutzbarkeit werden notorisch unterschätzt (z. B. Hespeler 2016), sie sind leichter zu fangen als z. B. Rotwild und sie sind nicht wehrhaft wie Rot- und Schwarzwild.

10.1.1 Nachhaltige Jagd, konservative Jagd, Reduktionsjagd

Das übergeordnete Prinzip kluger jagdlicher Wildnutzung ist Nachhaltigkeit. Vorausgesetzt der Wildbestand steht in Einklang mit den Vorstellungen der Land- und Forstwirtschaft, so soll der jagdlich nachhaltige Eingriff den Nettozuwachs eines Jahres abschöpfen, nicht mehr und nicht weniger. Wo zu wenig Wild erlegt wird, liegen die jagdlichen Nutzungsraten unter dem Zuwachs. Daraus resultieren hohe Wilddichten, Wildschäden, schlechte körperliche Verfassung und hohe Mortalität, z. B. durch Straßenverkehr, strenge Winter, Krankheiten und Parasiten. Wird mehr als der Zuwachs erlegt, so sinkt der Wildbestand. Dadurch können lokal begrenzte Populationen ausgelöscht werden. Beispiele dafür gibt es beim Rotwild und Gamswild, dagegen kaum bei Rehen, weil diese Wildart wegen ihrer hohen Zuwachsrate und ihrer flächendeckenden Verbreitung mit jagdlichen Mitteln nur schwer zu kontrollieren ist.

Kehren große Beutegreifer in diese Systeme zurück, so addieren sich die Eingriffe von Jägern und Beutegreifern. Je nach Ausgangslage kommt es zu unterschiedlichen Folgen. Wo bisher nachhaltig gejagt wurde, senkt der zusätzliche Eingriff der Beutegreifer den Wildbestand. Jäger können das ausgleichen, indem sie sich mit geringeren Jagdstrecken begnügen. Wo es darauf ankommt, überhöhte Wildbestände abzusenken, wird dieses Vorhaben durch die Beutegreifer unterstützt. Wo in der Vergangenheit konservativ gejagt wurde, nutzen Beutegreifer die stillen Reserven und verschieben (im besten Fall) das System in Richtung einer nachhaltigen Jagd mit geringerer Wilddichte, weniger Wildschäden, vitalerem Wild und geringeren natürlichen Verlusten.

In den deutschen Wolfsgebieten lässt sich ein Einfluss der Wölfe auf die Jagdstrecken mit Ausnahme beim Muffelwild bisher nicht belegen. Seit ihrer Ankunft sind die Abschüsse sogar angestiegen, z. B. in Brandenburg um 12 % beim Rotwild, um 9 % beim Rehwild. Räumlich gut abgrenzbar und zudem gut dokumentiert ist die Entwicklung in den Kreisen Bautzen und Görlitz, Ostsachsen. Im Zeitraum von 2008 (5 Rudel) bis 2017 (18 Rudel) werden in den beiden Kreisen erlegt: Rehwild seit 2011 gleich bleibend etwa 8000 Stück; Rotwild um 1000 Stück bei geringen Schwankungen, kein

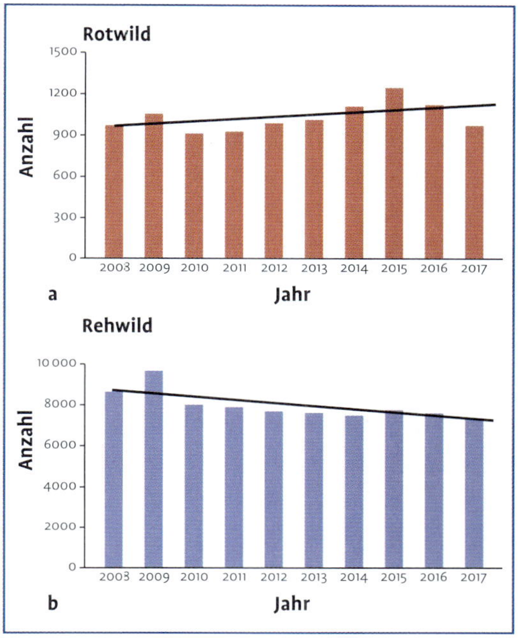

Abb. 10-4 In Ostsachsen (Kreise Görlitz und Bautzen) nahm die Zahl der Wolfsrudel von 2009 bis 2017 von 5 auf 18 zu. Die Jagdstrecken bei Rot- und Rehwild sind trotz der Wölfe nahezu unverändert geblieben. Quelle: Obere Jagdbehörde Sachsen

Trend erkennbar (Abb. 10-4); die Damwildstrecke ist von 300 auf 400 gestiegen, Mufflons sind dagegen praktisch verschwunden. Die Schwarzwildstrecke ist von 6000 im Jahr 2011 auf über 10 000 gestiegen. Mit rechnerisch 14,5 Rudeln auf einer Teilfläche von 3000 km², begrenzt von den Autobahnen A 4 und A 13, der Landesgrenze zu Brandenburg und der Staatsgrenze zu Polen, ist dies die höchste Dichte an Rudeln im Bundesgebiet. Auf ein Rudel entfallen demnach etwa 207 km².

Selbst wenn man einem Wolf nicht 3, sondern 4 oder gar 5 kg lebende Beute pro Tag unterstellt, so wird doch deutlich, dass die Eingriffe von Wölfen (erst recht von Luchsen) in die Schalenwildbestände wesentlich geringer sind als die der Jäger. Große Beutegreifer allein könnten unsere Schalenwildbestände wahrscheinlich nicht auf dem zahlenmäßigen Niveau halten, das seitens der Forst- und der Landwirtschaft sowie der Landeskultur gewünscht wird. Das liegt an der großen Produktivität unserer Lebensräume und ist grundsätzlich anders als in nordischen Breiten, z. B. im Yukon, wo wir es mit beutegreiferdominierten Lebensgemeinschaften zu tun haben und nur geringe jagdliche Eingriffe zugelassen werden können, wenn man einen weiteren Rückgang der Beutetierbestände vermeiden will, z. B. ein (!) Elch in einem Gebiet von etwa 5000 km^2 (eig. Erfahrung). Das heißt: Rot-, Dam- und Rehwild – und das vermehrungsfreudige Schwarzwild sowieso – werden nach heutigem Kenntnisstand auch in Zukunft konsequent reguliert werden müssen, egal ob sich Luchs und Wolf ausbreiten oder nicht. Die Jagd wird nicht entbehrlich.

10.1.2 Welche Tiere werden gerissen?

Nicht jedes Tier, das Wölfen zum Opfer fällt, ist für den Jäger tatsächlich ein Verlust. Auch ohne Beutegreifer sterben viele Wildtiere nicht durch die Kugel des Jägers, sondern auf andere Weise. Wir nennen das kompensatorische Mortalität. Diese trifft ganz besonders die Jungtiere.

Viele Rehkitze überleben nicht bis zur Jagdzeit im September. In Schweden fallen 40 – 60 % der Kitze Füchsen zum Opfer, in Räudejahren mit wenigen oder gar keinen Füchsen überleben dagegen bis zu 95 % (Cederlund und Liberg 1995, Jarnemo und Liberg 2005, Panzacchi et al. 2009). In einem zentralalpinen Gebiet wurden unter den Kitzen Sommerverluste von 30 – 60 % ermittelt, die mit hoher Populationsdichte und schlechter Kondition der Muttertiere zusammenhingen (Wotschikowsky und Schwab 1994). Während nasskalter Wetterperioden zur Setzzeit sterben viele Jungtiere an Lungenentzündung oder Unterkühlung – Reh- und Gamskitze im Mai, Frischlinge in den Monaten vorher. Weil die Heuernte früherer Zeiten (ab Juni) durch die Silagewirtschaft (ab Mitte Mai, manchmal noch früher) ersetzt wird, werden immer mehr Rehkitze durch Mähmaschinen getötet. Quantitative Untersuchungen sind dazu allerdings nicht bekannt.

Viele der Jungtiere, die von Wölfen erbeutet werden, sind also ohnehin Todeskandidaten, die die Jagdsaison gar nicht erlebt hätten. Sie sind folglich auch kein Verlust für den Jäger.

Auch in dem Segment der erwachsenen Wolfsbeute sind zahlreiche kranke, verletzte, angeschossene oder altersschwache Tiere, die den Jägern entgangen sind und alsbald verendet wären. Für den Jäger stellen sie keine an die Wölfe verlorene Jagdbeute dar.

10.1.3 Hege mit der Büchse – Auslese durch Prädation

Jäger von heute sehen es als ihre Verpflichtung, Schalenwildbestände nicht nur zahlenmäßig zu kontrollieren, sondern das Wild auch „gesund" zu erhalten. Darunter ist allerdings nicht die Abwehr von Krankheiten, Seuchen oder Parasiten zu verstehen (damit wäre die Jagd überfordert), eher geht es hier um die Vitalität der Wildbestände. Schwache, kranke, überalterte Tiere sollen bevorzugt erlegt und in der Population ein ausgeglichenes Geschlechterverhältnis und eine naturnahe Alterszusammensetzung erreicht bzw. erhalten werden. Jäger verweisen dabei gerne darauf, dass diese Prinzipien (jagdliche Auslese, „Hege mit der Büchse") den großen Beutegreifern abgeschaut seien.

Vom Bären ist ein selektiver Einfluss wegen seiner omnivoren, überwiegend pflanzlichen Ernährungsweise nicht zu erwarten. Auch der Luchs als Überraschungsjäger auf kurze Distanz jagt nur in geringem Ausmaß selektiv. Bei seinem Hauptbeutetier, dem Reh, macht er keinen Unterschied zwischen einem Kitz und einem Bock. Beim Rotwild fallen ihm jedoch überwiegend Kälber, allenfalls schwächere einjährige Tiere zum Opfer. Erwachsene Tiere sind ihm zu groß. Auch bei erbeuteten Gams überwiegen Geißen deutlich gegenüber Böcken.

Bei Wölfen jedoch ist die selektive Prädation durch zahllose Beispiele gut dokumentiert. Junge und überalterte Tiere bilden einen überproportionalen Anteil der erlegten Beutetiere, besonders bei großen Arten wie Rothirsch, Wapiti, Elch und Bison (Mech und Boitani 2003). Murie (1944) hat dies schon vor über 70 Jahren an Dallschafen (*Ovis dalli*) im Denali-Nationalpark (damals Mount McKinley) nachgewiesen.

Am Ende eines langen Lebens: leichte Beute für Wölfe.

Ein besonders aufschlussreiches Beispiel stammt aus dem Yellowstone-Nationalpark (Wright et al. 2006): Die von Jägern in den Überwinterungsgebieten außerhalb des Parks erlegten weiblichen Wapitis sind altersmäßig so verteilt, wie es einer zufälligen Auswahl entspricht – viele junge, reichlich mittelalte und wenige alte Tiere (Kälber sind unterrepräsentiert, weil sie absichtlich geschont werden). Die von Wölfen in derselben Population erbeuteten Tiere sind gegenläufig auf das Alter verteilt – viele Kälber, wenige Tiere im besten Alter zwischen etwa 4 und 10 Jahren, dann aber zunehmend alte bzw. sehr alte Tiere bis 20 Jahre und sogar darüber (Abb. 10-5). In einem Rotwildjagdgebiet wäre dies ein jagdliches Traumergebnis – nämlich die Bestätigung, dass Jäger ihr selbst gestecktes Ziel erreichen. Tatsächlich liegt aber der Schwerpunkt der Jagdstrecke in aller Regel bei den mittelalten, vitalen Tieren, so dass nicht selten eine Überalterung des Wildbestandes beklagt wird.

Manchmal liegen die Ursachen, warum bestimmte Beutetiere leichtes Opfer von Beutegreifern werden, lange zurück. Auf Isle Royale fiel den Wolfsforschern auf, dass ein überproportional hoher Anteil der erbeuteten Elche in ein und demselben Jahr geboren war, und zwar nach einem besonders schneereichen Winter. Die Versorgungsmängel während der ersten Lebensmonate (die ausgezehrten Muttertiere produzierten nicht genügend Milch) hatten bei vielen Elchen in höherem Alter Arthrose zur Folge, sodass sie leichte Beute der Wölfe wurden (Peterson 1977).

Verlust von Wildarten

Große Beutegreifer rotten ihre Beutetiere nicht aus – natürlich nicht. Sie würden sich ja sonst ihrer eigenen Lebensgrundlage berauben. Dennoch kommen solche Situationen auf lokaler oder regionaler Ebene vor.

Das Mufflon (*Ovis ammon musimon*), ursprünglich nur auf der Insel Korsika beheimatet (Piegert und Uloth 2000), ist von Jägern in vielen ungeeigneten Gebieten angesiedelt worden. Wo steiniger Untergrund fehlt, werden Mufflons von Huferkrankungen wie Moderhinke und Schalenfäule heimgesucht, oder ihre Hufschalen nutzen sich nicht ab und wachsen aus. Solche Tiere sind selbstverständlich leichte Beute für Luchse und Wölfe. Mufflons scheinen zudem ihre Fluchtinstinkte durch eine lange Domestikationsgeschichte z. T. eingebüßt zu haben. Auch fehlt ihnen im Flachland geeignetes Fluchtgelände (felsiges Terrain). Im Norddeutschen Tiefland sind mehrere Mufflonpopulationen (darunter Königshainer Berge, Sachsen; Göhrde, Niedersachsen; Pabel 2017) nach Ankunft der Wölfe erloschen.

In Skandinavien haben sich Rehe zeitgleich mit dem Verschwinden der Wölfe und der drastischen Reduktion der Luchse weit nach Norden ausgebreitet, leben dort aber an der klimati-

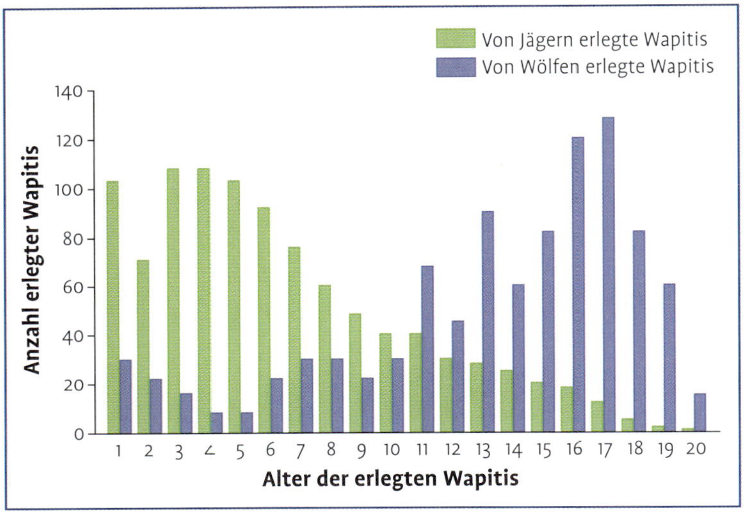

Abb. 10-5 Während die Beute der Jäger etwa die Altersverteilung der Wapitipopulation wiedergibt, greifen die Wölfe vorzugsweise in die Bestände junger und in die der über zehnjährigen Tiere ein (verändert nach Wright et al. 2006).

Der Wapiti (Elk) ist der Vertreter des europäischen Rothirsches auf dem amerikanischen Kontinent.

Der Mufflon, ein Wildschaf, war in Mitteleuropa nie heimisch. Wildschafe brauchen steiles Gelände zur Feindvermeidung und steinigen Untergrund, damit sich ihre Hufe abnutzen. Beides fehlt ihnen im Flachland. Dort werden sie leichte Beute von Wolf und Luchs.

schen Grenze ihres Verbreitungsgebietes. Als die Luchspopulation infolge von Schutzmaßnahmen wieder zunahm, gingen die Rehbestände in Mittelschweden stark zurück (Liberg 1997).

Gams sind oberhalb der Waldgrenze vor großen Beutegreifern weitgehend sicher. Im Wald werden sie dagegen relativ leicht das Opfer von Luchs oder Wolf, besonders wenn ihnen geeignetes Fluchtgelände in Form von Steilhängen und Felsen fehlt. Kenner der Art (z. B. Knaus und Schröder 1975) nehmen an, dass Waldgebiete einst wegen der Anwesenheit von Luchs und Wolf weitgehend frei von Gams waren.

Je ungünstiger die Lebensbedingungen für Pflanzenfresser sind, desto leichter haben es die Beutegreifer. Ihr Einfluss ist besonders stark am Rand der Verbreitung (Rehe im hohen Norden) oder dort, wo Beutetierarten in Lebensräumen angesiedelt wurden, an die sie nicht angepasst sind (Mufflon). Jäger, die diese Arten als Bereicherung ihres eigenen Beutespektrums schätzen oder weil sie an der Ansiedlung beteiligt waren, betrachten die ökologische Korrektur, die Wolf und Luchs dabei vornehmen, als herben Verlust. Denn schließlich geht ihnen attraktive Beute verloren.

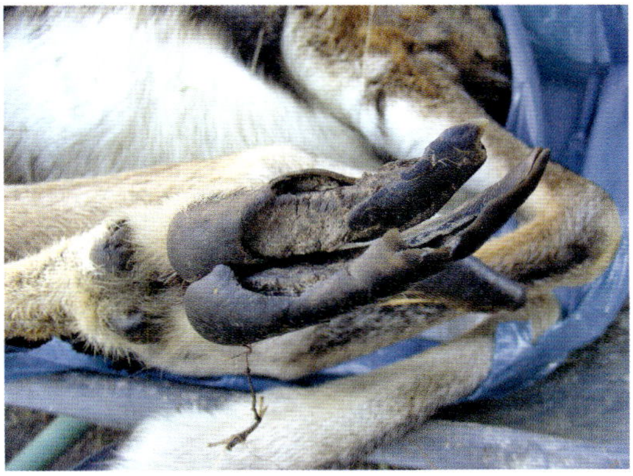

Ausgewachsene Hufschalen bei einem Mufflon.

10.2 Räumlich-zeitliches Verhalten

Durch jahrhundertelange Bejagung ist das Wild scheu geworden. Es meidet das Tageslicht, verbleibt abends lange im Schutz des Waldes und zieht schon vor dem Morgengrauen wieder ein. Bei der traditionellen Jagd vom Ansitz aus sind für das Erlegen eines einzigen Stücks oft bis zu 30 Ansitze erforderlich (eigene Erfahrungen). Störungen durch Erholungssuchende, eine enge Erschließung der Wälder und Feldfluren und die intensivere Landbewirtschaftung haben die Schwierigkeiten bei der Jagd noch verstärkt. Die jagdliche Kontrolle der Wildbestände ist schwieriger geworden.

Als Folge davon ist es zu einer immer stärkeren Liberalisierung bei den Jagdzeiten und -methoden gekommen: Die Jagdzeiten umfassen heute etwa zwei Drittel des Jahres, Nachtjagd auf Rotwild ist vielerorts die Regel, auf Sauen selbstverständlich. Der einst verpönte Einsatz frei jagender Hunde ist in großen Revieren selbstverständlich geworden. Die europaweite dramatische Zunahme des Schwarzwildes treibt diese Entwicklung zusätzlich an.

In der Rückkehr großer Beutegreifer sehen nun viele Jäger, aber auch Landwirte, Waldbesitzer und Jagdbehörden, einen weiteren Störfaktor. Sie haben die Sorge, das Wild würde noch scheuer und könnte seine Einstände wechseln, die Bejagung würde noch schwieriger, Abschusspläne könnten nicht erfüllt werden, größere Wildschäden wären die Folge.

10.2.1 Tag-Nacht-Rhythmus, Verlagerung von Einständen und Wechseln

Unser Schalenwild hat sich in seinem räumlichen und zeitlichen Verhalten auf eine Umwelt ohne große Beutegreifer (vor allem ohne Wölfe), aber mit einem hohen menschlichen Jagddruck eingerichtet. Seine Verhaltensweisen sind nach wie vor geprägt von zwei Bedürfnissen: Ernährung und Feindvermeidung. Dabei steht die Befriedigung des einen oft der des anderen im Weg. Ein hungriger Hirsch muss sich entscheiden, ob er seinem Magen folgt und eine offene Wiese betritt – oder ob er aus Furcht, geschossen zu werden, im dichten Wald ausharrt, bis es dunkel wird und der Jäger zu Hause ist.

Generell sind wilde Huftiere in den Morgen- und Abendstunden aktiver als am Tag. Die Nachstellung durch den menschlichen Jäger hat dieses Verhalten noch wesentlich verstärkt. Bei Tageslicht werden offene Habitate gemieden. Eine rein nächtliche Aktivität entspricht allerdings nicht dem ursprünglichen Verhalten von Wiederkäuern. Sie unterliegen einem strengen Rhythmus von Nahrungsaufnahme und Wiederkauen bzw. Verdauen. Wenn sie nahrungsreiche Flächen nicht aufsuchen können, stillen sie ihren Bedarf im Wald, der ihnen ausreichend Deckung bietet. Somit kann die Scheu der Tiere auch die Waldschäden erhöhen.

Wie also reagiert nun Schalenwild auf die Rückkehr von großen Beutegreifern? Beobachtungen im Yellowstone-Nationalpark haben gezeigt, dass die Wapitis nach der Wiederansiedlung der Wölfe die deckungsarmen Talsohlen zunehmend mieden und sich in den Hangwäldern einstellten, trotz eines viel geringeren Nahrungsangebots (Creel et al. 2005). Mao et al. (2005) fanden, dass Wapitis im Sommer die Nähe von Wurfhöhlen und Rendezvousplätzen mieden, im Winter aber eher offene Habitate aufsuchten – trotz oder wegen der Wölfe. Auch das Rotwild im Areal des Graubündener Calanda-Rudels hält sich neuerdings eher in den locker bewaldeten Bergwäldern auf als auf den offenen, nahrungsreichen alpinen Rasen (Jenny, pers. Mitt.). Die Meidung solcher Habitate aus Furcht vor Beutegreifern ist unter dem Begriff „Landscape of Fear" (Laundré et al. 2001) bekannt geworden.

Beutetiere müssen Kompromisse zugunsten der Feindvermeidung, aber zu Lasten einer ungestörten Nahrungsaufnahme machen. Von den „Augentieren" Rot- und Damwild (und Gams) hatten manche erwartet, dass sie dem Wolf wie auch dem Luchs vermehrt in offene Lebensräume ausweichen, wo sie diese rechtzeitig wahrnehmen. Nicht zu vergessen ist allerdings, dass auch die quantitative Differenz der verfügbaren Nahrungsmenge das Verhalten beeinflussen kann: Ein Raps- oder Luzernefeld bietet deutlich mehr Nahrung als ein Nadelwald.

Jäger bzw. Revierinhaber steuern gerne das räumliche Verhalten „ihres" Wildes, um ihre eigenen Jagdmöglichkeiten zu steigern – durch Wildäsungsflächen und Wildäcker, Fütterungen (auch außerhalb sog. Notzeiten) oder auch nur durch zu geringe jagdliche Eingriffe. Dadurch entstehen oft lokale Wildkonzentrationen – zum Nachteil und Ärger von Reviernachbarn, deren Jagdmöglichkeiten so geschmälert werden. Meist sind auch hohe Wildschäden die Folge.

Wölfe werden solche Beutekonzentrationen nutzen und sich gerade damit den Ärger von Revierinhabern einhandeln. Deren Nachbarn profitieren dagegen von einer besseren Verteilung des Wildes.

Rot- und Damwild werden sich mit zurückkehrenden Wölfen arrangieren. Das fiele ihnen sicherlich leichter, wenn sie auf offenen Flächen weniger Jagddruck zu befürchten hätten, damit sie diese vermehrt nutzen können. Kürzere Jagdzeiten, strikte Jagdruhe zur Nachtzeit, weniger Ansitzjagd, stattdessen wenige, aber großflächige Beunruhigungsjagden mit Stöberhunden – wenn die Rückkehr der Wölfe dies bewirken würde, so wäre das ganz im Sinne eines fortschrittlichen jagdlichen Managements des Schalenwildes.

Rehe werden keinen Vorteil davon haben, Wölfen in offenes Gelände auszuweichen, weil diese ihnen an Schnelligkeit und Ausdauer überlegen sind. Große Feldrehrudel könnten sich daher künftig auflösen oder verkleinern. Gegenüber dem Pirschjäger Luchs wiederum gereicht Rehen ein deckungsreicher Lebensraum nicht zum Vorteil – im Gegenteil.

10.2.2 Rudel- und Großrudelbildung

Die meisten Schalenwildarten leben in Rudeln. Als „geborene Beutetiere“ haben sie damit Vorteile in der Feindvermeidung, die Mech et al. (2015) folgendermaßen zusammenfassen: (1) Rudel schaffen bei tiefer Schneelage ein System von Fluchtwegen; (2) viele Augen sehen mehr, Raubfeinde werden rascher erkannt; (3) die plötzliche Auflösung verfolgter Rudel verwirrt die Verfolger, es fällt ihnen schwer, ein verwundbares Beutetier zu identifizieren; (4) Rudelbildung exponiert verwundbare (z. B. überalterte oder verletzte) Tiere, weil sie nicht mithalten können ... (6) die einzelnen Tiere im Rudel haben mehr Zeit für sich, um in Ruhe äsen, verdauen oder ruhen zu können.

Ein Leben in Rudeln setzt voraus, dass genügend Nahrung für alle zur Verfügung steht und dass die Tiere Sichtkontakt untereinander halten können. Größere Rudel bilden sich deshalb nicht im geschlossenen Wald, sondern auf landwirtschaftlichen Flächen oder in steppenähnlichen Habitaten. Besonders große Rudel entstehen bei sehr hohen Wildbeständen oder aber in Wintergebieten, wenn die Schneelage den Lebensraum stark einschränkt.

Großrudel von Rot- und Damwild – mit über 100 Tieren –, aber auch Rotten von über 50 Sauen werden von der Jägerschaft als Ergebnis der Anwesenheit von Wölfen interpretiert (sog. „Angstrudel“). Rudel bzw. Rotten dieser Größenordnung stellen den Jäger vor die schwierige Herausforderung, aus einem dichten Pulk von Tieren das richtige zu schießen – d. h. kein führendes Muttertier. Auch muss er darauf achten, nicht ein zweites Tier durch Splitter oder einen Fehlschuss zu verletzen.

Ob sich wilde Huftiere gegen große Beutegreifer durch die Bildung besonders großer Rudel wehren, ist fraglich. Große Rot- oder Damwildrudel sind kein Ergebnis der Rückkehr von Wölfen, sondern ein natürliches Phänomen und seit Langem bekannt. Beispiele dafür sind Rudel von 50 – 150 und mehr Tieren auf den Übungsplätzen Grafenwöhr und Colbitz-Letzlinger Heide (steppenähnliches Offenland), oder im Allgäu sowie im Schweizerischen Nationalpark (eigene Beob.), oder von Rot- bzw. Damwild auf großen Raps- und Luzerneschlägen – um nur einige Beispiele zu nennen. Sogar die einzelgängerisch lebenden Rehe bilden gelegentlich große Rudel in der Agrarlandschaft, und Elche sammeln sich in großen Gruppen in Wintereinständen. Ein Einfluss von Wölfen bei der Bildung besonders großer Schalenwildrudel lässt sich nicht herleiten und ist bisher in keinem Fall belegt worden.

10.3 Große Beutegreifer und der Jagdbetrieb

Niemand geht mehr auf die Jagd wie „der Jäger aus Kurpfalz grad wie es ihm gefällt.“ Besonders im Reviersystem steht hinter der Jagd ein großer Aufwand, dazu gehören Wildbestandsermittlung, Abschussplanung und Abschussmeldung, die ständige Erstellung und Instandhaltung von Reviereinrichtungen wie Hochsitzen, Kanzeln,

Dieses Rudel von über 100 Hirschen hat sich wegen einer Störung auf engem Raum versammelt. Wölfe waren nicht im Spiel.

Pirschpfaden, Winterfütterungen, Kirreinrichtungen, von Futterbeschaffung und Vorratshaltung, von Wildäckern und Äsungsflächen, von Wildzäunen, die dicht gehalten werden sollen. In großen Jagdrevieren kommt eine aufwendige Planung für Gesellschaftsjagden mit nicht selten 50–100 und mehr Jagdgästen hinzu, mit fast ebenso vielen KFZ im Wald, und mit dem Erfordernis einer hygienisch einwandfreien Verwertung von manchmal über 100 erlegten Tieren an einem einzigen Jagdtag. All das bezeichnen wir als Jagdbetrieb. Unvorhergesehene Störungen des Betriebsablaufes, egal wodurch, sind da begreiflicherweise nicht willkommen. Solche Störungen befürchten viele Jäger durch die Rückkehr der großen Beutegreifer, insbesondere der Wölfe. Für den Präsidenten des Bayerischen Landesjagdverbandes „steht das gesamte bayerische Rotwildmanagementsystem mit seinen Rotwildgebieten, Notzeitfütterungen und den Wintergattern auf der Kippe". Langfristig, meint er, „stellt sich die Frage der Verpachtbarkeit der Jagdreviere, was unser gesamtes Revierjagdsystem in Frage stellt" (Vocke 2017).

10.3.1 Winterfütterung und Wintergatter

Die Winterfütterung ist seit Jahrzehnten ein fester Bestandteil der Schalenwildbewirtschaftung in Mitteleuropa. Mit Bären können sich daraus handfeste Konflikte ergeben: Was Hirschen und Rehen schmeckt, das mag manchmal auch der Bär. In den 1990er-Jahren haben Bären in Österreich wiederholt Futtervorräte geplündert, die von Jägern vor Wintereinbruch eingelagert worden waren (Knauer, mdl. Mitt.). Der Luchs macht sich Rehfütterungen zunutze, weil sich die Tiere dort konzentrieren.

Im Hochgebirge und im Bayerischen Wald ist durch die Wintergatter für Rotwild eine weitere Dimension zur Winterfütterung hinzugekommen. Wintergatter sind für eindringende Beutegreifer kein Hindernis. Der Luchs klettert über den Zaun, der Bär reißt ihn ein, der Wolf gräbt sich unten durch oder schlüpft sogar durch die weiten Drahtmaschen. Auch mit großem Aufwand lassen sich Wintergatter nicht dicht halten, insbesondere nicht bei hohen Schwarzwildbeständen.

In Österreich brach im Winter 2009 der Bär „Moritz" bei hoher Schneelage in mehrere Wintergatter und riss innerhalb von 6 Wochen 12 Stück Rotwild (Rauer und Völk). Im Bayerischen Wald sind Luchse seit 1974 wiederholt in Wintergatter des Nationalparks eingedrungen. Sie haben dort gelegentlich Rehe gerissen, doch kam es niemals zu heftigen Reaktionen beim Rotwild. Eine dramatische Konfrontation zwischen Hirsch und Luchs endete allerdings damit, dass der Luchs den Ort des Geschehens stark blutend verlassen musste. Das Rotwild stellte sich tags darauf wieder bei der Schaufütterung ein, als sei nichts geschehen.

Wintergatter sind lange als eine sinnvolle Investition betrachtet worden, um hohe Rotwildbestände ohne Schäden am Wald über den Winter zu bringen. Inzwischen sind sie jedoch zum Hindernis geworden, wo es gilt, hohe Wildbestände effizient zu kontrollieren oder gar zu reduzieren; denn das Wild hat gelernt, dass es im Gatter sicher ist: Jagdausübung im Wintergatter ist verboten, und im unmittelbaren Umgriff ist jede Bejagung kontraproduktiv. Damit schränken Wintergatter die Jagdmöglichkeiten im Spätherbst räumlich und zeitlich ein.

Ausbrüche aus Wintergattern können erhebliche Schälschäden zur Folge haben, wenn sich das Rotwild in jungen oder mittelalten Waldbeständen einstellt, wie im geschilderten Fall des Bären „Moritz". Ob und wie sich Wölfe und Wintergatter miteinander vereinbaren lassen, ist gegenwärtig noch offen. Bei regelmäßigen hohen Schneelagen lassen sich die Zäune kaum wolfsdicht halten. Es ist vorstellbar, dass bei einer Besiedlung von Rotwildgebieten auf diese Form der Überwinterung verzichtet werden muss. Ein Zurück zur Fütterungspraxis der 1960er/1970er-Jahre scheidet wegen der damit verbundenen unvermeidlichen Waldschäden jedoch aus. Deshalb kann die Lösung nur in einer deutlichen Absenkung der Rotwildbestände liegen.

10.3.2 Rotwildgebiete, wildökologische Raumplanung

Der Rothirsch ist die begehrteste Wildart der Jäger in Mitteleuropa, aber auch die konfliktträchtigste. Manche Länder dulden deshalb Rotwild nur in amtlich ausgewiesenen sogenannten Rotwildgebieten, doch sind auch Tendenzen zu erkennen, sich von diesem Konzept zu lösen. Ohne eine wildökologisch überzeugende Begründung verteilt es Freuden und Lasten, die mit den begehrten Hirschen verbunden sind, willkürlich über den für die Art geeigneten Lebensraum. In Österreich hat man mit der Wildökologischen Raumplanung (WÖRP) einen ähnlichen, aber differenzierteren Weg eingeschlagen. Dabei werden Kerngebiete, Übergangsgebiete und Freigebiete unterschieden (Reimoser und Hackländer 2016). Von Jagdseite werden nun

In den Alpen verbringt ein großer Teil des Rotwildes nahezu die Hälfte seines Lebens in Wintergattern. Ein fragwürdiger Kompromiss, um viel Rotwild für eine attraktive Jagd vorzuhalten – und kaum vereinbar mit der Präsenz von Wölfen.

Bedenken geäußert, dieses räumliche System könne beim Vorhandensein von Wölfen nicht aufrechterhalten werden.

Die Sorgen sind unbegründet. Selbst bei einer flächendeckenden Etablierung von Wölfen ist es nicht nachvollziehbar, warum solche Gebiete von Rotwild verlassen oder andere neu besiedelt werden sollen. Pflanzenfresser richten sich bei der Ortswahl nach dem Nahrungsangebot. Gegen Raubfeinde setzen sie sich nicht durch großräumige Ortswechsel zur Wehr, sondern durch ein angepasstes Flucht- und Vermeidungsverhalten, wobei sie ihr eigentliches Streifgebiet (homerange) kaum verlassen (Abb. 10-6). Eine räumliche Verlagerung von Einständen oder gar Vorkommensgebieten wäre auch wegen der großen Mobilität von Wölfen zwecklos und ist nicht zu erwarten.

10.3.3 Wildschäden

Jäger äußern gelegentlich Sorgen, dass die Wildschäden aufgrund der Wölfe zunehmen könnten. Dies ist schwer verständlich, wenn doch zugleich ein Rückgang des Schalenwildes unterstellt wird. Die genannten Bedenken sind allenfalls im Zusammenhang mit der Winterfütterung von Rotwild nachvollziehbar. Das Wild, so die Befürchtung, könnte wegen Beutegreifern seine Einstände wechseln und auch die Fütterung nicht mehr regelmäßig aufsuchen. Damit würde die Belastung des Waldes in andere, bisher noch schadensfreie Bestände verlagert. Erfahrungen dazu liegen jedoch nicht vor.

Manche meinen hingegen, Wildschäden könnten sogar abnehmen, weil das Schalenwild „in Bewegung gehalten“ würde. Aber Bewegung kostet Energie. Deshalb werden Störungen jeglicher Art, z. B. durch Erholungsaktivitäten oder unsachgemäße Jagdausübung, vielfach als (Mit-)Ursache für Wildschäden genannt. Die Auflösung von Wildkonzentrationen kann durchaus eine hohe lokal begrenzte Schadensintensität absenken – doch muss das Wild dann anderswo seinen Hunger stillen. Die weitere Verteilung wäre dennoch in vielen Fällen willkommen, weil damit auch andere Jäger an der Bejagung teilnehmen können.

So mag es durch große Beutegreifer zu einer räumlichen Verlagerung der Verbiss- oder Schälbelastung kommen, nicht aber zu einer Entlastung insgesamt.

10.3.4 Ängste vor großen Beutegreifern

Viele Jäger fürchten sich davor, ihre Jagdhunde in Wolfsgebieten frei jagen zu lassen. Sie verweisen auf Schweden, wo bei der Jagd auf Elche oder Schneehasen pro Jahr etwa 30 Hunde von Wölfen attackiert werden, oft mit tödlichen Folgen (Schneider 2017). In Deutschland ist in etwa 330 Rudeljahren (Stand: Februar 2018) noch kein einziger Jagdhund während eines jagdlichen Einsatzes von Wölfen verletzt oder gar getötet worden. Ein Terrier wurde 2002, eine Deutsche Bracke 2018 jeweils im Winter von Wölfen gerissen, nachdem sie sich unerlaubt vom Führer entfernt hatten, doch handelte es sich dabei nicht um jagdliche Einsätze (www.Wolf-Sachsen.de). Die Verluste in Schweden – ein Wolfsangriff pro 5000 Jagdtage im Gebiet eines Rudels – sind mit den in diesem Land üblichen Jagdmethoden zu erklären. Ein Elchhund jagt frei und oft in großer Entfernung von seinem Führer. Eine Hasenbracke ebenfalls, oft kilometerweit entfernt. Beide jagen laut, der Elchhund beim Stellen eines Elches, die Bracke auf der frischen Spur. Damit machen sie Wölfe auf sich aufmerksam. Territoriale Wölfe begreifen das als Eindringen von Artgenossen in ihr Revier. Sie gehen mit solchen Hunden um wie mit eindringenden Wölfen – sie greifen sie an und töten sie. Bei den hierzulande üblichen Jagden sind dagegen i. d. R. sehr viele Jäger im Gelände (oft über 50, nicht selten über 100), und außerdem mehrere Dutzend Hunde. Schon das Aufsuchen der Jagdstände ist mit großer Unruhe im Revier verbunden – Dutzende Autos fahren herum, Türen schlagen, Leute reden, und sobald die Jagd beginnt, ist der Wald angefüllt mit Hundelärm. Wölfe haben da anderes zu tun, als ihr Territorium zu verteidigen.

Bei der Nachsuche auf angeschossenes oder nicht sofort nach dem Schuss gefundenes Wild ist zu bedenken, dass Wölfe oder auch ein Bär das Tier bereits als Beute in Besitz genommen

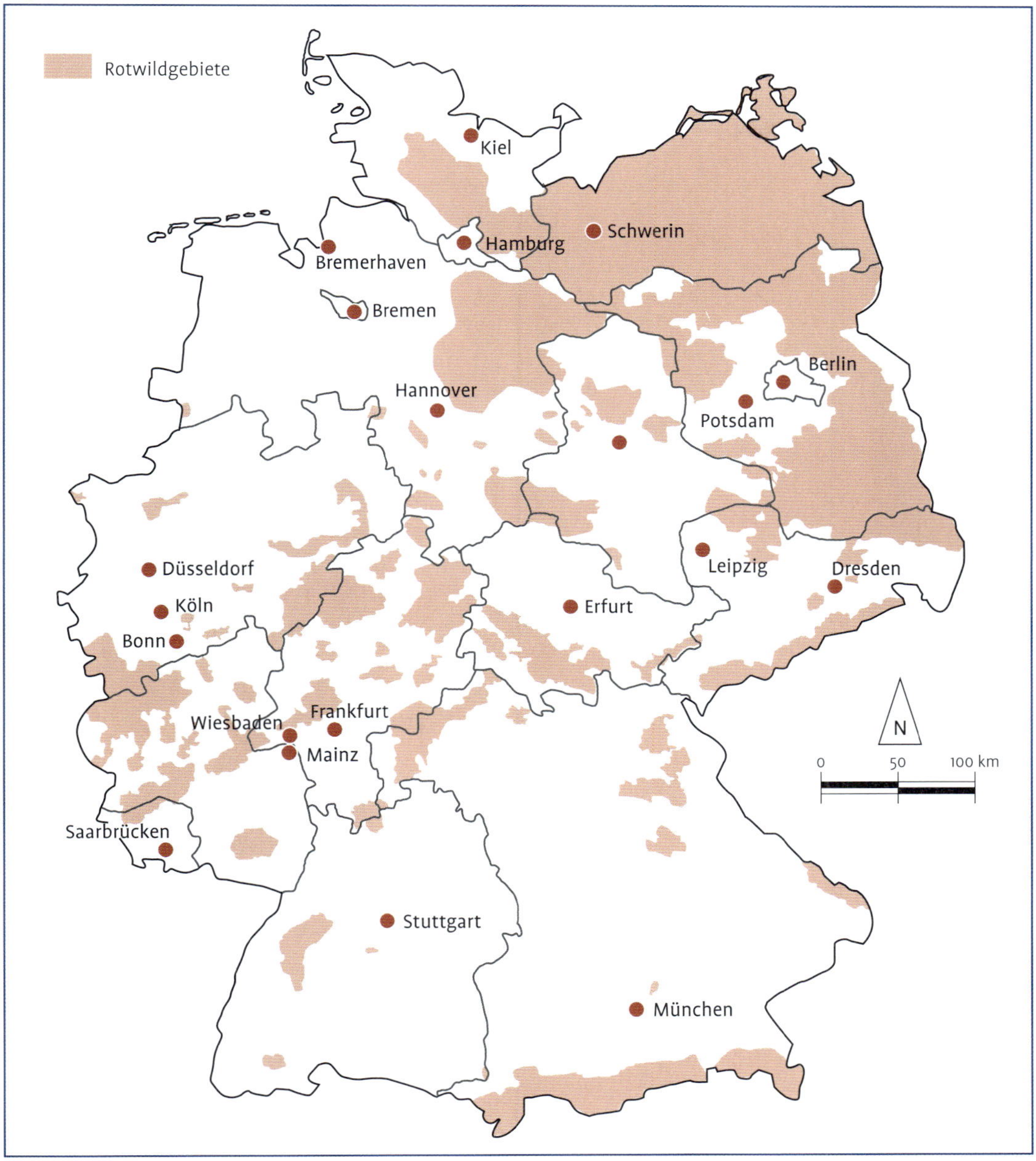

Abb. 10-6 Rotwildgebiete in Deutschland umfassen nur etwa ein Viertel der Landesfläche. In den südlichen Ländern sind diese Gebiete amtlich festgeschrieben. Außerhalb derselben wird das Rotwild nicht geduldet. Quelle: Deutsche Wildtier Stiftung 2010

haben können, wenn der Hundeführer eintrifft. Wölfe verteidigen allerdings ihre Beute gegenüber Menschen nicht, sondern ziehen sich zurück. Auch der europäische Braunbär, deutlich weniger aggressiv als der nordamerikanische Grizzly, weicht dem Menschen in den meisten Fällen aus. Angeschossene Bären dagegen sind gefährlich. Die meisten tödlichen Unfälle mit

Rindenschälung (links) und Triebverbiss (rechts) durch Rotwild verursachen Jahr für Jahr Schäden in Millionenhöhe an den Wäldern.

Bären werden von solchen Tieren verursacht. Auch der Luchs weicht dem Menschen aus. Wird jedoch ein Hund im Territorium eines Wolfsrudels zur freien Suche weit ab von seinem Führer geschickt („geschnallt"), so kann eine Begegnung mit Wölfen fatal sein. Wer seinen Hund nicht gefährden will, sollte von freien Nachsuchen in einem Wolfsgebiet Abstand nehmen. Nachsuchen am Riemen bilden dagegen keinerlei Gefahr, weder für den Hund noch für den Führer.

Manche Jäger fürchten sich vor großen Beutegreifern, wenn sie im Dunkeln vom Ansitz zurückgehen oder diesen vor Morgengrauen aufsuchen. Sie sorgen sich vor „gefährlichen" Wölfen oder Bären, manche sogar vor Luchsen. Die Ängste sind real, auch wenn sie nur selten zugegeben werden. Begründet sind sie nicht. Es gibt keinerlei Belege für aggressive Konfrontationen von Luchsen oder Wölfen mit Jägern. Es kann zu Unfällen mit Bären kommen, aber nur bei Nachsuchen auf angeschossene Tiere.

10.3.5 Minderung des Jagdwertes

Wo die Jagd in Form des Reviersystems betrieben wird, fließt den Grundeigentümern durch die Verpachtung des Jagdausübungsrechts Geld durch die Revierpächter zu. In Deutschland oder Österreich sind jährliche Pachterlöse von 5 – 10 Euro/ha die Regel, allerdings kommen in Stadtnähe auch zehn- bis zwanzigfache Summen vor. Grundeigentümer befürchten, dass sich ihre Jagdreviere nur mehr zu geringen Preisen oder gar nicht mehr verpachten lassen, wenn sich große Beutegreifer einstellen. In Niedersachsen haben einige vermögende Pächter nach Auftreten der Wölfe ihre Reviere aufgegeben. Dies wird aber nicht nur negativ gesehen, sondern auch als eine Chance für einheimische Jäger (Pabel 2017).

10.4 Große Beutegreifer als Mitjäger

Jäger orientieren ihre Eingriffe am Muster von Wolf und Luchs. Große Beutegreifer sollten ihnen bei diesen anspruchsvollen Zielen als Helfer willkommen sein. Ihre Rückkehr wird jedoch von der Mehrzahl der Jäger nicht mit Wohlwollen begrüßt. Skepsis, Ablehnung, ja offene Feindseligkeit sind weit verbreitet. Ein beredtes Zeugnis dafür sind die Jagdzeitschriften. Manche verbreiten bis heute das Gerücht, die Wölfe seien in Osteuropa eingefangen und in Deutschland auf militärischen Übungsplätzen ausgesetzt worden (z. B. von Bothmer, Magazin Jäger, Dezember 2013). Positive Aspekte kommen in den modernen Jagdmedien ebenso selten vor wie in den Reden von Jagdfunktionären.

Besonders ausgeprägt ist die Ablehnung unter dem Regime des Reviersystems. Revierinhaber betrachten ihr Jagdgebiet nicht selten als ein Territorium, auf dem sie über die bloße Jagdausübung hinaus das Sagen haben. Große Beutegreifer stören die Gestaltungsmöglichkeiten des Jagdinhabers. Sie können Abschussplanung und Planerfüllung beeinflussen und das räumliche und zeitliche Verhalten des Wildes verändern, sie stellen althergebrachte Fütterungspraktiken und Jagdmethoden auf den Prüfstand und vermitteln dem Jagdinhaber in ihrer Gesamtheit ein Gefühl, dass er nicht mehr Herr der Lage ist. Er fürchtet, die Kontrolle über die Schalenwildbestände zu verlieren. Viele Jäger sehen zudem in großen Beutegreifern willkommene Werkzeuge des Naturschutzes, der das entstandene Vakuum zu besetzen und die Entscheidungshoheit über das Jagdwesen zu gewinnen trachtet.

Mit der egoistischen Einstellung mancher Jagdinhaber, die in ihrem Revier viel Wild konzentrieren, indem sie beispielsweise übermäßig füttern (sogar während der Vegetationszeit), Wildäcker anlegen und Abschusspläne unterschreiten, gehen schwerwiegende Probleme des Schalenwildmanagements einher. Zum einen kommt es zu unnötigen Wildschäden, besonders im Wald. Zum anderen werden die Reviernachbarn in ihren Möglichkeiten eingeschränkt, Wildbestände effizient zu kontrollieren. Sie können Wild nicht erlegen, das sich anderswo befindet, und müssen tatenlos zusehen, wenn sich Wild in der Schonzeit in hoher Zahl wieder bei ihnen einstellt.

Wenn große Beutegreifer eine bessere Verteilung des Wildes bewirken oder den Erfolg solcher zweifelhaften Maßnahmen stören, bekommen Reviernachbarn wieder besseren Zugriff auf den Wildbestand und können ihre eigenen Abschusspläne realisieren. So gereicht der Nachteil des einen zum Vorteil anderer.

Mit der Rückkehr von Luchs, Wolf oder Bär lassen sich also durchaus positive Aspekte für die Jagd verbinden – besonders dann, wenn in größeren räumlichen Einheiten gedacht wird. Große Beutegreifer können Jäger in vielfacher Hinsicht unterstützen – nicht nur, indem sie zur Reduktion überhöhter Schalenwildbestände beitragen, sondern auch, indem sie naturnahe Populationsstrukturen (Alters- und Geschlechterverteilung) erhalten oder wieder herstellen und überhaupt kranke, schwache, parasitierte oder altersschwache Tiere bevorzugt erbeuten. Ohne den formenden Einfluss von Luchs und Wolf wären Rehe, Hirsche oder Wildschweine nicht die Geschöpfe, die uns – und gerade die Jäger – so sehr faszinieren. Diese tierischen Faktoren haben unsere Vorfahren vor wenigen hundert Jahren beseitigt. Ihre Rückkehr trägt dazu bei, dass Hirsch und Co. bleiben, was sie sein sollten: vom Menschen unabhängige autarke Wildtiere.

10.5 Bejagung von großen Beutegreifern

Wegen des charismatischen Charakters von Bär, Wolf und Luchs hat die Trophäenjagd stark an Bedeutung verloren. Von der Gesellschaft, aber auch von vielen Jägern wird sie zunehmend kritisch gesehen. In erster Linie wird die Bejagung großer Beutegreifer heute mit der Notwendigkeit begründet, diese Spitzenprädatoren zur Vermeidung von Übergriffen an Weidetieren zu kontrollieren oder aber scheu erhalten zu müssen.

10.5.1 Bejagung von Bären

Über Jahrhunderte genoss der Bär unter Jägern eine hohe Wertschätzung als Trophäenwild. Er zählte zur Hohen Jagd, die nur dem Adel und hochrangigen Klerus vorbehalten war. Bis in jüngste Zeit wird die Jagd auf den Bären mit einigen tausend Euro bezahlt. Das kann die Kasse eines Reviers erheblich aufbessern, z. B. in Kroatien und Slowenien.

Außer in Skandinavien, wo die Bärenjagd an Luderplätzen nicht erlaubt ist, werden Bären hauptsächlich von einer geschlossenen Kanzel aus an solchen Futterstellen geschossen: Entweder im Frühjahr, wenn die Tiere das Winterlager verlassen haben, oder im Herbst. Zu den Luderplätzen werden die Tiere mit Schlachtabfällen und Haustierkadavern, aber auch mit Mais und Äpfeln gelockt. An Luderplätzen können sich Bären in großer Zahl einfinden. In Rumänien wurde diese Form der Jagd unter dem Diktator Ceausescu auf die Spitze getrieben (Crisan 1994). Auf seinen Befehl mussten Luderplätze für Bären ständig aufwendig beliefert werden, auch mit getötetem Vieh. Von Junge führenden Bärinnen werden diese Plätze gemieden, weil die männlichen Bären Jungtiere nicht selten töten.

Bärenjagd in den rumänischen Karpaten.

Bären werden auch bei Treibjagden erlegt. Sie finden sich in Mastjahren aus großen Entfernungen in Eichen-Buchen-Wäldern ein. Dabei kann es zu hohen Jagdstrecken kommen. Crisan (1994) berichtet von 10 – 25 Bären bei einer einzigen Drückjagd unter Ceausescu.

In Skandinavien werden Bären oft zufällig während der Elchjagd, immer häufiger aber auch gezielt auf der Einzeljagd vor dem stellenden Hund erlegt. Die Jagd unterliegt einem Quotensystem (Abschussplan), wobei eine bestimmte Anzahl Bären für eine große Region, in Schweden z. B. für eine Provinz oder eine Teilprovinz festgelegt wird. Damit die Quote nicht überschritten wird, muss jeder erlegte Bär umgehend an die Behörde gemeldet werden. Sobald der vorgegebene Abschuss erreicht ist wird die Jagd gestoppt. Von der Bejagung sind Jungtiere führende Bärinnen einschließlich ihres Nachwuchses ausgenommen.

Insbesondere alte, große Bären sind von Trophäenjägern geschätzt. Eine auf solche Tiere gerichtete selektive Bejagung trägt wesentlich dazu bei, dass nur wenige Bären ein höheres Alter erreichen (ihre Lebenserwartung liegt bei 30 Jahren, mit etwa 8 Jahren sind sie ausgewachsen).

10.5.2 Bejagung von Luchsen

In Skandinavien ist die große Katze eine begehrte Jagdbeute. Die winterliche Jagd stellt hohe Ansprüche an den Jäger. Mit der Erlegung ist daher ein gewisser Nimbus verbunden. Viele Jäger sehen den Luchs aber eher als Konkurrenten um Rehe. Von den Samen wird er wegen seiner Übergriffe auf Rentiere energisch verfolgt.

Voraussetzung für die Jagd auf den Luchs ist Schnee. Bei der traditionellen Jagd wird die Fährte ausgegangen und der im Tageslager aufgestöberte Luchs sodann von Hunden (meist Bracken) verfolgt, bis er sich auf einen Baum flüchtet. Die Erlegung selbst ist dann ein leichtes Spiel, doch kann ihr eine anstrengende Nachstellung in tiefem Schnee über mehrere Tage vorausgehen. Diese Langstreckenjagd erfordert eine gute Kooperation der Jagdinhaber, weil Reviergrenzen überschritten werden müssen. Obwohl verboten, kommen heute vermehrt Schneemobile bei der Jagd auf den Luchs zum Einsatz.

In den osteuropäischen Ländern wird der Luchs i. d. R. eher zufällig erlegt. Eine Jagd am Luderplatz ist nicht erfolgversprechend und daher nicht üblich.

10.5.3 Bejagung von Wölfen

Die Jagd auf Wölfe erfolgt an Luderplätzen, auf Treibjagden oder mit der Lappjagd. Außerdem werden Wölfe eher zufällig im Zusammenhang mit der Jagd auf anderes Wild erlegt.

Die Jagd am Luderplatz bringt wenig Erfolg, weil Wölfe überaus lernfähig sind und Luderplätze eher meiden. Erfolgreicher sind gut organisierte Treib- oder Drückjagden bei Neuschnee, nachdem der Tagesstandort der Wölfe – i. d. R. eines Rudels – festgestellt (eingekreist) ist. Mit dieser Methode ist es schwedischen Jägern in den letzten Jahren gelungen, festgesetzte Quoten innerhalb nur weniger Tage zu erfüllen. Wie bei der Jagd auf den Luchs ist auch hier eine Reviergrenzen überschreitende Kooperation unerlässlich. Bei der Jagd auf Wölfe werden beim Einkreisen und beim Transport der Jäger zunehmend Schneemobile eingesetzt. Bei der eigentlichen Jagd (z. B. beim Verfolgen von Spuren) ist dies verboten. Es soll dabei nicht übersehen werden, dass sich solche Jagden auf sehr großen Flächen abspielen und nur wenige Stunden Tageslicht zur Verfügung stehen.

Eine im Baltikum und in Russland traditionelle Jagdmethode ist die Lappjagd. Dabei wird ein bestätigtes Rudel weitläufig mit Leinen, an denen im Abstand von etwa einem Meter Tücher (Lappen) befestigt sind, „eingelappt". Die im Tageslager aufgespürten Wölfe wechseln entlang des Lappenzauns die gedeckt postierten Schützen an. In Russland werden Wölfe heute oft mit Schneemobilen gejagt – nicht immer legal.

Populationskontrolle

Wo Wölfe vorkommen oder zurückkehren, kommt es stets zu Forderungen, die Population zu kontrollieren. Es gibt eben nicht nur eine ökologische, sondern auch eine soziale Kapazitätsgrenze für große Beutegreifer, und diese liegt niedriger als die ökologische (Linnell und Boitani (2012). Die Einführung einer Bejagung wäre dann als eine politische Antwort z. B. auf die Sorgen der Landbevölkerung wegen „zu vieler Wölfe" zu verstehen. In Schweden, wo der Reichstag eine Begrenzung der Wolfspopulation auf 22 Reproduktionen (sprich Rudel) bzw. 210 Tiere beschlossen hat, ist dies bereits Realität. Ein ähnliches Szenario ist auch in Mitteleuropa vorstellbar. Daraus ergibt sich der Anspruch, ein Konzept zur Kontrolle von Wölfen zu formulieren, das mit einer möglichst geringen Beeinträchtigung der Population verbunden ist.

Eine Bejagung der Wölfe wäre an folgende Voraussetzungen bzw. Bedingungen geknüpft: Die Population muss sich in einem günstigen Erhaltungszustand nach der FFH-Richtlinie 92/43/EWG befinden; eine Bejagung darf den günstigen Erhaltungszustand nicht beeinträchtigen und muss selektiv erfolgen (Schonung der Elterntiere); der Schutzstatus für den Wolf muss vom Anhang IV in den Anhang V herabgestuft und – sofern eine Bejagung eingeführt werden soll – die Art ins Jagdrecht übernommen werden. Wie könnte unter diesen Prämissen eine Populationskontrolle bzw. eine Bejagung der Wölfe aussehen?

Eine Absenkung der Populationsdichte kann selektiv durch die Entnahme von Welpen an der Wurfhöhle erfolgen. Jäger können sich allerdings mit der Tötung von Welpen nicht anfreunden, weil sie damit als „Schädlingsbekämpfer" angesehen würden. Es entspricht nicht ihrer Vorstellung von Jagd.

Ergebnis einer Wolfsjagd in Norwegen. Der Staat vergibt Jagdlizenzen und setzt jährlich Abschussquoten fest, die bis zu drei Viertel der Wolfpopulation auf norwegischem Gebiet umfassen können.

Eine herkömmliche Bejagung in den Wintermonaten scheidet aus, weil damit unweigerlich der Abschuss von Elterntieren verbunden wäre; denn sie lassen sich um diese Zeit nicht von den fast ausgewachsenen Jungwölfen unterscheiden.

Eine selektive Bejagung in den Wintermonaten ist jedoch vorstellbar, wenn man sich von der Revierstruktur löst: Alle Rudelterritorien müssten von der Bejagung ausgenommen werden. Nur so wäre sichergestellt, dass Elterntiere nicht geschossen werden.

Dazu müssten allerdings die Territorien zu Winterbeginn weitgehend bekannt sein, sodass die Gebiete, in denen Wölfe bejagt werden können, abgegrenzt werden können. Außerhalb der Territorien kann eine Bejagung der Wölfe in den Wintermonaten erfolgen. Das wären etwa zwei Drittel des Bundesgebietes. Die Abschüsse würden zum größten Teil, wenn nicht ausschließlich abwandernde Jungwölfe treffen, die ihrerseits einer hohen jugendbedingten Mortalität durch Verkehrsunfälle u. dgl. unterliegen. Diese räumlich statt am Einzeltier orientierten Eingriffe bilden für den günstigen Erhaltungszustand der Population keine Gefahr. Es würden voraussichtlich immer noch genügend Jungwölfe überleben, die natürliche Verluste bei den älteren Wölfen ersetzen können.

Ob mit solchen Eingriffen eine Lösung von Konflikten verbunden ist, sei hier nicht diskutiert. Wenn aber solche Eingriffe erfolgen sollen – dann wenigstens in einer Art und Weise, mit der der günstige Erhaltungszustand der Population nicht gefährdet wird.

Literatur

Apollonio, M., Andersen, R., Putman, R. (Hrsg.) (2010): European Ungulates and their management in the 21st Century. Cambridge University Press. Cambridge. 618 S.

Ammer, Ch., Vor, T., Knoke, T., Wagner, S. (2010): Der Wald-Wild-Konflikt. Analyse und Lösungsansätze vor dem Hintergrund ökologischer und ökonomischer Zusammenhänge. Göttinger Forstwissenschaft, Band 5. Universitätsverlag Göttingen, Göttingen. 184 S.

Belotti, E., Weder, N., Bufka, L., Kaldhusdal, A., Küchenhoff, H., Seibold, H., Woelfing, B., Heurich, M. (2015): Patterns of Lynx Predation at the Interface between Protected Areas and Multi-Use Landscapes in Central Europe. PLoS ONE 10 (9): e0138139. doi:10.1371/journal.pone.0138139

Fazit für die Praxis

- Der **Braunbär** ist für Jäger eine Bereicherung ihrer Erlebniswelt. Der Abschuss eines Bären kann das Konto eines Jagdreviers beträchtlich aufbessern. Andererseits können Bären den vielerorts üblichen Betrieb von Winterfütterungen und Rotwild-Wintergattern empfindlich stören. Manche Jäger fürchten sich vor einer Begegnung mit einem Bären.
- Der **Luchs** erbeutet hauptsächlich Rehe. Mit Eingriffen von 1–2 Rehen pro km^2 und Jahr schmälert er die Jagdstrecke kaum.
- In klimatisch ungünstigen Hochlagen kann der Luchs die Populationsdichte von Rehen jedoch deutlich absenken. Jäger sollten in solchen Revieren die weiblichen Rehe zurückhaltend oder gar nicht bejagen.
- **Wölfe** nehmen sich einen erheblichen Teil der Beute, die sonst den Jägern zufiele. Ihr Anteil daran beträgt jedoch nur einen Bruchteil der Jagdstrecken auf derselben Fläche.
- Wölfe verändern das räumliche und zeitliche Verhalten ihrer Beutetiere. Dies kann für die Jagd Nachteile, aber auch Vorteile bringen.
- Wölfe greifen bevorzugt in die jungen Altersklassen und in den weiblichen Teil der Population ein. Tiere geringer Vitalität sind bevorzugte Opfer. Dies entspricht dem Konzept einer naturnahen Bejagung, wie es sich die Jäger als Vertreter der großen Beutegreifer vorstellen.
- Jäger sollten verstehen, dass Wölfe das Konzept eines klugen Wildtiermanagements nicht stören, sondern ihnen einen Teil der „Hege mit der Büchse“ abnehmen, indem sie gezielt Tiere geringer Vitalität und viel Jungwild erbeuten.

Breitenmoser, U., Breitenmoser-Würsten, C. (2008): Der Luchs. 2 Bände. Salm Verlag, Wohlen-Bern. 586 S.

Cederlund, G., Liberg, O. (1995): Radjuret. Viltet, Ekologin och Jakten. Svenska Jägareförbundet, Spånga. 301 S.

Creel, S., Winnie Jr., J., Maxwell, B., Hamlin, K., Creel, M. (2005): Elk alter habitat selection as an antipredator response to wolves. Ecological Society of America 86 (12), 3387–3397.

Crisan, V. (1994): Jäger? Schlächter Ceausescu. Dieter Hofmann, Mainz. 156 S.

Deutsche Wildtier Stiftung (Hrsg.) (2010): Leitbild Rotwild – Wege für ein fortschrittliches Management. 2. Aufl. 31 S.

Hespeler, B. (2016): Rehe in Europa. Österreichischer Jagd- und Fischereiverlag, Wien. 320 S.

Bothmer, L. von (2013): Editorial. In: Jäger, Dezember 2013. Jahr Verlag, Hamburg.

Jarnemo, A., Liberg, O. (2005): Red fox removal and roe deer fawn survival – a 14-year study. Journal of Wildlife Management 69 (3), 1090–1098.

Kaczensky, P., Kluth, G., Knauer, F., Rauer, G., Reinhardt, I., Wotschikowsky, U. (2010): Grundlagen für Managementkonzepte für die Rückkehr von Großraubtieren – Rahmenplan Wolf. FKZ 350786040. BfN, Bonn. 251 S.

Knaus, W., Schröder, W. (1975): Das Gamswild (2. Aufl.). Parey, Hamburg.

Laundré, J. W., Hernández, L., Altendorf, K. B. (2001): Wolves, elk, and bison: reestablishing the “landscape of fear” in Yellowstone National Park, USA. Canadian Journal of Zoology, 79 (8), 1401–1409.

Linnell, J. D. C., Boitani, L. (2012): Building biological realism into wolf management policy: the development of the population approach in Europe. Hystrix 23 (1), 80–91.

Mao, J., Boyce, M. S., Smith, D. W., Singer, F. J., Vales, D. J., Vore, J. M., Merrill, E. H. (2005): Habitat selection by Elk before and after Wolf reintroduction in Yellowstone National Park. Journal of Wildlife Management 69 (4), 1691–1707.

Mattioli, L., Capitani, C., Gazzola, A., Scandura, M., Apollonio, M. (2011): Prey selection and dietary response by wolves in a high-density multi-species ungulate community. European Journal of Wildlife Research. 57 (4), 909–922.

Mech, D., Boitani, L. (Hrsg.) (2003): Wolves. Behavior, Ecology, and Conservation. The University of Chicago Press. Chicago. 447 S.

Mech, L. D., Smith, D. W., MacNulty, D. R. (2015): Wolves on the Hunt. The Behavior of Wolves Hunting Wild Prey. University of Chicago Press. Chicago. 208 S.

Liberg, O. (1997): Lodjuret – Viltet, ecologin och människan. Svenska Jägareförbundet, Uppsala. 95 S.
Murie, A. (1944): The wolves of Mount McKinley. U.S. National Park Service Fauna Series, no. 5., Washington, D.C. 232.
Nitze, M. (2012): Schalenwildforschung im Wolfsgebiet der Oberlausitz. Forschungsbericht TU Dresden. 105 S.
Okarma, H., Jedrzejewski, W., Schmidt, K., Kowalczyk, R., Jedrzejewska, B. (1997): Predation of Eurasian lynx on roe deer and red deer in Białowieża Primeval Forest, Poland. Acta Theriologica 42 (2), 203–224.
Pabel, P. (2017): Wild, Wolf und Jäger – rasante Entwicklungen in Niedersachsen. In: Große Beutegreifer. Schriftenreihe des Landesjagdverbandes Bayern und der Bayerischen Akademie für Jagd und Natur, Band 23. 14 S.
Panzacchi, M., Linnell, J. D. C., Odden, M., Odden, J., Andersen, R. (2009): Habitat and roe deer fawn vulnerability to red fox predation. Journal of Animal Ecology 78(6), 1124–1133.
Peterson, R. (1977): Wolf ecology and prey relationships on Isle Royale. U. S. National Park Service Scientific Monograph Series, no. 11, Washington, D.C. 210 S.
Peterson, R., Ciucci, P. (2003): The wolf as a carnivore. In: Mech, D. L., Boitani, L. (Hrsg.): Wolves. Behavior, Ecology, and Conservation. The University of Chicago Press Ltd., London, 104–111.
Piegert, H., Uloth, W. (2000): Der Europäische Mufflon. DSV-Verlag, Hamburg.
Rauer, G., Völk, F. (o. J.): http://www.bundesforste.at/produkte-leistungen/fachdialoge/expertinnen forum/2-forum.html
Reimoser, S., Reimoser, F. (2016): Long-term trends of bags and wildlife populations in Central Europe. Beiträge zur Jagd- und Wildforschung 41, 29–43.
Reimoser, F., Hackländer, K. (2016): Wildökologische Raumplanung – Chancen und Grenzen. Oberösterreichischer Landesjagdverband, Juni 2016. 8 S.
Schneider, M. (2017): Das Management von großen Beutegreifern in Schweden. In: Große Beutegreifer. Schriftenreihe des Landesjagdverbandes Bayern und der Bayerischen Akademie für Jagd und Natur, Band 23. 12 S.
Smith, D. W., Ferguson, G. (2005): Decade of the wolf: returning the wild to Yellowstone. Lyons Press. Guilford. 264 S.
Spence, C. E., Kenyon, J. E., Smith, D. R., Hayes, R. D., Baer, A. M. (1999): Surgical sterilization of free-ranging wolves. Canadian Veterinary Journal 40(2), 118–121.
Vocke, J. (2017): Zuwandernde Wölfe – Herausforderungen aktiv angehen! In: Große Beutegreifer. Schriftenreihe des Landesjagdverbandes Bayern und der Bayerischen Akademie für Jagd und Natur, Band 23. 13 S.
Wagner, C., Holzapfel, M., Kluth, G., Reinhardt, I., Ansorge, H. (2012): Wolf (*Canis lupus*) feeding habits during the first eight years of its occurrence in Germany. Mammalian Biology. doi:10.1016/j.mambio.2011.12.004
Wotschikowsky, U. (1981): Rot- und Rehwild im Nationalpark Bayerischer Wald. Wissenschaftliche Schriftenreihe des Nationalparks Bayerischer Wald, Heft 7, Bayerisches Staatsministerium für Ernährung, Landwirtschaft und Forsten, München. 110 S.
Wotschikowsky, U., Schwab, G. (1994): Das Rehprojekt Hahnebaum. Schlussbericht für die Deutsche Forschungsgemeinschaft. 46 S.
Wotschikowsky, U., Simon, O., Elmauer, K., Herzog, S. (2006): Leitbild Rotwild. Wege für ein fortschrittliches Management. Deutsche Wildtier Stiftung, Klepelshagen. 32 S.
Wotschikowsky, U. (2017): Wie viel Wild nehmen sich die Wölfe? Ökojagd 3/2017, 14–18.
Wright, G. J., Peterson, R. O., Smith, D. W., Lemke, T. O. (2010): Selection of Northern Yellowstone Elk by Gray Wolves and Hunters. Journal of Wildlife Management 70 (4), 1070–1078.

Internet

Deutsche Wildtier Stiftung: www. deutschewildtierstiftung.de
Kontaktbüro Wölfe in Sachsen: www.Wolf-Sachsen.de.
DJV (Deutscher Jagdverband): www.jagdverband.de/jagdstatistik

11 Nutztierhaltung und große Beutegreifer – Konfliktfeld Landwirtschaft

DANIEL METTLER

Aufgrund der strengeren Artenschutzbestimmungen in Mitteleuropa breiten sich Wolf, Luchs und Bär von ihren Rückzugsgebieten wieder über weite Teile Mitteleuropas aus. Dadurch wächst auch das Konfliktpotenzial in der Nutztierhaltung, die in vielen Regionen ein zentrales Element landwirtschaftlicher Aktivität ist. Im Folgenden wird das Konfliktfeld Landwirtschaft im Hinblick auf die großen Beutegreifer dargestellt und die Anforderungen an den Herdenschutz und seine Implementierung werden aufgezeigt.

11.1 Rahmenbedingungen des Herdenschutzes

11.1.1 Zusammenspiel zwischen Nutztierhaltung, Wildtiermanagement und Politik

Der potenzielle Lebensraum und die Ausbreitung der großen Beutegreifer, insbesondere des Wolfes, überschneiden sich in Mitteleuropa großflächig mit der vielfältigen menschlichen Nutzung. Die anpassungsfähigen Wildtiere fordern in diesem Raum den ebenso anpassungsfähigen Menschen heraus (Hubert 2016). Da die Populationsdynamik von Wolf und Luchs hauptsächlich durch das Beutetierangebot der Wildtierbestände gesteuert wird, bilden robuste Schalenwildbestände den wichtigsten Einflussfaktor in Bezug auf die Nutztierrisse und auf die Konflikte in der Tierhaltung (Brosi et al. 2017). Je nach ökologischem Milieu dienen unterschiedliche Schlüsselarten als Hauptbeute und Nahrungsgrundlage (Heurich 2015). Ebenso beeinflussen Nutztierdichten und -gattungen sowie die Typen landwirtschaftlicher Betriebe die Wahrscheinlichkeit von Übergriffen durch Beutegreifer. In Mitteleuropa wurden in den Gebieten, wo sich Wölfe wieder niedergelassen haben, über 90 % der Nutztierrisse an Schafen festgestellt. An zweiter Stelle folgen die Ziegen (6–8 %), die regional sehr unterschiedlich verbreitet sind, und an dritter Stelle Rindvieh und Pferde (2 %) (http://www.kora.ch, http://www.auvergne-rhone-alpes.developpement-durable.gouv.fr). Neben dem Beuteangebot können auch „politische" Faktoren dazu beitragen, das Risiko von Angriffen durch Beutegreifer auf die Nutztiere zu erhöhen. Je nach Schutzstatus können Einzelabschüsse von Problemtieren oder die Regulation von Populationen den Herdenschutz und das Schadensrisiko beeinflussen. Ein Vergleich zwischen Gebieten mit unterschiedlichem Schutzstatus kann aufzeigen, wie die rechtlichen Grundlagen den Umgang mit Nutzungskonflikten prägen. Die Überschneidung der Lebensräume großer Beutegreifer mit den vom Menschen dicht genutzten Gebieten verlangt nach einem pragmatischen Wildtier- und Herdenmanagement (Robin et al. 2017). Anpassungsprozesse brauchen dabei Zeit, um die Koexistenz divergierender Interessen sowie das Management von Nutz- und Wildtieren zu gestalten.

11.1.2 Geschichte und Entwicklung im landwirtschaftlichen Kontext

Die Weidetierhaltung hat sich nach dem Zweiten Weltkrieg regional und international unterschiedlich entwickelt. Einerseits ging die Anzahl der Betriebe stark zurück und die Betriebsgrößen nahmen zu, andererseits entstand eine Kluft zwischen einer hochmodernen, intensiven Nutztierproduktion im Flachland und einer extensiven Weidehaltung in traditionell geprägten, kleinstrukturierten Hügel- und Berggebieten, wo Direktvermarktung, biologische Produktion und Nebenerwerbslandwirtschaft dominieren.

Die extensive Weidehaltung in traditionell geprägten, kleinstrukturierten Hügel- und Berggebieten ist bei der Rückkehr großer Beutegreifer oft zuerst betroffen.

Die Industrialisierung der Landwirtschaft drängte den traditionellen bäuerlichen Familienbetrieb zurück und der ökonomische und strukturelle Druck in der Lebensmittelbranche trieb die Spezialisierung und die Intensivierung auch in der Tierhaltung voran. Um die extensive Weidetierhaltung in Gebieten mit Standortnachteilen zu erhalten, setzt die Landwirtschaftspolitik in Europa auf die Förderung von Multifunktionalität und Biodiversität.

Die Multifunktionalität der Landwirtschaft gewann deshalb an Bedeutung, so dass nicht nur die Ernährungssicherheit, sondern auch die Biodiversität, der Ressourcenschutz und die Erhaltung der natürlichen Lebensgrundlagen immer wichtiger wurden. Während die politische Bedeutung der Nutztierhaltung immer noch groß ist, hat sie ökonomisch im Vergleich zur gesamtwirtschaftlichen Entwicklung eher an Bedeutung verloren. Die gesellschaftliche Entwicklung stellt sie gebietsweise vor große Herausforderungen (www.weltagrarbericht.de): Lebensmittelsicherheit Klimawandel, Bodenspekulation sowie Nutzungskonflikte im Spannungsfeld zwischen Stadt und Land fordern die Landwirtschaft heraus. In diesem Kontext ist auch die Rückkehr der großen Beutegreifer zu verstehen. Diese bedeuten für die Weidetierhaltung nicht nur eine Debatte zum respektvollen Umgang mit der Natur und zur Erhaltung der Biodiversität, sondern stellen eine reale Bedrohung des beruflichen Alltags dar. So ist die Nutztierhaltung im kleinstrukturierten Hügel- und Berggebiet oft zuerst betroffen, wenn Wölfe in der Gegend sind. Darum steht in dem Konfliktfeld Landwirtschaft und große Beutegreifer hauptsächlich die extensive, graslandbasierte Weidetierhaltung im Fokus. Das Wissen zum Umgang mit dieser Bedrohung ist vielerorts seit Generationen verschwunden und Strategien der Koexistenz zwischen Wild- und Nutztieren müssen erst wieder erlernt und den heutigen Strukturen angepasst werden. Deshalb ist die zentrale Frage in der Nutztierhaltung, wie Landwirte ihre Betriebsstrukturen anpassen können, um die eigenen Herden vor den großen Beutegreifern zu schützen. Die Erfahrungen aus vielen Ländern zeigen, dass die Schäden in Gebieten, wo die großen Beutegreifer erstmals wieder auftauchen, am größten sind. Sind die großen Beutegreifer in einer stabilen Lebensraumsituation und die Nutztierhalter mit einem optimierten Betriebsmanagement an die Situation angepasst, pendeln sich die Schäden regional meist auf niedrigerem Niveau ein (Willisch et al. 2015). Da der Herdenschutz vor allem im Rahmen der politischen Wolfsdebatte von Bedeutung ist, gewinnt das Thema an Komplexität. Denn Herdenschutz ist meistens nicht nur eine Frage des technisch Machbaren sondern auch des psychologisch und politisch Gewollten und Möglichen. Sowohl die Organisation als auch die Finanzierung und die unterschiedlichen Betriebsstrukturen laufen so leicht Gefahr, zum Spielball der Interessen von Umweltschutz und Landnutzung zu werden. Aus diesem Grund ist eine Begriffsklärung hilfreich, um ein gemeinsames Verständnis zu schaffen, was „Herdenschutz" eigentlich heißt und welche sozialen, ökonomischen und ökologischen Auswirkungen dies bedeutet.

11.1.3 Was heißt Herdenschutz?

Der Begriff Herdenschutz fasst alle Maßnahmen zusammen, die Verluste durch Raubtiere in Nutztierherden verhindern können. Er steht also für ein **Präventionssystem** und ist abzugrenzen von den übrigen Präventionsbereichen bei der Nutztierhaltung, wie etwa Tiergesundheit und Tierseuchen, Tierschutz (Tierwohl) oder sonstige Risiken wie Naturgefahren oder Diebstahl. Prävention kann allgemein als „vorausschauende Problemvermeidung" verstanden werden und ist unmittelbar mit einer Risikoeinschätzung verbunden. Für den Herdenschutz bedeutet diese „vorausschauende Schadensminimierung" einen offenen Prozess in einem dynamischen System, in dem sich sowohl die Raubtiersituation als auch die betrieblichen Voraussetzungen immer wieder ändern können. Neben den geschützten Großraubtieren können auch Kleinraubtiere, Greifvögel oder streunende Hunde Verluste verursachen. Im politischen Kontext gilt es zu unterscheiden, welche Schutzmaßnahmen gefördert werden und inwiefern die Schadensvergütung von Nutztieren, welche nachweislich von geschützten Beutegreifern gerissen wurden, vom Ergreifen von Präventionsmaßnahmen abhängt oder nicht.

Als erprobte und wirksame Herdenschutzmaßnahmen gelten der Einsatz von Zäunen, die Weideführung des Hirten oder Schäfers und der Einsatz von Herdenschutzhunden. Die Grundlagen für ein erfolgreiches Umsetzen der Maßnahmen werden durch das Herdenmanagement und die Betriebsführung gelegt. Herdenschutz als offenes Präventionssystem ist nie statisch, sondern dynamisch-graduell und wird stets von Faktoren wie Betriebsorganisation, Dichte an Großraubtieren und Schalenwild, Weidestrukturen, Klima und Wetter und den verfügbaren Ressourcen sowie der Umweltpolitik beeinflusst (Norer et al. 2016).

11.2 Weidepraxis und Herdenschutzmaßnahmen

11.2.1 Behirtung und Weideführung

Auch dort, wo die großen Beutegreifer nie ganz verschwunden waren, hat sich die Weidepraxis für das Kleinvieh aufgrund von einschneidenden sozioökonomischen Veränderungen strukturell gewandelt. Dennoch haben hier das Wissen und die Kultur im Umgang mit Herdenschutzmaßnahmen zumindest punktuell überlebt. So sind die Tradition der Behirtung unter unterschiedlichsten ökologischen Bedingungen und der Einsatz verschiedener lokaler Herdenschutzhunderassen erhalten geblieben (Rigg et al. 2017). Sowohl das Wissen als auch die landwirtschaftlichen Strukturen und die Einstellung gegenüber der Natur bestimmen das Zusammenleben von Hirten, Vieh und Beutegreifern. In Regionen, wo diese Gefahr für die Herden seit Jahrzehnten oder Jahrhunderten eliminiert wurde, hat sich die Weidepraxis so entwickelt, dass die Herden oft nicht mehr von Hirten geführt werden und die Kontrolle der Tiere aus ökonomischen Gründen auf ein Minimum beschränkt wurde. Im Alpenraum hat sich zudem eine extensive Nutztierhaltung von Nebenerwerbsbetrieben etabliert, in der die Produktion von Fleisch oder Milch nur noch eine untergeordnete Rolle spielt. Für diese kleinen Betriebe stellt die Rückkehr der Beutegreifer eine besonders große Herausforderung dar, da für sie der Anpassungsaufwand für den Herdenschutz im Verhältnis zur Betriebsgröße beträchtlich ist. Dabei haben viele Tierhalter heute eine andere Motivation als zu früheren Zeiten. Leistete damals noch jedes Tier seinen Beitrag zur Existenz des Betriebes, stehen heute oftmals der Bezug zur Natur, der Umgang mit den Tieren oder die Identifikation mit der ländlichen Tradition einer Region im Vordergrund. Grundsätzlich werden beim heutigen Weidemanagement drei Systeme angewandt, die über die Jahreszeiten unterschiedlich miteinander kombiniert und organisiert werden: die Koppelhaltung, die Hütehaltung und die freie Weidehaltung; sie werden im Folgenden besprochen.

Koppelhaltung – Umtriebsweide

Bei der Koppelhaltung beweiden die Nutztiere während der gesamten Vegetationszeit Grünflächen, die durch einen Zaun (je nach Land unterscheiden sich Material und Zauntyp) oder natürliche Grenzen klar voneinander getrennt sind. Der Landwirt schaut regelmäßig nach seinen Tieren, ist aber während der Weidezeit nicht ständig vor Ort. Die Koppeln (auch Weideschläge genannt) können bei Bedarf erweitert oder die Tiere in eine neue Koppel umgetrie-

Weidemanagementsysteme und ihre geografischen Schwerpunkte.

Als typische Koppelhaltungsnation kann Großbritannien gelten.

Die Hütehaltung ist in der deutschen Schafhaltung stark verankert.

Waldweidesysteme als Beispiel für freien Weidegang finden sich heute u. a. in Südfrankreich oder Südtirol.

ben werden. Die Koppelhaltung ist die häufigste Form der Rinder- und Kleinviehhaltung in den meisten europäischen Ländern.

Hütehaltung, Winterweide und Sömmerung

Bei diesen Formen des Weidemanagements von Futterflächen durch Nutztiere erfolgt die Beweidung ohne Umzäunung und mit ständiger Präsenz eines Hirten. Dieses sogenannte „freie Gehüt“ ist vor allem beim Kleinvieh, insbesondere bei den Schafen noch verbreitet und bedarf einer guten Herdenführung, die nur mit homogenen Herden, kompetenter Hirtschaft sowie mit geeigneten, ausgebildeten Hütehunden möglich ist. Während der Nachtstunden können die Tiere eingestallt oder auf Nachtweiden eingezäunt werden. Das Zusammentreiben für die Übernachtung ist eine zentrale Arbeit der Hüte- und Treibhunde, während die Herdenschutzhunde die Herde selbstständig bewachen und Eindringlinge vertreiben. Die Hütehaltung ist auf geeignete, oft extensive Futterflächen angewiesen und eignet sich besser in großflächigem und übersichtlichem Gelände. Vor allem im mediterranen Raum ist diese Haltung noch weit verbreitet.

Freier Weidegang – Standweide

Beim freien Weidegang (auch Standweide genannt) steht den Nutztieren eine bestimmte Fläche während der gesamten Vegetationszeit zur freien Verfügung. Die Herde wird nur minimal geführt, das Weidegebiet ist durch Geländekammern großflächig eingegrenzt. Zäune kommen je nach Region punktuell zum Einsatz. Eine minimale, aber regelmäßige Kontrolle reicht oft aus, um die Tiere in einem Gebiet zu halten, solange das Futterangebot ausreicht. Diese Art der Bewirtschaftung findet sich selten in besiedeltem Gebiet, ist aber für die Sömmerung von Kleinvieh in vielen Regionen ohne große Beutegreifer auch heute noch verbreitet. Dort, wo große Beutegreifer wieder heimisch werden, wird dieses System der minimalen Kontrolle immer weniger praktiziert, weil das Schadensrisiko zu hoch ist.

Übliche Weidezaunnetze für kleinstrukturierte Koppelhaltung im Hügelgebiet.

11.2.2 Schäferbetriebe und Hirtenkultur

Bei den vielfältigen Betriebstypen für Kleinviehhaltung wird unterschieden zwischen Schafbesitzer und Hirten, zwischen Schäfern als Betriebsleitern und Hirten als Angestellten eines Betriebes. Ein professionelles Weide- und Herdenmanagement erfordert Arbeitskräfte, die den entscheidenden Kostenfaktor bei der Fleisch- und Milchproduktion darstellen. Der Hirten- und Schäferberuf ist seit der Domestizierung von Rind und Schaf in agrarischen Gesellschaften verbreitet und charakterisiert den Prototypen menschlicher Aktivität zwischen Natur und Kultur (Fuhr 2017). Durch seine unmittelbare Präsenz bei der Herde ist er deshalb oft der Erste, der die Anwesenheit von großen Beutegreifern bemerkt. Die uralte Tradition lebt sowohl in den Nomadenvölkern von der Mongolei bis zur Sahelzone als auch in den Transhumanz-Systemen Europas (Seite 228) fort. Für die Arbeitsorganisation wird oft unterschieden zwischen dem Tierbesitzer und dem Hirtenpersonal, das je nach saisonaler Organisation periodisch angestellt wird. Allerdings scheint heute die Zukunft der extensiven Weidepraxis mit behirteten Herden vielerorts ungewiss: Klimawandel, Landnutzungskonflikte, Verlust biologischer Ressourcen und Biodiversität sowie

Winterweide ohne Zaunführung mit Schäferhunden im voralpinen Gebiet.

soziale und ökonomische Konflikte machen der Hirtentradition zu schaffen.

In Mitteleuropa wird die Tierhaltung trotz der Liberalisierung der Agrarmärkte durch die europäische Agrarpolitik gestützt. Die Anpassungsfähigkeit der Betriebe an die Präsenz von großen Beutegreifern ist immer auch an diese Rahmenbedingungen geknüpft. Außerhalb der EU ist die staatliche Unterstützung oft sehr unterschiedlich. Entsprechend können auch die Schäfer und Hirten unter wirtschaftlichem Druck stehen. In vielen Gebieten ist es zudem schwierig geworden, gute Hirten zu finden, da die Arbeitsbedingungen u. a. durch Wetterextreme, Tierkrankheiten und Futterknappheit hart und die Löhne trotz der großen Verantwortung oft gering sind. Daher sind in einigen Ländern Europas verschiedene Ausbildungsmöglichkeiten entstanden, um das alte Wissen an die nächste Generation weiterzugeben und den Hirtenberuf wieder aufzuwerten (Garcia Dory 2017). Sowohl fachliche Kenntnisse als auch die Wertschätzung der multifunktionalen Rollen des Hirten können einen wichtigen Beitrag leisten, die Resilienz, also die Widerstandsfähigkeit der Schafbetriebe gegenüber den großen Beutegreifern zu verbessern. Während es in Deutschland eine offizielle Schäferausbildung für angehende Hirten und Schäfer gibt, sind in Frankreich, Spanien, Holland und der Schweiz im Verlauf des 20. Jahrhunderts bis heute verschiedene Hirtenausbildungen entstanden. Der Herdenschutz ist dabei ein eher neues Thema, das nun auch zu den Ausbildungsinhalten gehört.

11.2.3 Transhumanz und Beweidung im Jahres- und Vegetationszyklus

Die Tradition der Wanderschäferei, der sogenannten Transhumanz, gehört zur Weidepraxis zahlreicher Graslandregionen in unterschiedlichen Klimazonen. Dabei sind die Jahreszeiten und die Weiderechte bzw. die Landbesitzverhältnisse die Wegweiser für die Nomaden und Hirten. In Mitteleuropa sind verschiedene Regionen noch stark von diesen Wanderbewegungen geprägt, obwohl sich vielerorts die Rahmenbedingungen durch die dichte Nutzung von Land- und Bodenressourcen verändert haben. In Süddeutschland, in weiten Gebieten Südfrankreichs und der Alpen sowie in den Pyrenäen und in verschiedenen Regionen Spaniens und Italiens ist die saisonale Beweidung auf verschiedenen

Höhenstufen ein prägendes Element der Schafhaltung. Vor allem in der Fleischproduktion werden teils große Herden von bis zu 2500 Tieren über weite Strecken in traditioneller Weise geführt und gehütet.

Die heutige Transhumanz der Schafe in Mitteleuropa ist klar vom weltweiten Nomadismus mit verschiedenen Tiergattungen abzugrenzen. In den europäischen Bergregionen, insbesondere den Alpen, handelt es sich um eine jahreszeitlich begrenzte Nutzung von Weidegebieten durch Tierhalter mit ganzjährig bewohnten und bewirtschafteten Talbetrieben. Oft werden dazu Hirten saisonal angestellt. Die Rückkehr der großen Beutegreifer im Kontext dieser traditionellen Wirtschaftsweise stellt die Hirten und Bewirtschafter vor besondere Herausforderungen. Werden die Tiere nie eingestallt, ist die Hirtenarbeit zentral, um die Kontrolle und den Schutz der Tiere zu gewährleisten. In der Nacht bedeutet dies, dass die Tiere in Nachtpferchen relativ eng zusammengehalten oder in größeren, durch Elektrozäune gesicherten Nachtweiden gehalten werden. Bei permanentem Druck durch den Wolf sind zusätzlich noch Herdenschutzhunde notwendig.

Obwohl auch Rindvieh und Ziegen zu den typischen Nutztieren einer saisonalen Weidewirtschaft gehören, werden in Mitteleuropa die Wege der Transhumanz hauptsächlich mit Schafen begangen. Allerdings werden immer größere Strecken auch mit Lastwagen zurückgelegt, so dass gewisse Routen nicht mehr oder nur noch teilweise genutzt werden. Gleichzeitig sind sowohl in dicht besiedelten Regionen wie auch in Naturschutzgebieten neue Möglichkeiten der Landschafts- und Weidepflege entstanden.

11.2.4 Sömmerung im Berggebiet

In vielen Sömmerungsgebieten in den Bergregionen ging die Tradition der ständigen Behirtung der Tiere verloren und wurde durch den freien Weidegang ersetzt. Der Strukturwandel hat ebenso dazu geführt, dass immer weniger familieneigene Ressourcen eingesetzt werden und Fremdpersonal angestellt werden muss (Lauber et al. 2014). Deshalb fehlen die Arbeitskräfte zur Weideführung bei kleineren Herden gänzlich und bei größeren Herden werden Hirten aus südlichen und östlichen Ländern angestellt, die zu geringen Löhnen arbeiten. Dort, wo keine Beutegreifer mehr heimisch waren, hat sich der freie Weidegang aus ökonomischen und ökologischen Gründen verbreitet. Die große Herausforderung ist nun, diese Praxis so zu ändern, dass der Herdenschutz möglichst konfliktfrei organisiert werden kann. Denn je kompakter und kontrollierter die Herden geführt werden, desto effizienter können die Herdenschutzhunde die Tiere beschützen. Die Ansprüche an den Hirten sind gestiegen, durch die gesetzlichen Rahmenbedingungen wie auch die intensive Nutzung des Berggebietes durch den Tourismus. Im anspruchsvollen Gelände der alpinen Zone lassen sich auch die drei oben beschriebenen Weidesysteme Umtriebsweide, Behirtung und freier Weidegang (Troxler et al. 2005) unterscheiden. Allerdings ist der Arbeitsaufwand im Bergebiet größer und die Futtererträge der Weideflächen fallen geringer aus. Ebenso sind die Risiken durch Naturgefahren wie Steinschlag, Gewitter und Schnee erheblich größer als auf den Talweiden. Der Umgang mit diesen Risiken verlangt vom Hirten Erfahrung und Wissen. Auch der wirksame Herdenschutz ist anspruchsvoller als in flachem Gelände. Das heißt die kompakte Herdenführung als Voraussetzung für den erfolgreichen Schutz mit Hunden ist für den Hirten ein ständiger Lern- und Optimierungsprozess (Mettler et al. 2017). Ein weiteres Element sind Erschließung und Infrastruktur, die für die Weideführung eine entscheidende Hilfe sein können.

11.2.5 Saisonaler Weiderhythmus und Stallhaltung

Die oben beschriebene Praxis der Kleinviehhaltung umfasst vor allem die extensive Graslandbewirtschaftung in Randregionen und im Berggebiet, wo das Kleinvieh in der Landwirtschaft eine größere Bedeutung hat als im Tal- und Flachland, wo Acker, Gemüse, Wein- oder Obstbau betrieben werden und die topografischen und klimatischen Bedingungen eine brei-

Behirtung im Sömmerungsgebiet in anspruchsvoller Topografie.

tere Produktionspalette ermöglichen. Außerhalb der Bergzonen sind aber auch intensive Mastbetriebe sowie intensivere Milchproduktion in der Kleinviehhaltung zu finden, und zwar in Regionen, wo Stallhaltung und eine weniger graslandbasierte Fütterung praktiziert werden. In diesen Betrieben, die oft in dichter besiedelten Gebieten mit für große Beutegreifer weniger geeigneten Lebensräumen liegen, ist das Risiko von Verlusten durch Wolf, Luchs und Bär wesentlich geringer. Zudem sind die Tiere dort während langer Perioden in dauerhaften Zaunanlagen oder Ställen gut geschützt.

11.3 Nutzhunde in der Landwirtschaft

Die verschiedenen Tierhaltungssysteme, die sich je nach Ländern und Regionen stark unterscheiden können, haben über die letzten Jahrhunderte verschiedenste Arbeitshundetypen hervorgebracht. Durch Kreuzungen verschiedener Rassen und Charaktertypen mit besonders ausgeprägten, arbeitsrelevanten Eigenschaften sind Arbeitshunderassen entstanden. Arbeitshunde in der Nutztierhaltung sind – sofern richtig ausgebildet und eingesetzt – eine Arbeitserleichterung in Landwirtschaftsbetrieben (Sehner 2009). Trotz zunehmender Mechanisierung sind Arbeitshunde in vielen Teilen der Welt noch immer nicht aus der Nutztierhaltung wegzudenken. Sie erledigen ihre Arbeiten auch in schlecht zugänglichem Gelände pflichtbewusst und kostengünstig.

Die traditionelle, jahreszeitlich unterschiedliche Haltungsform der Nutztiere hat auch einen Einfluss auf die Entstehung der Hunderassen. Im Alpenraum haben sich in der Vergangenheit vor allem die Sennenhunde als klassische Treibhunde von Rindvieh etabliert, während sich in England die Border Collies als Hütehunde besonders für Schafe durchgesetzt haben. In verschiedenen Weltregionen entstanden so **Herdengebrauchshunde**, die ihren Einsatzzweck in der Landwirtschaft fanden. Herdengebrauchshunde können in vier Arbeitstypen eingeteilt werden:

Die drei Gruppen *Koppelgebrauchs-*, *Schäfer-* und *Treibhunde* umfassen diejenigen Hunde, bei denen der Hund in Teamarbeit mit dem Landwirt zusammenarbeitet. Diese Hunde werden im Alltagsgebrauch *Hütehunde* genannt. Großen Wert legt man bei ihnen auf die Führigkeit und das zuverlässige Befolgen von Befehlen des Hundeführers. Der vierte Typ, der *Herdenschutzhund*, dient dem Schutz der Herde. Er hat im Vergleich zum Hütehund völlig andere Qualitäten und arbeitet ohne direkte Führung durch den Menschen. Sie reagieren nur minimal auf Befehle und arbeiten oft im Hundeteam. Um das Weidemanagement und den Herdenschutz zusammenzuführen, ist eine Betriebsstrategie in der Hundehaltung erforderlich. Dies bedeutet, dass das Zusammenspiel auf Weide und Hof im Jahreszyklus organisiert werden muss. Die Zusammenarbeit von Herdenschutzhunden und Hütehunden ist ein Erfolgsfaktor zur Schadensverminderung bei Beutegreiferpräsenz.

11.3.1 Hütehunde

Um die Herden kompakt zu führen, ist insbesondere in schwierigem oder dicht genutztem Gelände der Einsatz von Hütehunden ein zentrales Element. Es werden drei Hundetypen als Hütehunde unterschieden (siehe auch das Agridea-Merkblatt „Arbeitshunde in der Landwirtschaft" im Onlinematerial zu diesem Buch, Webcode NuL 4059 auf www.nul-online.de):

Koppelgebrauchshunde

Koppelgebrauchshunde, oft Border Collies oder Working Kelpies, helfen dem Tierhalter, das Vieh auf der einen Weide zu sammeln, um es auf die nächste Weide zu treiben. Durch den regelmäßigen Einsatz gewährleisten sie eine führbare und kompakte Herde. Damit schaffen sie die Voraussetzung, dass Herdenschutzhunde einen effizienten Schutz bieten können, da diese auf eine kompakte Herde angewiesen sind. Die meist kurzen Arbeitseinsätze mit präzisen Anweisungen durch den Tierhalter erfordern eine hohe Flexibilität und Führigkeit der Hunde. Koppelgebrauchshunde haben die Fähigkeit, Nutztiere auch auf weite Distanzen zu erblicken, sie weiträumig zu umgehen und dann selbstständig oder unter Anleitung des Hundeführers zu führen. Koppelgebrauchshunde arbeiten meist lautlos und können sowohl Einzeltiere als auch Herden von mehreren hundert Tieren bewegen. Typischerweise zeigen sie bei der Arbeit eine angespannte Körperhaltung. Die Kombination von Anspannung und Fixation (analog dem Jagdverhalten des Wolfs) verunsichert die Nutztiere und setzt sie in Bewegung. Vielen Koppelgebrauchshunden fällt es aufgrund ihrer

Der Border Collie ist der am weitesten verbreitete Hütehund.

Betriebsform:	Koppel/Weidehaltung
Nutztiere:	Schafe, Ziegen, Rinder, Geflügel, Schweine
Anzahl Nutztiere:	>1
Zeitaufwand Ausbildung:	1–2 Jahre
Ausbildungsorte:	regional, ganze Schweiz
Typische Rassen:	Border Collie, Working Kelpie

Koppelgebrauchshund

genetischen Veranlagung leicht, Nutztiere einzuholen und zum Tierhalter zu bringen.

Hinweis: Die Ausbildung von Koppelgebrauchshunden erfolgt i.d.R. an Schafen, obwohl diese Hunde auch an Nutztieren wie Geflügel, Schweinen, Ziegen oder Rindern arbeiten können.

Schäferhunde

Schäferhunde wie z.B. Altdeutscher Schäferhund oder Bergamasker sind unentbehrlich beim Beweiden von Kulturland und Naturschutzflächen ohne Weidezäune. Schäferhunde ziehen mit ihrer Anwesenheit und ihren gezielten Bewegungen oder Positionen Grenzen für die Schafherde. Eine Fähigkeit von Schäferhunden ist das Furche-Laufen. Dabei traben sie entlang einer Weidegrenze auf und ab, so dass die Schafherde auf der gewünschten Weide frisst. Wenn der Hirte weiterziehen möchte, ruft er eines der Leitschafe der Herde an und setzt sich in Bewegung, während die Hunde weiter Weidegrenzen oder Übergänge sichern. Aufgrund der Herdengrößen sollen die Hütehunde druckvoll durch das „Linienhüten" bestimmt und präzise arbeiten. Schäferhunde werden i.d.R. bei größeren, homogenen Schafherden eingesetzt. Traditionellerweise zeigen Hütehunde auch den sogenannten „Wehr". Sie können ihre Herde gegenüber fremden Tieren/Menschen auf Anweisung des Schäfers verteidigen. Die Ausbildung junger Hunde erfolgt oft im Beisein älterer, ausgebildeter Hütehunde während der Weidezeit. Die traditionelle Ausbildung erfolgt also durch die Hirten, die während ihrer Arbeit junge Hunde mitlaufen lassen. Das Furche-Laufen sowie der Grundgehorsam werden teilweise auch ohne Beisein von Schafen geübt.

Treibhunde

Treibhunde – diverse Schweizer Sennenhunde oder der Australian Shepherd – werden für das

Betriebsform:	Weidehüten (Schafe und Schäfer)
Nutztiere:	Schafe
Anzahl Nutztiere:	große homogene Schafherden
Zeitaufwand Ausbildung:	1–2 Jahre
Ausbildungsorte:	Berufsschäfer mit Wanderherden
Typische Rassen:	Altdeutscher Schäferhund, Deutscher Schäferhund, Berger des Pyrénées, Beauceron, Bergamasker

Schäferhund

Betriebsform:	Weidehaltung
Nutztiere:	Rindvieh
Anzahl Nutztiere:	ab Einzeltier
Zeitaufwand Ausbildung:	1–2 Jahre
Ausbildung:	teilweise analog Koppelgebrauchshund, mit Einschränkungen
Typische Rassen:	Appenzeller Sennenhund, Entlebucher Sennenhund, Australian Cattle Dog, Australian Shepherd

Treibhund

Die vier häufigsten Typen von Arbeitshunden in der Tierhaltung.

Treiben von Rindvieh eingesetzt. Sie spielen in der Schafhaltung nur eine untergeordnete Rolle. Für den Herdenschutz haben sie deshalb keine große Bedeutung. Allerdings können sie durch ihre nächtliche Präsenz durchaus Vergrämungseffekte erzielen, denn auf dem Hof haben sie öfter auch eine Wachfunktion. Je nach Rasse können Treibhunde ähnlich wie Koppelgebrauchshunde ausgebildet werden, wenn man sich bewusst ist, dass sie für einige Arbeiten weniger geeignet sind als die für den Koppelgebrauch mit Schafen typischen Rassen.

11.3.2 Herdenschutzhunde

Herdenschutzhunde unterscheiden sich bezüglich Ausbildung, Haltung und Einsatz von den andern Nutzhunden (siehe das Agridea-Merkblatt „Herdenschutz mit Hunden“ im Onlinematerial zu diesem Buch, Webcode NuL 4059 auf www.nul-online.de). Sie werden in der Nutztierherde geboren, leben ganzjährig bei ihrer Herde und arbeiten weitgehend selbstständig ohne Kommandos ihrer Halter. Allem Fremden im Umfeld ihrer Herde begegnen Herdenschutzhunde misstrauisch und bei Bedarf verteidigen sie ihre Herde konsequent. In Situationen, in denen die Tiere nicht mit Zäunen kontrolliert werden, insbesondere im Sömmerungsgebiet, sind Herdenschutzhunde die beste Maßnahme zum Schutz von Nutztieren. Neben einer guten Integration der Hunde in Herde und Betriebsalltag sowie der Qualität der Hunde sind v. a. folgende drei Aspekte für die Schutzeffizienz relevant:

Rassen der Herdenschutzhunde

Seit Jahrtausenden werden Herdenschutzhunde in der Tierhaltung eingesetzt, um die Herden vor großen Beutegreifern zu schützen. Während in den Regionen, wo die Raubtiere ausgerottet wurden, auch die Herdenschutzhunde und das Wissen im Umgang mit ihnen verschwanden, sind bis heute über 40 lokale Rassen erhalten geblieben, die als Arbeitshunde in sehr unterschiedlichen Betriebsformen eingesetzt werden. Oft handelt es sich um sogenannte „Landrassen“, die aufgrund ihrer Schutzeigenschaften selektioniert und mit unterschiedlichen Rassen auf den Bauernhöfen gekreuzt wurden. Wahrscheinlich sind sie die ältesten Arbeitshunde, die systematisch für den Schutz von Mensch und Vieh gezüchtet wurden. Durch die gebietsweise Ausrottung der großen Beutegreifer ging teilweise auch die Zucht von Herdenschutzhunden verloren oder sie wurde von Rasseclubs übernommen, wodurch Schönheitskriterien solche der Funktionalität der Herdenschutzhunde ablösten. In Italien, Frankreich, der Schweiz und Deutschland wird hauptsächlich mit den beiden Rassen Maremanno Abbruzzese und Montagne des Pyrrhénées gearbeitet, während in den übrigen europäischen Ländern wie Spanien, Portugal (Serra da Estrela, Mastín español) und Osteuropa (Kangal, Kuvasz, Sarplaninac) jeweils eigene Rassen gezüchtet werden (Landry 2016). In den Regionen, wo nun die Großraubtiere zurückkommen, muss der Umgang mit Herdenschutzhunden wieder neu erlernt werden (Ribeiro et al. 2017).

Die Rudeldynamik der Herdenschutzhunde kann die Schutzeffizienz positiv oder negativ beeinflussen.

1. **Kompaktheit der zu beschützenden Herde** – abhängig von Weidesystem und Herdenmanagement,
2. **Anzahl Herdenschutzhunde** – abhängig von Raubtierdruck, Größe und Kompaktheit der Herde, Eigenheiten des Weidegebiets (Topografie, Verbuschung, Jahreszeit),
3. **Hunderudeldynamik und Alter der Hunde** – abhängig von der Zuchtplanung und den Möglichkeiten der Rudelzusammensetzung.

Die Qualität und Effizienz eines Herdenschutzhundes ist abhängig vom Zusammenspiel zwischen erworbenen Fähigkeiten und genetisch bedingten Eigenschaften. Im Unterschied zu den Hunden, die als Haustiere gehalten werden, sind Herdenschutzhunde mehrfach sozialisiert: Sie wachsen mit den Nutztieren im Stall und auf der Weide auf und gleichzeitig erlernen sie eine Arbeitspartnerschaft mit dem Menschen. Zudem wachsen sie in der Hundegruppe auf, so dass sie auch ein ausgeprägtes Sozialverhalten gegenüber anderen Hunden innerhalb der eigenen Gruppe und gegenüber fremden Hunden erlernen. Um einen möglichst konfliktfreien und effizienten Einsatz von Herdenschutzhunden zu ermöglichen, muss im Verlauf von Ausbildung und Sozialisierung auf die nachfolgend beschriebenen Aspekte geachtet werden.

Bindung zu den Nutztieren

Herdenschutzhunde können mit sehr unterschiedlichen Tiergattungen sozialisiert werden. Die Bindung entsteht von Geburt an in der zu schützenden Nutztiergattung. Am häufigsten arbeiten Herdenschutzhunde in Schafherden. Oft setzt man sie auch bei Ziegen und Rindvieh ein. Während die flexible Bindungsfähigkeit der Hunde gegenüber Tieren und Herden beeindruckend groß ist, zeigen die Nutztiere Unterschiede im sozialen Austausch mit den Hunden. Grundsätzlich lassen sich aber neben Schaf und Ziege auch Geflügel, Neuweltkameliden und Großvieh mit Herdenschutzhunden beschützen. Es wurden sogar erfolgreiche Experimente mit Wildtieren wie Pinguinen durchgeführt. Für eine optimale Bindung und einen effizienten Schutz muss die Betriebsführung so angepasst werden, dass die Herdenschutzhunde möglichst das ganze Jahr mit den Nutztieren zusammenleben.

Aufmerksamkeit gegenüber Angreifern

Dank der genetischen Veranlagung zur Abwehr von Eindringlingen auf dem Territorium, das durch die Herdenführung definiert wird, kann der Herdenschutzhund zum Schutz vor fast allen Raubtieren eingesetzt werden. Durch Bellen und territoriales Verhalten verteidigen sie ihre Herden oft mittels geschickter Organisation innerhalb des Hunderudels. Hauptsächlich werden die Herdenschutzhunde weltweit gegen Wölfe eingesetzt. Auch gegen Füchse und wildernde Hunde sind sie eine geeignete Schutzmaßnahme und dank ihrer Anpassungsfähigkeit sowohl auf unterschiedlichen Betrieben wie auch in verschiedenen Klimazonen arbeiten sie auch gegen Bären, Kojoten, Geparden, Pumas oder sogar Paviane. Die Aufmerksamkeit der Hunde ist abhängig von der Tageszeit und vom

Druck der Beutegreifer wie auch von der Hunderudeldynamik und dem Herdenumfeld. Die größte Aufmerksamkeit ist während der Dämmerung und in der Nacht zu beobachten. Bei Läufigkeiten und Hierarchiekämpfen innerhalb des Rudels kann das Schutzverhalten periodisch abgeschwächt werden.

Umgang mit dem Menschen

Der Umgang mit dem Hundehalter unterscheidet sich gegenüber dem Verhältnis Hund–Mensch in der Heimtierhaltung. Der Kontakt wird von Geburt an zu einem Vertrauensverhältnis zwischen Referenzperson und dem Hund aufgebaut. Die Entwicklung der Bindung zu den Schafen und zu den anderen Hunden ist aber ebenso wichtig. Der Hund wird nicht auf Gehorsam ausgebildet, wie es bei den bekannten Arbeitshunden wie Polizeihunden oder Blindenhunden üblich ist. Minimalkommandos wie „Stopp", „Komm", „Sitz" sind aber auch bei Herdenschutzhunden zu empfehlen, um den kontrollierten Umgang zu ermöglichen.

Umgang mit fremden Hunden

Dass Herdenschutzhunde entschlossen gegenüber fremden Hunden reagieren ist genetisch bedingt und gehört schließlich zu ihrem Schutzverhalten. Deshalb ist vor allem von den Haltern von Begleithunden ein vorsichtiger, verantwortungsvoller Umgang mit Herdenschutzhunden auf Betrieben und Weiden notwendig. Die Besitzer von Herdenschutzhunden sollen darauf achten, dass die Präsenz der Hunde auf Wanderwegen und rings um den Betrieb gut ausgeschildert ist. Um Konflikte zu vermeiden, ist deshalb eine sorgfältige Weide- und Betriebsführung notwendig. Dies bedeutet, dass die Zäune und Stallausläufe insbesondere entlang von Wegen und Straßen „hundesicher" gezäunt werden. Neben Spaziergängern mit Hunden und den Betriebsverantwortlichen sind aber auch die übrigen Nutzer der Weidegebiete zu sensibilisieren, so dass ein verantwortungsvolles Nebeneinander möglichst konfliktfrei funktionieren kann.

Physische und psychische Belastbarkeit

Scheue und unsichere Herdenschutzhunde bringen im Umgang mit Mensch und Tier ein größeres Konfliktpotenzial mit sich. Deshalb ist bei der Ausbildung und Sozialisation darauf zu achten, dass nur wesensfeste Hunde zum Einsatz kommen. Dazu ist manchmal ein beträchtlicher Arbeitsaufwand notwendig, etwa um ein Fehlverhalten wie z. B. „Angstbeißen" zu korrigieren. Sind in den Zuchtlinien solche Fehlverhalten erkennbar, gilt es diese durch eine konsequente Selektion zu eliminieren. Herdenschutzhunde müssen nicht nur hohen psychischen Anforderungen gerecht werden, sondern sind auch konstanter physischer Belastung ausgesetzt. Deshalb sind Fehlstellungen der Hüfte oder sonstige körperliche Einschränkungen bei der Zuchtauswahl zu vermeiden. Vor allem in schwierigem Gelände und bei klimatisch harschen Bedingungen haben die Hunde einen harten Arbeitsalltag, was u. a. auch ein Grund dafür ist, dass sie selten älter als 12 Jahre alt werden und sich ihre beste Leistungsfähigkeit auf ein Alter zwischen 2 und 10 Jahren beschränkt.

Vermeidung von unerwünschten Verhaltensweisen

Bis der Herdenschutzhund nach maximal 24 Monaten ausgewachsen ist, können verschiedene unerwünschte Verhaltensweisen auftreten. Diese sollten konsequent korrigiert werden. Wichtig ist der Respekt vor Elektrozäunen, so dass diese nicht übersprungen werden. Nur so kann in dicht besiedeltem Gelände der Einsatz der Hunde konfliktfrei gelingen. Ebenso soll darauf geachtet werden, dass die jungen Hunde durch ihr Spiel Schafe nicht verletzen oder drangsalieren. Auf Weiden, die nicht durch Zäune begrenzt sind, dürfen die Herdenschutzhunde keine Wildtiere jagen und verfolgen. Ebenso sollte verhindert werden, dass die Hunde sich zu weit von den Herden entfernen. Für die Korrektur von Fehlverhalten sollten bei Bedarf erfahrene Hundehalter und Experten hinzugezogen werden. Da junge Hunde am lernfähigsten sind, sollten Maßnahmen und Korrekturen frühzeitig erfolgen.

Anpassungen von Betriebsstrukturen

Die effiziente Abstimmung von Betriebsalltag, Herdenstruktur und Herdenschutz ist ein ständiger Lernprozess zwischen Hundehalter und Hund. Deshalb sind zur Herdenschutzhundehaltung oft Anpassungen auf dem Betrieb nötig. So brauchen die Hunde genügend Platz im Stall, und falls Welpen aufgezogen werden, ist ein von den Nutztieren abgetrennter Rückzugsraum erforderlich. Da die Herdenschutzhunde im Team arbeiten, werden pro Herde mindestens zwei Schutzhunde empfohlen. Die Anzahl einzusetzender Hunde ist abhängig von der Herdengröße, der Herdenstruktur, den Weidevoraussetzungen und schließlich auch von der Präsenz der großen Beutegreifer. Als Grundregel gilt: mindestens zwei Hunde, bei erhöhtem Risiko (Wolfsrudel) wenigstens vier, bei periodischer Welpenaufzucht und Ausbildung von Junghunden bis zu zehn. Bei Mehrhundehaltung stellen Zuchtplanung und Hunderudeldynamik eine besondere Herausforderung dar. Jungtiere, Rangordnungskämpfe und Läufigkeit von Hündinnen können zum Risiko für die Hunde werden und zu verminderter Schutzeffizienz führen.

Bei der Mehrhundehaltung sind oft auch bauliche Anpassungen im und um den Stall nötig, um soziale Spannungen zwischen den Hunden zu kontrollieren. Abgrenzungen durch solide Metallgatter oder installierte Zwinger können dabei hilfreich sein. Die periodische Zwingerhaltung dient allen Arbeitshunden auf dem landwirtschaftlichen Betrieb als Ruheort zur Erholung vom Arbeitseinsatz, als Fressplatz zur Behandlung von Krankheiten und bei Läufigkeit von Hündinnen.

Anforderungen und Effizienz von Herdenschutzhunden

Diverse internationale Studien und Umfragen belegen, dass der Einsatz von Herdenschutzhunden Schäden an Nutztieren verringern kann (Herrera et al. 2017). In dichter besiedelten Gebieten und der intensiv genutzten Kul-

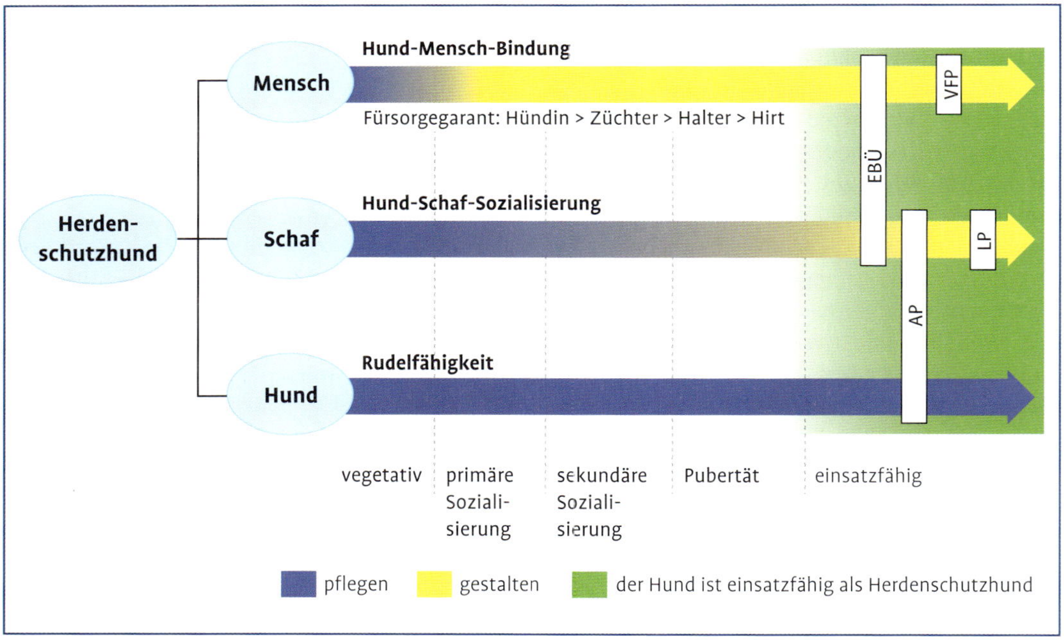

Abb. 11-2 Im Verlauf der 3-stufigen Sozialisierung werden verschiedene Tests (Eignungsbereitschaftüberprüfung = EBÜ, Arbeitsprüfung = AP, Leistungsprüfung = LP, Verhaltens- und Formwertprüfung = VFP) zur Qualitätssicherung der Herdenschutzhunde durchgeführt.

Korrekte Kennzeichnung ist die Grundlage für einen konfliktarmen Umgang mit Herdenschutzhunden.

turlandschaft ist aber nicht nur Effizienz der Herdenschutzhunde gefragt, sondern ebenso die soziale Verträglichkeit im Umgang mit Menschen und Hunden sowie ein adäquates Verhalten gegenüber Wildtieren, Verkehr und touristischen Aktivitäten. Aus diesem Grund wird in verschiedenen Ländern anhand von Verhaltenstests die Qualität der staatlich geförderten Herdenschutzhunde überprüft. Neben einer Einsatzbereitschaftsüberprüfung ab einem Alter von 18 Monaten wird später auch eine Arbeitsprüfung sowie eine Leistungsprüfung durchgeführt, um die Einsatzfähigkeit zu beurteilen (Abb. 11-2). Dabei geht es nicht nur um die Reaktivität gegenüber Fremden, sondern ebenso um Toleranz und Belastungsfähigkeit. Zuchtorganisation und Koordination sind zudem neben der Aus- und Weiterbildung von Züchtern und Haltern eine zentrale Aufgabe, um langfristig mit Arbeitslinien von effizienten und charakterfesten Herdenschutzhunden arbeiten zu können.

Der Umgang mit Herdenschutzhunden in Regionen, in denen die großen Beutegreifer über lange Zeit verschwunden waren, löst bei Nutztierhaltern einen Lernprozess aus und kann Konfliktpotenzial zwischen Jagd, Landwirtschaft und Tourismus aufbauen (Salvatori et al. 2017). Um diese für viele Leute ungewohnte Hundehaltung wieder in den Alltag von Hirten und Nutztierhaltern zu integrieren, braucht es gegenseitigen Respekt zwischen den Nutztierhaltern und den nicht-landwirtschaftlichen Akteuren (siehe das Agridea-Merkblatt „Herdenschutzhunde und Tourismus" im Onlinematerial zu diesem Buch, Webcode NuL 4059 auf www.nul-online.de).

11.4 Zäune in der Nutztierhaltung

11.4.1 Zaunpraxis bei Kleinvieh in Mittel- und Südeuropa

Auf landwirtschaftlich genutzten Flächen dienen Zäune grundsätzlich dazu, die Betriebsgrenzen abzustecken und die Weiden standortgerecht für das Vieh zu unterteilen. Ihr korrekter Einsatz unterstützt die optimale Futternutzung und das Tierwohl. Vielerorts erleichtern Zäune auch die Behirtung sowie die Ein- und Auszäunung von geschützten Gebieten und Zonen. Bevor sich ein Markt mit Zaunmaterialen entwickelte, waren traditionelle Weideabgrenzungen mit Hecken, Trockensteinmauern und Holzzäunen die übliche Praxis. Zum Schutz vor Großraubtieren wurden die Tiere nachts in Mauerpferche getrieben. Tagsüber begleiteten Hirten die Herden. Wo weder Hirten noch Zäune für einen kontrollierten Weidegang sorgen, bewegen sich die Tiere im Rahmen des freien Weidegangs im Wiederkäuerrhythmus. In Europa lassen sich heute folgende zwei Tendenzen in der Weidezaunpraxis des Kleinviehs unterscheiden, die sich durch ihre geografische, klimatische und landwirtschaftliche Struktur erklären lassen.

Freier Weidegang mit oder ohne nächtlicher Einzäunung

In vielen Gebieten Südeuropas wird immer noch das traditionelle Tag-Nacht-Weidesystem praktiziert. Überall dort, wo die Tiere gemolken werden, sind meistens fixe Zauneinrichtungen rings um die Melkanlagen und Ställe installiert. Die Weiden sind oft sehr weitläufig und geprägt durch steinige und trockene Böden. Bei der sehr extensiven Beweidung von oft ausgedehnten Flächen sind maximal zwei Umtriebe jährlich möglich. Die traditionellen Weideunterteilungen durch Hecken und Trockensteinmauern sind oft noch ergänzt durch ganzjährige fixe Drahtzäune, die meist nicht elektrifiziert sind. Mobile Zaunsysteme für den Weidewechsel sind eher selten. Zum Schutz vor großen Beutegreifern werden meistens nur die Nachtpferche und die eingezäunten Ausläufe rings um die Stallungen und Höfe erhöht und verstärkt. Im mediterranen Klima können die Tiere ganzjährig draußen gehalten werden und bei ausreichendem Niederschlag ist die Vegetationsdauer wesentlich länger als in Mitteleuropa. In Regionen, wo extensive Graslandsysteme als Waldweide betrieben werden, wie z. B. in Norwegen, in Südfrankreich oder in gewissen Alpenregionen, werden eher selten Zäune eingesetzt (Moser et al. 2016).

Mitteleuropäische Weidehaltung in Koppelsystemen

Im gemäßigten Klima Mitteleuropas sind Koppelsysteme mit Zäunen inzwischen weitverbreitet. Der Einsatz von Zäunen ist abhängig von der Vegetation und dem Futterertrag. Auf ertragreicheren Böden in niederschlagsreichem Klima werden oft kleinere Koppeln gebildet und eingezäunt. Durch die intensivere Haltung werden gemähte Wiesen und Weiden so miteinander kombiniert, dass die gegen Norden kürzer werdenden Wachstumsperioden optimal genutzt werden können. Klimatisch bedingt, werden die Tiere während mehrerer Monate eingestallt. Durch diese futterbaulichen Voraussetzungen sind fixe und mobile Zaunsysteme entstanden. Dabei werden verschiedene Materialen eingesetzt (Faß 2017). Um einen möglichst guten Schutz vor großen Beutegreifern zu erzielen, werden die Zäune häufig elektrifiziert.

Wegen des relativ großen Arbeitsaufwands ist der Einsatz von Lappenzäunen oft nicht praktikabel.

11.4.2 Verhalten von großen Beutegreifern gegenüber Zäunen

Großraubtiere reagieren empfindlich gegenüber elektrischen Schlägen. Daher eignen sich Elektrozäune, um Nutztiere zu schützen. Ein korrekt erstellter und unterhaltener Zaun verhindert, dass große Beutegreifer lernen, die Zäune zu durchbrechen. Meistens erscheinen Großraubtiere periodisch, so dass sich ihr Druck zeitlich und örtlich verändert. Solange sie genug Nahrung in Form von Wildtieren finden, meiden sie Orte, an denen sie schlechte Erfahrungen gemacht haben. Große Beutegreifer verhalten sich unterschiedlich gegenüber Zäunen. Wölfe haben die Tendenz, sich unter dem Zaun hindurchzugraben, nur selten springen sie darüber hinweg. Die bekannten Fälle deuten darauf hin, dass nur einzelne „Spezialisten" lernen, Zäune zu überspringen (Hilfiker et al. 2016). An dauerhaften Metallzäunen ohne Elektrifizierung können Wölfe das Überklettern erlernen. Da auch der Luchs ein guter Kletterer ist, wird bei beiden Prädatoren eine stromführende Litze an der Außenseite von Fixzäunen empfohlen. Beim Bären sind sowohl Zaunhöhe (mindestens 1,40 m) als auch Sichtbarkeit und Stromführung wichtig, da die Gefahr besteht, dass er Zäune mit Gewalt niederdrückt. Vor allem der Wolf, aber auch andere Raubtiere gehen am Zaun entlang, bis sie eine Schwachstelle finden, an der sie den Zaun durchbrechen können.

11.4.3 Zauntypen und Anpassungen für Schutzzäune

Um Schäden durch Zäune zu vermeiden, sind gewisse Anpassungen nötig, die mit handelsüblichem Zaunmaterial erfolgen können. Die Anpassungen sind dem eingesetzten Zaunsystem anzupassen (siehe das Agridea-Merkblatt Wolfsschutzzäune auf Kleinviehweiden im Onlinematerial zu diesem Buch, Webcode NuL 4059 auf www.nul-online.de). Dabei werden folgende Situationen unterschieden:

Dauerhaft installierte, nicht-elektrifizierte Zäune

Zäune für Stallauslauf oder Übernachtungsplatz sind oft mit Metallvorrichtungen fest installiert

Wölfe suchen oft die Schwachstellen der Zäune in Bodennähe.

und können mittels zusätzlicher Litzen an den neuralgischen Stellen verstärkt werden. Dies beinhaltet das Anbringen von Stoppdrähten im bodennahen Bereich, von zusätzlichen Drähten im Bereich von Durchgangstoren oder bergseitige Zaunerhöhungen. Je nach Topografie empfiehlt es sich, periodisch einen mobilen Elektrozaun rings um den Auslauf oder den Nachtpferch zu stellen. Wettereinflüsse (z. B. Schneefall) können die Strom- und Zaunführung stark beeinträchtigen. Da die Verstärkung dauerhaft sein muss, sollten fixe Eisen- oder Holzgatter mit elektrischen Zäunen verstärkt werden. Dies bedeutet, dass fixe und mobile Einzäunungen je nach Risikoperiode miteinander kombiniert werden.

Ganzjährige Weidezäune für Umtriebs- und Stand- (Dauer-)Weiden sind oft sehr lang, Zaunverstärkungen sind daher selten praktikabel und häufig kostenintensiv. Je nach Weidegröße kann der Einsatz von Herdenschutzhunden kostengünstiger und effizienter sein als eine Aufrüstung bestehender Zäune. Meistens hat eine Elektrifizierung der bestehenden Zäune nur dann Sinn, wenn Topografie und Koppelgröße hierfür geeignet sind und Unterhalt sowie Kontrolle mit optimiertem Arbeitsaufwand sichergestellt werden können. Als Alternative zur kompletten elektrischen Einzäunung können weniger aufwendige Nachtpferche innerhalb der

Koppel Schutz gewährleisten. Ein weitverbreitetes Zaunsystem auf Dauerweiden von Schafen sind Knotengitter aus Eisen. Als effiziente Maßnahmen, um das Untergraben der Zäune durch Wölfe zu verhindern, kann ein elektrifizierter Stoppdraht, ca. 15 cm ab Boden angebracht werden. Ist der Aufwand zu groß, sollte längerfristig das ganze Zaunsystem durch mobile Elektrozäune ersetzt werden.

Mobile, elektrifizierte Zäune

Mobile Zäune für Nachtpferche werden vor allem zur Übernachtung von Wanderherden und während der Sömmerung eingesetzt. Sie können aber auch zum nächtlichen Schutz in größeren Umtriebs- oder Standweiden verwendet werden. Bei der Auswahl des Übernachtungsstandortes ist auf die Vegetation, die Bodenbeschaffenheit und den regelmäßigen Standortwechsel zu achten. Sensible oder geschützte ökologische Milieus sollen ebenso vermieden werden wie zu steile oder zu nasse Stellen. Zudem sollte die Grasnarbe nicht geschädigt werden. Bei erhöhtem Druck von Wölfen oder Bären kann ein doppelter Zaun mit elektrifizierten Weidenetzen hilfreich sein. Am häufigsten werden 90–110 cm hohe Weidenetze verwendet, da diese leicht zu transportieren sind und einen guten Schutz bieten.

Elektrifizierte Weidenetze für Kleinvieh haben sich auf dem Markt bewährt. Sie werden von den Nutztieren bei ausreichend Strom gut akzeptiert und bieten dank der Netzstruktur auch einen guten Schutz. Allerdings besteht sowohl für Weidetiere mit Hörnern als auch für gehörnte Wildtiere ein gewisses Risiko, sich in den Netzen zu verfangen. Dieses Risiko kann minimiert werden, wenn immer ausreichend Stromspannung vorhanden ist. Die sogenannten Plus-Minus-Weidenetze sind erdungsunabhängige Weidenetze, die sich besonders gut für Regionen mit steinigen oder trockenen Böden eignen. Bei gleichzeitiger Berührung von zwei Litzen kommt es zum Stromschlag. Kontrastfarben helfen Nutz- und Wildtieren, den Zaun frühzeitig wahrzunehmen. Deshalb sollten statt orangefarbener eher weiß-schwarze oder blau-weiße Netze verwendet werden. Sie eignen sich fast für alle Weidetypen, außer für sehr steiniges und stark zerklüftetes Gelände. Bei erhöhtem Wolfsdruck sollten die Zaunhöhen bergseitig erhöht werden. Eine Anpassung der Höhe von 90 auf 110 cm kann ebenfalls wirksam sein.

Elektrifizierte Litzen sind in schwierigem Gelände und bei starker Verbuschung geeignete Zäune für das Weidemanagement. Allerdings reichen die üblicherweise drei Litzen zum Schutz nicht aus. Deshalb sollten bodennah (15 cm) sowie zur Erhöhung (max. 110 cm) zusätzliche Litzen (zusammen fünf Litzen) angebracht werden, um zu verhindern, dass größere Beutegreifer hindurchschlüpfen. Eine ausreichende Stromspannung ist zentraler Erfolgsfaktor. Zwar sind Litzenzäune schonend für das Landschaftsbild und

Eine korrekte Zauninstallation mit einer soliden Erdung ist Voraussetzung für einen effizienten Schutz.

bergen geringe Risiken für Wild- und Nutztiere, doch bieten sie grundsätzlich einen geringeren Schutz als Weidenetze. Eine Visualisierung durch Flatterbänder kann die Effizienz erhöhen. Dennoch empfiehlt es sich bei erhöhtem Beutegreiferdruck, dieses Zaunsystem durch Weidenetze zu ersetzen.

11.4.4 Allgemeine Anforderungen an Schutzzäune

Folgende allgemeine Aspekte sollten beim Erstellen von Zäunen und bei ihrer Elektrifizierung beachtet werden.

Installation der Zaungeräte

- Falls ein 230-Volt-Anschluss vorhanden ist, eignen sich **Zaunnetzgeräte** besonders gut. Eine Alternative stellen Zwölf-Volt-Akkugeräte oder Solarzaungeräte dar.
- Bei einer kleinen Weide sollte das Zaungerät eine **Impulsenergie** von 5 Joule abgeben können. Weiden ab 1 km Zaunlänge verlangen stärkere Zaungeräte.
- Die **Erdung** sollte an feuchten Stellen mit Erdungsstäben aus rostfreiem Stahl ausreichend verankert werden. Bei schwierigen Bodenverhältnissen können erdungsunabhängige Plus-Minus-Systeme verwendet werden, die abwechselnd eine positiv und eine negativ geladene Stromlitze führen.
- Der **Pfostenabstand** sollte 8 m nicht überschreiten und bei Unebenheiten, Löchern und Steinen optimal dem Gelände angepasst werden.

Unterhalt der Zäune

- Der Zaun sollte an jeder Stelle und auch bei Nässe eine **Spannung** von mindestens 3000 Volt aufweisen. Um dies zu erreichen, sollte aufwachsendes Gras regelmäßig zurückgeschnitten werden. Die Qualität und Leitfähigkeit des Zaunmaterials ist dabei entscheidend.
- Die **tägliche Kontrolle** mit einem Voltmessgerät ist unerlässlich. Dabei achtet man außerdem auf offene Tore, Schäden am Zaun und andere Mängel.
- **Schäden und Mängel** wie Löcher oder durchhängende Leiter sind sofort zu beheben.
- Stromlose Zäune vor oder nach der Beweidung müssen vermieden werden. Die Zäune müssen entweder **abgebaut oder elektrifiziert** werden, sonst verlieren Wildtiere den Respekt vor ihnen.
- Die **Leitfähigkeit** ist abhängig vom Material der Litzen. Kupfer und Zinn leiten am besten. Kunststofflitzen müssen immer mehrere Leiter, im besten Fall verzinnte Kupferleiter enthalten.

Durch Verstärkte Knotengitter, Weidenetze sowie Litzen- und Drahtzäune können die Kleinviehherden mit vergleichsweise geringem Aufwand geschützt werden. Es gilt, das Zaunsystem bei Änderungen in der Bewirtschaftung und verändertem Druck durch Beutegreifer anzupassen. Dies kann bedeuten, dass beispielsweise Knotengitter durch Elektrozäune ersetzt werden. Bei jeder Einzäunung ist auf Schwachstellen wie Bäche, Durchgänge für Wanderer, Autofahrer, Biker etc. zu achten. Die Erfolgskontrolle von geförderten Zaunmaßnahmen in Deutschland und der Schweiz sowie eine Untersuchung mit Gehegewölfen in Frankreich haben aufgezeigt, dass Elektrozäune, die den oben beschriebenen Anforderungen genügen, einen guten Schutz bieten (Hilfiker et al. 2016).

11.4.5 Bienenschutzzäune gegen Bären

Die Erfahrungen im Umgang mit Bären in Mittel- und Westeuropa konzentrieren sich auf einige wenige Refugien in den Berggebieten (Pyrenäen, Abruzzen, Nordspanien und Trentino). Slowenien, wo eine stabile Bärenpopulation mit Abschussquoten reguliert wird, bildet hier die Ausnahme. Während in Ost- und Nordeuropa die Bärenpopulationen großflächig erhalten blieben, wird die langsame Rückkehr des Bären in den Alpenraum von vielfältigen Konflikten begleitet. Da der Braunbär ein Allesfresser ist, sind die Nutztiere wie Schafe, Esel oder Kälber nur eine potenzielle Beute bei seinem vielfältigen Nahrungsangebot. Er frisst Früchte und sonstige Pflanzenteile, aber auch Insekten, Wild

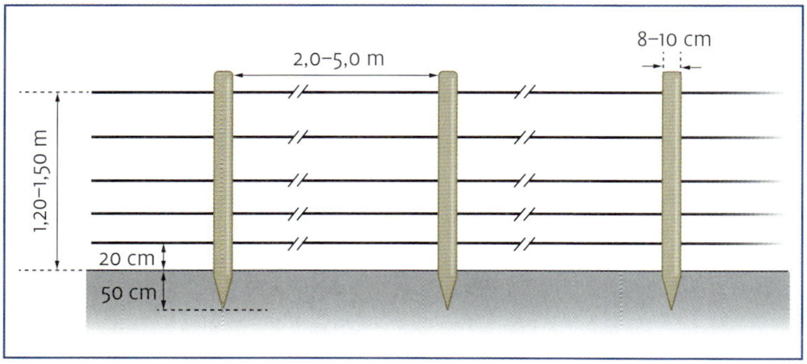

Abb. 11-3 Referenzmaße für Bienenschutzzäune gegen Bären.

und Nutztiere. Bienenvölker sucht er vor allem wegen der eiweißhaltigen Larven auf. Dank ihres ausgezeichneten Geruchsinns können Bären die Bienen schon von Weitem aufspüren. In den oben genannten Regionen kommt es regelmäßig zu geplünderten und zerstörten Bienenhäusern und Bienenständen, obwohl diese relativ einfach geschützt werden könnten (CDP-News 12, 2016). Schutzzäune gegen den Bären müssen elektrifiziert sein. Andere Schutzmaßnahmen wie visuelle, akustische oder olfaktorische Vergrämung werden nicht empfohlen. Damit ein Zaun einen hungrigen Bären abhalten kann, sollten folgende Punkte beachtet werden (Abb. 11-3; siehe auch das Agridea-Merkblatt „Schutz von Bienenständen vor Braunbären" im Onlinematerial zu diesem Buch, Webcode NuL 4059 auf www.nul-online.de):

- **Höhe:** mind. 1,20 - 1,50 m;
- **Zaunpfähle:** mind. 1,60 m hohe Holzpfähle (Lärche, Kastanie, Akazie) mit 8 - 10 cm Durchmesser, Abstand 2 - 5 m, abhängig von der Topografie;
- **Elektroband:** gut sichtbar, 10 - 20 mm breit, in regelmäßigen Abständen fünf- bis sechsfach geführt;
- **Elektrozaungerät:** bei gutem Unterhalt reicht wegen der kurzen Zaunlänge ein leichtes Elektrozaungerät;
- **Stromführung:** Isolatoren an der Außenseite der Holzpfähle anbringen, unterstes Band: maximal 20 cm ab Boden;
- **Stromspannung:** Mindestspannung 5000 Volt;
- **Zaunverlauf:** damit der Bär nicht über den Zaun klettert, muss auf die Topografie (Felsen und Wald) geachtet werden.

Im Unterschied zu den Weidzäunen stehen die Bienenkästen und Bienenhäuser oft auf nicht landwirtschaftlich genutzten Standorten wie Weg- oder Waldrändern und Böschungen sowie entlang von Brachland. Eine Beschilderung des Elektrozauns ist deshalb ratsam. Ebenso ist ein solides Eingangstor zu montieren, so dass der Durchgang nicht zur Schutzlücke wird.

11.5 Esel und Neuweltkameliden als Herdenschutztiere

Lamas und Alpakas gehören zu den Neuweltkameliden, während Esel zu den Pferdeartigen gezählt werden. Sie alle besitzen eine natürliche Abneigung gegenüber Hunden und Kleinraubtieren. Verschiedene Erfahrungen und internationale Studien haben gezeigt, dass Esel und Neuweltkameliden die Verluste beim Kleinvieh vor allem durch Kleinraubtiere, wie Kojoten und Füchse, aber auch durch streunende Hunde reduzieren konnten (Franklin 1994). Esel und Kameliden können zu verschiedenen Tierarten eine soziale Bindung aufbauen und verteidigen diese gegenüber artfremden Tieren mittels Beißen, Ausschlagen, Schreien, Spucken und Wegdrücken. Im Abwehrverhalten gegenüber Hunden zeigen sich starke individuelle Unterschiede. Die Auswahl der „richtigen" Lamas ist daher für Herdenschutzzwecke sehr wich-

Lamas eignen sich nur bei geringem Raubtierdruck und kleinen Herden als Schutztiere.

tig (siehe das Agridea-Merkblatt „Einsatz von Lama für den Herdenschutz" im Onlinematerial zu diesem Buch, Webcode NuL 4059 auf www.nul-online.de). Zur Abwehr der großen Beutegreifer Wolf (im Rudel) und Bär sind sie jedoch nur begrenzt einsetzbar, da sie selbst zu deren Opfern werden können. Beim Luchs oder bei Einzelwölfen ist der Erfolg abhängig von den Weide- und Herdenstrukturen sowie von der Auswahl der Schutztiere. Gegen Greifvögel können sie bei diversen Tiergattungen, z. B. bei Geflügel, nützlich sein. In der Schweiz werden sie vor allem gegen streunende Hunde und Füchse eingesetzt. Die Erfahrungen von dort zeigen, dass in dicht besiedeltem und genutztem Gebiet, vor allem auf Weiden, wo aufgrund von touristischen Aktivitäten oder Konflikten mit Nachbarn keine Herdenschutzhunde eingesetzt werden können, Lamas oder Esel eine „Light"-Variante des Herdenschutzes darstellen können. Bei geringem Druck von Beutegreifern können sie eine kostengünstige Alternative für den Nutztierhalter sein. Für viele Kleinviehhalter sind Lamas und Alpakas eine exotische Tiergattung, die sich außerhalb unseres üblichen Erfahrungsbereichs mit Nutztieren bewegt. Aufgrund dieses fehlenden Wissens empfiehlt es sich, Erfahrene Personen auszubilden, da Neuweltkameliden andere soziale Verhaltensweisen zeigen als die uns bekannten Nutztiergattungen.

Das beste Schutzverhalten zeigen Esel und Lamas, wenn sie ohne Artgenossen in die Herden der zu schützenden Tiere integriert sind. Sobald sie zu mehreren sind, suchen sie ihre Artgenossen und verlieren das Interesse an der zu schützenden Herde. Ihre Bindungsfähigkeit gegenüber artfremden Tieren ist weniger ausgeprägt als bei Hunden und die Erfahrungen sind mehrheitlich mit Schafen gemacht worden, die einen ausgeprägten Herdentrieb zeigen. Die Integration mit Ziegen dauert wesentlich länger, da diese negativ auf die fremden Tiere reagieren können. Bei Eseln ist darauf zu achten, dass sie nicht mit den Jungtieren spielen, sie jagen oder gar verletzen. Hengste von Lamas und Eseln sollte man kastrieren, da sie sonst öfter Schafe drangsalieren oder sogar verletzen, wenn sie versuchen, von hinten aufzusteigen. Alpakas haben grundsätzlich sehr ähnliche Schutzeigenschaften wie Lamas und Esel.

11.6 Vergrämungsmaßnahmen

Herdenschutzmaßnahmen sollen die Angreifer immer in irgendeiner Form abschrecken. Durch negative Erfahrungen wie Stromstöße oder bellende Hunde sollen die Beutegreifer lernen, dass ein Angriff Risiken birgt. Neben den oben beschriebenen Maßnahmen kann zusätzliche visuelle oder akustische Abschreckung die Räuber verunsichern und von Angriffen abhalten (siehe das Agridea-Merkblatt „Info Flatterbänder und Blinklampen" im Onlinematerial zu diesem Buch, Webcode NuL 4059 auf www.nul-online.de). Je nach Raubtierart können diese Maßnahmen 1 – 4 Wochen wirksam sein. Sie sind vor allem nach direkten Beobachtungen großer Beutegreifer bei der Herde bzw. unmittelbar nach den ersten Rissen einzusetzen. Gewöhnung stellt sich bei statischer Vergrämung schnell ein. Durch den gezielten Einsatz und das regelmäßige Umsetzen der Störquelle kann dieser Effekt verzögert werden. Sind die Weiden klein und werden sie nur kurz genutzt, können solche Maßnahmen eine kostengünstige Alternative sein. Ebenso können sie während der Ablammungszeit, wenn die Jungtiere besonders gefährdet sind, gegen Kleinraubtiere wie Füchse wirksam sein. Blinklampen und akustische Geräte (www.fototrapolaggio.com) werden für dauerhaft eingezäunte und möglichst übersichtliche Weideflächen empfohlen. Töne und Geräusche können dabei beliebig programmiert werden. Für große und/oder topografisch anspruchsvolle Weiden sind sie nicht geeignet. Je nach Bedarf können mehrere Lampen eingesetzt werden.

Die Störquellen sollte man an gut exponierten Stellen anbringen, damit sie für die Raubtiere maximal wahrnehmbar sind. Sind Wildwechsel oder Durchgangswege bekannt, hängt man die Lampen am besten hier auf. Lampen sollten nicht länger als 2 – 3 Wochen am gleichen Ort verbleiben und sind auszuschaltet, wenn sie nicht gebraucht werden. Sind bereits gute elektrifizierte Zaunsysteme vorhanden, können optische Vergrämungsmaßnahmen wie Blinklampen zur Verstärkung eingesetzt werden. Selten dienen auch Lappenzäune zur bewegten Visualisierung fester Zäune. Handelt es sich dabei um gut sichtbare und korrekt aufgestellte Elektrozäune, sind Lappenzäune entbehrlich.

Blinklampen sollten nur kurzfristig eingesetzt werden.

11.7 Schutz von Rindvieh und Equiden

Obwohl sich die Schäden bisher hauptsächlich auf kleine Wiederkäuer (Schafe, Ziegen) beschränkten, erhöht sich durch die Bildung großer Wolfsrudel auch der Druck auf die Rindviehhaltung, insbesondere auf die Aufzucht von Jungtieren und die Mutterkuhhaltung. Aufgrund ihrer Körpergröße fallen ausgewachsene, gesunde Kühe selten in das Beuteschema der Wölfe. Frisch geborene, noch unbeholfene Kälber, können ihnen aber leicht zum Opfer fallen, vor allem bei vorübergehender Abwesenheit des Muttertiers. Für Einzelwölfe sind Angriffe auf Rindviehherden zu risikoreich. Deshalb finden sie oft erst nach der Rudelbildung statt. In Mitteleuropa liegt der Anteil des Rindviehs an allen gerissenen Tieren bei unter 2 %. Über 90 %

der Schäden werden bei Schafen verzeichnet (vgl. die Schadensstatistiken für Deutschland, die Schweiz und Österreich Abb. 11-5 bis 11-7). Dies kann jedoch regional variieren. So weist etwa Asturien (Nordspanien) aufgrund geringer Schafs- und hoher Rindviehbestände schon seit jeher einen relativ hohen Anteil an Rindviehverlusten auf (CDP-News 10, 2014).

Schutzmaßnahmen für das Rindvieh unterscheiden sich je nach Lage des Betriebs und/oder des Sömmerungsgebiets. Notmaßnahmen erfolgen nach dem ersten Schadensfall. Ist eine **Einstallung** nicht möglich, kann mit einem soliden, elektrischen **Nachtpferch** die Sicherheit erhöht werden. Kleine Koppeln und Nachtweiden lassen sich mit elektrischen Weidenetzen verstärken. Zusätzlich können die oben erwähnten Vergrämungsmethoden die Schutzwirkung von Zäunen erhöhen. Mittels Weideführung und Herdenmanagement kann man das Risiko für Jungtiere gezielt reduzieren (Abb. 11-4, siehe auch Agridea-Merkblatt „Schutz vor dem Wolf auf Großviehweiden" im Onlinematerial zu diesem Buch, Webcode NuL 4059 auf www.nul-online.de).

11.7.1 Gezielte Weideführung

Folgende Anpassungen in der Weidehaltung können das Risiko eines Übergriffs verringern:

- Eine kompakte Herde vermindert das Risiko eines Wolfsangriffs. Das System der Umtriebsweide verhindert, dass sich Einzeltiere zu weit von der Herde entfernen können.
- Bei Mutterkühen mit Jungtieren empfiehlt sich eine Einzäunung mit mindestens zwei Litzendrähten, so dass sich Kälber nicht von der Weide entfernen können.
- Bei großem Wolfsdruck kann der Schutz durch eine Nachtweide, verstärkt mit elektrischen Weidenetzen, oder das Einstallen der Herde über die Nacht erhöht werden.

11.7.2 Kontrollierte Abkalbungen

Das Risiko eines Angriffs auf Kälber sinkt mit zunehmendem Alter des Jungtiers. Am stärksten gefährdet sind frisch geborene Kälber, die von ihren Müttern abseits der Herde für kurze Zeit allein gelassen werden. Übergriffe finden öfter während der Dämmerung oder an nebligen Tagen statt. Aus diesen Gründen sind in Gebieten mit erhöhtem Wolfsdruck Abkalbungen auf frei-

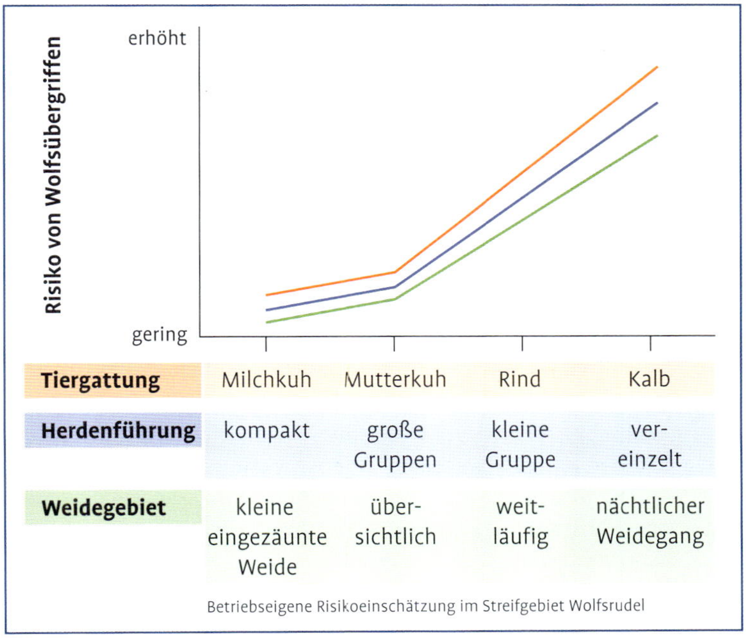

Abb. 11-4 Risiko von Wolfsübergriffen auf Rindvieh in Abhängigkeit von der Weidesituation.

em Feld zu vermeiden. Wer auf Abkalbungen auf freiem Feld nicht verzichten will, sollte verschiedene Sicherheitsmaßnahmen in Betracht ziehen:

- Den Weidestandort für die Abkalbung optimieren: Eine übersichtliche und exponierte Weide möglichst nahe bei Hof, Stallgebäuden oder Alphütte senkt die Wahrscheinlichkeit eines Angriffs und erleichtert die Kontrolle. Waldnahe oder stark verbuschte Weiden sowie unübersichtliches Gelände sind während der Abkalbung und den ersten Lebenstagen der Kälber zu meiden.
- Erhöhte Präsenz durch Betriebspersonal oder Hirte im Sömmerungsgebiet: Schwerträchtige Tiere sollten gut beobachtet und bei Bedarf in Hof-/Hüttennähe gehalten werden.

Herdenschutzhunde für das Rindvieh können einen effizienten Schutz vor Wolfsübergriffen bieten. Die Integration von Hunden bei Rindvieh ist allerdings komplizierter und benötigt mehr Zeit als bei Kleinwiederkäuern. Der Einsatz von Herdenschutzhunden bei Rindvieh sollte nur bei großem Raubtierdruck als langfristige Maßnahme in Betracht gezogen werden, wenn keine andere Risikominimierung angestrebt werden kann (siehe das Agridea-Merkblatt „Schutz vor dem Wolf auf Rindviehweiden" im Onlinematerial zu diesem Buch, Webcode NuL 4059 auf www.nul-online.de). Bei Eseln und Pferden ist die Thematik ähnlich wie beim Rindvieh. Allerdings unterscheidet sich ihre Haltung sehr und sie ist schlussendlich entscheidend für das Risiko von Angriffen. Ob im Rahmen betrieblicher Anpassungen konkrete Maßnahmen nötig und nachhaltig umsetzbar sind, muss im Einzelfall entschieden werden.

11.8 Umgang mit Schäden und Finanzierung von Schutzmaßnahmen

11.8.1 Schadensstatisitk

Ziel aller Herdenschutzmaßnahmen ist es, Schäden an Nutztieren zu minimieren. Die Schäden verlaufen nicht immer linear zur Populationsentwicklung der großen Beutegreifer, sondern sind abhängig vom natürlichen Beutetierangebot, den landwirtschaftlichen Strukturen und

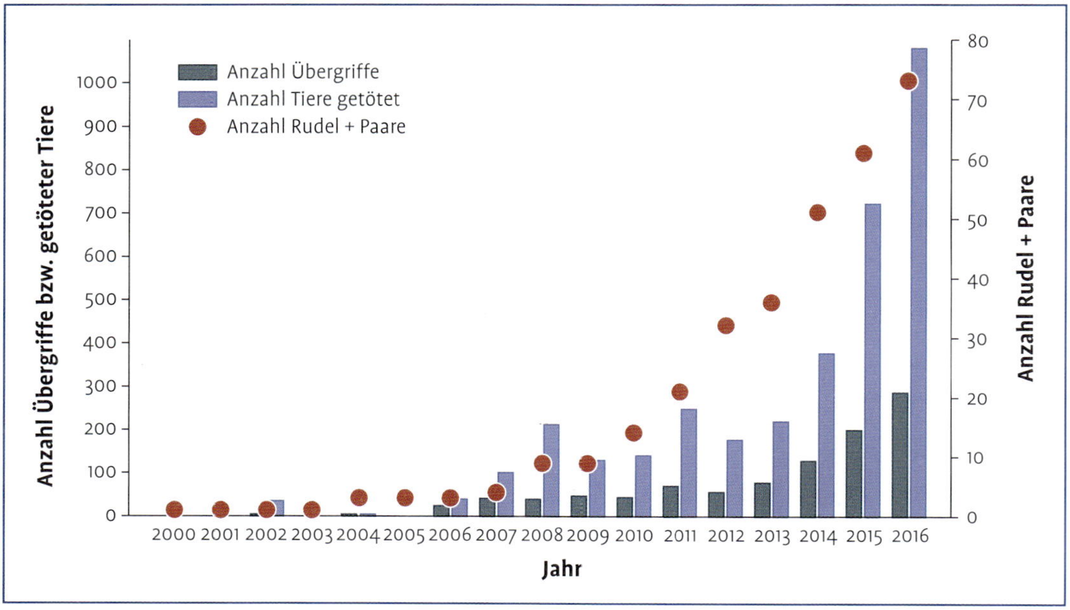

Abb. 11-5 Schäden an Nutztieren durch Wölfe in Deutschland (2000–2016). Quelle: DBBW-Dokumentations- und Beratungsstelle des Bundes zum Thema Wolf.

der Umsetzung von Herdenschutzmaßnahmen. Folgender Vergleich zwischen der Schweiz, Deutschland und Österreich zeichnet ein Bild der unterschiedlichen Entwicklungen in diesen Ländern, obwohl tendenziell die Schäden durch die Ausbreitung der Wölfe überall angestiegen sind (Abb. 11-5 bis 11-7).

Die meisten Angriffe in Deutschland, der Schweiz und Österreich ereignen sich während der Nacht. Je nach Wetter und Weidemanagement kann sich dies jedoch ändern. So fanden beispielsweise in Frankreich und der Slowakei (Rigg et al. 2017) zunehmend Angriffe tagsüber statt, nachdem die Schutzmaßnahmen in der

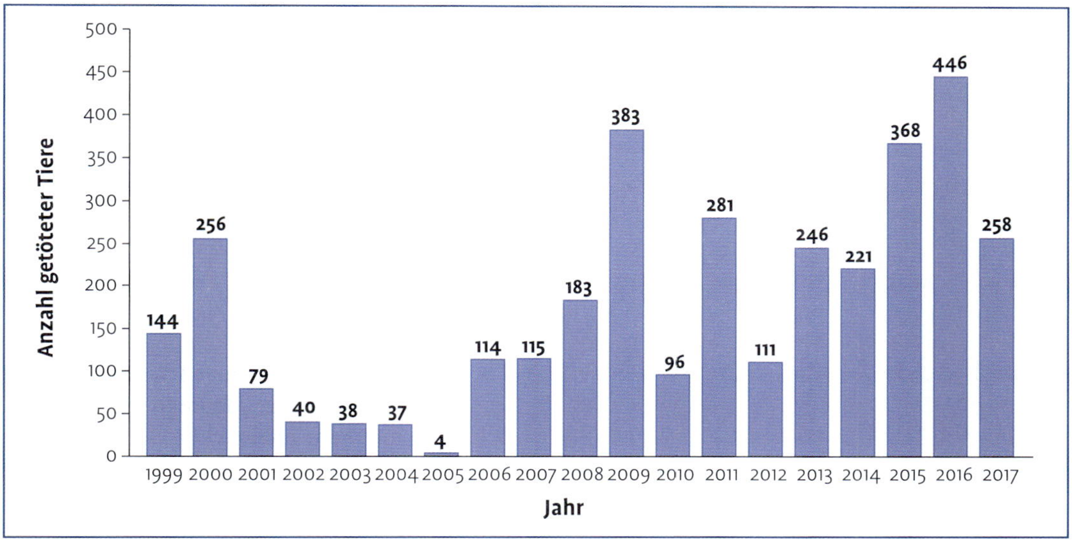

Abb. 11-6 Durch Wölfe getötete Nutztiere in der Schweiz (1999–2017). Quelle: Kantone und Grids, Stand 18.01.2018.

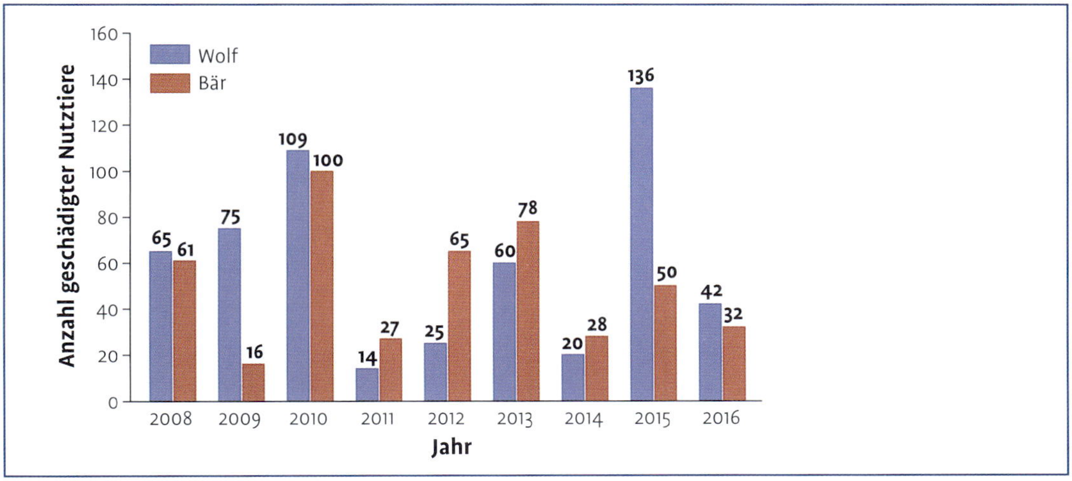

Abb. 11-7 Schäden an Nutztieren durch Wolf und Bär in Österreich (2008–2016). Quelle: ÖBSZ – Österreichischer Bundesverband für Schafe und Ziegen.

Nacht optimiert worden waren. Auch die Verteilung der Angriffe über das Jahr ist abhängig von den oben genannten regionalen Rahmenbedingungen und von der Reproduktion der Wölfe. Im Alpenraum konzentrieren sich die Schäden größtenteils auf die Sömmerung, da die Herden in schwierigem Gelände und harschen klimatischen Bedingungen schwerer zu schützen sind als im Talgebiet.

11.8.2 Schadenskompensation

Kompensationszahlungen für Schäden durch geschützte Wildtiere sind in den meisten Ländern Europas weitverbreitete Praxis. Der Schadensnachweis liegt dabei grundsätzlich beim Nutztierbesitzer. In den meisten Ländern ist der Nachweis der Todesursache durch fachkundige Schadensbegutachter Bedingung für eine Entschädigung. Die systematische Entschädigung für Großraubtierrisse kann unterschiedlich finanziert werden. Gibt es eine gesetzliche Grundlage, wird der Schaden mit öffentlichen Geldern beglichen. Fehlt eine rechtliche Basis, können Schadensfonds über Jägerschaft, Nutztier- und Naturschutzverbände oder zeitlich begrenzte Projektgelder die materiellen Verluste rückvergüten. Die letztgenannte Variante ist normalerweise zeitlich begrenzt und gibt dem Landwirt keine Planungssicherheit.

Neben dem öffentlich-rechtlich oder gemeinschaftlich organisierten Entschädigungssystem gibt es auch privatwirtschaftlich organisierte Versicherungsmöglichkeiten. Bei diesen Varianten ist die persönliche Risikoeinschätzung des Nutztierbesitzers die Entscheidungsgrundlage, ob er eine Viehversicherung für Schäden durch geschützte Raubtiere abschließen will oder nicht. Diese Versicherungsstrategie (z. B. in Griechenland und Portugal, CDP News 18, 2018) erhöht das Verantwortungsbewusstsein der Landwirte, ist politisch aber umstritten, da die Geschädigten selber finanzieren sollen, was sie im Schadensfall wieder rückvergütet bekommen. Zudem spielt eine gewisse Versicherungssolidarität eine Rolle, da die Risikoeinschätzung, vor allem in Gebieten mit unstabilen Großraubtierpopulationen, oft nicht einfach ist.

Die Höhe der Entschädigung kann sich am Marktpreis der gerissenen Tiere orientieren, an dem damit verbundenen Produktionsausfall oder an den Zuchtwerten. Alle drei Kriterien sollten von den Nutztierverbänden bezogen werden, um in einem Land oder einer Region eine einheitliche Entschädigungspraxis zu ermöglichen. In vielen Ländern stellen die Nutztierverbände Richtwerte zur Verfügung, die regelmäßig zu aktualisieren sind. Zur Schadenseinschätzung sollten im Zweifelsfall Experten herangezogen werden, besonders wenn es sich um wertvolle Zuchttiere oder außergewöhnliche Nutztiergattungen handelt. Die korrekte und rasche Abwicklung der Entschädigungen trägt dazu bei, dass Risse auch gemeldet werden. Die offiziell gemeldeten Verluste verbessern wiederum die Genauigkeit des Monitorings und der Rissstatistik. Funktioniert das Entschädigungssystem mit Rissnachweis und Auszahlung an den Geschädigten nicht oder sehr schleppend, werden die toten Tiere nicht mehr gemeldet, die Hirten und Bauern fühlen sich alleingelassen und die Gefahr von illegalen Tötungen kann zunehmen. Die Finanzierung und der Vollzug von Entschädigungszahlungen steht deshalb oft für die Glaubwürdigkeit des ganzen Managementsystems, da dieses greifbare Element für den Nutztierhalter sowohl einen ökonomischen wie auch symbolischen Wert hat.

11.8.3 Schadenskompensation versus Herdenschutzmaßnahmen

Die Finanzierung von Herdenschutzmaßnahmen und die Schadenskompensation für gerissene Tiere sind zentrale Elemente in den nationalen oder regionalen Strategien, um den ökonomischen Kontext der Nutztierhaltung ins Management der großen Beutegreifer miteinzubeziehen (Richtlinie des BAFU zum Herden- und Bienenschutz 2016). Dies hat sowohl eine betriebswirtschaftliche als auch eine politische Dimension, da es sich letztendlich um die Schaffung eines Systems von Anreizen handelt, mit großen Beutegreifern in der Landwirtschaft zusammenzuleben. Dabei beeinflussen sich die Strategie der Schadenskompensation und die finanziellen Anreize für Herdenschutzmaßnahmen gegenseitig. Ist das Ergreifen von Herdenschutzmaßnahmen Bedingung für die Rissentschädigung, wird der Anreiz, Maßnahmen zu ergreifen, verstärkt. Sind ergriffene Herdenschutzmaßnahmen keine Bedingung für die Rissentschädigung, ist die Höhe der Entschädigung für Verluste entscheidend für die Motivation, überhaupt Herdenschutzmaßnahmen zu ergreifen. Vor allem für große Mastbetriebe ist es möglich, dass sich bei guter Rissentschädigung und begrenzter Anzahl an Verlusten Herdenschutzmaßnahmen nicht lohnen.

11.8.4 Förderung von Schutzmaßnahmen

Herdenschutzmaßnahmen können durch finanzielle Anreize wie auch durch organisatorische und rechtliche Rahmenbedingungen gefördert werden. Lediglich ökonomische Anreize in Form von Beiträgen reichen meist nicht aus, um Schutzmaßnahmen nachhaltig zu implementieren. In der Regel sind dazu langfristige strukturelle Anpassungsprozesse in Weideplanung, Hundehaltung und betrieblicher Organisation notwendig. Während die Entschädigungszahlungen in den meisten europäischen Ländern in den nationalen Strategien verankert sind, werden nicht in allen Ländern systematisch Fördergelder für den Herdenschutz finanziert. Folgender Maßnahmenkatalog zeigt auf, wie der Herdenschutz finanziell gefördert werden kann. Die Auswahl fasst die Situation aus Frankreich, der Schweiz, Italien und einigen Bundesländern in Deutschland zusammen. Dabei kann zwischen zwei Arten der finanziellen Unterstützung unterschieden werden, den Direktzahlungen und den strukturellen Maßnahmen.

Finanzielle Beiträge als Direktzahlungen an Nutztierhalter oder personelle Unterstützung

Bei der finanziellen Unterstützung der **Herdenschutzhunde** können Kauf und Vermittlung sowie Futterkosten, medizinische Kosten und allfällige Zusatzaufwände für die Weideführung oder das Konfliktmanagement übernommen werden. Bei der Unterstützung wird auf Qualitätskontrolle und Zucht der Hunde sowie betriebliche Strukturen geachtet. Qualitätskontrollen können über Beratung und Zuchtprogramme koordiniert werden (vgl. Unterpunkt Herdenschutzhundezucht und -ausbildung).

Bei der finanziellen Unterstützung von **Zaunmaterial für Schutzzwecke** wird definiert, welche Zäune und Materialien zusätzlich zu den lokal üblichen Zaunsystemen benötigt werden, um einen möglichst guten Schutz vor großen Beutegreifern zu erreichen. Qualitätskontrolle und die Beratung sind zentrale Aspekte für den zweckmäßigen Einsatz von Zäunen (vgl. Unterpunkt Herdenschutzberatung).

Weitere direkte monetäre Anreize können die Vergütung von Präventionsmaterial zur **Vergrämung** wie Blinklampen, Lappenzäune oder akustische Vergrämung sein. Zudem können **Notfallmaßnahmen** finanziert werden, vor allem in Regionen, wo große Beutegreifer erstmals wieder auftauchen. Ist die Arbeit mit Herdenschutzhunden und Behirtung nicht möglich, können auch Alternativen wie **Esel** oder **Lamas** punktuell, vor allem gegen kleinere Raubtiere wie Füchse gute Dienste leisten. Weil auch „light"-Maßnahmen periodisch etwas nützen können, ist es sinnvoll, diese nicht per se auszuschließen, nur weil sie nach einer bestimmten Zeit ihre Wirkung verlieren können.

Eine **Unterstützung für gute und sichere Weideführung** kann im Rahmen eines Direktzahlungssystems erfolgen, wie es in der Schweiz für die Sömmerung praktiziert wird, oder als gezielte Hirtenprämie für gute Weideführung (Piemont). Die Unterstützung zielt auf eine kontrollierte, standortgerechte Weideführung, die sowohl die Biodiversität, eine schonende Ressourcennutzung sowie den Herdenschutz verbessern soll.

Hirtenunterkünfte zur nachhaltigen Bewirtschaftung im Berggebiet können bezuschusst werden. Vor allem im Berggebiet und in abgelegenen, unzugänglichen Regionen stellt sich die Frage nach den Unterkünften für die Hirten, die oft unter widrigen Umständen zusätzliche Arbeit für den Herdenschutz verrichten. Eine angemessene Unterkunft verbessert die Lebens- und Arbeitsbedingungen der Hirten und kann

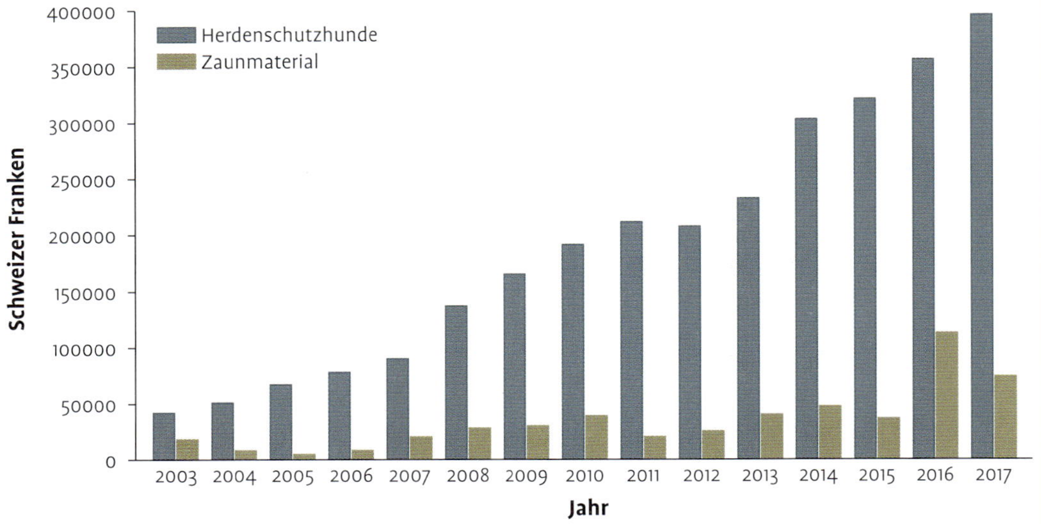

Abb. 11-8 Kostenentwicklung der Herdenschutzmaßnahmen in der Schweiz. Quelle: AGRIDEA

einen Beitrag leisten zur Sicherung einer längerfristigen Bewirtschaftung. Teilfinanzierungen in Form von Investitionshilfen bieten dazu einen geeigneten Rahmen (siehe z. B. das Programm zur Förderung von Hirtenunterkünften in der Schweiz, www.herdenschutzschweiz.ch).

Auch eine **personelle Unterstützung für zusätzliche Arbeit** kann in Betracht gezogen werden. Direkte Entschädigungen für Arbeiten im Zusammenhang mit dem Herdenschutz sind schwierig zu implementieren, da die betrieblichen Bedingungen sehr unterschiedlich sind und die Kontrolle aufwendig ist. Die Risikominimierung kann aber einen bedeutsamen zusätzlichen Aufwand für die Bewirtschafter verursachen. Deshalb kann die personelle statt direkte finanzielle Unterstützung einen Beitrag leisten, den Herdenschutz zu verbessern. Es werden verschiedene Möglichkeiten praktiziert: Sowohl Zivildienstleistende (Schweiz) als auch freiwillige Hirtenhilfen (Frankreich, Schweiz) können zur Unterstützung des Herdenschutzes eingesetzt werden. (Zur Kostenentwicklung der Herdenschutzmaßnahmen in der Schweiz siehe Abb. 11-8.)

Finanzierung struktureller Maßnahmen für die langfristige Verankerung des Herdenschutzes

Sinnvoll kann eine Unterstützung bei der **Bewirtschaftungsplanung** sein. Um die betrieblichen Rahmenbedingungen sowohl auf individueller wie auf überbetrieblicher oder kommunaler Ebene für den Herdenschutz schaffen zu können, werden Planungsinstrumente bezüglich Organisation und Umsetzung des Herdenschutzes geschaffen. In Frankreich werden sogenannte „Études de vulnérabilité“ (Risikoanalysen) im Rahmen von individuellen Bewirtschaftungsplänen finanziell unterstützt. In der Schweiz fördern Bund und Kantone regionale Planungsinstrumente zur strukturellen und räumlichen Planung, um Anpassungsprozesse zu unterstützen (Datenerhebung zu Betriebsstrukturen, Analysen zur Weidepraxis und zur Infrastruktur, Abklärungen für Betriebszusammenlegungen).

Die **Herdenschutzhundezucht und -ausbildung** sollte gefördert werden. Da die Herdenschutzhundehaltung gegenüber herkömmlichen Arbeitshunden eine grundsätzlich andere Hundehaltung darstellt (ohne Leine, ohne systematischen Gehorsam, periodisch ohne Unterkunft), können Rahmenbedingungen geschaffen werden, die einen erfolgreichen, konfliktarmen Einsatz von Herdenschutzhunden ermöglichen. Dazu gehört die finanzielle Förderung von Zuchtprogrammen und die Aus- und Weiterbildung von Züchtern und Haltern.

Ein weiterer Punkt ist die **Herdenschutzberatung**. Um die Herausforderungen, zu meistern, die sich in der Landwirtschaft stellen, ist ein Netzwerk für den Wissenstransfer ein zentraler Erfolgsfaktor. Um den Informationsfluss sowie das längerfristige Verankern des Herdenschutzes zu ermöglichen, wird in vielen Ländern eine dezentrale Organisation angestrebt, die sich an die bestehenden Verwaltungsstrukturen der Landwirtschaft, an das Management von Natur- und Nationalparks oder an zeitlich begrenzte Projekte anknüpfen lässt. Dabei ist auf eine klare Rollentrennung zwischen Beratung und Kontrolle zu achten. Ausreichend personelle und finanzielle Ressourcen sind vor allem in der Aufbauphase wichtig.

11.9 Organisation von Beratung und Verwaltung

11.9.1 Begleitung von Anpassungsprozessen

Die nötigen Anpassungsprozesse für einen erfolgreichen Herdenschutz können einige Jahre dauern, manche sprechen sogar von Generationen. Wie schnell die Anpassung gelingt, ist abhängig vom Risiko, Schäden zu erleiden, und von einzelnen Schlüsselakteuren, die den Prozess beschleunigen oder behindern. Voraussetzung für eine erfolgreiche Umsetzung bildet die Weideorganisation. Bei großflächigen Betrieben in übersichtlichem Gelände lassen sich die Anpassungen einfacher realisieren als in kleinstrukturierten Hügelzonen und in Berggebieten. In der Vielfalt bestehender Bewirtschaftungssysteme stellt sich deshalb überall die Frage sowohl der Anpassungsfähigkeit als auch der Resilienz. Überall bedeutet die verstärkte Kontrolle der Herden mit Hirten, Herdenschutzhunden oder Zäunen Mehrarbeit. Betriebe, die ökonomisch und strukturell benachteiligt sind, stellt der Umgang mit den großen Beutegreifern vor beträchtliche Herausforderungen. Eine überbetriebliche Koordination und die Unterstützung von Gemeinden und Körperschaften ist deshalb ebenso wichtig wie ein funktionierendes Beratungssystem. Die Planung und die Umsetzung von Veränderungen entwickeln sich selten linear. So können auf der betrieblichen Ebene ein Generationenwechsel oder eine Betriebsumstellung ebenso „Brüche“ verursachen wie veränderte Marktbedingungen oder politische Anreize. Dabei sind die Verantwortlichen im Wissenstransfer aus Forschung und Beratung gefordert, diese Veränderungen ebenso kritisch wie fachlich kompetent zu begleiten. Jedes adaptive Managementsystem muss regelmäßig wissenschaftlich evaluiert und falls nötig auf neue Situationen angepasst werden. Denn der Wolf ist als Stimulus für Veränderungsprozesse ein konfliktträchtiges und politisches Symbol für die Zukunft von Schäfern, Hirten und Betriebsleitern. Für Wissenschaft und Beratung kann er durchaus als Prüfstein für den langfristigen und unabhängigen Wissenstransfer dienen.

11.9.2 Institutionalisierung von Kontrolle und Beratung

Die große Herausforderung zu Beginn der Rückkehr der Großraubtiere war, wie der Herdenschutz als neues, politisch heikles Thema ins landwirtschaftliche Wissenssystem integriert werden kann. Aufgrund der politischen Brisanz wird in vielen Ländern das Thema in der landwirtschaftlichen Beratung wie eine heiße Kartoffel herumgereicht. Da die Gefahr groß ist, das Thema zu politisieren, sind besonders die landwirtschaftlichen Institutionen und Organisationen gefordert, die Diskussion zu versachlichen. Die landwirtschaftliche Beratung soll die Verantwortung übernehmen, um in regionalen, nationalen und internationalen Netzwerken den Wissenstransfer zu gestalten. Erfahrungsaustausch von Best-Practice-Beispielen, Aus- und Weiterbildung von Experten sowie eine praxisnahe Beratung im Feld sind wichtige Aufgaben. Die Berater müssen dabei vor allem Kompetenzen im Bereich Kleinvieh, Weidemanagement, Arbeitshunde in der Landwirtschaft und Kommunikation besitzen. Die lokalen Kenntnisse und das gegenseitige Vertrauen zwischen Beratern und Nutztierhaltern sind ebenso Faktoren wie die nötigen gesetzlichen Rahmenbedingungen, welche die Förderung und das Großraubtiermanagement so gestalten, dass für die Nutztierhalter eine Planungssicherheit entstehen kann. Dann lassen sich die Unsicherheiten im Umgang mit den Beutegreifern so begrenzen, dass ein konstruktives Nebeneinander entstehen kann. Dazu gehört ein solides, nationales Kompetenznetzwerk für den Herdenschutz, um Abschussargumente und Wolfsregulierung ebenso fundiert zu planen wie auch die technischen und ökonomischen Möglichkeiten und Grenzen des Einsatzes von Zäunen und Herdenschutzhunden. Um die Wirksamkeit der Maßnahmen zu evaluieren und die Auswirkungen der großen Beutegreifer auf die Tierhaltung zu analysieren, braucht es auch eine Qualitätssicherung bei der Umsetzung der Maßnahmen (Eklund et al. 2017). Hier gilt es darauf zu achten, dass Kontrolle und Beratung sauber getrennt werden und die intersektorale Zusammenarbeit zwischen den zuständigen Behörden effizient funktioniert. Dies ermöglicht Anpassungen sowohl auf konzeptueller wie auch auf praktischer Ebene, um auf die Dynamik der Großraubtierpräsenz reagieren zu können.

Fazit für die Praxis

- Die agrarpolitischen Rahmenbedingungen sind die Grundvoraussetzung, um strukturelle Anpassungen und Planungssicherheit im Herdenschutz zu ermöglichen.
- Gesetzliche Grundlagen für den Herdenschutz sind notwendig, um den Ressourceneinsatz für Hunde, Hirten und Landwirte langfristig zu verankern.
- Ein dezentrales Beratungssystem ist der Erfolgsschlüssel, um durch Vertrauen und Kompetenzen Herdenschutzmaßnahmen nachhaltig einzuführen.
- Um Methoden und Management in der Praxis laufend zu verbessern, ist die Sammlung von positiven wie negativen Erfahrungsbeispielen entscheidend.
- Ein kompetentes Fachnetzwerk aller Beteiligten zur Koexistenz von großen Beutegreifern und dem Menschen schafft einen gemeinsamen Nenner auf fachlicher und politischer Ebene.
- Ein Management, das Konflikte löst, sucht eine längerfristige Strategie, die Herdenschutz, die gezielte Entnahme schadenstiftender Tiere, sowie das Management der Beutegreifer- wie auch der Beutetierpopulationen umfasst.

Literatur

Brosi, G., Jenny, H. (2017): Wölfe im Kanton Graubünden, 2017. Bericht des Amtes für Jagd und Fischerei Graubünden. 14 S.

Darré, J. P., Mathieu, A., Lasseur, J. (2004): Le sens des pratique: Conceptions d'agriculteurs et modèles d'agronomes. INRA éditions. 320 S.

Eklund, A., López-Bao, J. V., Tourani, M., Chapron, G., Frank, J. (2017): Limited evidence on the effectiveness of interventions to reduce livestock predation by large carnivores. Scientific reports 7 (1), 2097.

Faß, F. (2017): Wildlebende Wölfe: Schutz von Nutztieren – Möglichkeiten und Grenzen. Müller Rüschlikon, Stuttgart. 384 S.

Franklin, W. L. (1994): Guard Lamas, A part of integrated sheep protection. University of Iowa Press. Iowa City. 12 S.

Fuhr, E. (2017): Schafe. Matthes & Seitz Berlin. 136.

Garde, L. (2015): Sheep farming in France: Facing the return of the wolf. Carnivore Damage Prevention News 11, 17–27.

Garcia Dory, F. (2017): The European Shepherd Network. Carnivore Damage Prevention News 14, 26–30.

Herrera, P., Saucedo, C., Fierro, S. (2017): Livestock guardian dogs: An old world tool used for conservation in Chilean Patagonia, Carnivore Damage Prevention News 16, 1–10.

Heurich, M. (2015): Welche Effekte haben große Beutegreifer auf Huftierpopulationen und Ökosysteme? Naturschutz und Landschaftsplanung 47 (11), 337–345.

Hilfiker, D., Lüthi, R., Landry, J.-M. (2016): Pilotprojekt zum Verhalten von Wölfen gegenüber Zäunen in der Landwirtschaft, Schlussbericht, Agridea, Lindau 52 S.

Hubert, J., von Arx, M., Burkï, R., Manz, R., Breitenmoser, U. (2016): Wolves living in proximity to humans. Kora-Bericht 76. 19 S.

Lüthi, R., Hahn, F., Mettler, D., Meyer, F., Hilfiker, D. (2017): Jahresbericht Herdenschutz Schweiz 2016. Agridea, Lindau. 56 S.

Landry, J.-M. (2016): Chiens de protection des troupeaux. Existe-il une race plus adaptée face au loup? IPRA, Corgément. 70 S.

Mettler, D., Werder, C., Müller, M. (2014): Schafalpplanung Kanton Wallis 2012–14, Schlussbericht. Agridea, Lindau. 8 S.

Mettler, D., Hilfiker, D. (2017): From free grazing to flock management: A case study from Switzerland, Carnivore Damage Prevention News 11, 33–48.

Moser, S., Werder, C., Mettler, D. (2016): Kleinviehalpung im westlichen Südtirol: Akteure, Bewirtschaftung und Herdenschutz. Schlussbericht. Agridea, Lindau. 36 S.

Nucera, E., Alberto, P. F., Mettler, D. (2017): Sintesi dello studio "Analisi strutturale per la messa in ope-ra di misure di protezione delle greggi in Ticino." Agridea, Lindau. 2 S.

Ribeiro, S., Guerra, A., Petrucci-Fonseca, F. (2017): The use of livestock guardian dogs in northeastern Portugal, Carnivore Damage Prevention News (15), 9–19.

Rigg, R., Goldthorpe, G., Popiashvili, T., Sillero-Zubini, C. (2017): Livestock guardian dogs in Georgia: A tradition in need of saving? Carnivore Damage Prevention News 15, 19–27.

Robin, K., Graf, R., Schnidrig-Petrig, R. (2017): Wildtiermanagement. Eine Einführung. Haupt, Bern. 335 S.

Salvatori, V., Canestrini, M., Mancini, R., Orsoni, F., Vielmi, L. (2017): Use of livestock guardian dogs in Italy: From History to Modernity, Carnivore Damage Prevention News 16, 10–23.

Troxler, J., Chatelain, C. (2005): Gardiennage permanent des moutons à haute altitude. Revue Suisse Agricole 37, 151–160.

Willisch, C. S., Meyer, F., Pfister, U. (2015): Herd protection in the northwestern Swiss Prealps 2009–2013. Carnivore Damage Prevention News 11, 12–17.

Internet

Agridea-Merkblätter: www.protectiondestroupeaux.ch/downloads/

www.agrarbericht.ch/de, Markt, 2018

www.auvergne-rhone-alpes.developpement-durable.gouv.fr, Schadensstatistik, 2017

www.bafu.ch, Grossraubtierkonzepte, 2016

www.herdenschutzschweiz.ch, Jahresberichte, 2018

www.fototrappolaggio.com/, Alarm Guards, 2018

www.kora.ch, Schadensstatistik Grossraubtiere, 2018

www.weltagrarbericht.de, Originalberichte, 2018

12 Welche Gefahren gehen von großen Beutegreifern wirklich aus?

CONSTANZE TENHAEFF UND MARCO HEURICH

12.1 Die Angst vor großen Beutegreifern

Die Furcht vor großen Beutegreifern ist bei vielen Menschen tief verankert. Sie basiert auf alten Geschichten, Erzählungen, Märchen und Mythen, die allerdings wenig mit dem tatsächlichen Verhalten der Tiere gemein haben (Linnell und Alleau 2016). Mit der Rückkehr der großen Beutegreifer nach Mitteleuropa ist es notwendig, sich intensiv mit der Frage auseinanderzusetzen, wie gefährlich diese Tiere wirklich sind, und auch die bestehenden Ängste ernst zu nehmen. Dazu reicht das Drucken und Lesen von Informationsmaterial alleine nicht aus, vielmehr handelt es sich um einen Prozess, bei dem wir erst durch eigene Erfahrung lernen müssen, dass die Bilder in unseren Köpfen nicht mit der Realität übereinstimmen. Da die Rückkehr der großen Beutegreifer sehr oft von stark polarisierten Diskussionen und nicht zuletzt vielen „Fake News" begleitet wird, ist eine Auseinandersetzung, die lösungsorientiert an den tatsächlichen Problemen ansetzt, von größter Bedeutung. Ein erfolgreicher Umgang mit den großen Beutegreifern setzt auch voraus, dass klare Regelungen geschaffen und stringent umgesetzt werden, um Konflikte weitgehend zu vermeiden und mögliche Gefahrensitutationen schnell und professionell entschärfen zu können.

12.1.1 Wie gefährlich sind Wölfe?

Im Diskurs um die Rückkehr der großen Beutegreifer spielt insbesondere die Furcht vor Wölfen eine große Rolle. Wölfe sind kräftige Raubtiere, die auch wehrhafte Beutetiere wie z. B. Elche erbeuten können. Menschen zu töten wäre für sie damit leicht möglich. Dennoch gibt es nur sehr wenige Angriffe auf Menschen, da sich die Tiere generell vorsichtig und zurückhaltend verhalten und Menschen nicht als Beute ansehen. Eine Studie des Norwegischen Instituts für Naturschutzforschung (NINA) untersuchte derartige Vorfälle und kam zu dem Ergebnis, dass es in Europa in den letzten 50 Jahren bei einem Vorkommen von 15 000 Wölfen nur 59 Angriffe auf Menschen gegeben hat. 38 davon waren auf tollwütige Tiere zurückzuführen, 5 endeten tödlich. Gesunde Wölfe waren für 21 Angriffe verantwortlich, davon verliefen 4 tödlich. Bei diesen 4 Fällen handelte es sich um Kinder in der spanischen Region Galizien, einem Gebiet, in dem die Wölfe wenige natürliche Beutetiere hatten und sich vor allem von Abfällen und Haustieren ernährten. Im gleichen Zeitraum ereigneten sich in Nordamerika 13 Angriffe von Wölfen auf Menschen. Von den zwei Fällen, die auf Tollwut zurückgeführt werden konnten, verlief einer tödlich (Linnell et al. 2002). Seit dieser Studie kam es in Nordamerika noch zu 2 weiteren tödlichen Auseinandersetzungen. Im November 2005 wurde ein Mann in einem Camp in Nordsaskatchewan mit großer Wahrscheinlichkeit von Wölfen getötet (Bären konnten nicht vollständig als Verursacher ausgeschlossen werden), die an menschliches Futter gewöhnt waren (McNay 2007). Ein weiterer Fall ereignete sich im März 2010 in Alaska, als eine Frau beim Joggen außerhalb einer abgelegenen Ortschaft von Wölfen getötet wurde. Es handelte sich um einen unprovozierten Angriff von mindestens einem, vermutlich mehreren Wölfen, die nicht habituiert oder krank waren. Die Frau trug Kopfhörer, weshalb sie die sich annähernden Wölfe vermutlich nicht wahrnehmen und keine Gegenmaßnahmen ergreifen konnte (Butler et al. 2011).

Allerdings zeigt die norwegische NINA-Studie auch, dass es unter Bedingungen, wie sie

Obwohl Wölfe Raubtiere sind, die Menschen leicht töten könnten, verhalten sich frei lebende Wölfe sehr vorsichtig und meiden möglichst den Kontakt zu Menschen, indem sie nachts aktiv sind und sich tagsüber von menschlichen Strukturen fernhalten. Dadurch kommt es nur selten zu einem direkten Zusammentreffen.

früher in Mitteleuropa und heute noch in Entwicklungsländern anzutreffen sind, zu vermehrten Angriffen kommen kann. So wurden beispielsweise in Indien in den letzten 50 Jahren 388 Angriffe registriert, von denen 278 tödlich endeten (Linnell et al. 2002).

Insgesamt kann man drei Typen von Angriffen unterscheiden: 1) Angriffe von tollwütigen Tieren, 2) Angriffe, bei denen Tiere auf menschliche Provokationen reagieren, 3) Angriffe, bei denen Wölfe Menschen als Beute betrachten.

1) Viele Beschreibungen von Wolfsangriffen aus der Vergangenheit lassen vermuten, dass ein bedeutender Teil davon auf tollwütige Tiere zurückgeht. Bei der Tollwut handelt es sich um eine Virusinfektion, die das zentrale Nervensystem befällt und durch den Speichel übertragen wird. Infizierte Tiere fallen in einen Zustand von Raserei, bei dem sie viele Menschen und Nutztiere in einem Angriff attackieren können. Dabei unterscheiden sie nicht zwischen den Opfern, sondern wählen zufällig aus und fügen den Betroffenen erhebliche Verletzungen, oft mit Bissen in Kopf und Hals, zu. Charakteristisch für tollwütige Tiere ist auch, dass die „Beute“ nicht aufgefressen wird. Vermutlich haben Übergriffe von tollwütigen Wölfen zu dem stark negativ behafteten Bild des Wolfes beigetragen, das tief in unserer Gesellschaft verankert ist. Heute ist die Tollwut durch die Impfung der Überträger, wie z. B. dem Rotfuchs, in Mitteleuropa unter Kontrolle, so dass sich auch Wölfe nicht mehr infizieren und Menschen angreifen können.
2) Nicht nur die Tollwut, sondern auch Provokationen können zu einem aggressiven Verhalten bei Wölfen führen. Wenn man sie zu fangen oder zu vertreiben versucht oder sie sich in die Enge gedrängt fühlen, können Wölfe aggressiv reagieren. Durch solche Situationen wurden zwar in den letzten 50 Jahren keine Menschen getötet, jedoch kam es zu Angriffen und Bissverletzungen. Meistens tre-

ten solche Situationen auf, wenn Schafhirten versuchen ihre Herde zu verteidigen, etwa indem sie die Wölfe mit Knüppeln und Steinen zu vertreiben versuchen (Linnell et al. 2002).

3) In den Fällen, in denen Wölfe ohne erkennbaren Grund Menschen angriffen, waren zu 90 % Kinder (meist unter 10 Jahren) und zu einem geringeren Teil Frauen betroffen. Ausgewachsene Männer wurden nicht attackiert. Solche Angriffe finden meist in Gegenden statt, in denen die Dichte der natürlichen Beutetiere gering ist und Wölfe sich hauptsächlich von Abfällen sowie von Nutz- und Haustieren ernähren und deshalb in enger Nachbarschaft zu Menschen leben. Die Opfer sind Kinder, die als Hirten allein oder in der Gruppe die Nutztiere im Wald begleiten und diese ggf. gegen Angriffe verteidigen, wie dies bei den beschriebenen Übergriffen in Spanien und Indien der Fall war (Linnell et al. 2002, Linnell und Alleau 2016). Da es solche Bedingungen heute in Mitteleuropa und Nordamerika kaum mehr gibt, ist auch die Anzahl der Übergriffe im Vergleich zu früheren Jahrhunderten stark zurückgegangen. Angriffe, die wir heute beispielsweise in Nordamerika beobachten, finden oft in großen Schutzgebieten statt, in denen sich Wölfe an Menschen, die sie manchmal auch füttern, gewöhnt haben. Über ganz Europa und Nordamerika betrachtet wurde in den letzten Jahrzehnten etwa alle 2 Jahre ein Mensch angegriffen, in Deutschland, Österreich und der Schweiz ist ein solcher Fall noch nicht bekannt geworden (Penteriani et al. 2016). Dass die Angst vor Wölfen dennoch so groß ist, hängt mit dem sogenannten „Denominator-neglect"-Effekt zusammen. Dieser besagt, dass Menschen das Risiko sehr seltener Ereignisse stark überschätzen, wenn dadurch starke Emotionen hervorgerufen werden. Dies gilt umso mehr, je seltener das Ereignis eintritt. Wenn man bedenkt, dass in Deutschland jährlich über 3000 Menschen durch Verkehrsunfälle getötet (und ca. 400 000 verletzt) werden und etwa 500 durch Mord, ca. 400 durch Ertrinken, 20 durch Pferde, 8 durch Blitz und 4 durch Haushunde sterben, relativiert sich die Gefährlichkeit von Wölfen erheblich (Mägdefrau 2017, Statistisches Bundesamt 2016).

12.1.2 Wie gefährlich sind Braunbären?

Die Braunbär-Populationen in Europa bestehen aus etwa 17 000 Individuen. Davon befinden sich nach Schätzungen 45 – 50 Individuen in der alpinen Region, die Österreich, Schweiz, Italien und Slowenien umfasst (European Commission 2013). Im 20. Jahrhundert wurden in Europa 36 Menschen durch Braunbären getötet. Die meisten dieser Unfälle ereigneten sich in osteuropäischen Ländern (24 allein in Rumänien), in denen die Braunbärendichte höher ist. Allerdings gibt es auch unbestätigte Aussagen, die – für Rumänien – von mehreren Fällen pro Jahr ausgehen. Im gleichen Zeitraum wurden in Asien 206 und in Nordamerika 71 Menschen von Braunbären getötet (Swenson et al. 1996).

Dass Europäische Braunbären deutlich weniger aggressiv sind als ihre nordamerikanischen Verwandten, zeigt der direkte Vergleich zwischen Alaska und Skandinavien. Während es in Alaska alle 2,5 Jahre zu einem tödlichen Zwischenfall kommt, beträgt der statistische Zeitraum zwischen zwei tödlichen Ereignissen in Skandinavien 19,5 Jahre und das, obwohl in Skandinavien deutlich mehr Menschen leben.

Bei der Analyse von historischen Fällen ist es bei Bären im Nachhinein schwierig nachzuweisen, ob ein Tier beim Angriff unter Tollwuteinfluss stand. In Norwegen und Schweden förderten Archivsuchen für die Zeit zwischen 1750 und 1962 insgesamt 75 Zusammenstöße zwischen Menschen und Bären zu Tage, davon führten 48 zu Verletzungen, 27 endeten tödlich (Swenson et al. 1996). In 51 % der Fälle war der angreifende Bär verletzt, in 19 % der Fälle hatte das Tier vorher an einem Kadaver gefressen. In 15 % der Fälle fand der Angriff in der Nähe einer Wurfhöhle statt und in 7 % der Fälle hatte die Bärin Jungtiere. In weiteren 7 % der Fälle wurde der Angriff durch Menschen provoziert, indem sie beispielsweise nach dem Bären schlugen (Swenson et al. 1996). Meist bleibt es jedoch bei Scheinangriffen. Zwischen 1977 und 2016 wuchs die Braunbärenpopulation in Norwegen und Schweden von 500 auf 3300 an. Im gleichen Zeitraum wurden 42 Menschen verletzt und 2 getötet. Interessanterweise waren 33 der Opfer Jäger, von denen 26 kurz vor dem Zwischenfall auf den Bären geschossen hatten. 8 der 11 Zwischenfälle, bei denen Nichtjäger betroffen waren, wurden durch Weibchen mit Jungtieren verursacht. Die meisten Zwischenfälle ereigneten sich tagsüber zwischen 8.00 und 18.00 Uhr, als sich die Bären in unwegsames Gelände und dichte Vegetation zurückgezogen hatten (Støen et al. 2018). Das von den Forschern ausgerechnete Risiko, von einem Bären verletzt zu werden, betrug bei Waldbesuchern nur 0,00000025, bei Jägern war es mit 0,000003 ebenfalls sehr niedrig und liegt damit in der gleichen Größenordnung wie das Risiko, von einem Blitz getroffen zu werden.

12.1.3 Wie gefährlich sind Luchse?

Luchse stellen für Menschen keine Gefahr dar (KORA 2017, Reinhardt et al. 2010). Bislang gibt es keinen dokumentierten Fall, bei dem ein Luchs einen Menschen getötet hätte, dies gilt auch für tollwütige Luchse. Zudem sind nur sehr wenige Fälle bekannt, bei denen ein Luchs einen Menschen verletzt hat. Wenn es dazu kam, wurden die Luchse entweder in die Enge getrieben oder es handelte sich um Konflikte mit Hunden, in die der Hundehalter eingegriffen hatte. Nie kam es dabei zu ernsthaften Verletzungen, meist blieb es bei Kratzspuren (Heurich und Sinner 2012).

12.2 Wie verhalte ich mich richtig beim Zusammentreffen mit großen Beutegreifern?

Das Risiko, von großen Beutegreifern attackiert zu werden, ist zwar sehr gering, aber nicht ganz auszuschließen. Aufgrund des Anwachsens ihrer Populationen, aber auch durch steigende Outdoor-Aktivitäten ist damit zu rechnen, dass es in den nächsten Jahren vermehrt zu überraschenden Aufeinandertreffen von Menschen und großen Beutegreifern kommen wird. Penteriani et al. (2016) untersuchten 271 detailliert dokumentierte Übergriffe von Beutegreifern auf Menschen in entwickelten Ländern und kamen dabei zum Ergebnis, dass in der Hälfte der Fälle menschliches Fehlverhalten die Ursache war. Dazu gehörten das Alleinlassen von Kindern (92 % dieser Angriffe erfolgten durch Pumas, Kojoten und Schwarzbären), das Mitführen nicht angeleinter Hunde, die Annäherung an verletzte Tiere oder an Muttertiere mit ihren Jungen sowie Outdoor-Aktivitäten bei Dämmerung oder Nacht. Deshalb muss die Präventionsarbeit auch bei uns Menschen ansetzen, denn durch richtiges Verhalten gegenüber den Tieren kann das Risiko für unerwünschte Verhaltensänderungen oder gar Angriffe minimiert werden.

Die Vermeidung jeglicher Futtergaben ist die Voraussetzung für ein konfliktarmes Zusammenleben. Das heißt, die Tiere dürfen auf keinen Fall gefüttert und mögliche Nahrung darf nicht in der Landschaft zurückgelassen werden. Außerdem müssen alle künstlichen Nahrungsquellen entfernt oder zumindest unzugänglich gemacht werden, weil sich daraus leicht ein unerwünschtes Verhalten des Beutegreifers gegenüber Menschen entwickeln kann. Doch wie verhalte ich mich richtig, wenn ich einem Bären, einem Wolf oder einem Luchs begegne?

12.2.1 Richtiges Verhalten gegenüber Wölfen

Begegnungen mit Wölfen auf eine geringe Distanz sind selten und üblicherweise darauf zurückzuführen, dass die Wölfe den Menschen nicht bemerkt haben. Für gewöhnlich ziehen sich die Wölfe bei einem Zusammentreffen mit Menschen zurück. In einer solchen Situation sollte man Ruhe bewahren und möglichst einen Sicherheitsabstand von etwa 100 m einhalten (Yellowstone National Park 2003). Natürlich sollte man sich den Wölfen nicht nähern, um sie zu füttern oder zu fotografieren. Dass sich Wölfe annähern, kommt nur selten vor, meist handelt es sich dabei um neugierige Jungwölfe. In einer solchen Situation darf man nicht weglaufen oder dem Wolf den Rücken zukehren, weil dadurch eine instinktive Folgereaktion ausgelöst werden könnte. Stattdessen sollte man sich groß machen und den Wolf durch Winken (mit der Jacke), durch lautes Rufen und Händeklatschen auf sich aufmerksam machen. Wenn das nicht hilft, kann man das Tier mit Gegenständen, z. B. mit Steinen, bewerfen. Da Hunde eine starke Anziehungskraft auf Wölfe ausüben können, sollte man diese in Gebieten mit Wolfsvorkommen nicht frei laufen lassen, sondern an der Leine führen. Fälle aus Nordamerika zeigen, dass frei laufende Hunde, die auf einen Wolf stoßen, von den Wölfen verfolgt und sogar in der Nähe ihres Besitzers angegriffen werden können (McNay 2002).

12.2.2 Richtiges Verhalten gegenüber Braunbären

Als wichtigste Maßnahme gilt, ein überraschendes Zusammentreffen mit Braunbären von vorneherein zu vermeiden. Dazu müssen uns die Tiere frühzeitig wahrnehmen können. Wenn man in Gruppen wandert, laut redet oder ein Bärenglöckchen trägt, ist dies gewährleistet.

Kommt es dennoch zu einer überraschenden Begegnung, kann sich der Bär auf die Hinterbeine stellen. Dieses Verhalten scheint zwar bedrohlich, dient dem Tier aber lediglich dazu, einen besseren Überblick zu erhalten (visuell und olfaktorisch). Man sollte sich dadurch nicht einschüchtern oder gar dazu verleiten lassen, die Flucht zu ergreifen, denn Braunbären können viel schneller laufen als Menschen. Stattdessen sollte man sich langsam rückwärts entfernen und sich auf gar keinen Fall dem Tier nähern. Wichtig ist, dass man nicht zwischen eine Mutter und ihre Jungen oder zwischen einen Braunbären und seine Futterquelle (z. B. den Kadaver eines Wildtieres) gerät. Der Bär muss immer genügend Platz haben, um sich möglichst ungestört zurückziehen zu können.

Sollte ein Bär dennoch angreifen, bleibt man am besten stehen und setzt Pfefferspray ein. Erst wenn sich der Bär bis auf etwa 8 m genähert hat, sollte man mit dem Sprühen beginnen, und zwar auf Augen und Ohren. Dabei gilt: Je näher der Bär, desto wirksamer das Spray (Smith et al. 2012). Neben starken Nerven ist es vor allem notwendig, sich im Voraus mit dem Einsatz des Sprays vertraut zu machen und es leicht erreichbar, etwa am Gürtel, mitzuführen, um es schnell einsetzen zu können. Setzt das Tier den Angriff trotzdem fort oder steht Pfefferspray nicht zur Verfügung, sollte man sich im letzten Moment bäuchlings zu Boden fallen lassen und mit den Händen den Nacken und mit den Ellenbogen das Gesicht bedecken. Das Tragen eines Rucksacks hilft, den Rücken zu schützen. Anschließend sollte man sich ruhig verhalten, so dass der Bär sich davon überzeugen kann, dass keine Gefahr besteht. Erst wenn man sicher ist, dass der Bär sich nicht mehr in der Umgebung aufhält, sollte man sich zurückziehen. Erfahrungen aus dem Yellowstone-Nationalpark (hier kommt allerdings der weitaus aggressivere Grizzly vor) zeigen, dass dieses Totstellen in 75 % der Fälle zu einem glimpflichen Ausgang beiträgt. Bei Menschen, die sich wehren, führen Attacken in 80 % der Fälle hingegen zu schweren Verletzungen.

Wenn Braunbären, hier ein Grizzly, sich aufrichten ist das k e i n Anzeichen für einen bevorstehenden Angriff, sie wollen sich dadurch vielmehr einen besseren Überblick über die Situation verschaffen.

Die Vermeidung jeglicher Futterkonditionierung spielt insbesondere beim Braunbären eine entscheidende Rolle, da er als Allesfresser ein weites Nahrungsspektrum besitzt, das bei menschlichem Futter von Bio-Öl über Vogel- und Fischfutter bis hin zu Nahrungsresten auf dem Komposthaufen reicht. In einer Übersichtsarbeit konnte Swenson (1999) zeigen, dass sich durch einen einfachen Zugang zu Nahrungsmitteln die Scheu des Braunbären gegenüber dem Menschen deutlich reduzierte. Dies ist besonders ein Problem in Gegenden, in die Braunbären wieder zurückkehren, da dort noch keine Maßnahmen ergriffen wurden, um den Zugang zu Futter zu unterbinden. Swenson (1999) stellte auch fest, dass die Bejagung einen großen Einfluss auf das Verhalten der Braunbären hat und einer Gewöhnung an Menschen entgegenwirken kann. Dies ist allerdings nur der Fall, wenn Braunbären ihre Scheu nicht aufgrund von anthropogenen Futterquellen verlieren.

12.2.3 Richtiges Verhalten gegenüber Luchsen

Ein Zusammentreffen mit einem Luchs ist ein seltenes Ereignis. Dies liegt neben der geringen Anzahl bei uns lebender Tiere vor allem daran, dass Luchse gut getarnt sind und eher an Ort und Stelle verharren, anstatt zu flüchten. Deshalb sieht man sie meist gar nicht. Im Falle eines Zusammentreffens sollte man genügend Abstand einhalten und das Tier mit einer ruhigen Stimme auf sich aufmerksam machen. Man sollte sich nicht nähern oder dem Luchs gar folgen, um ihn beispielsweise besser fotografieren oder filmen zu können.

Schon die Einhaltung weniger Regeln kann dazu beitragen, die Gefahr für Menschen zu minimieren. Wichtig ist auch, dass auffälliges Verhalten sofort an die zuständigen Stellen gemeldet wird, damit diese die Situation untersuchen und ggf. weitere Maßnahmen einleiten können. Da es bislang nur wenig Wissen darüber gibt, wie das Auftreten von verhaltensauffälligen Tieren vermieden oder Problemsituationen gelöst werden können, sollten alle Vorfälle nach einheitlichen Standards dokumentiert werden, so dass später eine Analyse der Daten möglich wird. Diese Vorgehensweise wird es in der Zukunft erlauben, besser Rückschlüsse auf das richtige Verhalten in einer kritischen Situation ziehen zu können.

12.3 Was ist ein auffälliges Verhalten gegenüber Menschen und wodurch wird es ausgelöst?

Als verhaltensauffällig werden Tiere bezeichnet, deren Verhalten außerhalb der Bandbreite des „normalen“ Verhaltens der betreffenden Art liegt oder die für den Menschen größere wirtschaftliche Probleme verursachen oder sogar eine Gefahr darstellen. Doch was bedeutet das in der Praxis?

Das Verhalten von Wildtieren ist für die meisten Menschen schwer einzuschätzen, da in unserer Gesellschaft nur wenige regelmäßig Kontakt mit Wildtieren haben. Im besonderen Maße trifft dies natürlich für die großen Beutegreifer zu, die nach Jahrhunderten der Abwesenheit nun wieder zurückkehren. Daher kann ein Verhalten bedrohlich und angsteinflößend wirken, obwohl es sich um ganz natürliche Verhaltensweisen handelt, wie die Reaktion auf ein unerwartetes Zusammentreffen zwischen Mensch und Tier oder die Verteidigung von Jungen und Beute. Generell meiden große Beutegreifer den Menschen. Sie halten sich möglichst weit entfernt von menschlichen Siedlungen auf und sind nachtaktiv (Theuerkauf et al. 2007). Tagsüber ziehen sie sich vor allem in schwer zugängliches Gelände mit dichter Vegetation zurück (Filla et al. 2017, Kaartinen et al. 2015, Ordiz et al. 2011). Selbst wenn sich Menschen großen Beutegreifern bis auf weniger als 50 m nähern, ziehen sich diese meist zurück und werden dabei oft nicht einmal wahrgenommen (Sunde et al. 1998, Moen et al. 2012, Karlsson et al. 2007). In unserer dicht von Menschen besiedelten Landschaft können große Beutegreifer menschliche Strukturen nicht vollständig meiden und müssen einen hohen Grad an Toleranz gegenüber menschlicher Aktivität entwickeln, um zu überleben. Für Wölfe beispielsweise ist es nicht ungewöhnlich, wenn sie sich entlang von Wegen und Ortschaften bewegen und bei Kontakt zu Menschen nicht sofort die Flucht ergreifen. Es kann auch vorkommen, dass sie sich nachts in der Nähe von Dörfern aufhalten oder diese sogar durchqueren. Solche und ähnliche Verhaltensweisen sind ganz natürlich und zeigen, wie gut die großen Beutegreifer sich an Menschen und an die von ihnen gestaltete Landschaft anpassen können. Gerade solche Tiere werden oft zu schnell als an den Menschen gewöhnt oder gar als gefährlich eingestuft (Reinhardt et al. 2010).

Doch was macht einen großen Beutegreifer zu einem verhaltensauffälligen Tier?

Dabei spielen zwei Prozesse eine wichtige Rolle: Habituierung und Futterkonditionierung. Bei der **Habituierung** (= Gewöhnung) nimmt die Reaktion eines Lebewesens auf einen Reiz ab, wenn dieser häufig auftritt. Dabei handelt es sich um eine einfache Form des Lernens, bei dem Tiere zwischen wichtigen und unwichtigen Reizen zu unterscheiden lernen. Wenn Wildtiere z.B. beim vermehrten Zusammentreffen mit Menschen weder positive noch negative Erfahrungen machen, verlieren sie ihre natürliche Vorsicht, was u.a. dazu führt, dass sie ihre Fluchtdistanz verringern (Herrero et al. 2005). Dieses Phänomen tritt vor allem in Schutzgebieten auf, in denen die Tiere nicht bejagt werden und sie deshalb Menschen nicht mit Gefahr in Verbindung bringen. Große Herbivoren halten sich dort sogar in Siedlungen auf und zeigen nur eine geringe Scheu. Konsequenz sind vermehrte Begegnungen mit Menschen, die auch zu gefährlichen Situationen führen können, beispielsweise dann, wenn die Personen die ohnehin geringe Fluchtdistanz noch unterschreiten, um beispielsweise ein formatfüllendes Foto zu machen. Die Tiere können sich dann bedroht fühlen und den Eindringling attackieren. Oft handelt es sich bei habituierten Tieren um Jungtiere, die neugierig und sehr lernfähig sind und deshalb von neuen Reizen in der Umgebung des Menschen angezogen werden. Insbesondere wenn diese Reize mit Nahrung kombiniert sind, lernen Jungtiere schnell, sich einfache Nahrungsquellen in der Umgebung von Menschen zu erschließen.

Bei der **Futterkonditionierung** handelt es sich um eine besondere Form der sogenannten Operanten Konditionierung (nach B.F. Skinner), also um eine Form des Lernens, bei der ein Verhalten häufiger wird, wenn ihm ein positiver Reiz in Form einer Belohnung (Verstärker) folgt. Diese Belohnung erfährt das Tier in Form von nahrhaftem Futter, wenn es sich dem Menschen oder von ihm geschaffenen Strukturen (Mülleimer, Misthaufen, Grillplätze etc.) nähert und dort Nahrung findet.

Wenn Braunbären Zugang zu menschlichen Futterquellen haben oder gefüttert werden, führt das zur Futterkonditionierung der Tiere. In der Folge suchen die Tiere gezielt die Umgebung von Menschen auf, um nach Futter zu suchen, oder zeigen sogar aggressives Bettelverhalten.

Die Verhaltensänderung ist hierbei unabhängig davon, ob die Tiere direkt vom Menschen gefüttert werden oder Futter in Form von Abfällen nutzen. Jede Belohnung in Form von Futter führt dazu, dass sich das Verhalten verstärkt, die Tiere ihre Vorsicht verlieren und in der Nähe von Menschen nach Futter suchen. Wenn die Belohnung ausbleibt, die Tiere also kein Futter finden oder erhalten, können sie aufdringlich werden und aggressives Bettelverhalten zeigen. Ein solches Verhalten konnte z. B. auf Vargas Island in British Columbia beobachtet werden, wo sich futterkonditionierte Wölfe aggressiv gegenüber Touristen verhielten, nachdem sie nicht mehr gefüttert wurden. Die Folge war ein Angriff auf einen Menschen und als Konsequenz die Tötung des Wolfes (McNay 2002).

Im öffentlichen Diskurs spielt die Debatte um zunehmend zahme Wölfe, also um Wölfe, die vermehrt am Tag beobachtet werden, sich Menschen nähern und sich in der Nähe von Siedlungen oder sogar im Inneren von Dörfern aufhalten, eine große Rolle. In einer Studie von Huber et al. (2016) wurde deutlich, dass in allen 28 untersuchten europäischen Ländern mit Wolfsvorkommen Wolfsrudel ihr Territorium in der Nähe von Ortschaften haben oder diese sogar umschließen. In allen Ländern wurden Wölfe beobachtet, die sich wiederholt den Ortschaften näherten, und in 18 Ländern kam es zur wiederholten Annäherung an Menschen. Trotz des nahen Miteinanders zeigten die Wölfe nur dann aggressives Verhalten, wenn sie unter Tollwut litten (in 8 der 28 Länder) oder provoziert wurden (in 5 der 28 Länder). Nur in Spanien gab es unprovozierte Angriffe auf Menschen, den letzten allerdings vor mehr als 40 Jahren. Huber et al. (2016) definieren einen normalen Wolf als ein intelligentes Tier, dessen plastisches Verhalten ihm erlaubt, sich an seine (sich verändernde oder neue) Umwelt durch individuelles Lernen und durch Erfahrungen der ganzen Gruppe anzupassen. Zu lernen, sich in eine vom Menschen dominierte Welt einzufügen, ist deshalb eher als „normal“ anzusehen, auch wenn dies aus menschlicher Sicht nur bis zu einem gewissen Grad erwünscht ist.

12.4 Management von auffälligen Tieren

12.4.1 Definitionen von verhaltensauffälligen Tieren in den Managementplänen

In den Managementplänen für große Beutegreifer in Deutschland, Österreich und der Schweiz gibt es jeweils Definitionen für verhaltensauffällige Tiere. Die Definitionen sind zwar ähnlich, unterscheiden sich aber oft im Detail, zudem werden unterschiedliche Begrifflichkeiten verwendet.

Im Falle des **Braunbären** wird in *Bayern* von auffälligen Tieren gesprochen. Bei diesen unterscheidet man zwischen Braunbären, die materielle Schäden verursachen, und solchen, die eine Gefahr für den Menschen darstellen. Allerdings wird nicht definiert, was darunter genau zu verstehen ist (Staatsministerium für Umwelt, Gesundheit und Verbraucherschutz 2007). In *Österreich* spricht man bei diesen zwei Typen verhaltensauffälliger Tiere von Schad- und Risikobären. Bei einem Schadbären handelt es sich um ein Tier, das regelmäßig wirtschaftliche Schäden verursacht. Risikobären dagegen stellen eine Gefahr für den Menschen dar (Länderübergreifende Koordinierungsstelle für Bärenfragen 2005). Die Definitionen des auffälligen Bären in der *Schweiz* legen einen größeren Fokus auf die Gefährlichkeit für den Menschen, man unterscheidet hier zwischen Problem- und Risikobären (BAFU 2009). Problembären haben gelernt, dass in der Nähe des Menschen nahrhafte Futterquellen zu finden sind und dass vom Menschen keine Gefahr ausgeht. Bei Risikobären handelt es sich um Tiere, die trotz Vergrämung weiterhin ein auffälliges Verhalten an den Tag legen und deshalb getötet werden müssen.

Im Falle des **Wolfes** wird in *Österreich* und *Deutschland* allgemein nur von auffälligen Tieren gesprochen, wenn sie in ihrem Verhalten von der „Bandbreite des Verhaltens der meisten Wölfe abweichen“ (Reinhardt et al. 2010, Koordinierungsstelle für den Braunbären, Luchs und Wolf 2012). In der *Schweiz* werden auffällige Wölfe als solche charakterisiert, die durch Habituierung ihre Scheu vor dem Menschen verloren haben und sich regelmäßig in der Nähe von Siedlungen und von Menschen aufhalten und dabei nur wenig Scheu oder gar Aggressivität zeigen (BAFU 2017). Als schadenstiftende Wölfe gelten in der Schweiz Tiere, die innerhalb von 4 Monaten 15 Nutztiere gerissen haben. In Deutschland sind es Tiere, die sich von Standardschutzmaßnahmen nicht abhalten lassen, Nutztiere zu töten.

Luchse stellen keine Gefahr für Menschen dar (KORA 2017, Reinhardt et al. 2010), entsprechend werden sie auch in den Managementplänen von *Rheinland-Pfalz* und dem *Saarland* als ungefährlich für den Menschen eingestuft (Ministerium für Umwelt, Energie, Ernährung und Forsten 2016, Ministerium für Umwelt und Verbraucherschutz 2017). Allerdings können Luchse Schäden

Tab. 12-1 Klassifizierung verschiedener Verhaltensweisen von Wölfen in Bezug auf ihre Gefährlichkeit für Menschen und jeweils zu treffende Maßnahmen (nach Reinhardt et al. 2018).

Verhalten	Ursache	Einschätzung	Handlungsempfehlung
Wolf läuft in der Dunkelheit direkt an Ortschaften entlang oder durch Siedlungen hindurch.	Wölfe meiden Menschen, aber nicht menschliche Strukturen.	Ungefährlich.	Kein Handlungsbedarf.
Wolf läuft im Hellen in Sichtweite von Ortschaften/Einzelgehöften entlang.	Wölfe meiden Menschen, aber nicht menschliche Strukturen.	Ungefährlich.	Kein Handlungsbedarf.
Wolf flüchtet nicht sofort beim Anblick von Menschen und Autos. Bleibt stehen und beobachtet seinerseits.	Der Wolf hat keine schlechten Erfahrungen gemacht. Insbesondere Jungwölfe reagieren eher unbedarft und neugierig.	Ungefährlich.	Kein Handlungsbedarf.
Wolf wird über mehrere Tage < 30 m entfernt von bewohnten Häusern gesehen (mehrere Ereignisse über einen längeren Zeitraum).	Wolfsverhalten kann unterschiedliche Ursachen haben, z. B. Futterquelle oder Anziehung zu Hunden.	• Verlangt Aufmerksamkeit. • Mögliches Problem mit starker Habituierung/positiver Konditionierung.	• Suche nach und Entfernen von Anreizen. • Eventuell vergrämen.
Wolf toleriert mehrfach die Annäherung von Menschen < 30 m.	Wolf wurde verstärkt an die Anwesenheit von Menschen gewöhnt.	• Verlangt Aufmerksamkeit. • Anzeichen für starke Habituierung. Mögliches Problem mit positiver Konditionierung.	• Möglichst frühzeitig besendern und vergrämen. • Bei ausbleibendem Erfolg Entnahme.
Wolf nähert sich mehrfach Menschen auf < 30 m.	Wolfsverhalten kann unterschiedliche Ursachen haben, z. B. wurde der Wolf durch die Anwesenheit von Menschen „belohnt" oder der Auslösereiz ist ein Hund.	• Verlangt Aufmerksamkeit bis kritisch. • Positive Konditionierung in Verbindung mit starker Habituierung kann dazu führen, dass Wölfe immer dreister werden. Verletzungen nicht ausgeschlossen.	• Dokumentation und Analyse der Situation. • Je nach Situation möglichst frühzeitig besendern und vergrämen. • Bei ausbleibendem Erfolg Entnahme.
Wolf reagiert unprovoziert aggressiv auf Menschen.	Z. B. Tollwut, extreme Habituierung.	Gefährlich.	Entnahme.

bei der Haltung von Schafen und Ziegen sowie in der Gehegehaltung einiger Wildarten verursachen. Unter auffälligen Luchsen versteht man deshalb Tiere, die erhöhten materiellen Schaden verursachen (BAFU 2016). In der *Schweiz* werden Luchse als schadenstiftende Tiere bezeichnet, wenn sie innerhalb von 12 Monaten 15 Nutztiere in einem Umkreis von 5 km gerissen haben.

Entscheidungsgrundlagen für die Beurteilung von Wolfsverhaltensweisen

Für Bär, Luchs und Wolf wurden in den Managementplänen allgemeine Handlungsempfehlungen erstellt, für den Wolf und den Braunbären zusätzlich in Form von detaillierten Entscheidungsgrundlagen, die dazu beitragen sollen, das beobachtete Verhalten richtig einzuordnen und daraus einheitliche Handlungsreaktionen abzuleiten (BAFU 2009, 2017, Reinhardt et al. 2010, 2018) (siehe Tab. 12-1 und 12-3).

Als ungefährliche Verhaltensweisen gelten nach diesen Entscheidungsgrundlagen beispielsweise die Fortbewegung am Rand von Ortschaften oder das Stehenbleiben, um Menschen oder Autos zu beobachten, ohne gleich zu flüchten. Um ein gewöhnliches Verhalten handelt sich es auch, wenn Wölfe ungeschützte Nutztiere am Tag töten, auch wenn dies in der Nähe eines einzeln stehenden Hauses geschieht. Auch wenn Wölfe nachts in der Nähe von Siedlungen auftauchen, ist dies nicht ungewöhnlich.

Aufmerksamkeit sollte Wölfen gewidmet werden, die am Tag in der Nähe von Siedlungen oder bewohnten Häusern beobachtet werden (< 50 m BAFU 2016/< 30 m Reinhardt et al. 2018). Dies kann ein Zeichen dafür sein, dass sie dort eine Futterquelle haben oder Haushunde aufsuchen. Gleiches gilt, wenn sich Wölfe Menschen mit Hund bis auf 20 m nähern (BAFU 2016). In solchen Fällen müssen eine intensive Überwachung der Tiere und eine Information der Öffentlichkeit erfolgen. Zusätzlich sollten Anreize (z. B. Futter) beseitigt und ggf. Vergrämungsmaßnahmen gestartet werden.

Kritisch ist es zu bewerten, wenn Wölfe Interesse an Menschen zeigen, sich nähern und ihnen folgen. Das Gleiche gilt, wenn sich die Tiere mehrfach einer Siedlung nähern oder dort gar anthropogene Futterquellen nutzen. Solche Situationen müssen genau überprüft und beobachtet werden. Zudem ist eine intensive Information der betroffenen Bevölkerung wichtig, um ein Bewusstsein für die Situation zu schaffen. Zusätzlich sollten Vergrämungsmaßnahmen eingeleitet werden.

Sobald es Hinweise auf eine Futterkonditionierung oder extreme Habituierung gibt, also Tiere mehrfach tagsüber in einer Siedlung auftauchen oder sie sich Menschen nähern und nicht vertrieben werden können, wird die Situation als kritisch eingestuft. Solche Tiere müssen sofort vergrämt und, falls dies keinen Erfolg bringt, entnommen werden. Zeigen Wölfe aggressives Verhalten gegenüber Menschen, ohne von diesen provoziert worden zu sein, müssen sie sofort entnommen werden (BAFU 2017, Reinhardt et al. 2018).

Im Konzept Wolf Schweiz gibt es eine besondere Risikobeurteilung des Verhaltens gegenüber Hunden. Hier gilt das Töten von frei stöbernden Jagdhunden als ein unbedenkliches

Dass ein Wolf, wie hier ein Jungtier in Merzodorf bei Cottbus, bei Tag mitten durch eine Ortschaft läuft, ist ein ungewöhnliches Verhalten. Ein solcher Vorfall sollte umgehend den Behörden gemeldet werden, die dann entsprechende Maßnahmen einleiten können.

Verhalten. Nähern sich Wölfe mehrfach Menschen mit Hunden, sollten diese Wölfe möglichst vergrämt werden, da eine Gefahr für den Hund nicht ausgeschlossen werden kann. Verhält sich ein Wolf aggressiv gegenüber Hunden oder tötet diese sogar, ist dieses Verhalten als kritisch einzustufen und das Tier sollte entnommen werden (BAFU 2017).

Tab. 12-2 Verhaltensauffällige Wölfe in Deutschland und der Schweiz, bei denen eine Intervention stattfand bzw. angeordnet war. (KORA 2018b, Reinhardt et al. 2018).

Bezeichnung	Maßnahme	Gründe
Deutschland		
Welpe Wittichenau (Sachsen)	Fang, Einschläferung (2008).	4,5 Monate alter, fast blinder Welpe zeigt keine Scheu vor Menschen.
Welpe Nochten (Sachsen)	Fang misslungen (2013). Tier anschießend verschwunden.	Frisst aus Mülltonne und fängt tagsüber in Ortschaft ein Huhn.
Wolfsrudel Munster (Niedersachsen)	Nach Besenderung von 2 Jährlingen (einer davon war MT6) hören Auffälligkeiten auf (2015).	Interesse von Wölfen an Menschen und Autos. Nahbegegnungen von Wölfen mit Menschen auf < 10 m. Gerüchten zur Folge wurden die Tiere gefüttert, was jedoch nicht bestätigt werden konnte.
GW368m (Niedersachsen)	Fangversuche. Tod durch Verkehrsunfall (2015).	Wanderte bei Tag entlang von Straßen bis in die Niederlande und hielt sich dabei auch am Rand und in Ortschaften auf.
MT6	Versuchte Vergrämung; Abschuss (2016).	Wiederholte Annäherung an Menschen bis auf wenige Meter, Angriff auf angeleinten Hund.
Goldenstedter Wölfin (Niedersachsen)	Besenderung war vorgesehen, wurde aber bislang nicht durchgeführt. 70 000 Teilnehmer einer Petition setzten sich für den Schutz des Tieres ein.	Hohe Schäden an Nutztieren (über 100 gerissene Schafe, dabei wurden auch Standardschutzmaßnahmen überwunden).
Wolf in Rathenow (Brandenburg)	Abschuss angeordnet (2016). Tier anschließend verschwunden.	Annäherung an Kinder in einer Kita (nicht dokumentiert).
Pumpak (Sachsen)	Abschuss angeordnet (2017). Tier anschließend verschwunden.	Futterkonditionierung des Tieres (Anfüttern als Welpe, Nutzung von Komposthaufen, Sichtung in der Nähe von Gebäuden und Siedlungen).
Rüde Kreis Görliz (Sachsen)	Abschuss 2018.	Töten von zwei Hunden auf dem Grundstück ihrer Besitzer.
Schweiz		
M06	Einzeltier-Abschuss 2000.	Erhebliche Schäden an Nutztieren.
Unbekannt	Einzeltier-Abschuss 2000.	Erhebliche Schäden an Nutztieren.
M08	Einzeltier-Abschuss 2001.	Erhebliche Schäden an Nutztieren.
F03	Einzeltier-Abschuss 2006.	Erhebliche Schäden an Nutztieren.
M15	Einzeltier-Abschuss 2006.	Erhebliche Schäden an Nutztieren.
M21	Einzeltier-Abschuss 2009.	Erhebliche Schäden an Nutztieren.
M16	Einzeltier-Abschuss 2010.	Erhebliche Schäden an Nutztieren.
M35	Einzeltier-Abschuss 2013.	Erhebliche Schäden an Nutztieren.
M68	Einzeltier-Abschuss 2016.	Erhebliche Schäden an Nutztieren.
F22	Einzeltier-Abschuss 2016.	Erhebliche Schäden an Nutztieren.
M71	Einzeltier-Abschuss 2018.	Erhebliche Schäden an Nutztieren.
M86	Einzeltier-Abschuss 2018.	Krank.

Eine Zusammenstellung aller Fälle von verhaltensauffälligen Wölfen in Deutschland und der Schweiz, bei denen Interventionen stattfanden, gibt Tab. 12-2.

Entscheidungsgrundlagen für die Beurteilung von Verhaltensweisen von Braunbären

Beim Braunbären sind Verhaltensweisen wie das Aufrichten auf die Hinterbeine bei einer Begegnung mit Menschen oder das Entstehen von Schäden abseits von dauerhaft bewohnten Gebäuden als ungefährlich einzustufen (Reinhardt et al. 2010). Sobald Braunbären in Sichtweite von Siedlungen kommen – Rauer et al. (2003) nennen dafür eine Distanz von 50 m –, kein Fluchtverhalten zeigen, Menschen beobachten, ihnen folgen oder in der Nähe von bewohnten Gebäuden nach Futter suchen, müssen die Tiere intensiv beobachtet und mögliche Ursachen, z. B. zugängliche Nahrungsmittel, umgehend be-

Tab. 12-3 Klassifizierung verschiedener Verhaltensweisen von Braunbären in Bezug auf ihre Gefährlichkeit für Menschen und daraus folgend zu treffende Maßnahmen (BAFU 2009).

Einschätzung	Verhalten des Bären	Maßnahmen*
Normal, ungefährlich (unauffälliger Bär)	Zufälliges Zusammentreffen auf kurze Distanz; Bär flüchtet sofort.	IN, MO
	Bär richtet sich bei Sichtung auf.	IN, MO
	Bär verursacht Schäden abseits des Menschen (Abfallkübel, Bienenhäuschen, unbehütete Nutztiere etc.).	IN, MO, SP
Verlangt Aufmerksamkeit (auffälliger Bär, entwickelt sich zum Problembär)	Bär kommt gelegentlich in die Nähe abgelegener Häuser.	IN, IM
	Bär verursacht Schäden trotz Schadensverhütung.	IN, IM, SP
	Überraschter Bär fühlt sich bedroht und startet Scheinangriff.	IN, IM
	Provozierter Bär startet Scheinangriff.	IN, IM
	Bär wird wiederholt auf kurze Entfernung beobachtet, ohne zu flüchten.	IN, IM, Einfang & BS, VG
	Bär sucht Futter bzw. verursacht Schäden in unmittelbarer Nähe bewohnter Gebäude.	IN, IM, SP, BS, VG
Kritisch (Problembär)	Bär dringt in Hütten, Ställe, unbewohnte Häuser etc. ein.	IN, IM, BS, VG
	Bär dringt wiederholt in geschlossenes Siedlungsgebiet vor.	IN, IM, BS, VG
	Bär folgt Menschen „bewusst" in Sichtweite.	IN, IM, BS, VG
	Bär verteidigt seine Beute durch Scheinangriff.	IN, IM, BS, VG
Risikoreich (Risikobär)	Bär verteidigt seine Beute durch Angriff.	AB
	Bär versucht, in bewohnte Gebäude einzudringen.	AB
	Bär sucht im geschlossenen Siedlungsgebiet nach Nahrung und kann nicht erfolgreich vergrämt werden.	AB
	Bär ist unprovoziert aggressiv.	AB

* AB = Abschuss, BS = Besenderung, IM = Intensivierung des Monitorings, IN = Information, MO = Monitoring, SP = Schadensprävention, VG = Vergrämung.

seitigt werden. Wenn diese Maßnahmen keinen Erfolg zeigen und sich das Verhalten wiederholt, muss das betreffende Tier vergrämt werden (BAFU 2016).

Ein Bär wird als gefährlich eingestuft, wenn er in geschlossene, massive Ställe eindringt oder in Siedlungsgebiete vordringt. In diesem Fall muss er sofort vergrämt werden. Sollte dies keinen Erfolg zeigen, wird der Bär als sehr gefährlich eingestuft und muss entnommen werden. Eine sofortige Entnahme ist erforderlich, wenn Braunbären versuchen, in bewohnte Gebäude einzudringen, oder wenn sie Menschen verletzen (BAFU 2009). Eine Zusammenstellung der Fälle von verhaltensauffälligen Braunbären in Deutschland, Österreich und der Schweiz, bei denen Interventionen stattfanden, gibt Tab. 12-4.

Trotz vorliegender Entscheidungskriterien ist jede Situation besonders und muss jeweils von erfahrenen Personen beurteilt werden. Dabei sollte neben dem Verhalten insbesondere die Lebensgeschichte des Tieres berücksichtigt werden (Länderübergreifende Koordinierungsstelle für Bärenfragen 2005, S. 24). Es ist wichtig zu wissen, ob ein bestimmtes Tier schon zuvor auffällig war und ob bereits Vergrämungsversuche durchgeführt wurden. Eine gründliche Dokumentation aller Fälle ist deshalb von besonderer Bedeutung. Auf Basis dieser Informationen kann man dann z. B. darauf schließen, ob ein Tier ein bestimmtes Verhalten zum ersten Mal zeigt und Vergrämungsmaßnahmen erfolgreich eingesetzt werden können oder ob eine bereits durchgeführte Vergrämung nicht die gewünschten Verhaltensänderungen zur Folge hatte.

Insbesondere bei sehr kleinen Populationen sollten zunächst alle Möglichkeiten ausgeschöpft werden, bevor eine Tötung in Erwägung gezogen wird, da in einer solchen Situation der Verlust jedes Tieres die Überlebensfähigkeit der Population beeinträchtigen kann.

Tab. 12-4 Verhaltensauffällige Braunbären in Deutschland, Österreich und der Schweiz, bei denen eine Intervention stattfand (KORA 2018a, Österreichische Bäreneingreiftruppe 2006, Rauer et al. 2003).

Bezeichnung	Maßnahme	Gründe
Deutschland/Österreich		
JJ1	Abschuss (2006).	Futterkonditionierung und Habituierung schon bei Mutter; Eindringen in Siedlungen; hohe Schäden an Nutztieren (50 recherchierte Einzelsituationen konnten festgestellt werden).
Schweiz		
JJ3	Abschuss (2008).	Futterkonditionierung und Habituierung schon bei Mutter; Eindringen in Siedlungen; Vergrämung führte nicht zur Verbesserung der Situation.
Österreich		
Mariedl	Erfolgreiche Vergrämung (1995).	Habituierung: Begegnungen mit Menschen in einer Entfernung < 50 m ohne Anzeichen einer Fluchtreaktion.
Mona	Bedingt erfolgreiche Vergrämung (1995/1998).	Habituierung: Begegnungen mit Menschen in einer Entfernung < 50 m ohne Anzeichen einer Fluchtreaktion.
Christl	Teilweise erfolgreiche Vergrämung (1997/1998).	Habituierung: Begegnungen mit Menschen in einer Entfernung < 50 m ohne Anzeichen einer Fluchtreaktion.
Monas Junge	Erfolgreiche Vergrämung (1998).	Habituierung: Begegnungen mit Menschen in einer Entfernung < 50 m ohne Anzeichen einer Fluchtreaktion.
Sibchristl	Vergrämung nicht erfolgreich (1997).	Wiederholte Schäden.

12.4.2 Umgang mit verhaltensauffälligen Tieren

Prävention

Primäres Ziel des Wildtiermanagements ist es, durch präventive Maßnahmen zu verhindern, dass große Beutegreifer ein auffälliges Verhalten entwickeln, übermäßige Schäden anrichten oder Menschen gefährden. Die wesentliche Voraussetzung dafür ist das Vermeiden einer Futterkonditionierung und/oder starker Habituierung, in deren Folge die Tiere furchtloses oder dreistes Verhalten entwickeln, d. h., wenn sie Menschen in ihrer direkten Nähe dulden oder sich ihnen sogar gezielt nähern. Dafür ist es notwendig, die Öffentlichkeit über das richtige Verhalten gegenüber den Tieren zu informieren. Eine gute Zusammenarbeit mit der Bevölkerung und die Schaffung eines Verständnis für die Rückkehr der großen Beutegreifer kann nur mit einem guten, auf die Bedürfnisse der Menschen abgestimmten Informationsaustausch gelingen. Dieser erlaubt es, die Zusammenhänge zwischen Futterquellen und Futterkonditionierung und den daraus resultierenden Gefahren für den Menschen und die Tiere besser verständlich zu machen und die Unterstützung der Betroffenen für etwaige Präventionsmaßnahmen, wie etwa die Entwicklung von bärensicheren Müllkonzepten, zu erhalten. Auch die Kommunikation von Empfehlungen zum richtigen Verhalten bei Begegnungen mit großen Beutegreifern ist ein wichtiger Baustein für ein konfliktfreies Miteinander.

Eine große Bedeutung kommt auch den natürlichen Beutetieren zu. Ausreichende Schalenwildbestände tragen dazu bei, dass den großen Beutegreifern genügend natürliche Nahrung zur Verfügung steht und sie deshalb seltener Haustiere reißen oder in der Nähe von Siedlungen auf Nahrungssuche gehen (Meriggi et al. 2011).

Gleichzeitig ist ein gut funktionierendes Populationsmonitoring und Meldesystem notwendig, um frühzeitig auf verhaltensauffällige Tiere aufmerksam zu werden. Dazu gehört vor allem auch die Erfassung aller Sichtbeobachtungen. Dadurch kann man die Entwicklung auffälligen Verhaltens rechtzeitig erkennen und zeitnah die notwendigen Maßnahmen ergreifen, um große Schäden oder Gefahren für Menschen abzuwenden (Abb. 12-1). Die zentrale Dokumentation aller Ereignisse auffälligen Tierverhaltens ist von großer Bedeutung, da aufgrund der geringen Fallzahlen bislang nur ein ungenügendes Wissen über die Entstehung von auffälligem Verhalten und den richtigen Umgang damit besteht.

Prüfung des Einzelfalls durch Erfahrene Personen

Bei Hinweisen auf verhaltensauffällige Tiere muss die Situation vor Ort durch Experten untersucht und das Monitoring im betreffenden Gebiet intensiviert werden. Zunächst sollte versucht werden, die Faktoren, die zur Entwicklung des auffälligen Verhaltens geführt haben könnten (z. B. Futterquellen), zu identifizieren und zu beseitigen. Gleichzeitig muss eine Information der Öffentlichkeit stattfinden, am besten durch Informationsveranstaltungen vor Ort, zu denen die betroffenen Bürger und Verwaltungen eingeladen werden. Besteht das Problem weiter, stehen drei Managementoptionen zur Verfügung: Vergrämung, Fang und Umsiedlung oder Entnahme. Dazu müssen Managementstrukturen geschaffen werden, die eine effektive Umsetzung solcher Maßnahmen gewährleisten. Eine fachlich kompetente und verlässliche Anlaufstelle gehört ebenso dazu wie ein erfahrenes, professionell agierendes und möglichst staatlich organisiertes Interventionsteam, das auch überregional eingesetzt werden kann.

Zunächst muss das verhaltensauffällige Tier eindeutig identifiziert werden. Dies erfolgt durch intensives Monitoring aufgrund von DNA-Proben und bestenfalls durch eindeutig unterscheidbare Körpermerkmale sowie durch Markierung der Tiere mit Ohrmarken oder Telemetrie-Sendern. Durch diese Maßnahmen kann die Situation besser eingeschätzt werden und man kann weitestgehend ausschließen, dass Tiere vergrämt oder sogar getötet werden, die nicht die Verursacher des Problems sind. Bei einer starken Habituierung liegt auf der Hand, dass das Tier, an welches man sich bis auf eine kurze Distanz annähern kann, auch das Zielindividuum ist.

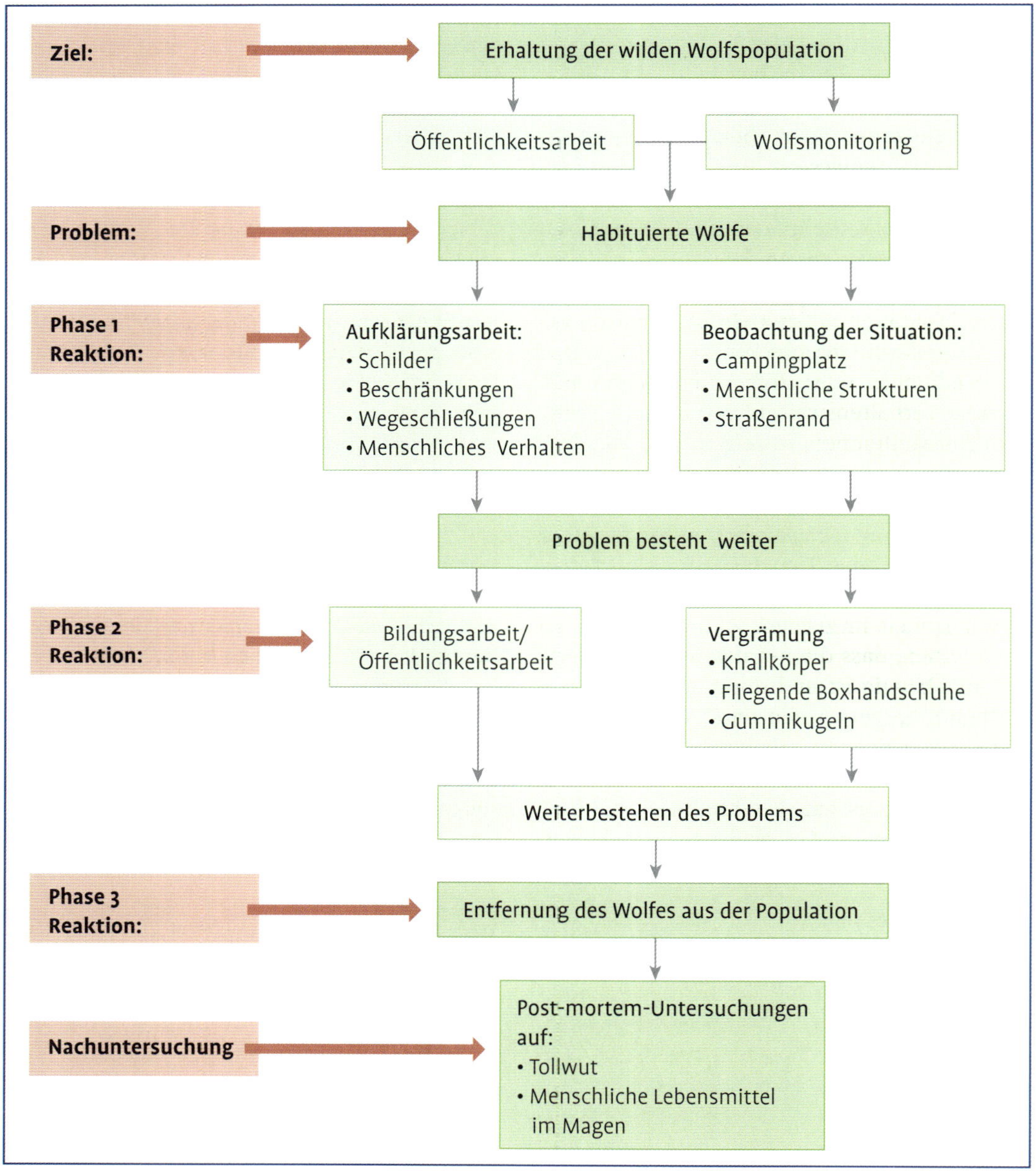

Abb. 12-1 Schema zum Umgang mit verhaltensauffälligen Tieren am Beispiel von Wölfen im Yellowstone National Park (verändert nach: Yellowstone National Park 2003).

Vergrämung

Wenn es Anzeichen von Habituierung oder Futterkonditionierung gibt, ist die Vergrämung eine mögliche Gegenmaßnahme. Dabei wird wiederum das Prinzip der Operanten Konditionierung angewendet. Allerdings setzt man hier einen negativen Stimulus ein, um das Verhalten der Tiere zu ändern, man spricht deshalb auch von aversiver Konditionierung. Dazu werden Lärm (Knallkörper, Cracker Shells), Licht (Signalpatronen) und Schmerz (Beschuss mit Gummikugeln, Beanbags (fliegender Boxhandschuh), die meist mit Schrotflinten über eine Distanz von 30 – 50 m verschossen werden, Elektroschocker, Brechmittelköder oder chemische Reizstoffe (Pfefferspray) eingesetzt. Ein starker Schmerz durch auftreffende Projektile hat dabei die größte Wirkung. Es sollte immer auf das Gesäß des Tieres gezielt werden, um keine empfindlichen Körperteile zu treffen und das Tier nicht zu verletzen. Mit diesen Hilfsmitteln kann man auffällige Tiere davon abschrecken, bestimmte Orte, wie Siedlungen oder Höfe, aufzusuchen oder gewisse Verhaltensweisen, wie das Durchstöbern von Mülltonnen, zu zeigen.

Allerdings besteht der Lernprozess der Tiere aus mehreren Schritten, weshalb eine erfolgreiche Vergrämung nicht einfach umzusetzen ist. Zunächst wird das Tier das negative Erlebnis nur mit dem Ort der Maßnahme verbinden und diesen meiden. Im zweiten Schritt muss das Tier dann lernen, dass die negative Erfahrung vom Ort unabhängig ist und durch ein bestimmtes Verhalten hervorgerufen wird. Erst wenn das Tier den negativen Reiz dauerhaft mit Menschen und/oder menschlichen Nahrungsresten in Verbindung bringt, ist eine Vergrämung erfolgreich. Die Durchführung der Maßnahme muss deshalb in einer klaren Situation erfolgen, die eine eindeutige Verbindung von unerwünschtem Verhalten und negativem Reiz erlaubt. Wenn ein bestimmtes Verhalten abgewöhnt werden soll, muss die Vergrämung also an verschiedenen Orten in der gleichen Situation erfolgen. Erschwerend kommt hinzu, dass bei dem auffälligen Tier das unerwünschte Verhalten wieder verstärkt wird, wenn es nach oder zwischen den Vergrämungsaktionen erneut positive Erfahrungen macht. Größere Erfolgschancen hat eine Vergrämung, wenn sich ein Tier in einem kleineren Gebiet aufhält und immer wieder zu den gleichen Orten zurückkehrt. Bewegt es sich jedoch über eine große Fläche und wird eher zufällig beobachtet, ist eine Vergrämung nur schwer umzusetzen.

Unter solchen Voraussetzungen ist es vorteilhaft, verhaltensauffällige Tiere mit GPS-Sendern auszustatten. Damit kann man den Tieren folgen und geeignete Situationen gezielt für die Vergrämung nutzen. Oft werden bereits Narkose und Besenderung von den Tieren als negativ empfunden und können einen Vergrämungseffekt erzielen. Allerdings ist der Aufwand, die Tiere zu fangen, groß. Bären kann man aufgrund ihres „großen Hungers" noch vergleichsweise einfach in Fallen locken. Bei den stets vorsichtigen

Markierung eines verhaltensauffälligen Grizzlybären mit einem Halsbandsender, um sein Verhalten zu beobachten und ihn zu vergrämen.

Wölfen hingegen ist das gezielte Fangen und Besendern eines bestimmten verhaltensauffälligen Tieres aufwendig und oft langwierig und deshalb nicht immer praktikabel.

Doch auch bei erfolgter Besenderung ist eine erfolgreiche Vergrämung nicht garantiert. So waren in Österreich nur 60 % der Vergrämungsaktionen erfolgreich, weil die Braunbären nicht an der erwarteten Stelle erschienen oder weil sie flüchteten bzw. nicht getroffen wurden (Rauer et al. 2003). Der Erfolg einer Vergrämung hängt auch von den Erfahrungen der einzelnen Individuen und ihren charakterlichen Eigenschaften ab. Insbesondere ist es schwierig, Tiere zu vergrämen, die schon viele positive Erfahrungen gemacht haben. Auch sind Bärinnen mit ihren Jungen öfter auffällig, da sie während der Aufzucht einen höheren Energiebedarf haben und vorwiegend tagaktiv sind. Dieses Verhalten der Muttertiere tritt zwar zeitlich begrenzt auf, kann aber dazu führen, dass die Jungtiere diese Verhaltensweisen übernehmen. Ein prominentes Beispiel für die Weitergabe auffälliger Verhaltensweisen an die Jungtiere lieferte Jurka, eine von Slowenien nach Trentino umgesiedelte Bärin. Sie wurde in Italien von Menschen gefüttert und dadurch futterkonditioniert, ein Verhalten, das sich auch auf ihre drei Jungen (JJ1, JJ2, JJ3) übertrug. Diese drei zeigten keine Scheu vor Menschen und suchten ihre Nahrung in Höfen und Siedlungen. Jurkas prominentester Sohn, JJ1 („Bruno"), wanderte bis nach Bayern und musste dort getötet werden. JJ2 („Lumpaz") riss mehrere Schafe und wurde in der Schweiz zur Touristenattraktion, bevor er nach Südtirol wanderte und schließlich dort verschwand. Auch JJ3 wurde von den Schweizer Behörden als Problembär eingestuft und zur besseren Vergrämung mit einem Sender ausgestattet. Innerhalb eines Zeitraumes von 13 Wochen führte man 25 Vergrämungsaktionen durch. Dabei wurde das Tier achtmal von Gummikugeln und Knallkörpern getroffen und dadurch vertrieben. Trotz dieses Aufwandes gelang die Vergrämung nicht vollständig, man erreichte lediglich, dass das Tier die Orte, an denen es vergrämt wurde, nicht erneut aufsuchte; das unerwünschte Verhalten jedoch blieb. Deshalb musste JJ3 als Risikobär eingestuft und schließlich erschossen werden.

Dieses Beispiel zeigt, dass sich bei Tieren, die bereits futterkonditioniert sind, die gewünschten Verhaltensänderungen mit Vergrämungsaktionen nur schwer erreichen lassen. Zu gleichen Ergebnissen kommen auch Untersuchungen bei amerikanischen Schwarzbären, bei denen nur 8 % der Vergrämungsmaßnahmen erfolgreich waren und 70 % der Tiere innerhalb von 40 Tagen wieder an den Ort der Vergrämungsmaßnahme zurückkehrten (Beckmann, Lackey und Berger et al. 2004). Besser sind die Erfolgsaussichten, wenn es darum geht, einer Futterkonditionierung vorzubeugen. So konnte Mazur (2010) im Sequoia-Nationalpark zeigen, dass durch Beschuss mit Gummikugeln oder durch den Einsatz von Hunden eine Futterkonditionierung von Braunbären, die sich Siedlungen näherten, verhindert werden konnte. Waren die Tiere bereits futterkonditioniert, sank die Erfolgs-

Reaktion eines Grizzlybären auf eine Vergrämung mit Gummikugeln.

quote auf etwa 60 %. Im Wesentlichen konnte aber auch dann nur eine Umerziehung erreicht werden, wenn die Tiere erstmals „menschliche" Nahrung aufgenommen hatten. Diese Beispiele zeigen, dass Vergrämungsmaßnahmen so früh wie möglich durchgeführt werden sollten, damit die Tiere wenig Gelegenheit haben, positive Erfahrungen zu machen. Deshalb ist es insbesondere bei Jungtieren wichtig, mit dem richtigen „Abfallmanagement" und ggf. mit Vergrämungsmaßnahmen dafür zu sorgen, dass sie nicht mit menschlichem Futter in Kontakt kommen und eine ausreichende Fluchtdistanz zeigen.

Um eine gewisse Scheu vor Menschen zu erhalten, wird die Wolfspopulation des Yellowstone-Nationalparks einem sogenannten „habituation management" unterzogen (Yellowstone National Park 2003). Dazu wurden zwischen 2007 und 2012 72 Mal Vergrämungsmaßnahmen durchgeführt. Ziel dieser Maßnahmen waren Wölfe, die nicht vor Menschen flohen. Dabei mussten auch zwei Wölfe durch die Nationalparkverwaltung getötet werden. Ein Tier verfolgte einen Rad- und einen Motorradfahrer und das andere näherte sich Menschen, um an Nahrung zu gelangen.

Vergrämungsaktionen genießen zwar eine hohe Akzeptanz in der Bevölkerung, sind aber sehr aufwendig umzusetzen und zeigen oft nicht den gewünschten Erfolg. Deshalb muss im Vorfeld genau geprüft werden, wie hoch die Erfolgsaussichten im konkreten Einzelfall sind und ob die dafür notwendigen Ressourcen zur Verfügung stehen oder eine andere Option gewählt werden muss.

Umsiedlung

Der Fang eines verhaltensauffälligen Tieres und seine Umsiedlung in ein anderes Gebiet sind auf den ersten Blick eine einfache Möglichkeit, akute Konflikte zu lösen, ohne Tiere töten zu müssen (Linnell et al. 1997). Deshalb findet eine Umsiedlung auch meist eine hohe Akzeptanz in der Bevölkerung. Grundsätzlich gilt, dass Umsiedlungen bei jungen Tieren höhere Erfolgsaussichten als bei adulten Tieren haben, da sich diese ohnehin beim Dispersal auf die Suche

Zum Fang von Bären mit auffälligem Verhalten werden typischerweise Lebendfallen eingesetzt.

nach einem noch unbesetzten Streifgebiet machen. Adulte Tiere hingegen versuchen öfter, in ihre alte Heimat zurückzukehren. Linnell et al. (1997) haben den Erfolg von Umsiedlungen untersucht und stellten dabei fest, dass umgesiedelte Tiere nur selten am Ort ihrer Aussetzung blieben und dass der Anteil der Bären, die an ihren Fangort zurückkehrten, entscheidend von der Umsiedlungsdistanz abhängt. Während bei Distanzen unter 65 km 81 % der Bären zurückkehren, waren es bei 75 – 100 km 50 %. Bei Strecken über 220 km waren es noch 20 %. Einem Bär gelang sogar die Rückkehr, obwohl er mehr als 400 km weit abtransportiert wurde! Allerdings haben Umsiedlungsmaßnahmen oft hohe Sterblichkeitsraten zur Folge, da die Tiere vor allem Verkehrsunfällen zum Opfer fallen (Comly und Vaughan 1997). Die große Schwierigkeit für Umsiedlungen im dicht besiedelten Mitteleuropa besteht jedoch vor allem darin, geeignete Gebiete für solche Maßnahmen zu finden: Zum einen stehen nur beschränkt geeignete Gebiete zur Verfügung, zum anderen ist die Akzeptanz der lokalen Bevölkerung für die Aussetzung verhaltensauffälliger Tiere verständlicherweise gering. Auch ist es keine gute Option, verhaltensauffällige Tiere in Gehegen unterzubringen, da die Wildtiere unter diesen Bedingungen leiden würden.

Entnahme

Falls weder Vergrämung noch Umsiedlung zu den gewünschten Ergebnissen führen oder nicht möglich sind, bleibt nur noch die Entnahme des Tieres. Diese erfolgt entweder durch Fang mit Fallen (vor allem beim Bär), durch Immobilisierung und spätere Einschläferung (sehr schwierig, deshalb nur in Ausnahmefällen) oder durch den gezielten Abschuss. Auch bei dieser Vorgehensweise muss durch ein intensives Monitoring sichergestellt werden, dass auch wirklich das verhaltensauffällige Tier entnommen wird. Da eine solche Maßnahme oft nicht einfach durchzuführen ist, muss sie gut vorbereitet sein. Dafür ist ein gut trainiertes, erfahrenes und eingespieltes Team notwendig. Um rasches Handeln zu gewährleisten, müssen alle administrativen und juristischen Fragen im Vorfeld geklärt sein und im Managementplan oder – besser noch – gesetzlich fixiert werden. Dies ist insbesondere von Bedeutung, da Entscheidungen zur Entnahme von verhaltensauffälligen Tieren und ihre Umsetzung sehr genau von der Öffentlichkeit verfolgt werden und immer mit großer Anteilnahme und Emotionen verbunden sind, die regelmäßig von Online-Petitionen bis zu Strafanzeigen führen. Die Begleitung durch eine professionelle Öffentlichkeitsarbeit ist deshalb unbedingt notwendig, um zu erklären, warum die Entnahme eines Tieres notwendig ist, und um möglichst transparent die notwendigen Maßnahmen zu erläutern.

Wichtig ist dabei auch, dass sich alle an der Umsetzung der Maßnahmen Beteiligte klar machen, dass eine professionelle und erfolgreiche Entnahme eines verhaltensauffälligen Tieres das Vertrauen der Menschen in die Handlungsfähigkeit des Wildtiermanagements stärkt und der Bevölkerung vor Ort ein Gefühl der Sicherheit und Kontrolle gibt. Ein konsequentes Handeln gegenüber verhaltensauffälligen Tieren, auch gegen Widerstände, ist ein wichtiger Baustein des Wildtiermanagements und trägt zu mehr Akzeptanz gegenüber den großen Beutegreifern bei.

Fazit für die Praxis

- Braunbären und Wölfe stellen nur eine geringe Gefahr für Menschen dar, unter bestimmten Umständen können sie Menschen jedoch verletzen oder sogar töten.
- Um das Risiko zu minimieren, darf man die Tiere nicht füttern und bei Begegnungen weder wegrennen noch sich annähern.
- Als verhaltensauffällig gelten Tiere, deren Verhalten außerhalb des „normalen" Artverhaltens liegt und die für den Menschen wirtschaftliche Schäden verursachen oder sogar eine Gefahr darstellen.
- Vor allem zwei Prozesse führen zu solchen Verhaltensauffälligkeiten: 1) Habituierung (= Gewöhnung): Machen Wildtiere beim vermehrten Zusammentreffen mit Menschen weder positive noch negative Erfahrungen, verlieren sie ihre natürliche Vorsicht. 2) Futterkonditionierung: Hat ein Tier gelernt, in der Nähe von Menschen Futter zu finden, sucht es diese Orte gezielt auf und kann aggressives Verhalten zeigen, wenn ihm das Futter verwehrt wird.
- Treten verhaltensauffällige Tiere auf, muss die Situation von erfahrenen Personen vor Ort beurteilt werden. In Zusammenarbeit mit den Behörden leiten sie entsprechende Maßnahmen ein.
- Maßnahmen zum Umgang mit verhaltensauffälligen Tieren sind vor allem die Beseitigung der verhaltensändernden Faktoren (z. B. Futterquelle), die Information der Bevölkerung, die Vergrämung der Tiere mit Knallkörpern oder Gummigeschossen, das Töten des auffälligen Tieres.
- Alle Vorfälle und Maßnahmen müssen nach einheitlichen Standards sorgfältig dokumentiert werden, um zukünftiges Handeln zu verbessern.
- Oberster Grundsatz: Bei allen Entscheidungen und Maßnahmen hat die menschliche Sicherheit Vorrang.

Literatur

BAFU (Bundesamt für Umwelt) (2009): Konzept Bär – Managementplan für den Braunbären in der Schweiz. 23 S.

BAFU (Bundesamt für Umwelt) (2016): Konzept Luchs Schweiz – Vollzugshilfe des BAFU zum Luchsmanagement in der Schweiz. 22 S.

BAFU (Bundesamt für Umwelt) (2017): Konzept Wolf Schweiz – Vollzugshilfe des BAFU zum Wolfsmanagement in der Schweiz. 27 S.

Beckmann, J. P., Lackey, C. W., Berger, J. (2004): Evaluation of deterrent techniques and dogs to alter behavior of "nuisance" black bears. Wildlife Society Bulletin 32 (4): 1141–1146.

Butler, L., Dale, B., Beckmen, K., Farley, S. (2011): Findings Related to the March 2010 Fatal Wolf Attack near Chignik Lake, Alaska. – Wildlife Special Publication, ADF&G/DWC/WSP-2011-2. Palmer, Alaska. 40 S.

Comly-Gericke, L. M., Vaughan, M. R. (1997): Survival and Reproduction of Translocated Virginia Black Bears. Bears: Their Biology and Management 9, 113–117, doi:10.2307/3872669

Statistisches Bundesamt (2016): Mehr Unfälle, aber weniger Verkehrstote als jemals zuvor. 1 S.

European Commission (2013): Status, management and distribution of large carnivores – bear, lynx, wolf & wolverine – in Europe. 72 S.

Filla, M., Premier, J., Magg, N., Dupke, C., Khorozyan, I., Waltert, M., Bufka, L., Heurich, M. (2017): Habitat selection by Eurasian lynx (Lynx lynx) is primarily driven by avoidance of human activity during day and prey availability during night. Ecology and Evolution 7 (16), 6367–6381.

Gesellschaft zum Schutz der Wölfe e. V. (2017): Dossier – Wenn der Wolf zum Problem gemacht wird. 8 S.

Herrero, S., Smith, T., DeBruyn, T. D., Gunther, K., Matt, C. A. (2005): Brown Bear Habituation to People: Safety, Risks, and Benefits. Wildlife Society Bulletin 33, 362–373.

Heurich, M., Sinner, K. F. (2012): Der Luchs: Die Rückkehr der Pinselohren. Buch und Kunstverlag Oberpfalz. Amberg. 140 S.

Huber, J., von Arx, M., Bürki, R., Manz, R., Breitenmoser, U. (2016): Wolves living in proximity to humans. Summary of a first enquiry on wolf behaviour near humans in Europe. KORA Bericht Nr. 76. KORA, Muri bei Bern, Switzerland. 19 S.

Huber, J., von Arx, M., Bürki, R., Manz, R., Breitenmoser, U. (2016): Wolves living in proximity to humans. Summary of a first enquiry on wolf behaviour near humans in Europe. KORA Bericht Nr. 76. KORA, Muri bei Bern, Switzerland. 19 S.

Karlsson, J., Eriksson, M., Liberg, O. (2007): At what distance do move wolves away from an approaching human? – Canadian Journal of Zoology 85, 1193–1197.

Kaartinen, S., Kojola, I., Colpaert, A. (2005): Finnish wolves avoid roads and settlements. – Annales Zoologici Fennici 42, 523–532.

Koordinierungsstelle für den Braunbären, Luchs und Wolf (2012): Wolfsmanagement in Österreich. Grundlagen und Empfehlungen. Forschungsinstitut für Wildtierkunde und Ökologie, Veterinärmedizinische Universität Wien. 24 S.

KORA (2017): Mensch und Luchs. http://www.kora.ch/index.php?id=26&L=0%29%2FRK (abgerufen am 04.Oktober 2017).

KORA (2018a): Braunbär Status Schweiz. http://www.kora.ch/index.php?id=94 (abgerufen am 05. Februar 2018).

KORA (2018b): Wolf Verluste. http://www.kora.ch/index.php?id=291&L=%271 (abgerufen am 05. Februar 2018).

Länderübergreifende Koordinierungsstelle für Bärenfragen (2005): Managementplan Bär Österreich – überarbeitete Version 2005, WWF Österreich, Wien, 53 S.

Bayerisches Landesamt für Umwelt (2014): Managementplan Wölfe in Bayern – Stufe 2, Stand: April 2014. Hof, 55 S.

Linnell, J. D., Aanes, R., Swenson, J. E., Odden, J., Smith, M. E. (1997): Translocation of carnivores as a method for managing problem animals: a review. Biodiversity and Conservation 6, 1245–1257.

Linnell, J. D., Alleau, J. (2016): Predators That Kill Humans: Myth, Reality, Context and the Politics of Wolf Attacks on People. In: Angelici, F. (Hrsg.): Problematic Wildlife. Springer. Cham. 357–371.

Linnell, J. D., Andersen, R., Andersone, Z., Balciauskas, L., Blanco. J. C., Boitani, L., Brainerd, S., Breitenmoser, U., Kojola, I., Liberg, O., Løe, J., Okarma, H., Pedersen, H. C., Promberger, C., Sand, H., Solberg, E. J., Valdmann, H., Wabakken, P. (2002): The fear of wolves: A review of wolf attacks on humans. NINA Oppdragsmelding 731, 1–65.

Mazur, R. L. (2010): Does aversive conditioning reduce human–black bear conflict? Journal of Wildlife Management 74 (1), 48–54.

McNay, M. E. (2002): A Case History of Wolf-Human Encounters in Alaska and Canada. Alaska

Department of Fish and Game Wildlife Technical Bulletin 13S.
McNay, M. E. (2007): A Review of Evidence and Findings Related to the Death of Kenton Carnegie on November 8, 2005 Near Points North, Saskatchewan. Alaska Department of Fish and Game Fairbanks, Alaska, May 25, 2007.
McNay, M. E., Taras, M. (2008): Wolf Safety in Alaska. How to live safely in wolf country? Division of Wildlife Conservation of the Alaska Department of Fish and Game. 7 S.
Meriggi, A., Brangi, A., Schenone, L., Signorelli, D., Milanesi, P. (2011): Changes of wolf (Canis lupus) diet in Italy in relation to the increase of wild ungulate abundance. Ethology Ecology & Evolution 23 (3), 195–210.
Moen G. K., Støen, O.-G., Sahlén, V., Swenson, J. E. (2012): Behaviour of solitary adult Scandinavian brown bears (Ursus arctos) when approached by humans on foot. PLoS ONE, e31699, https://doi.org/10.1371/journal.pone.0031699 PMID: 22363710
Ministerium für Umwelt, Energie, Ernährung und Forsten (2016): Managementplan für den Umgang mit Luchsen in Rheinland-Pfalz. 40 S.
Ministerium für Umwelt und Verbraucherschutz (2017): Managementplan für den Umgang mit dem Luchs im Saarland. 27 S.
Ordiz, A., Støen, O.-G., Delibes, M., Swenson, J. E. (2011): Predators or prey? Spatio-temporal discrimination of human-derived risk by brown bears. Oecologia 156, 59–67.
Österreichische Bären-Eingreiftruppe (2006): JJ1 „Bruno" in Tirol, Vorarlberg und Bayern 2006 – Protokoll und Beurteilung der Ereignisse, Wien.
Penteriani, V., del Mar Delgado, M., Pinchera, F., Naves, J., Fernández-Gil, A., Kojola, I., Härkönen, S., Norberg, H., Frank, J., Fedriani, J. M., Sahlén, V., Støen, O. G., Swenson, J. E., Wabakken, P., Pellegrini, M., Herrero, S., López-Bao, J. V. (2016): Human behaviour can trigger large carnivore attacks in developed countries. Scientific reports, 6, 20552.
Rauer, G., Aubrecht, P., Gutleb, B., Kaczensky, P., Knauer, F., Plutzar, C., Slotta-Bachmayr, L., Walzer, C., Zedrosser, A. (2001): Der Braunbär in Österreich II. Umweltbundesamt Monographien Bd. 110.
Rauer, G., Kaczensky, P., Knauer, F. (2003): Experiences with aversive conditioning of habituated brown bears in Austria and other European countries. Ursus 14 (2), 215–224.
Reinhardt, I., Kaczensky, P., Rauer, J., Knauer, F., Kluth, G., Wotschikowsky, U. (2010): Bewertung von Problemindividuen bei Bär, Wolf und Luchs und Empfehlungen zum Umgang. 23 S. Kapitel 6 aus: Projektteam Rahmenplan Wolf. 2010. Grundlagen für Managementkonzepte.
Reinhardt, I., Kaczensky, P., Frank, J., Knauer, F., Kluth, G. (2018): Konzept zum Umgang mit Wölfen, die sich Menschen gegenüber auffällig verhalten. BfN-Skripten 502.
Staatsministerium für Umwelt, Gesundheit und Verbraucherschutz (2007): Managementplan Braunbären in Bayern – Stufe 1, München. 16 S.
Smith, T. S., Herrero, S., Debruyn, T. D., Wilder, J. M. (2006): Efficacy of bear deterrent spray in Alaska. Journal of Wildlife Management 72, 640–645.
Støen, O.-G., Ordiz, A., Sahlén, V., Arnemo, J. M., Sæbø, S., Mattsing, G., Kristofferson, M., Brunberg, S., Kindberg, J., Swenson, J. E. (2018): Brown bear (Ursus arctos) attacks resulting in human casualties in Scandinavia 1977–2016; management implications and recommendations. PLOS ONE 13 (5), e0196876.
Sunde, P., Stener, S. O., Kvam, T. (1998): Tolerance to humans of resting lynxes Lynx lynx in a hunted population. Wildlife Biology 4 (3), 177–183.
Swenson, J. E. (1999): Does hunting affect the behaviour of brown bears in Eurasia? Ursus 11, 157–162.
Swenson, J. E., Sandegren, F., Heim, M., Brunberg, S., Sørensen, O. J., Söderberg, A., Bjärvall, A., Franzen, R., Wikan, S., Wabakken, P., Overskaug, K. (1996): Er den skandinaviske bjørnen farlig? NINA Oppdragsmelding 404, 1–16.
Yellowstone National Park (2003): Management of Habituated Wolves. Yellowstone National Park, WY: National Park Service.
Theuerkauf, J., Gula, R., Pirga, B., Tsunoda, H., Eggermann, J., Brzezowska, B., Rouys, S., Radler, S. (2007): Human impact on wolf activity in the Bieszczady Mountains, SE Poland. Annales Zoologici Fennici, 225–231.

Nachwort

MARCO HEURICH

Der Europäische Weg: Integration von Schutz und Nutzung

In Nordamerika konzentriert sich der Schutz der großen Beutegreifer vor allem auf große zusammenhängende Naturlandschaften, in denen der menschliche Einfluss und damit das Konfliktpotenzial gering sind. In Mitteleuropa ist eine solche Vorgehensweise nicht möglich. Dies liegt vor allem daran, dass die Fläche der USA und Kanadas wesentlich größer ist als die Europas, bei zugleich viel geringerer Einwohnerzahl. In Europa gibt es abgesehen von Nord-Skandinavien keine großflächigen Schutzgebiete, die genügend Lebensraum für Raubtierpopulationen bieten könnten. Vielmehr sind die Schutzgebiete hier sehr klein und Naturschutz und andere Nutzungen müssen auf der gleichen Fläche stattfinden. In Mitteleuropa stellt sich damit die Herausforderung, die wieder zurückkehrenden großen Beutegreifer in eine vom Menschen dominierte Landschaft zu integrieren.

Große Beutegreifer sind anpassungsfähig

Für die großen Beutegreifer stellt diese Integration kein großes Problem dar. Während man früher dachte, Wölfe, Luchse und Bären könnten nur in naturnahen Gebieten überleben (diese Arten werden in der populären Literatur oft zum Symbol für Wildnis stilisiert), wissen wir heute, dass sich große Beutegreifer sehr wohl gut in der Kulturlandschaft zurechtfinden können. Die in diesem Buch dargestellten Informationen zur Ökologie der Tiere machen deutlich, wie flexibel die großen Beutegreifer in ihrem Verhalten sind. Es handelt sich um intelligente Tiere, die gelernt haben, in unmittelbarer Nachbarschaft von Menschen zu leben. Das bedeutet aber nicht, dass es täglich zu Begegnungen zwischen Mensch und Tier kommt. Denn die Tiere zeigen normalerweise eine gewisse Scheu und weichen Menschen in Zeit und Raum aus, das heißt, sie sind vor allem in der Dämmerung aktiv, sowie nachts, wenn wir schlafen, meiden tagsüber die menschliche Infrastruktur und halten sich an Orten auf, an denen sie für Menschen kaum sichtbar sind. Die Tiere sind also sehr anpassungsfähig und wenn ihre Bestände, wie bislang, ansteigen, werden sie in naher Zukunft weite Teile Mitteleuropas besiedeln. Besonders bei Wölfen kann die Ausbreitung, aufgrund ihrer hohen Vermehrungsrate, sehr rasch erfolgen.

Dadurch werden in den nächsten Jahren Begegnungen zwischen Menschen und großen Beutegreifern zwangsläufig häufiger werden. Eine Entwicklung, die noch dadurch verstärkt wird, dass die Tiere zunehmend in Gebiete mit höherer Einwohnerdichte einwandern, die Zahl der Erholungssuchenden in der freien Natur steigt und sich Freizeitaktivitäten immer weiter in die Dämmerungs- und Nachtzeit verschieben. Als Konsequenz werden in den nächsten Jahren auch die Probleme und Konflikte zunehmen, die in den Kapiteln „Konfliktfeld Landwirtschaft", „Konfliktfeld Jagd" und „Gefahren durch große Beutegreifer" geschildert werden. Die Tiere können also sehr wohl in einer von Menschen gestalteten Landschaft leben – es sind die Menschen, die Probleme mit den Tieren haben. Dazu kommen noch die Konflikte zwischen den Interessengruppen, die auf dem Rücken der Tiere ausgetragen werden. Deshalb ist es von entscheidender Bedeutung, dass Lösungen entwickelt werden, die ein Zusammenleben mit den Tieren, aber auch eine bessere Zusammenarbeit zwischen den Interessengruppen erlauben. Denn die Akzeptanz, die wir Menschen den großen Beutegreifern entgegenbringen, wird über deren Zukunft entscheiden.

Konfliktfeld Landwirtschaft

Europaweit töten Raubtiere jährlich etwa 20 000 Nutztiere, der dadurch entstehende Schaden wird auf 8 Millionen Euro geschätzt. Dieser Betrag wird noch erheblich höher, wenn man die Kosten für die Schadensprävention und das Management hinzurechnet. Zunächst ist das eine hohe Summe; setzt man diese Zahlen jedoch ins Verhältnis zu den EU-Agrarsubventionen, die jährlich 58 Milliarden Euro betragen, dann fallen sie wirtschaftlich gesehen kaum mehr ins Gewicht. Allerdings ist der monetäre Schaden nur ein Aspekt, der emotionale „Schaden“ spielt oft die bedeutendere Rolle. Insbesondere weil nicht die großen, intensiv wirtschaftenden Betriebe, sondern vor allem Kleinbauern und Nebenerwerbsbetriebe durch Übergriffe großer Beutegreifer auf Nutztiere betroffen sind – und die pflegen eine sehr viel engere Beziehung zu ihren Tieren. Daran wird auch die Tragik dieses Konfliktes deutlich: Gerade die extensive, grünlandbasierte Weidehaltung, die einen wichtigen Beitrag zum Erhalt des Landschaftsbildes und zum Schutz der natürlichen Lebensgrundlagen leistet, ist durch die Rückkehr der Beutegreifer betroffen. Und diese Betriebe, die ohnehin an der Rentabilitätsschwelle wirtschaften, müssen die Lasten des Herdenschutzes tragen, während die Agrarindustrie mit ihrer intensiven Nutztierproduktion kaum berührt ist. Erschwerend kommt hinzu, dass die Koexistenz von Wild- und Nutztieren erst wieder neu erlernt werden und an die Gegebenheiten der verschiedenen Landschaften, sowie an die heutigen Rahmenbedingungen angepasst werden muss. Eine befriedigende Lösung dieser Problematik kann nur erreicht werden, wenn die Rückkehr der Beutegreifer als Chance gesehen wird, die extensiv wirtschaftenden, kleinstrukturierten Betriebe stärker zu fördern. Denn die Probleme dieser Betriebe liegen vor allem darin begründet, dass das qualitativ hochwertige und umweltfreundlich produzierte Fleisch keine fairen Preise erzielt und gegenüber den Produkten der industriellen Landwirtschaft kaum wettbewerbsfähig ist. Die zurückkehrenden Beutegreifer verschärfen diese Problematik nun, indem sie den Aufwand für Herdenmanagement und Herdenschutz erhöhen. Deshalb wäre es wichtig, hier ein Signal zu setzen und eine ausreichende staatliche Förderung zu gewähren, die nicht nur die reinen Anschaffungskosten für Hunde und Material, sondern auch den hohen Mehraufwand kompensiert, der durch den zusätzlichen Herdenschutz entsteht. Eine positive Entwicklung in diesem Konfliktfeld kann vor allem dann erreicht werden, wenn es gelingt, dass sich Nutztierhalter und Naturschützer nicht weiter in Auseinandersetzungen verstricken, sondern in der Rückkehr der großen Beutegreifer die Chance sehen – und ergreifen –, einen fairen Lastenausgleich für Nutztierhalter zu erreichen.

Konfliktfeld Jagd

Im Konfliktfeld Jagd steht die Konkurrenz zwischen Beutegreifern und Jägern, die den gleichen Beutetieren nachstellen, im Mittelpunkt. Dieser Konflikt ist zunächst erstaunlich, da es aus Mitteleuropa bislang keine Erkenntnisse dazu gibt, dass die Rückkehr der Beutegreifer tatsächlich die Jagdmöglichkeiten der Jäger mindert. Denn es ist fraglich, ob sich die vor allem aus naturnahen Gebieten Nordamerikas stammenden Erkenntnisse zum starken Einfluss von Raubtieren auf ihre Beutetiere und Ökosysteme so ohne Weiteres auf stark von Menschen veränderten Landschaften übertragen lassen. Erste Forschungsergebnisse deuten sogar darauf hin, dass der menschliche Einfluss – sei es durch Veränderung der Landschaft oder durch Bejagung der Beutetiere, durch Verkehrsunfälle oder illegale Tötung von Raubtieren – jenen der natürlichen Beutegreifer übersteigt. Denn auf der Streifgebietsfläche eines Rudels jagen mehrere hundert Menschen mit modernen Waffen und Hilfsmitteln! Um diese Diskussion zu versachlichen, muss man die Systeme, in die große Beutegreifer einwandern, einem wissenschaftlichen Monitoring unterziehen. Dadurch können mögliche Veränderungen erfasst und die Ergebnisse, entsprechend dem Prinzip eines adaptiven Managements (siehe Kapitel 5 „Was ist Wildtiermanagement?“), bei Entscheidungen berücksichtigt werden. Nur so wird es gelingen, die emotional geführte Diskussion auf eine fachliche Basis zu stellen. Ein verbessertes Monitoring ist aber nur eine Maßnahme und löst, wie in Kapitel 7 „Wildtiermanagement für Menschen“ beschrieben, nicht den eigentlichen Konflikt, der ja zwischen den Interessengruppen besteht.

Von großer Bedeutung ist demnach, dass die Rückkehr der großen Beutegreifer das Selbstverständnis der Jäger herausfordert, die über Jahrhunderte die Raubtiere zum Schutz des Menschen und seiner Nutztiere verfolgt und schließlich ausgerottet haben, um danach deren Rolle zu übernehmen. Hier stellt sich die Frage: Was wird aus den Jägern, wenn die Raubtiere zurückkehren? Schafft die Gesellschaft die Jagd dann einfach ab? Deshalb sind die Jäger durch die Rückkehr der Raubtiere emotional viel stärker betroffen als jede andere Interessengruppe, und das, obwohl viele Jäger den zurückkehrenden Raubtieren echte Sympathie entgegenbringen. Auch in diesem Konfliktfeld sind die Probleme nur durch Annäherung der Hauptakteure lösbar. Erst wenn Jäger, Naturschützer und Förster ihr Gegenüber wertschätzen und einer echten Zusammenarbeit aufgeschlossen gegenüberstehen, können die Konflikte rund um die Rückkehr der großen Beutegreifer gelöst werden. Dazu gehört auch, die Jagd als eine naturnahe Form der Landnutzung zu unterstützen. Man sollte akzeptieren, dass jagdliche Interessen grundsätzlich legitim sind und beim Umgang mit großen Beutegreifern genauso berücksichtigt werden wie Belange des Artenschutzes.

Wichtig ist auch, eine gemeinsame Wertebasis zu finden, auf der die Gespräche stattfinden können. Hier bieten sich die Faszination für Wildtiere und das Interesse an der Natur an. Eine gute Möglichkeit zur Kooperation könnte die Aufgabe bieten, stabile Huftierdichten zu schaffen. Diese Maßnahme hätte mehrere positive Effekte. Dadurch könnten ein günstiger Erhaltungszustand bei den großen Beutegreifern bei gleichzeitig besseren Jagdmöglichkeiten für Jäger erreicht werden. Zudem zeigen Untersuchungen, dass bei ausreichenden Dichten natürlicher Beutetiere auch die Anzahl der Nutztierrisse geringer ist.

Risiken minimieren

Obwohl im letzten Jahrhundert nicht-provozierte Angriffe gesunder Wölfe auf Menschen selten waren, kamen sie doch vor. Im Sommer 2018 wurden vier Menschen (zwei Erwachsene, zwei Kinder) von Wölfen attackiert. Die beiden Ereignisse fanden in den polnischen Provinzen Podkarpackie und Lubuskie statt. Beide Male spielten Habituierung und Futterkonditionierung die entscheidende Rolle. Im einen Fall scheint das Tier in Gefangenschaft gelebt zu haben, im anderen nutzte es menschliche Nahrungsquellen. Beide Wölfe wurden anschließend getötet. Vorbeugung von Habituierung und Futterkonditionierung sind entscheidend für ein konfliktarmes Miteinander, und gleichzeitig sind sie eine große Herausforderung für das Management. Ob Aufklärungsarbeit und Appelle an die Vernunft ausreichen, um potenzielle Nahrungsquellen aus der Landschaft zu verbannen, bleibt abzuwarten. Vermutlich müssen Fütterungsverbote ausgesprochen und durchgesetzt werden. Sonst sind die Tiere die Leidtragenden, denn wie die nordamerikanischen Naturschutzbehörden der Bevölkerung klar zu machen versuchen: „A fed bear is a dead bear“ (Ein Bär, den man füttert, ist ein toter Bär)! Aber unabhängig von der Ursache für das auffällige Verhalten müssen die Tiere nach Prüfung des Einzelfalls durch erfahrene Personen konsequent, tierschutzgerecht und schnell durch qualifizierte Teams vergrämt oder entnommen werden, nur so kann die Akzeptanz der Gesellschaft den großen Beutegreifern gegenüber erhalten bleiben. Denn auch hier bestimmen Emotionen das Wohlwollen der Menschen gegenüber diesen Tieren. Angriffe auf Menschen sind, wie beschrieben, Einzelfälle und sehr selten. Trotzdem haben diese Einzelfälle, denen in den Medien meist viel Aufmerksamkeit geschenkt wird, großen Einfluss auf die Einstellungen in der Gesellschaft und sie könnten die momentan vorhandene Unterstützung für die Rückkehr der großen Beutegreifer schnell schwinden lassen. Denn nach wie vor ist in der Bevölkerung die Angst vor den Tieren groß.

In der Debatte geht es aber noch um mehr: um die unterschiedlichen Vorstellungen zu Nutzungsmöglichkeiten von Privateigentum versus seiner Sozialbindung, um Naturschutz versus Landnutzung und um ländliche versus urbane Kultur. In einigen Gebieten Europas deutet sich bereits an, dass die Wolfsfrage zum Symbol dieser Auseinandersetzungen stilisiert wird, die sogar zu zivilen Unruhen führen kann. Diese zeigen sich oft in illegalen, öffentlich zur Schau gestellten Tötungen von Beutegreifern. In einem Fall in Frankreich spitzte sich die Situation so weit zu, dass 50 Hirten den Leiter eines Nationalparks kidnappten, weil er sich weigerte, ein Wolfsrudel im Nationalpark töten zu lassen.

Effektives Wildtiermanagement notwendig

Diese Überlegungen zeigen, dass für die Integration der großen Beutegreifer in die mitteleuropäischen Landschaften ein effektives Wildtiermanagement benötigt wird, das darauf ausgerichtet ist, Konflikte möglichst zu vermeiden oder zumindest zu entschärfen. Es muss so aufgebaut sein, dass die wildtierökologischen und technischen Aspekte gelöst, insbesondere aber auch die Beziehungen der verschiedenen Interessengruppen positiv gestaltet werden können. Managementstrukturen wurden in den letzten Jahren in fast allen Ländern aufgebaut, sie werden in Kapitel 6 „Strukturen des Managements" detailliert beschrieben. Die Managementpläne enthalten oft durchdachte Organigramme und Grafiken von Strukturen, die dann aber in der Praxis nicht immer funktionieren. Häufig fehlt es am politischen Willen, um auch die notwendige personelle und finanzielle Ausstattung für das Wildtiermanagement bereitzustellen. Doch wenn notwendige Maßnahmen aufgrund mangelnder Ausstattung nicht schnell, transparent und effektiv umgesetzt werden können, schwindet das Vertrauen der Bevölkerung – ein Schaden, der nicht so leicht wieder zu beheben ist und die Glaubwürdigkeit eines Managementsystems dauerhaft beschädigen kann. Die Wolfspopulation wächst rasant, und nicht immer gelingt es den Behörden, bei der Entwicklung des Wildtiermanagements mit diesem Wachstum Schritt zu halten.

Strukturen sind wichtig, aber noch wichtiger ist der Wille zur Zusammenarbeit. Denn die schönsten Strukturen helfen nichts, wenn sich die verschiedenen Akteure in Grabenkämpfe verstricken. Für ein funktionierendes Management großer Beutegreifer ist die enge, effiziente Zusammenarbeit zwischen den zuständigen Behörden und den Interessengruppen besonders wichtig – eine echte Herausforderung, da sich beispielsweise Umwelt- und Landwirtschaftsbehörden traditionell nicht immer gewogen sind. Wichtig wäre es hier, wenn die Strukturen vorausschauend aufgebaut und Politik und Verwaltung die Rückkehr der Tiere konstruktiv begleiten würden. Wichtig dabei ist eine auf Fakten basierende Auseinandersetzung mit dem Thema, das gilt sowohl für die gesellschaftlichen Gruppen, die der Rückkehr der Raubtiere kritisch gegenüberstehen, als auch für deren Befürworter. Ohne den nötigen Pragmatismus aller Beteiligten wird es nicht gelingen, Kompromisse zu erzielen, die eine gute nachbarschaftliche Beziehung von großen Beutegreifern und den verschiedenen Interessengruppen erlauben. Und das bedeutet auch, dass für den Umgang mit den großen Beutegreifern der gesamte Werkzeugkasten des Wildtiermanagements genutzt werden muss und nicht nur der technische Schutz der Nutztiere im Zentrum stehen darf. Es muss klare und praktikable Regelungen zum Umgang mit schadenstiftenden oder gefährlichen Tieren geben, auch das Management der Huftierpopulationen und die Regulierung von Populationen großer Beutegreifer müssen in Betracht gezogen werden können.

John Linnell vom Norwegischen Naturschutzinstitut brachte es auf den Punkt, indem er sagte: „Beim Schutz von großen Beutegreifern gibt es keine magischen Formeln oder perfekten Lösungen, sondern nur viele mehr oder weniger akzeptable und meist kontroverse Kompromisse."

Warum schützen wir die großen Beutegreifer?

Wenn es so viele Konflikte gibt, die sich nur mit großem Aufwand lösen lassen, warum schützen wir dann überhaupt die großen Beutegreifer? Ein Grund ist zunächst der politische Wille, den 40 europäische Länder in der Berner Konvention zum Ausdruck gebracht haben. Die Berner Konvention liefert die Basis für einen umfassenden rechtlichen Schutz der Tiere und ist letztendlich Spiegelbild der generellen Werthaltung gegenüber Wildtieren. Diese Haltung gesteht den Wildtieren bestimmte Rechte zu und fordert, ihnen gegenüber ethisch angemessen zu handeln, selbst wenn dadurch menschliche Nutzungsrechte beeinträchtigt werden. Aber auch die Freude an der Natur und an den Tieren ist für viele Menschen eine wichtige Motivation, die Rückkehr der großen Beutegreifer zu unterstützen. Ulrich Wotschikowsky bringt dies mit seiner Aussage auf den Punkt: „Der Luchs ist so nützlich wie ... Michelangelos Gemälde oder Giuseppe Verdis Aida. Die Welt dreht sich auch ohne diese Dinge, aber sie wäre ohne sie eindeutig ärmer."

Darüber hinaus spielt natürlich auch der Artenschutz eine große Rolle, denn mit der Rückkehr der großen Beutegreifer werden vormals ausgerottete Arten wieder heimisch. Dadurch gelingt vielleicht ein wenig Wiedergutmachung für die Zerstörung der Natur, die in den letzten Jahren immer größere Ausmaße angenommen hat. Dies alles ist auch im Zusammenhang mit einer Sehnsucht vieler Menschen nach dem Erhalt eines ökologischen Gleichgewichts, nach einem Leben im Einklang mit der Natur und dem Erhalt von etwas Wildnis verbunden. Naturerhalt als Gegenpol zum technisierten Alltag.

Für den Natur- und Artenschutz haben die großen Beutegreifer aber auch noch eine weitaus wichtigere Bedeutung als „nur" den Schutz der unmittelbar betroffenen Arten. Große Beutegreifer, insbesondere Luchse, benötigen (zumindest aus mitteleuropäischer Sicht) große, gut vernetzte Waldgebiete als Lebensräume. Solche Gebiete erfüllen auch die Flächen- und Lebensraumansprüche weiterer Arten. Natürlich sind die Tiere in der Lage, auch viel befahrene Straßen zu überqueren, doch bei jeder Querung besteht eine erhebliche Gefahr, getötet zu werden. Mit steigendem Verkehrsaufkommen wird diese Gefahr noch größer, denn schon jetzt ist der Verkehr eine der wichtigsten Todesursachen für Luchse und Wölfe in Deutschland. Um die Populationen vernetzen zu können, ist es notwendig, die bestehenden Barrieren der Hauptverkehrsachsen durchlässiger zu machen. Dies gelingt, indem wir genügend Möglichkeiten schaffen, die es den Tieren erlauben, die Straßen gefahrlos zu überqueren. Große Beutegreifer sind charismatische Tiere, denen die Bevölkerung und mit ihr die Medien großes Interesse entgegenbringt. Dieses lässt sich dazu nutzen, mehr Akzeptanz für Natur- und Artenschutzziele zu erreichen. Auch für Umweltbildungsprogramme eignen sich die großen Beutegreifer gut, denn sie können dazu dienen, den Umgang mit der Natur exemplarisch zu beleuchten und ökologische Konzepte wie den Biotopverbund schlüssig zu erklären und beispielsweise um Zustimmung für Grünbrücken zu werben. Indem sie helfen, solche Maßnahmen voranzubringen, können Raubtiere auch zum Überleben einer Vielzahl anderer, weniger attraktiver Arten beitragen, die normalerweise kein Interesse in der Öffentlichkeit finden.

Große Beutegreifer sind als Spitzenprädatoren Schlüsselarten, die Einfluss auf die Anzahl, die Verteilung und das Verhalten ihrer Beutetiere nehmen. Mit ihrer Rückkehr werden erneut die Prozesse in Gang gesetzt, die über Jahrmillionen auf die Beutetiere und die kleinen Raubsäuger gewirkt und sie geformt haben. Da die Beutetiere wiederum Träger wichtiger Prozesse sind, erreicht der Einfluss der Beutegreifer auch die nächsttiefere trophische Ebene. Wie stark diese Ökosystemeffekte sein werden, muss die Entwicklung in den nächsten Jahren zeigen.

In Mitteleuropa bestehen gute Voraussetzungen, ein Zusammenleben von Mensch und großen Beutegreifern zu verwirklichen. Dies setzt aber einen ernsthaften Umgang mit der Thematik voraus sowie die Bereitschaft, die notwendigen personellen und finanziellen Ressourcen zur Verfügung zu stellen.

Raubtierschützer und Raubtiergegner nehmen bislang zum Teil unvereinbare Extrempositionen ein. Nur wenn es gelingt, ein funktionierendes, evidenzbasiertes Wildtiermanagement zu etablieren, das versucht, die Bedürfnisse von Mensch und Tier gegeneinander abzuwägen und die Konflikte zwischen den Interessengruppen zu reduzieren, werden wir die Rückkehr der großen Beutegreifer in Mitteleuropa meistern können. Ich hoffe, dieses Buch kann einen kleinen Beitrag dazu leisten.

Register

Die Autoren

Franziska Bauer, B. Sc., studiert Wildtierökologie und -management an der Universität für Bodenkultur in Wien. In ihrer Masterarbeit beschäftigt sie sich mit dem Braunbär-Mensch-Konflikt in Kärnten (Österreich). Ihren Bachelor in Biologie erwarb sie an der Universität Wien. Ihr Studium ergänzte sie durch Studienaufenthalte im Nationalpark Bayerischer Wald, im Nationalpark Neusiedler See – Seewinkel sowie in Indonesien (Java).

> *franzi_bauer@hotmail.com*

PD Dr. Marco Heurich arbeitet als Sachgebietsleiter für Besucherlenkung und Nationalparkmonitoring bei der Nationalparkverwaltung Bayerischer Wald in Grafenau. Er ist Privatdozent für Wildtierökologie und Naturschutzbiologie an der Professur für Wildtierökologie und Wildtiermanagement der Universität Freiburg. Er ist Autor von mehr als 160 begutachteten Artikeln in wissenschaftlichen Zeitschriften und hat vier Bücher veröffentlicht. Für seine wissenschaftlichen Arbeiten wurde er mit dem Lennart-Bernadotte-Preis ausgezeichnet.

> *Marco.Heurich@wildlife.uni-freiburg.de*

Magdalena Kulisch schloss ihr Studium der Biologie an der Universität Köln mit dem B. Sc. ab, den M. Sc. in Forest and Nature Conservation erwarb sie an der Wageningen Universität in den Niederlanden. Als Projektleiterin bei der Stiftung EuroNatur betreut sie von Radolfzell am Bodensee aus europaweit Projekte zum Schutz von Wolf und Mönchsrobbe.

> *lenakulisch@gmail.com*

Daniel Mettler studierte Philosophie und Volkswirtschaft an der Universität Freiburg. Sammelte in fünf Alpsommern als Alphirte Erfahrungen mit diversen Tiergattungen. Seit 2004 Aufbau und Leitung der Fachstelle Herdenschutz bei der Vereinigung für die Entwicklung der Landwirtschaft und des Ländlichen Raums (AGRIDEA) in Lindau (Schweiz). Arbeitsschwerpunkte: Beratung und Weiterbildung in den Bereichen Alpwirtschaft und Regionalentwicklung. Verfasser zahlreicher Publikationen zum Herdenschutz für Beratung und Verwaltung.

> *Daniel.Mettler@agridea.ch*

Prof. Dr. Ulrich Schraml leitet an der FVA Baden-Württemberg die Abteilung Wald und Gesellschaft. Hier ressortiert neben einer sozialwissenschaftlichen Forschungsgruppe auch der Arbeitsbereich, der das Luchs- und Wolfsmanagement des Landes durchführt. Ulrich Schraml lehrt an der Universität Freiburg Waldpolitik und Wildtiermanagement. Er moderiert seit vielen Jahren Arbeitsgruppen, die sich mit dem Management von großen Beutegreifern befassen.

> *Ulrich.Schraml@forst.bwl.de*

Jochen Schumacher, Ass. jur., studierte Rechtswissenschaften in Gießen und Tübingen. Er ist Geschäftsführer des Instituts für Naturschutz und Naturschutzrecht Tübingen. Das Institut ist interdisziplinär orientiert und befasst sich insbesondere mit Fragestellungen, die sowohl naturschutzfachlich-ökologische Aspekte als auch (umwelt- und naturschutz-) rechtliche Problemstellungen aufweisen. Jochen Schumacher ist Autor zahlreicher Publikationen zum Naturschutzrecht.

> *jochen.schumacher@naturschutzrecht.net*

Dr. Michaela Skuban lebt seit 2006 in der Slowakei, wo sie sich dem Verhalten der Braunbären und ihrem Konfliktpotenzial im Zusammenleben mit uns Menschen widmet. In ihrer Doktorarbeit untersuchte sie den „Einfluss des Menschen auf das Bärenverhalten". Neben ihren Forschungen zum Braunbären arbeitet sie zu Herdenschutzhunden, Rothirschen und zum Migrationsverhalten großer Säuger. 2011 Publikation eines Buches über Bären, in dem sie auch deren Rolle in Mythologie und Märchen untersucht.

> *mskuban_cws@gmx.net*

Ulrich Wotschikowsky studierte Forstwissenschaften. Nach Stationen im Wildtiermanagement des Nationalparks Bayerischer Wald und als Redakteur der Zeitschrift *Jäger* war er von 1983 bis 2000 Projektleiter bei der Wildbiologischen Gesellschaft München. 1992 und 1993 Teilnahme am Wolfsforschungsprojekt Finlayson im Yukon. Zuletzt Mitarbeit am Wolfsmanagement in Sachsen und Brandenburg. Er ist Mitglied der AG Große Beutegreifer in Bayern und der Large Carnivore Initiative for Europe und betreibt seit 2014 die Internetseite www.woelfeindeutschland.de.

> *wotschikowsky@t-online.de*

Constanze Tenhaeff, B. Sc., studiert Forstwissenschaften im Masterstudiengang an der Universität Freiburg und Master of Environmental Management an der University of New Brunswick. Ihren B. Sc. schloss sie in Waldwirtschaft und Umwelt an der Universität in Freiburg ab. Ihr Studium unterlegte sie mit Studienaufenthalten im Nationalpark Bayerischer Wald, im Grasslands National Park und im Cape Breton Highlands National Park.

> *conny-tenhaeff@t-online.de*

Dr. Fridolin Zimmermann ist Wildtierbiologe und hat über die Erhaltung und Ökologie des Eurasischen Luchses promoviert. Er arbeitet seit über 20 Jahren bei der Stiftung Raubtierökologie und Wildtiermanagement (KORA) in Muri. Dort koordiniert er das Monitoring großer Beutegreifer in der Schweiz. Daneben vermittelt er in Seminaren Praxiswissen in Biologie, Ökologie und Monitoring großer Beutegreifer. 2016 Publikation eines Buches über den Einsatz von Fotofallen in der Wildtierforschung.

> *f.zimmermann@kora.ch*

Dank

Fridolin Zimmermann dankt seiner Frau Laure Zimmermann sowie Manuela von Arx, Christophe Duchamp, Peter Wandeler und seinem Vater Fritz Zimmermann herzlich für ihre Unterstützung und Hilfe. **Franziska Bauer, Magdalena Kulisch und Marco Heurich** danken besonders Felix Knauer und Georg Rauer für die fachliche Beratung und den Einblick in die Praxis des österreichischen Managements sowie den Umgang mit Problemtieren. Ihr Dank gilt auch den Wildhütern des Kantons Bern für die Überlassung eines Bildes. **Daniel Mettler** dankt dem Schweizer Herdenschutz-Team mit Felix Hahn, Daniela Hilfiker, Andreas Schiess, Riccarda Lüthi und François Meyer für die Unterstützung. **Marco Heurich** dankt dem gesamten Autorenteam und Ulf Müller vom Ulmer Verlag für die tatkräftige Unterstützung. Toll war die gegenseitige Hilfe innerhalb des Autorenteams, nicht nur bei fachlichen Fragen. Sein besonderer Dank gilt Simone, Lea und Noah Heurich für die Unterstützung beim Diskutieren und Korrekturlesen sowie das Verständnis für die vielen Stunden, die das Buchprojekt in Anspruch nahm. Nicht zuletzt dankt er Eckhard Jedicke, ohne dessen Überzeugungskunst das Buch wohl nie entstanden wäre.

Bildquellen

Adelmann, Wolfram ANL: S. 103 u.; AGRIDEA: S.227, 228, 230, 231 o., 234, 237, 238, 239, 240, 243, 244; Amt für Jagd und Fischerei (UCP) des Kantons Tessin, KORA: S. 190 (6); anetapics/Shutterstock.com: S. 232 li., 233 M. li.; Antje Weber: S. 209 u.; Arco images/R.Wittek: S. 19; Arco Images/Westend61: S. 37 o.; Arco Images/R. Siegel: S. 37 u.; Arco Images/P. Wegner: S. 40; Arco Images/Minden Pictures: S. 41; Arco Images/imageBROKER/Ronald Wittek: S. 43; Arco Images/imageBROKER/Frank Sommariva: S. 45 o.; Arco Images/NPL/Laurent Geslin: S. 260; BIGANDT.COM/Shutterstock.com: S. 231 u., 233 li.; Burkard Stöcker: S. 212; Christof Wermter: S. 13; Elke Ohland: S. 213; Filip Baláz: S. 59; Forstliche Versuchs- und Forschungsanstalt (FVA): S. 132, 137, 139; Fridolin Zimmermann, KORA: S. 180, 181 u.; Hendrik Boesch: S. 204; Herdtfelder/FVA: S. 141; Horst Burghart: S. 39; Jaginspektorat Kanton Bern: S. 108; Karl Heinz Volkmar: S. 209 o.; Karsten Nitsch: S. 23; KORA: S. 182 (4); Lech Jedras: S. 14, 16; Ludek Bufka: S. 75; Marco Heurich: S. 85, 103 o.; Marek Drha: S. 33, 74, 79, 80; Markus Anderlik: S. 89; Martin Schubert: S. 263; mauritius images: S. 218, 224, 233 re.; mauritius images/Premium Stock Photography GmbH/Alama: Umschlagfoto vorn; Michael Schönberger: S. 21 re., 22; Michaela Skuban: S. 57, 65 u.; Michal Kalaš: S. 61; M. Watson/ARDEA/OKAPIA: S. 258; Peter Peuker: S. 202; Peter Riegel: S. 116; Radomir Jakubowski: S. 34 (U4 li.); Rainer Pöhlmann: S. 99; Rainer Simonis: S. 35, 36, 44, 45 u., 48, 49, 76, 81, 83, 255; René Gadient, AJF: S. 181 o.; Sebastian Koerner: S. 10, 15 o., 17, 26, 30; Stefan Betz: S. 38; Susanne Maria Dörfler/Rovviltets Røst Norwegen: S. 220; Thoralf Schaffer: S. 15; Thorsten Prahl: S. 77; Tibor Pataky: S. 54 (U4 re.), 58, 64, 65; Thomas Weidner/FVA: S. 129, 135; Ulrich Schraml: S. 115, 118, 120, 121, 128, 133, 140; Ulrich Wotschikowsky: S. 20, 203, 207, 216 re., 216 li.; Vladimír Vician: S. 56, 63; Walter Rienzner: S. 208; WOLF AVNI/Shutterstock.com: S. 232 re., 233 M. re.; Wyoming Game and Fish Department: S. 269, 270, 271; Yannick Léonard, ONCFS: S. 179
Zeichnungen Christine Lackner, Ittlingen, mit Ausnahme von S. 22, 23, 24: Regine Eichhorn-Zimmermann, Murnau, bearbeitet durch Christine Lackner; S. 170, 174, 184, 194: KORA; S. 201 Regine Eichhorn-Zimmermann. Soweit nicht anders angegeben, stammen die Datengrundlagen von den Autoren.

Der Verlag dankt Lea Heurich für die tatkräftige Unterstützung bei der Durchsicht der Literaturverzeichnisse.

Bibliografische Information der Deutschen Nationalbibliothek
Die Deutsche Nationalbibliothek verzeichnet diese Publikation in der Deutschen Nationalbibliografie; detaillierte bibliografische Daten sind im Internet über http://dnb.d-nb.de abrufbar.

Wollgrasweg 41, 70599 Stuttgart (Hohenheim)
E-Mail: info@ulmer.de Internet: www.ulmer.de
Lektorat: Ulf Müller, Sabine Drobik
Herstellung: Birgit Heyny
Umschlag-Gestaltung: Verlag Eugen Ulmer
Satz: Fotosatz Buck, Kumhausen
Druck und Bindung: Livonia Print, Riga, Lettland
Printed in Latvia

ISBN 978-3-8186-0505-6